航空機産業と
航空戦力の世界的転回

横井勝彦【編著】

日本経済評論社

目次

第Ⅱ部　第二次大戦期および戦後冷戦期

序章

横井勝彦

本書のテーマ

本書のテーマは、航空戦力の拡大とそれを支える航空機産業の世界的転回の実態とそこに通底する論理を解明することである。

第一次世界大戦での航空戦の経験や航空軍事技術の進歩を背景として、将来戦における航空戦の役割と重要性に世界の注目が集り始めた。欧米各国における航空戦力拡張の動きは、第一次世界大戦以降早々に始まったと言えよう(1)。そして、軍用機の生産を担う欧米の航空機産業も大戦時の軍需を背景として急成長を遂げた(2)。

本書では、こうした航空機産業の発展がその後の両大戦間の軍縮期、再軍備期、第二次世界大戦期、さらには戦後の冷戦期を通して、どのようなかたちで航空戦力の拡大と拡散をもたらしたのかを追究している。したがって、対象とする時代は二〇世紀初頭から冷戦期までの半世紀以上に及び、対象とする国も日本、ドイツ、アメリカ、ブラジル、カナダ、インドと多岐にわたっている。この半世紀の間に軍用機を中心とした航空機の生産国とその輸入国は大きく増加した。航空機産業はまさに世界的転回を遂げたのである。その実態と論理の解明が本書の課題である。(3)

「軍縮下の軍拡」と航空機産業の世界的転回

本書は、横井勝彦編著『軍縮と武器移転の世界史――「軍縮下の軍拡」はなぜ起きたのか――』(日本経済評論社、二〇一四年)の続編である。前作においては副題に掲げた「軍縮下の軍拡」という概念を用いて、両大戦間期における軍縮の限界と武器移転の必然性を明らかにした。(4) ワシントン会議(一九二一二年)、ジュネーヴ海軍軍縮会議(一九二七年)、ロンドン海軍軍縮会議(一九三〇年)などでの軍縮論議に、イギリス、アメリカ、日本等の関係各国はどのように参画し、兵器生産国としていかに対応したのか。こうした問題に国際政治史や外交史のみならず、経済史や軍事史の視点からも多角的に検討を加えた。具体的には「軍縮下の軍拡」を三つの側面から論じて、従来の研究が無条件に「軍縮期」と位置づけてきた戦間期の捉え直しを試みた。以下では、この三つの側面を本書のテーマ「航空機産業と航空戦力の世界的転回」との関連に留意して、再度確認しておきたい。

第一の側面は、ワシントン海軍軍縮条約以降における補助艦での建艦競争と航空戦力拡張の新たな展開である。ワシントン軍縮の艦艇保有制限によって英米日三国における主力艦(戦艦・巡洋戦艦)と航空母艦の一部については廃棄ないしは建造中止となった。主力艦はすでに以前より戦力的には無用の長物となっていたという指摘もあるが、ともあれ三国は海軍費(主力艦建造費)の過大な財政負担からひとまず解放されることとなった。しかし、その一方で条約では制限されなかった補助艦、とりわけ大型巡洋艦と駆逐艦で英米日の三つ巴の建艦競争が展開されたのである。と同時に、第一次世界大戦を契機として始まっていた欧米各国における航空戦力拡張の動きも、戦争直後には一旦縮小に転じたものの、[5]ワシントン軍縮以降には再び加速化していったのである。世界最大規模の海軍力を誇ったイギリスでもかつての海軍大臣チャーチルが、終戦直後には航空大臣として帝国防衛における空軍戦力増強の緊急性を訴えていた。[6]

第二の側面は、ワシントン軍縮以降における新兵器製造分野の拡大である。巡洋艦・駆逐艦・潜水艦などの補助艦の建造ペースが引き続き維持・拡大の方向にあったのに加え、魚雷や航空機の分野でも大幅な拡張が見られた。ワシントン軍縮に続くロンドン海軍軍縮において補助艦の保有量にも規制が課された結果、各国の兵器体系においては空軍戦力の占める比重が急上昇を遂げた。そこでワシントン軍縮の会期中、航空委員会が飛行機の戦時使用を統制しようと試みたものの不発に終わり、それ以降もジュネーヴ軍縮会議（一九三二～三四年）に至るまで度々議論が重ねられたが、結局、なんの成果も得られないままに終っている。[7]早くもこの段階で航空機を商用機と軍用機に分けて後者を管理下に置く試みは完全に断念されて、航空機は軍民両用（dual use）の性格を持ったまま世界中に普及していくこととなったのである。以上の点の重要性は、本書でも第3章～第7章で詳しく論じられている。

第三の側面は、軍縮下における兵器生産国と兵器輸入国の増大、つまり武器移転の拡大である。欧米各国の軍用機調達は民間企業に大きく依存していた。たとえば、一九三〇年段階でイギリスの兵器生産における民間企業依存度は、航空機の機体・エンジンの場合、航空機の軍民両用性を反映して九七％に達していた。[8]ただし、イギリスも含め軍縮期における各国航空機産業の発展は、自国の軍需だけでは支えきれず、海外市場の開拓が広く求められた。[9]また他方では、戦後に誕生した新興諸国が国家の主権と独立保持の条件として、軍用機の輸入による兵力の整備とその国産化を追求し始めたのである。[10]かくして、両大戦間期の航空機分野では「軍縮下の軍拡」と武器移転が同時進行して、航空機産業は世界的転回を遂げたのであるが、世界的転回は軍縮の破綻、再軍備の開始で終わったわけではない。それは第二次大戦後にも続いた。そこで本書（特に第1章、第2章、第7章～第9章）では、航空機ならびに航空技術の輸入国（武器移転の「受け手」）における兵器国産化・軍事的自立化の過程を二〇世紀初頭から第二次大戦以降にまで対象時期を広げて扱っている。

本書の構成と各章のテーマ

本書は、〈第Ⅰ部〉両大戦間期、〈第Ⅱ部〉第二次大戦期および戦後冷戦期の二部構成となっており、第Ⅰ部五篇、第Ⅱ部四篇の論文から構成されている。各章はそれぞれに独自の個別テーマを持っており、広範な一次資料の渉猟を踏まえて、実証的かつ論理的な分析を試みているのであるが、もとより各章の個別テーマはすべて上述の本書のテーマ「航空機産業と航空戦力の世界的転回の実態解明」と有機的な関連を持つものである。各章の本書における位置関係については、すでに簡単に論及したが、以下ではさらに詳細に各章の概要を紹介して、本書の全体像をより明確にしておきたい。

〈第Ⅰ部〉両大戦間期

第1章「日本における陸軍航空の形成」

本章は、日本における陸軍航空の形成期を一九一〇年代と位置づけ、その時代に見られた海外からの多角的な武器移転や陸軍航空戦力の運用体制、さらには航空機国産化の実態を克明に紹介している。陸軍は海軍よりも早く飛行機に取り組んだにもかかわらず、その足跡を紹介する資料・研究は意外に少なく、それだけに陸軍航空の草創期を上記の視点から考察した本章の成果は貴重である。陸海軍共同研究機関として一九〇九年に臨時軍用気球研究会が設置され、その直後には欧米からの軍事航空技術の移転が官民同時に始まった。そして戦闘機国産化とそれを支える研究教育体制の整備も進んだ（本書第9章第4節で言うところの軍産学連携である）。これらが唯一一般に知られているフランスからのフォール航空使節団の来日（一九一九年一月～一九二〇年四月）以前にすでに進展していた事実に注目したい。

第2章「日本海軍における航空機生産体制の形成と特徴」

日本海軍は、自らも航空機の研究・製作の設備と人員を確保する方針を取ったが、機体と発動機の生産に関しては基本的に三菱、中島、愛知時計など民間の航空機製造会社に依存した。海軍航空に注目する本章では、航空機産業の模倣時代（一九一四～一九三一年）ならびに自立時代（一九三一～一九四五年）の初期段階を対象として、イギリスのセンピル航空使節団の来日（一九二一年五月～一九二二年一一月）や航空機産業自立化の推進力となった海軍航空廠（一九三二年設立）などの歴史的役割が詳しく論じられているが、その背後で着実に進んでいたもう一つの動き、すなわちヴェルサイユ条約によって軍用機の生産を禁じられていたドイツから日本への武器移転についても随所で興味深い指摘がなされている。なお、その点についてのドイツ側からの考察については、後続の第3章～第5章を参照されたい。

第3章「ドイツ航空機産業とナチス秘密再軍備」

ドイツは第一次大戦後のヴェルサイユ条約によって軍用飛行機は破壊され、その製造も禁止された。しかし、民間機を中心にドイツ航空機産業は急速に再建・強化され、きわめて短期間の内に軍用機生産への道を切り拓いた。第3章は、ヒトラーの再軍備宣言（一九三五年）に先行する急激な秘密再軍備を可能にしたヴェルサイユ体制下のドイツ航空機産業の実態を豊富な一次資料を用いて詳細に分析している。ワイマール期ヴェルサイユ体制下（一九一九～三三年）でもドイツ航空機産業の生産基盤が発達しえたのは、中立国と英仏を除く戦勝諸国からドイツ製の民間航空機と軍用機に対して大きな需要があったからに他ならなかった。本章では、その背景としてドイツ製航空機の技術的な先進性と当時の技術水準における航空機の軍民両用性を強調している。なお、これらの点については、第4章と第7章でも別の角度から詳細な検証がなされているので、そちらも併せて参照されたい。

第4章「ルフトハンザ航空の東アジア進出と欧亜航空公司」

両大戦間期の「軍縮下の軍拡」は航空戦力の増大と拡散をもたらしたが、軍用機の生産を禁じられていたヴェルサイユ体制下のドイツにおいては、どのような展開が見られたのか。本章では、こうした問題を東アジアの複雑な国際情勢のなかで展開されたドイツ国営航空会社ルフトハンザ（一九二六年設立）に注目して追究している。「ドイツの空軍」と称されたルフトハンザはもとより、同社が共同出資した中国の欧亜航空公司（一九三一年設立）や「満州国の空軍」をめざした満州航空（一九三二年設立）にしても、およそドイツの東アジア航路拡張計画に関わるすべての航路は軍事的な性格を帯び、軍民転換が当初より意識されていた。つまり、ルフトハンザの航路拡張はドイツ航空機産業にとって軍民転用が可能な航空機市場の拡大（東アジアへの武器移転の拡大）を意味していたのである。本章では、以上の関係を国際政治史の視点から詳細に解明している。

第5章「戦間期航空機産業の技術的背景と地政学的背景――海軍航空の自立化と戦略爆撃への道――」

主力艦の保有量を規制したワシントン軍縮に続いて、ロンドン海軍軍縮では補助艦（潜水艦・駆逐艦・巡洋艦）に関しても規制が課された。その結果、各国の軍備増強は航空兵力の分野に移った。一九三〇年代における「軍縮下の軍拡」は、航空機を中心に展開されたのである。本章では、以上の点に関するこれまでの議論の範疇を越えて、航空技術と航空戦術の進化に関する踏み込んだ議論を展開している。海面から自立した陸上発進の長距離機（「自立した海軍航空」）が日米両国で同時に誕生した地政学的背景とそれを遠距離戦略爆撃へと進化させた技術的背景、さらにはそれらを踏まえた戦後民間航空輸送や現代航空機産業の発展、以上についての本章での検証は、第2章での議論を補完するとともに、後続の第7章・第8章における議論とも繋がりを持つものである。

〈第Ⅱ部〉第二次大戦期および戦後冷戦期

第6章「ドイツ航空機産業におけるアメリカ資本の役割――ユンカース爆撃機Ｊｕ88主要サプライヤーとしてのアダム・オペル社――」

本章ではドイツにおける「軍事的モータリゼーション」という視点から、アメリカ自動車企業ＧＭの一〇〇パーセント子会社としてドイツ郊外で軍用トラックを生産してきたアダム・オペル社が、第二次大戦期にナチス・ドイツの爆撃機生産体制にどのように組み込まれていったかを克明に分析している。とりわけ注目すべきは、アダム・オペル社が「戦争目的の特殊製品は生産しない」という方針を堅持しつつも、その一方ではコーポレート・ガバナンスを再編（監査役会・執行委員会は別として、経営責任を担う取締役会はドイツ国籍者で構成）して「秘密の航空機部品生産」を実施し、ドイツの爆撃機生産に貢献している事実である。加えて、親会社ＧＭはアダム・オペル社との関係を緊密に保持しつつ、アダム・オペル社がドイツで経験した「軍民両用」「軍民転換」という属性を持つ航空機生産を、その直後には本国アメリカにおいて担ったという事実にも注目したい。

第7章「ラテンアメリカの軍・民航空における米独の競合――航空機産業、民間航空を中心に――」

ヴェルサイユ条約によって空軍戦力の保有を禁じられたにもかかわらず、両大戦間の軍縮期に、なぜドイツには速やかな再軍備が可能であったのか。第3章で提起されたこうした問題を、本章では国際民間航空と航空技術の双方の軍民両用性に注目して検討している。具体的には、第4章がルフトハンザの東アジア航空ルートにおいて確認した軍民転用の実態を、ラテンアメリカの国際民間航空ルートにおいて実証している。加えて本章では、ラテンアメリカの軍民航空機市場と国際民間航空ルートを舞台に展開された米独間（ルフトハンザ（一九二六年設立）vs. パンナム（一九二七年設立）の間）の競争、さらにはその背後にあった米独航空機産業の開発競争、以上の二局面の競争に注目することによって、第五章で論及された戦後に航空超大国アメリカ合衆国が誕生した契機についても興味深い議論が展開されている。

第8章「戦前・戦後カナダ航空機産業の形成と発展」

本章では、イギリスからの武器移転がカナダ航空機産業の発展に対して及ぼした影響がさまざまな角度から考察される。一九一一年に英国ヴィッカーズ社の子会社としてカナディアン・ヴィッカーズ社が設立され、一九二〇年にはカナダ空軍の創設が続いた。よって、カナダでも軍需に支えられて航空機産業の自立化が進んだかに思われたが、事実は違った。軍縮不況と「他国からの侵略の脅威が不在」というカナダの地政学的事情により、航空機国産化や軍事的自立化の動きは低調であった。イギリスの再軍備宣言（一九三五年三月）を契機にカナダは英帝国の航空機補給廠として位置づけられ、大戦中には航空機生産大国へと飛躍した。だが、戦後に拡大した旅客機生産も含め、カナダ航空機産業が国産化・自立化を達成することはなかった。以上は先行研究のないカナダ史の新たな側面であり、続く第9章のインドの事例と比較することで、今後の研究の一層の広がりも期待できよう。

第9章「戦後冷戦下のインドにおける航空機産業の自立化」

本章の対象時期は、第1章・第2章とおよそ半世紀の隔たりがあり、ここで扱う武器移転は、当然のことながらその間における航空機産業の技術進歩と国際情勢の変化を大きく反映したものとなっている。本章では、冷戦下の武器移転とインドにおける軍産学連携との関係に注目して、インド航空機産業の発展過程を明らかにしている。具体的には、インド空軍（一九三二年創設）とヒンダスタン航空機会社（一九四〇年設立）とインド工科大学の航空工学科（一九六四年創設）、以上三者の関係に注目している。インドにおける航空機生産は、結局、ライセンス生産の段階を脱して自立化を達成するには至らなかった。この点は第8章で紹介されたカナダと同じである。しかし、それでもライセンス生産段階での三〇年以上におよぶ武器移転を通した技術蓄積を踏まえて、二〇世紀末には国産機の海外輸出を開始している。つまり、インドは武器移転の「送り手」に転じたのである。第9章では、アジア諸国における軍備拡張を背景として、「武器移転の連鎖」がインドを拠点（ハブ）としてさらに展開しつつある事実にも論及している。

以上のように本書では、航空機産業と民間航空が現在われわれの知っている姿になる前史を、その全体構造が形成される過程に注目して追究しているが、それが戦間期の「軍縮下の軍拡」といかに深く結びついているかが、さまざまな事例を通じて明らかにされるであろう。その意味で本書は、先に述べたように、横井編著［二〇一四］の続編であるが、航空（航空機産業と航空輸送業）が、一国に閉じてではなく世界的に転回したという点に関心を集中させて、「いま」との関係を捉えようとしたところに本書の特徴がある。

なお、各章それぞれ章末に文献リストと注が掲載されているが、一次資料を除き、注での出典紹介は文献リストに基づいて著者［出版年］頁数だけに簡略化してある。

［文献リスト］

グラント、ジョナサン［二〇一四］「東欧における武器取引」（横井勝彦編著『軍縮と武器移転の世界史——「軍縮下の軍拡」はなぜ起きたのか——』日本経済評論社）。

郷田充［一九七八］『航空戦力』上、原書房。

三枝茂智［一九七五］『国際軍備縮小問題』〈明治百年史叢書〉原書房。

横井勝彦［二〇〇三］「戦間期の武器輸出と日英関係」（奈倉文二・横井・小野塚知二『日英兵器産業とジーメンス事件——武器移転の国際経済史——』日本経済評論社）。

横井勝彦［二〇一四］「軍縮期における欧米航空機産業と武器移転」（前掲『軍縮と武器移転の世界史——「軍縮下の軍拡」はなぜ起きたのか——』）。

Black, J. [2016] *Air Power: A Global History*, London.

Edgerton, D. E. [1991] *England and the Aeroplane: An Essay on a Militant and Technological Nation*, London.
Edgerton, D. E. [2006] *Warfare State : Britain, 1920-1970*, Cambridge.
Kitching, C. J. [1999] *Britain and the Problem of International Disarmament 1919-1934*, London.
Mahnken, T., J. Maiolo and D. Stevenson [2016] *Arms Races in International Politics: From the Nineteenth to the Twenty-First Century*, Oxford.
Meulen, J. V. [1991] *The Politics of Aircraft: Building an American Military Industry*, Kansas.
Pattillo, D. M. [1998] *Pushing the Envelop: The American Aircraft Industry*, Michigan.
Peden, G. C. [2007] *Arms, Economics and British Strategy: From Dreadnoughts to Hydrogen Bombs*, Cambridge.
Smith, M. [1984] *British Air Strategy between the Wars*, Oxford.

注

(1) Smith [1984] pp. 44-47; 郷田［一九七八］二二～二三頁。
(2) Edgerton [1991] p. 14; Edgerton [2006] pp. 42-45; Pattillo [1998] pp. 28-35; Peden [2007] pp. 68-72.
(3) 本書のテーマと重なる軍拡競争や航空戦力の歴史を、現代までのほぼ一〇〇年にわたって国際的な視点から扱った本格的な研究として、Black [2016]; Mahnken, Maiolo, Stevenson [2016] が最近相次いで上梓された。後者の概要に関しては拙評(『国際武器移転史』第二号、二〇一六年七月)を参照。
(4) 横井編著［二〇一四］に関しても各種の貴重なご意見をいただいた。さしあたり、『西洋史学』第二五五号(二〇一四年)、東京大学経済学会『経済学論集』第七九巻第四号(二〇一四年)、「中国新聞」(二〇一四年八月三日)、『歴史と経済』第二二八号(二〇一五年)、『軍事史学』第五〇巻第三・四合併号(二〇一五年)、『社会経済史学』第八一巻第三号(二〇一五年)、『経営史学』第五一巻第一号(二〇一六年)などに掲載された書評を参照。
(5) Report of American Aviation Mission, Presented to Parliament by Command of His Majesty, *British Parliamentary Paper*, 1919, Vol. X [Cmd. 384], pp. 3, 12.
(6) 横井［二〇一四］二七五頁。

(7) Kitching [1999] pp. 56-57, 66; 三枝 [一九七五] 二七二頁。

(8) TNA T 181/19 : Royal Commission of Inquiry into the Private Manufacture of and Trading in Arms, Production Statistics. Note by Secretary, 29 Mar. 1935. ちなみに、海軍 (軍艦建造) の場合の民間依存率は六二%、その他 (砲、小火器、爆薬、弾薬、魚雷など) の場合は五七%であった。

(9) Peden [2007] pp. 137-139; Edgerton [2006] pp. 46-48; Meulen [1991] pp. 109-111, 182-187; 横井 [二〇〇三] 一三九〜一四一頁 : 横井 [二〇一四] 二八〇〜二九二頁。

(10) グラント [二〇一四] 一二〇〜一三〇頁。

第Ⅰ部　両大戦間期

第1章　日本における陸軍航空の形成

鈴木　淳

1　はじめに

この章では、主に一九一〇年代の、日本における陸軍航空の形成を論じる。

日本における飛行機の初飛行は一九一〇年の末に臨時軍用気球研究会の二人の陸軍将校、日野熊蔵歩兵大尉と徳川好敏工兵大尉によってなされた。陸軍将校に広く読まれた『偕行社記事』は一九〇九年六月の号で、外国文献の紹介の形で、飛行機の将来の用途として、偵察や砲兵射撃の誘導、敵の航空機の撃破、野戦軍から敵の首都に至る爆撃、渡洋爆撃、追撃、機雷敷設といった、後に実現する軍事利用のうち艦船攻撃以外のほぼすべての可能性を指摘しながら、現状では積載量が少なく、また風に活動を妨げられるので大幅な改良が必要であるという議論を伝えた(1)。飛行機は当初から軍事的可能性と結び付けて理解されていたのである。

初飛行から一〇年、一九二〇年には数百の陸軍機が存在し、第一次大戦期の軍事航空の進歩を伝えたフランス航空団による伝習が一段落し、民間航空行政を統括する航空局が陸軍大臣の管理の下に設けられた。航空機の国産化では陸軍の発動機製造専門工場が発足し、中島、三菱、川崎といったその後の主要な民間工場も製造を開始していた。航空最初の一〇年間に、陸軍は飛行機を戦力の一環として位置づけるとともに、技術発展に対応しながらそれを入手し、また運用する体制を整えた。以下、この過程を大学や民間との関わりも含めて概観する。

2 第一次世界大戦前の航空

(1) 臨時軍用気球研究会による初飛行

日本の航空創成期の主役は、一九〇九年七月に官制が公布された臨時軍用気球研究会であった。同会の設置は陸、海軍両大臣から提案され、官制上も両大臣の監督の下に置かれたが、会長と委員は陸軍大臣の奏請により命じられ、幹事は陸軍の委員から選ぶ、と陸軍が主導した。当初の会長は長岡外史陸軍中将、委員は東京帝国大学の田中館愛橘、井口在屋両教授、中央気象台技師中村精男、海軍大佐山屋他人、陸軍工兵大佐井上仁郎、工兵少佐有川鷹一、同徳永熊雄、砲兵大尉笹本菊太郎、歩兵大尉日野熊蔵、工兵大尉郡山真太郎、海軍大尉相原四郎、海軍機関大尉小浜方彦、海軍造船中技士奈良原三次であった(2)。

陸軍では長岡が軍務局長、井上仁郎は軍務局工兵課長、有川は砲工学校教官、徳永が気球隊長、笹本は砲工学校員外学生として東京帝大機械工学科を卒業し東京砲兵工廠に勤務中、郡山大尉は員外学生として英国駐在中であった。当時の砲・工兵将校は全員が砲工学校で一年間教育を受け、その約三分の一が同校高等科に進んでもう一年学び、最優秀の数名は同校員外学生としてさらに数年間海外あるいは帝国大学で学んだ。有川も員外学生としてドイツで学んでおり、この制度が確立する以前にオーストリアとドイツに留学した井上仁郎と徳永も含め、砲工兵の委員は学術面で最優秀の人々である。日野熊蔵は砲兵会議と工兵会議が合併して成立した技術審査部では二二名中二名と珍しかった歩兵科の審査官で、(3)発明家として知られていた。

陸軍省作成の研究会官制原案は、主に飛行船を研究するため臨時気球研究会を置く、というもので、目的に飛行機の研究を加えたのは事前協議した海軍省の意見によった。(4)最終案が陸軍大臣官房に提出された日の新聞は、前日の六月二八日に、以前から報じられていたアメリカ人ハミルトンの飛行船が、高度約六〇メートルで一〇分ほどかけて上野の山を一巡し、入場料を払って集まった見物人の喝采を博したことを伝えていた。(5)

官制案作成の主務局長であった長岡外史は、寺内正毅陸相が研究会の設置を主導したと伝えている。(6)寺内の判断には軍事的な必要性だけではなく、外国人が日本の空を飛ぶのに、軍が対応しなくてよいのか、という意識も作用していたであろう。そして、委員会は一年もたたない一九一〇年四月に委員の日野、徳川両大尉を、飛行船ではなく、飛行機の操縦習得と輸入のためヨーロッパに派遣した。飛行機に重点が置かれた背景には、この間、一九〇九年一二月に、不忍池のほとりで日本駐在中のフランス海軍中尉ル・プリウールが、研究会委員の田中館教授や相原海軍大尉の協力を得て、自動車で牽引するグライダーによる公開初飛行に成功したことがあろう。(7)興行的にせよ趣味的にせよ、外国人が日本国内での初飛行に積極的で、飛行機の初飛行も近いであろうことは、誰にでも感じられた。

派遣された徳川はフランスの飛行学校で複葉のアンリ・ファルマン式機の操縦を習って卒業試験に合格し、ついで単葉のブレリオ式機の練習に着手したところで帰国の命令を受けた。彼はブレリオ機の操縦も習得して帰国しようと滞在延長を求めたが許されず、(8)二人は一〇月下旬に帰国した。(9)これは同時期に海軍から飛行術の研究に派遣された相原四郎大尉が二年間の駐在期間を与えられたのとは対照的である。(10)

そして、一九一〇年一二月一九日、代々木練兵場を臨時の飛行場として、日野はドイツから持ち帰った単葉のグラーデ式、徳川はアンリー＝ファルマン式で、飛行した、という点では誰の目にも文句がない初飛行を披露した。[11]その三カ月後、ボードウィン率いるアメリカ人飛行団が来日し、大阪での朝日新聞社主催「大飛行」を皮切りに、国内各地で興行飛行を行った。代々木での飛行が高度数十メートルであったのに対し、彼らの高度は千メートルにも及んだ。[12]徳川らを急がせたことで、陸軍は飛行機による国内初飛行を達成して国費を投じた研究の成果を誇示し、面目を保ったのである。

一九〇九年一一月に両大臣が合意した研究会の研究方針は、第一に、国内で発動機なしの小型飛行気球と飛行機を試製し、また外国製の発動機、飛行気球、飛行機を買入れて試験することを挙げていた。[13]

国内での飛行機の試製は、日野大尉が林田工場で八馬力の自動車用発動機を据えた機体を製作し、渡欧前の一九一〇年三月に実験したが離陸には至らなかった。また海軍の奈良原もフランス製の発動機を積んだ自作機で同年一〇月に試験したが離陸はできなかった。この結果、初飛行は輸入機となった。[14]

飛行船の研究は陸海軍の委員が共同で進めた。一九一一年に委員をドイツに派遣し、翌年八月には輸入した一五〇馬力発動機二基搭載、全長七六メートル余のパルセバール式飛行船が初飛行した。また、同年一〇月には委員たちが設計し、六〇馬力の輸入発動機を搭載した全長四八メートル余のイ号飛行船の飛行に成功した。気嚢は山田気球製作所製で、中途から製作に参加した中島知久平海軍機関中尉が一時間四一分の飛行時間を記録した。しかし、気嚢の老朽化により、パルセルバール式は一九一四年一月に気嚢を再設計して新造する大修理が決定され、イ号は同年三月の飛行を最後に廃棄された。前者が岩本周平技師の設計で完成し、「雄飛」と名付けられるのは、一九一五年四月のことで、青島戦当時の日本軍に使用できる飛行船はなかった。[15]

一九〇九年一〇月にフランス駐在経験がある高塚彊歩兵少佐が著した日本初の本格的な航空機に関する著書『空中之経営』では、現在の飛行機は数十メートルの高度で飛行するので敵の歩・砲兵の射撃に弱く、空中からの攻撃を企図する域には達していないとして、上昇力の大きい飛行船の方に高い軍事的価値を見出していた。しかし、二年も経たないうちに出された同書の改訂版では、飛行機の飛行高度が三千メートルに達した状況をふまえ、将来は飛行機による爆撃の効果が大きく、敵の飛行機や飛行船への攻撃力も評価できるとした(16)。大戦前には、急速な技術発展で飛行機の軍事的価値が向上しつつあると認識されていたのである。

(2)　気球隊と徳川大尉

陸軍が飛行船や飛行機の登場に敏感で、また徳川大尉が初飛行を担った背景には、陸軍が気球によって空中を活用しはじめていたことがあった。

陸軍は西南戦争期以来、断続的に気球の導入を図った(17)。西南戦争中の開発努力は一八七八年に士官学校で石本新六工兵少尉を載せて昇騰したところで中断したが、一八九〇年にイギリス人スペンサーが来日して気球を展示昇騰すると、フランスからヨーン式気球を輸入し、一八九二年から「捜索、偵察、警戒の具」として、工兵の技術や器材を調査検討する工兵会議で試験した(18)。一九〇一年以降は民間で開発に取り組んだ山田猪三郎と関わりながら研究開発を進め、一九〇一年九月には、参謀本部内で欧州列国にならい気球隊を設ける案が作られた(19)。しかし、これは実現せず、日露戦争開戦後の一九〇四年六月に一八六名からなる臨時気球隊の編成が命じられた(20)。

臨時気球隊長は河野長敏で、一九〇〇年に軍事鉄道研究のために私費でドイツに留学し、三年目は国費で軽気球を研究した(21)。臨時気球隊は山田が製作した国産気球を装備して八月に旅順近郊に赴き、気球が老朽化する一〇月三日までに一四回昇騰させて偵察を行った(22)。臨時気球隊の出征準備にあたっては、後に臨時軍用気球研究会委員となる田中館教授が協力した。田中館は、気球をつなぐ鉄索を巻いて繰り出す機械の使用法が理に適っていないのを発見して改善を助言し、また水素を大きな袋から気球に移すため兵員が袋に乗って体重と腕力で絞っていたのを密閉式の通風機を作って機械化し、所要時間を一〇分の一程度にした。[23] 前者は「仏国ヨーン会社の旧式」[24] の手動繋留車のはずで、使い方がわからなくなっていたらしい。後者に関しては、当時は昇騰位置の近くで発生させた水素を袋にため、気球に送り込んでいたので、田中館の発明の意義は大きかった。

気球隊には一九〇二年からドイツでヘルマン＝メーデベック砲兵少佐に気球研究の指導を受けた徳永大尉も加わり、ドイツの最近の気球事情は把握できていたが、国内のありあわせの材料で気球を揚げるには、守備範囲の広い当時の物理学者の協力も有効であった。

なお、メーデベックは以前から徳永が勤務していた工兵会議に手紙や著書を送って気球の発達を助けており、[25] 徳永はこれらの海外情報を検討して、留学前の一九〇二年二月発行の『偕行社記事』二八四号に「空中飛行機」を執筆し、当時の欧米での「飛行機」の試みを五類型にわけて紹介し、現状での軍事的価値を否定しつつも、飛行機の実現を近いとした。陸軍はライト兄弟の飛行の前年にこの程度の情報を部内で共有していたのである。

気球が使えなくなった臨時気球隊は内地に帰還し、一九〇五年三月に二隊に再編された。そして、旅順要塞の陥落により野戦での使用を意図し、瓦斯製造機や圧搾機、また当時「瓦斯管」と呼ばれたボンベを含む気球器材をドイツに発注した。[26] 日露戦争には間に合わなかったが、第一臨時気球隊長に転じた河野少佐は、同年九月にドイツ製器材を用いて東京近郊で演習を行い、畳んだ気球とボンベを馬車で運び、現地到着から三〇分程度で気球を昇騰させて、野戦で使用できる気球隊が登場したことを示した。[27]

臨時気球隊は復員のため翌月に解散したが、一部の隊員は同隊の編成を担当した電信教導大隊に研究のために残留し、[28] 一九〇七年の気球隊設置を迎えた。気球隊は新設の交通兵旅団の下に置かれ、編成完結は一九〇九年一二月、人員は一四五名、[29] 初代隊長は河野で、二代目の徳永隊長の時、臨時軍用気球研究会が発足した。

気球隊は、編成途上の一九〇八年、田中館の推薦により、[30] 彼の教え子で東京帝大実験物理学科を一九〇四年卒業した岩本周平を技師として任用することを上申し、軍隊に文官を編入することへの一部の反対を押さえながら翌年に実現した。[31] 軍用気球研究会の創設にあたって大学関係者が組み込まれたのには、このような前史があった。

一九〇八年一二月、この気球隊に転入したのが徳川好敏中尉であった。彼は陸軍士官学校第一五期の卒業席次が工兵科三二名中第三位という優秀者であったが、日露戦争から帰って入学した砲工学校では、戦争のため入学が遅れた士官学校での先輩たちと同時に教育された。そこで、高等科卒業時に員外学生に採用されたのは先輩たちで、徳川らの期からは一人も選ばれなかった。[32] 彼が気球隊転入の希望を容れられ、欧行の大任を負ったことは、このような不運故に部内で納得されやすかったであろう。さらに言えば、彼は海防先覚者として著名であった水戸藩主徳川斉昭の曽孫であるが、御三卿の清水家を継いだ父が経済的に破綻して伯爵の爵位を返上したため、平民であった。初期の航空界では、子爵・男爵級の華族の活躍が目立ったが、より名門の出身ながら軍を飛び出す経済的余裕もない平民徳川の立場は、誰からも愛されやすかったに違いない。もちろん本人の努力と性格によるところが大きいが、徳川は初飛行により陸軍航空を象徴する人物となり、その地位は陸軍航空が消滅した後まで揺るがなかった。軍務に精励した徳川好敏が陸軍航空の発展に尽力した功労で男爵に叙され、華族の家を復興するのは、一九二八年のことである。

徳川の初飛行準備にあたり、岩本技師は、「気球隊の技手や兵員たちとともに、ファルマン機の整備員として、毎朝徳川氏と共々自動車で練兵場に出かけた」[33]という。初飛行予定の日、徳川機の発動機が動かず、田中館はじめ一同が原因を探ったが、気球隊の高山幸次郎技手が発電機の故障のためと気付き、蓄電池で発動機の配電盤に送電することを提案した。三日後に蓄電池から硫酸があふれ出さないよう振動に注意しつつ、三分間の初飛行に成功した徳川は、気球隊の人々に支えられて成功したと回想する。[34]

この初飛行が実現した日、日野大尉のグラーデ機は発動機が不調で、徳川より遅れて離陸し、より短い飛行時間で終わった。岩本の回想によれば日野の助手を務めたのは「同氏部下の数名の工員」であった。日野は気球隊の助けを借りずに飛んだのである。彼は代々木練兵場での地上滑走の初日である一二月一四日に高度一〇メートルで六〇メートルほど飛び、一六日にも離陸したが公式には飛行と認められなかった(35)。徳川の準備が整うまで待たされ、その間に発動機の調子が悪くなったようにも見える。

(3) 工兵の航空から陸軍の航空へ

陸軍で当初航空を担った気球隊の兵力は陸軍全体の一%にも満たず、これらに関わる将校は兵科将校の六%程度の工兵科に限られていた(36)。航空の発展を考えると、その担い手をどう拡張するかが課題であった。歩兵出身の軍務局長長岡外史は、臨時軍用気球研究会の発足にあたり、寺内陸相から「石本君は学者でもあり、工兵科出身であるから」と会長就任を求められた石本新六陸軍次官が、「人間が鳥の真似の出来よう筈はない」ので経費の無駄だといって断ったから、次の局長会議で自分が会長を引き受けたと回想している(37)。このエピソードは石本の航空嫌いで説明されてきたが、「気球」といえば工兵科という常識的発想を石本が後世に残る迷言で覆したともいえる。石本は将来への展望を持って、「航空嫌い」を演じたのであろう。

日野大尉は、三回断ったが、長岡中将によって無理に委員会に入れられたといい(38)、長岡が石本の意図を了解して工兵科や、製造部門担当者として必然的に加わる砲兵科以外の人材の取り込みに努めたことが察せられる。一九一〇年六月に長岡が第十三師団長に転出すると石本次官が臨時軍用気球研究会会長を引き継ぎ、以後原則的に次官が会長となる慣例を作る。

日野は、一九一一年四月に所沢飛行場が開かれると、徳川とともに飛行練習を始めたが、同時に東京工科学校（現、日本工業大学）などの協力を得て自製発動機をつけた自製機の実験を繰り返した(39)。どこまでが臨時軍用気球研究会の事業だったのか未詳だが、会の研究方針から、少なくとも発動機に関しては、個人負担であったと思われる。そして、同年一二月に少佐に昇進、福岡の歩兵連隊に転勤を命じられ、研究会委員を免ぜられた。飛行機製作に出資していた錠前製造人山内進から財産差押えの訴訟を起こされたことが委員免職の原因であるといわれ、山内の工場では日野の設計になる飛行機と発動機が製作中であった(40)。

一九一一年末、石本次官の下で軍務局工兵課長となったのが井上幾太郎工兵大佐であった。砲工学校の一年の課程を終えて参謀養成機関である陸軍大学校に進み、日露戦争前に私費でドイツ留学した井上は、工兵課長として臨時軍用気球研究会幹事に就任すると、操縦と偵察の要員養成を急務と感じた(41)。そこで、各兵科の将校や下士に交通兵旅団で通信関係の技術を習得させるために用いられていた交通術修業員分遣規則を適用して、一二年六月から空中偵察将校、七月から操縦将校の教育を開始した。空中偵察は陸軍大学校を卒業して東京で勤務するものに三カ月間、気球と飛行機からの偵察を学ばせ、操縦は全国の部隊から希望者を募って選抜し、一年間操縦を学ばせた。偵察将校を東京勤務者としたのは、実習の機会が少ないので、分遣中も適宜本務に従事させたからである。第一期として、杉山元をはじめとする歩兵科五名と砲兵科一名の佐官が空中偵察術修業のため、また歩兵科二名、騎兵・砲兵・輜重兵科各一名の尉官が航空機操縦術修業のため気球隊に分遣された(42)。これにより、陸軍の中枢を担う陸大出身者が空中偵察将校として航空への理解を深め、また各兵科の意欲にあふれた青年将校が、操縦将校として航空の世界に入るという体制が作られた。

一方、フランスで飛行免状を取得し、一九一二年にアンザニー六〇馬力搭載の自作機を伴って帰国した滋野清武男爵は、七月に研究会御用掛となり、翌年一一月まで所沢に勤務した。操縦将校要員の第一期生の教育に当たる操縦者は徳川大尉だけであったので、彼が加わった意味は大きかったはずだが、徳川の回想には日野大尉は繰り返し登場するものの、滋野の名はない(43)。

(4) 民間飛行家と飛行機製作の開始

臨時軍用気球研究会委員であった奈良原三次は、自作機の飛行に失敗したのち海軍を離れ、一九一一年五月四日に所沢飛行場で奈良原式二号機の初飛行に成功した。[44] 輸入機での初飛行後に、研究会が発明家的な委員の機体試作を続ける意義は微妙で、失敗を乗り越えて挑戦し続けたい日野や彼が研究会を離れる結果をもたらしたのであろう。男爵家を嗣ぐ奈良原は飛行成功を花道に手を引いたが、元気球隊の下士白戸栄之助など彼の下に参じた人々は、翌年五月に稲毛に独自の飛行場を得るまで所沢で練習を重ねた。また、海軍の機関将校で研究会には参加せず水上機の試作を繰り返していた磯部鉄吉は、一九一一年に研究会の発動機を用いて試験を行ったが、成功せず、同年現役を去った。[45]

軍用気球研究会が援助したのは軍人やその関係者だけではなかった。民間人の都築鉄三郎は出資者を募り、アンザニ一五〇馬力発動機を入手して機体を製作し、所沢飛行場の利用を許されて地上滑走で試行錯誤した末、一九一二年五月五日に飛行に成功した。[46] また大阪の洋革商森田新造は一九一〇年にベルギーの博覧会で見かけたグレゴアジーブ四五馬力発動機を買って帰り、オートバイ用エンジンを試作していた島津楢蔵に見せ、さらにフランスで知遇を得ていた日野・徳川両大尉をたよって島津とともに所沢に赴き、研究会が輸入した各種発動機を見学した。この結果、島津はブレリオ機用のアンザニ一二五馬力発動機を三五馬力に拡大して製作し、旧土佐宿毛領主家に生まれた伊賀氏広男爵が自製の機体にこの発動機をつけ、一九一一年末に代々木練兵場で研究会の委員らが見守る中、飛行を試みたが、成功しなかった。[47] 臨時軍用気球研究会は、飛行場や情報の提供によって飛行機の開発や操縦士の養成に協力し、それは民間航空の萌芽をもたらした。

森田は単葉の機体を自作してグレゴアジーブ発動機をつけ、一九一二年四月二四日、奈良原に先立って大阪で初飛行した。森田の飛行は翌月に終了したが、奈良原と都築の輸入発動機は、機体を作り直されながら各地で興行飛行に用いられ、一九一三年の九月と一〇月を最後に姿を消した[48]。

かわって登場したのは、アメリカで飛行技術を磨いた日本人であった。一九一三年四月には武石浩波が飛行機を携えて帰国し、翌月、大阪朝日新聞の主催で神戸で飛び、その後神戸から大阪、さらに京都に飛んだが着陸に失敗して日本最初の航空機事故死亡者となった。同年一〇月には幾原知重、一九一四年四月には坂本寿一、高左右隆之が自作機を、五月には海野幾之介が日本初到来の飛行艇を、それぞれアメリカから持ち帰り、同月にはフランスから荻田常三郎が飛行機と操縦士を伴って帰国し、新聞社などの招聘に応じて各地で飛行した[49]。

予備役となった磯部機関少佐は「飛行機の進歩発達を計り其発展普及に必要なる機関を設け、之に必要なる学術を講究し、兼ねて会員相互研究の便利を図る」日本飛行協会の設立に奔走し、伊賀男爵らの賛同を得て、一九一二年一一月に創立総会を開いた。一方で、井上幾太郎工兵課長は、蜂須賀茂韶侯爵を会長、陸海軍次官を評議員とする帝国飛行協会を常議委員として指導していた。両会は交通兵旅団長で臨時軍用気球研究会の幹事となっていた井上仁郎少将の提案で一九一三年四月に合併した。後者は未だほとんど活動しておらず、実働面では磯部が中心となったが、会名は後者が引き継がれた。同会は臨時軍用気球研究会委員でもある技術委員たちの提案で、ドイツのルムプラー式機二機を購入することとなり、操縦修得もかねてドイツに渡った磯部が同年一二月に帰国すると、所沢飛行場の隣接地に格納庫を建設して研究会の飛行場を共用し、憲政擁護運動で知られる尾崎行雄の子行輝らを練習生として飛行をはじめた[50]。また、同会は一九一四年六月、大阪朝日新聞社の後援を得て兵庫で第一回飛行大会を開催した。欧米から帰国した飛行家たちが顔をそろえたが、賞金の条件となった三〇分以上の継続飛行を果たせたのは番外の磯部とアメリカ帰りの坂本寿一だけで[51]、機体を持ち帰っても適切に整備して飛ばすことはなかなか困難だったことが伺える。

臨時軍用気球研究会の事業としての飛行機の設計は徳川によって一九一一年四月に開始された。製造は中野の気球隊気球庫で着手され、所沢の格納庫で組み立てて一〇月二五日から試験飛行に入った[52]。アンリー＝フォルマン式を元に独自の工夫を加えた機体は、中里五一を主任技手とし、技能ある兵卒と大工が製作に従事し、骨組みの木材は木場で選定し、翼布は大崎の藤倉気球製作所製品を用い、また取り付け金具等は中野の渡辺氏の小工場に注文したという(53)。発動機は輸入に依存し、民間発明家たちと類似の製作法であったが、機体整備の経験と、現用機を運用の経験に基づいて改良することで、実用的な「会式一号機」となった。同機の経験を反映して、翌一九一二年六月には会式第二号機が、同年一一月までには三、四号機が製作された(54)。一九一三年にはフランスに派遣され操縦を学びモーリス＝ファルマン機とニューポール機を持ち帰った長沢秀・沢田賢二郎両工兵中尉の担当で五、六号機が作られた。内一機はこの年に飛行機製作を開始した東京砲兵工廠製であった(55)。

3　第一次世界大戦開戦と青島戦の影響

(1)　青島戦への出征と航空大隊の発足

一九一四年七月、第一次世界大戦に参戦し、青島のドイツ軍を攻めることとなった時、陸軍は一五名の操縦将校がいた。第一期操縦将校は二名の事故殉職者を出しながら三名が卒業し、第二期八名、徳川と長沢、沢田、そして気球隊内で操縦を学んだ佐藤求巳工兵中尉である。未だ部隊としての航空隊はなく、他兵科の操縦将校は、一九一三年五月の改正で、気球隊に研究のため「航空機操縦術を修業したる各兵科尉官七名」を置くことができるとして、第一期は全員を、第二期以降は選抜して気球隊に残し、軍用気球研究会御用掛を命じる予定であった(56)。

一九一四年八月に編成された青島派遣航空隊は、気球隊長の有川鷹一工兵中佐を隊長にモーリス＝ファルマン七〇馬力四機、ニューポール五〇馬力一機、繋留気球一、操縦将校徳川大尉以下八名で、偵察将校は空中偵察修業者三名が、出征軍の司令部である独立第十八師団司令部附として出征した[57]。操縦者の過半と保有全機の出征であった。

航空隊は九月二一日以降、偵察将校を同乗させて偵察を行い、二七日には初めて艦船爆撃を、一〇月三日からは偵察とともに陸上爆撃も行った。一三日には空中でドイツ機を追い、以後三回の空中戦で機関銃弾約九百発を発射したが撃墜には至らなかった。ドイツ軍はルンプラー式二機を保有し、民間から一機買い上げたが、うち二機は事故で喪失し、交戦したのは一機のみである。この機は一〇月三〇日まで作戦飛行し、ドイツ軍降伏の前日である一一月六日に本国への情況報告のため中国の中立地帯まで飛行して武装解除した。派遣航空隊の飛行回数は八六回、うち敵地上空は三九回、最大高度は二一〇〇メートル、爆弾投下は一五回、四四発、気球隊は五回昇騰し、他に海軍航空隊も五〇回の飛行を行った[58]。気球隊の前提もあって飛行機は偵察用と考えていた陸軍は、初歩的ながら爆撃や戦闘という課題に直面し、何とか役割を果たしたが、たった一機のドイツ軍機が、馬力が劣る上に二人乗りの日本軍機に対し常に高高度をとったため捕捉できないという限界も感じさせられた。

全機を出征させた陸軍は、八月二三日に補充用として帝国飛行協会のルンプラー式二機を買い上げることを決定し[59]、磯部の手で一一月六日に現地で初飛行したが、発動機の故障で着陸に失敗して、作戦には使用できなかった[60]。なお帝国飛行協会は、当時の首相でもあった大隈重信会長名で九月二三日に本人の願書を添えて操縦に慣れた磯部の従軍を願い出たが、一〇月一日に輸送宰領の嘱託としての採用が通告された。また一〇月九日にはアメリカ帰りの高左右隆之の、自製機を伴っての従軍願いを取り次いだが、陸軍には必要なしとして断られた[61]。国家の総力を挙げる戦いではなかったため、陸軍は部内の秩序を優先し、部外飛行家の利用には消極的であった。

一九一五年一月に青島から凱旋した航空隊は復員により解散したが、同年一〇月には飛行機二中隊と気球一中隊からなる航空大隊の編制が発令され、一二月に所沢に開設された。当初、飛行機は徳川を中隊長とする一中隊のみであった。気球隊は航空大隊に吸収され、有川が航空大隊長となった。

一七年一二月の航空大隊編成完結を待たずに、一七年八月に航空第二大隊の設置が発令され、航空大隊は航空第一大隊と改称された。航空第二大隊は一九一八年一一月に岐阜県各務ヶ原に移駐し、同年一二月に工兵以外の出身ではじめて、空中偵察将校一期の杉山元歩兵少佐が大隊長に着任し、他兵科でも航空大隊長となる例を開いたが、同隊の大部分の編成が完結するのは一九年一二月となる。一九一八年五月には航空第三、第四大隊の設置が発令され、第四大隊は一九年一一月以降福岡県大刀洗に駐屯して二二年一二月に編成完結、第三大隊は二一年一一月以降滋賀県八日市に駐屯して二三年一二月に編成完結した。欧州での飛行機の活躍が広く報じられ、大戦景気で税収が増えたので部隊の増加は認められたが、機材も操縦者も限りがあるため、編成はゆっくりと進んだ。この間、一九年一二月に航空第一大隊から気球隊を独立させることが決まり、一九一八年八月にはシベリア出兵のため、航空第一大隊で合計二一機からなる第一、第二航空隊と航空廠が編成された(62)。

航空大隊の編成が進む中、一九一八年一月に井上幾太郎少将が新たに置かれた交通兵団司令部附少将に任じられた。井上は所沢に勤務し、交通兵団長の委任を受けて航空隊を監督するとともに臨時軍用気球研究会の幹事を務めた。そして、本来は兵器本廠で行う、輸入あるいは砲兵工廠製の飛行機の検査を研究会で実施した。

この改編の契機となったのは、一九一七年一一月の特別大演習において、砲兵工廠製のダイムラー式一〇〇馬力発動機を搭載したモ式六型機一四機が所沢から滋賀県の長浜と京都に移動しようとしたが、不時着が相次ぎ、原因調査のため臨時軍用気球研究会が開いた特別委員会で、製作者である砲兵と運用者である歩・工兵の委員の見解が対立したことであった(63)。従来、軍用気球研究会が飛行機を保有したので自ら検査できたが、航空隊が部隊になると、飛行機も、兵器本廠で検査して部隊に交付するという通常の兵器配給ルートに乗る。しかし、飛行機に関して兵器本廠に十分な検査能力があるとは思われなかったので、機体や発動機の不調をめぐって運用者と製造者の対立が表面化したのである。研究会で検査を代行すれば双方の責任が明確になるが、研究会の今後も含め制度化の課題は残る。

一方、研究会と交通兵団の関係では、従来の井上仁郎の役割に注目する必要がある。井上仁郎は臨時軍用気球研究会創設時の工兵課長で同会幹事を務めたが、一九一〇年一一月に少将に進級し、交通兵旅団長となった。研究会官制は委員を佐尉官に限っていたので彼は研究会御用掛に転じたが、将官も委員にできるよう官制の改正を提案し(64)、一二年三月の改正を受けて四月に委員に復帰、幹事を務めた。そして交通兵旅団が交通兵団に改編された後、一九一六年四月には研究会会長に任じられた。砲兵出身の大島健一が次官から大臣に転じた際、会長職を後任の歩兵出身次官ではなく井上に譲ったのである。しかし、八月に井上仁郎が下関要塞司令官に転補されると、会長は次官に戻された。これにより井上が四年以上にわたって研究会の幹事・会長と交通兵（旅）団長を兼ねて両者を統合していた機能が失われたのである。井上仁郎はオーストリア留学での軍用鉄道研究を起点に交通兵を発展させてきた権威者であり、工兵の中の交通兵として陸軍航空を育てるには適していたが、会長を交通兵団長の兼職に固定化すれば、航空を工兵、さらには交通兵の枠内にとどめることになる。工兵、交通兵の枠を超えて航空をどう制度化するかが井上幾太郎に与えられた課題であった。

(2)　輸入困難下での国産努力

一九一四年八月に青島に航空隊を送り出すと、陸軍はアメリカのカーチス社製発動機六基を発注し、三井物産が輸入していたルノー七〇馬力発動機六台を購入した。九月には東京砲兵工廠に、前年に四機が輸入されていたモーリス＝ファルマン一九一三年型に倣ったモ式四型機一〇機分の機体の製造を命じ、翌一五年二月までに竣工させた。一方同年九月には東京砲兵工廠砲具製造所で最初の試製航空用発動機であるルノー七〇馬力の試運転に成功し、同年一二月には、はじめて国産発動機を搭載した機体が登場し、以後継続的に生産された。また、輸入品も含めた同発動機の修理も砲兵工廠で行われるようになり、延べ百台以上が対象となった。一方で、青島戦の教訓として、少なくとも百馬力の発動機が必要であるとされたので、東京砲兵工廠は一九一六年にルンブラー機のダイムラー百馬力発動機の模造を試み、一九一七年春に完成した。以後、これを積んだモ式六型が生産された(65)。

所沢の臨時軍用気球研究会工場での機体の試作は、沢田秀工兵中尉を中心として継続され、一九一五年四月に会式七号偵察機が作られたが墜落した。その後沢田は一九一六年六月に同機のカーチス九〇馬力発動機を用いて、固定機関銃を装備した国産初の戦闘機を試作した。そして、欧州視察から帰国した一九一七年三月に自ら操縦して試験飛行を行ったが、墜落して殉職した。また沢田と、航空関係でフランスに留学した桜井養秀砲兵大尉らを設計委員として、欧米の新型機に匹敵する高性能機の製作をはかり、一九一六年五月にダイムラー一〇〇馬力装備の複葉機を試験飛行したが、所期の性能は得られなかった。そこで、一九一八年一月には国産の同型発動機を搭載し、ドイツのアルバトロス戦闘機を参考にした複葉機を製作したが、試験飛行で墜落し、操縦者坂元守吉中尉が殉職した(66)。貴重な留学経験操縦将校が続けて犠牲になった後、一九一八年三月にはフランスから輸入されたニューポール式とスパッド式の戦闘機の試験が開始され(67)、戦闘機の独自開発は中断した。

一九一四年八月に帝国飛行協会は飛行機用発動機の懸賞募集を行い、一九一六年三月末の締め切りまでに、岸一太、朝比奈順一、島津楢造が発動機を提出した。田中館を委員長として審査した協会は四時間の連続運転に耐えた島津の一台を一等賞として二万円を贈り、二、三等は該当者がなかったところから、他の二名と、遅れて提出した友野直二、大河原碌碌に努力を評価して三百円ずつを贈った(68)。

島津は所沢で見学したルノー七〇馬力を拡大して九〇馬力を試作し、その後、関西で飛行を試みた各種民間機の発動機を修理調整していたが、一九一五年に萩田常三郎の八〇馬力ル・ローン発動機を再生して好調であったところから、これを模造し、一等賞を得た(69)。一方、東京築地で耳鼻咽喉科を開業し、井上幾太郎とも親交があった岸一太は台湾総督府や関東都督府にも勤めた人物で、一九一四年から自宅に工場を設けて研究会のルノー七〇馬力を借りて模造した[70]。この他は独自色ある設計で、鉄道省技師の朝比奈が設計した発動機を製作した太田祐雄は芝浦製作所で修業の後、伊賀男爵の下で飛行機の製作や島津製発動機の調整に従事し、一九一二年に巣鴨で独立開業したところであった[71]。友野直二は一九一一年に開業した舶用発動機製造業者で[72]、大河原碌碌は関西商工学校卒業後、三菱造船に勤務した発明家的技術者であった[73]。中小の製作者が競い、最も航空発動機の経験が豊かな島津が優勝したという結果であった。

その後、岸は一九一七年一二月に赤羽飛行機製作所を開設し、原愛次郎工学士を招いてベンツ式一七〇馬力の試作に着手し、一九二〇年には陸軍にモ式四機を納入したものの、陸軍がモ式を調達しなくなったため、廃業した[74]。一方、島津は飛行機生産に乗り出そうとしたが、三井物産の山本条太郎が反対したので、その勧めに従って一九一八年一月に自動車学校を開設した[75]。同年六月一二日、三井物産支店長会議の機械会議で中丸一平機械部長は、「飛行機の製造事業たる、尚ほ未た乳臭の域を脱せざる現状にあるを以て、是れが発達には無休不断の改良進歩を要するものあり。従って多大の研究費を要し、到底眼前の小利を目的とする小資本者の堪ふべき所に非ざるを以て、近く飛行機奨励案の出づるあるも、尚ほ小資本の事業に不適当にして大資本の事業たること勿論なりとす。尚ほ、飛行機製造は又自動車の製造を兼営するに最も適切にして製造機械類の如きも共通利用し得らるゝもの多く、経営宜しきを得ば頗る有望の事業」[76]と述べた。現状では需要が少ないので、将来機会が来たら自動車と兼業の工場を設立できるよう準備するというのが当面の結論であった。山本が島津に断念させた背景には、三井物産としての情勢判断があり、中丸は井上幾太郎の義弟であったから[77]、この判断は陸軍当局者にも共有されていたであろう。

一九一七年一二月、海軍で飛行機製造の経験を積んでいた中島知久平機関大尉は、民間での飛行機生産をめざして予備役に編入され、年内に「飛行機研究所」を発足させた。翌一九一八年五月には川西清兵衛の出資を受けて日本飛行機製作所とし、同年七月には陸軍から発動機の提供を受けて中島式一型一号機を作り上げた[78]。中島は臨時軍用気球研究会御用掛として陸軍の関係者にもよく知られており、海軍工廠から技能者を引き抜いて創業した経緯からも、陸軍に注目されていたと思われる。

陸軍は、航空第二大隊の設置が発令された一九一七年八月に航空発動機と機体製造の権威であった東京砲兵工廠砲具製造所長北川正太郎砲兵中佐を名古屋の熱田兵器製造所長に任じ、自動車と飛行機の製造に着手した。東京に集中していた航空隊の中部への展開と合わせて、生産拠点を増置したのである。熱田では、一九一八年から四トン自動貨車とともに、ルノー式七〇馬力発動機とモ式四型飛行機の製造が開始され、ダイムラー式一〇〇馬力発動機の製造が、東京から移された。(79) 自動車と飛行機の製造兼業は陸軍で実行されていた。また、同年、東京砲兵工廠は、独自の判断で、従来から兵器の一部の生産を命じていた東京瓦斯電気と日本製鋼所にこの発動機の試製を命じた。(80)

松方五郎が経営していた東京瓦斯電気工業は農商務省の実業練習生としてアメリカで三年航空発動機と自動車の製造を研究した星子勇が入社した一七年四月に、大森に新工場を設けて自動車、内燃機関、さらには飛行機の生産にも乗り出そうと増資した。(81) そして、一八年四月から東京砲兵工廠に技手を派遣して、発動機の製造技術を習得し、一九年一二月から二〇年二月にかけ一〇台を陸軍に納め、若干がモ式六型に装備された。(82) 日本製鋼所では一九二一年までに二一台を作ったが、赤字となり中止された。(83)

欧米に対する立ち遅れが明確な中で、研究と人材養成のため帝国大学に航空学の講座を設ける建議が一九一五年六月に衆議院で可決されるなど、(84) 大学への期待が高まり、東京帝国大学では一九一六年四月に田中館愛橘を委員長とする航空学調査委員会を設置して航空の研究とともに今後の体制を検討した。研究としては航空発動機の振動測定、発動機のカムの研究、風洞設計資料の研究、そして富士山頂にルノー七〇馬力を担ぎ上げての試験を含む高空における発動機性能試験が行われたが、(85) 富士山頂での発動機試験は臨時軍用気球研究会の事業にも位置付けられており、(86) 両者の関係の深さが伺える。この委員会の検討結果により、一九一八年四月に構内に航空研究所を創設、八月に越中島に移転した。また、七月には工科大学に航空学第一～第四講座、理科大学に航空物理学講座を置き、本格的に飛行機設計技師の養成を始めた。当初の航空研究所員は航空関係講座担当者と調査委員会委員であった各教授が兼ねたが、一九二一年七月に航空研究所が独立の官制を持つ附置研究所となると、東京以外の帝国大学の教官や講座を担任しない研究所専任の教官、また陸海軍の武官や技師を所員に充てられるようになった(87)。陸軍文武官が航空研究所員となるのは、一九二三年四月の佐々木達治郎砲兵中尉、そして同年六月に講座を担当しない東京帝国大学教授を兼ねた(88)岩本周平陸軍技師からである。

(3) 中国、台湾、朝鮮、そしてフランスへ

一九一二年には、結果的に一回しか飛行できなかった山田式飛行船が、また一九一五年には都築式飛行機が中国革命政府に輸出された(89)。一九一六年には五月に八日市飛行場で坂本寿一が南方派のために日本留学中の中国人青年一〇名に操縦教育を開始し、翌月には飛行機二機を持って日本軍占領地域と中立地域の境界にあたる山東省濰県に渡り、八月から一〇月まで現地で中国人への飛行教育を行った(90)。この六月には山東護国軍のために飛行機調達に来た日本人が、帝国飛行協会主事の個人的斡旋により、島津の発動機と高左右隆之の機体を買って山東に送るという情報があり、山東を占領していた青島守備軍は「目下の時局に於て飛行機を飛行せしむることは地方人心に多大の恐慌を与へ更に秩序を攪乱するの虞れ」があるから、到着しても組み立てを許さないという方針を示した(91)。これより先、一九一四年八月に上海で興行飛行を企画した高左右に対し、中国の海関は飛行機は軍事用品で、人心が安定しない上海で飛ぶのは認めないと通関を拒否しており(92)、当時、特に政情不安定な土地では、飛行機の飛行自体が軍事的効果を持ったことが察せられる。

八月には孫文がアメリカから購入した飛行機が神戸に着き、帝国飛行協会が点検を受託した(93)。飛行協会は前年九月に臨時軍用気球研究会に委託しての操縦訓練を終えたばかりの尾崎行輝技師を派遣するとともに、同研究会に相談し

て個人の資格で第一期操縦将校で渡欧経験もある坂元守吉歩兵中尉を参加させ、一部を改修の上、試験飛行して引き渡した。[94] 尾崎技師は、一九一七年に島津の受賞発動機を搭載する小型機を自作し、後任者の養成を待って職を辞した後、セミョーノフ軍に飛行機を売却し、自らもシベリアに渡った。[95] このように、第一次大戦期の日本から近隣諸国への飛行機移転は、相手国が内戦状態で政府が担い手になりにくかったため、一部は軍の間接的な支援をうけつつも、乏しい民間の力で行われた。

当時日本の植民地であった台湾では、先住民を服属させることが大きな課題で、飛行機はその格好の手段と考えられた。一九一二年一〇月に台湾総督府が先住民の頭目らに内地見学旅行をさせた際には、所沢で飛行機を見せ、内一名に体験飛行をさせた。操縦した徳川は「治蕃政策上相当の効果はあったろうと思われる」と回想している。[96] 一九一四年三月から五月にかけ、幾原の発動機を譲り受けた野島銀蔵が「理蕃飛行」を意図する台湾総督府の支援を受けて短時間ながら各地で飛行したのが台湾における初飛行となった。[97] 一九一七年には陸軍が耐熱飛行の研究を行う機会に、総督府の要請で各地で爆弾投下の実演などを行い、その場で帰順を申し出る先住民もあった。その後一九一九年、総督府は警察航空班を設け、操縦・整備要員を所沢に送って教育を受けさせた後、一九二〇年三月に台湾での運用を開始した。[98] 航空班長には佐藤求已工兵大尉が派遣され、軍人の指揮する警察航空であった。[99]

朝鮮での初飛行は台湾より遅かった。上海行きが果たせなかった高左右が一九一四年八月に京城日報の招きで飛行したのが最初で、模擬爆弾投下や駐屯陸軍の対空射撃演習が行われ、兵器としての性格が強調された点も含め、当時での内地での新聞社主催興行飛行と類似して、植民地の特異性は感じられない。[100] しかし、一九二〇年三月に陸軍が所沢から京城までの長距離飛行を行った際に、松井航空課長は海軍に事故に備えて対馬海峡へ艦艇を配備するよう要請するにあたって、「本飛行実施は時恰も朝鮮人不穏の企ありとの噂ある時期に際会し、之れが示威の目的をも達成し得る次第」と三・一事件一周年を期しての独立運動の高揚に対する示威の意図があることを示した。[101] それは、複数の輸入新鋭機を内地から飛行させる、水準の高い示威であった。そして同年一二月には平壌への航空第六大隊の新設が発令され、一九二一年一一月には編制途上の部隊が現地に進出した[102]。一九二〇年には陸軍の主導で台湾、朝鮮それぞれの状況にあわせた航空隊の展開が制度化された。

第一期操縦将校の訓練にあたった滋野清武男爵は、その後民間での飛行練習所の設立を企画し、準備のためにフランスに渡ったところで第一次大戦が勃発したため、フランス陸軍航空隊に入隊、大尉に任官して一九一五年五月から実戦に参加し、百回程度の敵上飛行を行い、爆撃や本格的な空中戦を経験してレジオン・ドヌール勲章を授与された。青島で参戦できなかった磯部鉄吉も一五年にフランス陸軍航空隊に加わり、中尉として実戦に参加し、同じ勲章を受けた。日本陸軍航空の周縁部にいた二名は、陸軍航空の本流をはるかに凌ぐ実戦経験を積み、栄誉を得たのである。このほか志願して入隊後訓練を受けたものや、アメリカで操縦を学んだものなど、四名の日本人がフランス陸軍航空隊に加わり、小林祝之助が空中戦で戦死したのをはじめ三名が従軍中に死亡した[103]。

4　第一次世界大戦期の進歩への対応

(1)　イタリア派遣・フランス航空団招聘と陸軍航空部設置

第一次大戦を経験した欧米の軍事航空技術を取り入れるため、日本陸軍は二つの方策をとった。一つは一九一八年一一月に百名を超える派遣団を送り込んで、戦闘や飛行機製造を学んだイタリア派遣であり、もう一つは一九一九年一月に到着したフォール大佐以下約六〇名のフランス航空団による指導である。

イタリアへの派遣は、先方からの要請に応じたもので、正式には一九一七年一二月に、イタリアの航空兵総裁が日本の陸海軍駐在武官に、航空機材料、飛行将校と職工の派遣を求め、海軍は余力がないとして、陸軍が受けることになった(104)。陸軍は操縦将校二〇名、職工一〇〇名の派遣予算を立てることを一九一八年六月一四日の閣議で了解された。旅費の見積によれば九月から現地に滞在する予定であったが(105)、実際には一〇月に出発し、イタリア到着は休戦後の一一月二八日となった。イタリアでは、操縦者は駆逐（戦闘）と爆撃の訓練を受け、職工も飛行学校で教育を受けて、一九年八月に帰国した(106)。

フォール大佐が率いる航空団は、フランスに駐在していた桜井養秀砲兵大尉が、ロシア派遣のため準備されていた旧知のフォール大佐率いる部隊が日米の航空指導に転用できる可能性を知って、大使館付武官と連絡して話を進め、国内では田中義一陸相が積極的であったという。陸軍は一九一八年一二月に臨時航空術練習委員を置き、井上幾太郎を委員長として受け入れ準備を整えた。三カ月の予定で、操縦を各務原、射撃を静岡県の新居浜、爆撃を三方原、偵察観測を下志津、機体製作と気球を所沢、発動機検査を東京砲兵工廠、発動機製作を同熱田機器製造所で行い、一部は一九二〇年まで延長された。従来、陸軍機は宙返りを行わなかったが、この時の操縦教育ではじめて曲技的な飛行も教えられた。フォール大佐は新式機の操縦者を養成するにはモ式での練習は不適当としたため、一九二〇年の第一二期操縦将校はニューポール機によってフランス人教官の指導を受け、モ式機の時代は幕を下ろした(107)。伝習のため、シベリア派遣の航空隊も大半が呼び返された(108)。なお、一九一四年から一七年まで毎年一二名採用された操縦将校要員は、一九一八年から増員されたが志願者は増えず、一九一九年からは下士も操縦要員として採用されるようになった(109)。

当時の陸軍大学校校長宇垣一成少将は一九一九年五月に第八期操縦将校の修業式に立ち会った際の所感として「未だ何となく御手に入りたるものとの感じが起らなかった。過般下志津で見た方は此れに勝りた好感を起さしめた(110)」と記した。第八期は改革前の、モ式による操縦訓練の修業式で、下志津はフランス航空団の指導を受けての飛行であるから、彼の所感はフランス航空団の効果が素人目にも明らかであったことを示している。

井上幾太郎の検討やフォール大佐の意見を参酌して制度調査委員で検討した結果、一九一九年四月に一連の再編が行われた。その中心となるのは「航空に関する事項の調査、研究及立案、航空兵諸軍隊本科教育の整一進歩並航空に関する器材の製造、修理、購買、貯蔵、補給及検査を掌る」陸軍航空部の設置である。他方で、航空大隊が属していた交通兵団は廃止された。井上は航空大隊を統括する航空兵団を置く構想も練っていたが、これは実現せず、各航空大隊は所在地を管轄する師団長の隷下に入った。そのかわり、各大隊での教育や補給を航空部が統括したのである。本部井上が航空部本部長となり、本部のほか補給部を置き、臨時軍用気球研究会の工場は補給部所沢支部となった。本部の検査官には徳川好敏工兵少佐が充てられ、操縦者としての検査を重視する姿勢が示された。また、所沢には有川鷹一少将を校長とする航空学校が置かれ、教育とともに航空に関する諸般の調査、研究、試験も担任した。航空学校は、軍人に対しては、高等操縦術、偵察・通信、機関・射撃・爆撃等の専門教育を担当し、初歩の飛行練習は各大隊に委ねた。陸軍省では、従来主に工兵課が担当していた航空業務を新設の航空課の担当とし、松井兵三郎歩兵大佐が初代課長となった。航空部は東京の三宅坂に位置し、陸軍航空の中枢が所沢から東京に移った(111)。

(2)　新鋭飛行機の国産化と大手企業の参入

一九一八年二月に大戦下の海運で財をなした山下亀三郎が陸海軍に各五〇万円の航空献金を行うと、陸軍は同年中に英国から機関銃を装備したソッピーズ爆撃機二〇機、フランスからスパット偵察機六機、ニューポール練習機三機を輸入した。引き続いて一九一八年度予算で欧米からの購入をはかり、当初は戦時需要の為困難であったが、一九一八年七月にフランスがサルムソン偵察機三〇機の調達に応じ、停戦後の一九一九年一月にフランスからニューポール八一型練習機四〇機、スパット一三型戦闘機一〇〇機、英国からソッピーズ三型戦闘機五〇機の購入を決定した(112)。大戦期の進歩を示す水準の飛行機が輸入され、表1-1に見るように、まずは所沢の工場で、ソッピーズ偵察機、次い

表1－1　1910年代陸軍機調達状況

年次	機体							発動機					
	総計	輸入	国産計	国産内訳				総計	輸入	国産計	国産内訳		
				研究会／補給部	砲兵工廠	中島	赤羽				海軍工廠	砲兵工廠	瓦斯電
1910	6	4	2					6	5	1			
1911	2		2	1				1		1			
1912	5	2	3	3				10	10				
1913	12	6	6	1	5			8	7	1	1		
1914	8		8		8			5	1	4	1	3	
1915	13	1	12	2	10			9	6	3		3	
1916	13		13	3	10			10	2	8		8	
1917	31	6	25	17	8			26	14	12		12	
1918	76	27	49	36	13			75	29	46		46	
1919	242	135	107	33	38	20		458	408	50		50	
1920	290	101	189	110	5	70	4	261	156	105		91	24
1921	394	103	291	148	88	45		578	387	191		185	6

注：合計は出典の数値によった。内訳と国産計とは機体の1919・1921年、発動機の1920年で齟齬がある。1910～1911の内訳が示されない国産は、日野・奈良原製、1921年補給部機体のうち1は航空学校製。年次が暦年なのか年度なのか、すべてが取得の年次なのかなど疑問が残る。
出所：高橋重治『日本航空史　乾』航空協会、1936年、671～684頁。

でニューポール練習機の国産化が図られた[113]。当時の航空大隊の常用機は二四機であったが、一九一九年一一月には、二四機を維持するためには年間六〇機の更新が必要と見積もられ[114]、六大隊が完成すれば、それだけで年間三六〇機の需要が想定された。これは大手企業の参入を促すに十分である。

一九一八年のうちに三菱はフランスのスパッド戦闘機に用いられるイスパノ・スイザ式水冷発動機、川崎は同じくフランスのサルムソン式の機体と発動機の製作権を買収し、三菱は技師や職工の現地研修も終えた[115]。三菱はすでに一九一七年春に海軍からルノー型七〇馬力の試作依頼を受け、潜水艦用内燃機関の生産を意図して発足したばかりの神戸造船所内燃機工場で着手、一九一八年夏に試作機を完成し、少数ながら生産を開始していた。しかし、これは戦前型の発動機であり、今後の需要に応えるため、技術導入を行ったのである。同工場ではほぼ同時期に自動車の試作も行われてより[116]、同社は一九二一年四月に発動機工場を名古屋市大江町に移した[117]。川崎造船は鉄道車輌等の製造を目的に開設した兵庫分工場を拡張して一九一八年に飛行機工場と自動車工場を設けた。一九一九年七月に陸軍の注文でサルムソン偵察機機体とサルムソン発動機の製作に着手し、一九二一年には飛行機組立工場新設のため岐阜県各務原に用地を取得し建設を開始した[118]。生産の本格化とともに名古屋方面が航空機工業の中心地となって行った。

徳川大尉の最初の機体の輸入から担当した三井物産は、フランス航空団の携行した器材、また陸軍がフランスから購入した発動機・飛行機の運搬を受託したが、国産化に対応して一九二〇年四月から中島飛行機製作所と一手販売契約を結び、輸入品とともに供給しはじめた[119]。中島は一九一九年に陸軍から中島式五型一五〇馬力練習機二〇機の注文を受けて、年内に納品したが、この年末に、川西と袂を分かって中島飛行機製作所を設けた。中島と川西が袂を分かつ直接の契機となったのは中島が川西に無断でアメリカから発動機一〇〇基を購入したことであったが、これは機体の需要者である陸軍と相談の上で三井物産の売り込みに応じたものであった[120]。独立した中島が早々に三井物産と一手販売契約を結んだのは不思議ではない。

一九一九年五月に器材課がとりまとめた「航空器材業務に関する打合事項」では機体の約三分の二を航空部で、三分の一を砲兵工廠で製造するのを標準とし、「民間斯業奨励の目的」で、その発達に伴い、一部を民間に製造させる、また発動機は砲兵工廠で製造し、同様に約半数までは民間会社に製造させるという方針を掲げている[121]。

陸軍は、川崎に続いて、一九一八年一〇月にサルムソン発動機会社から二三〇馬力発動機の製造権を買収し、翌月東京砲兵工廠、熱田兵器製造所、研究会所沢工場から中里五一らの技術者、職工をパリ郊外の同社に派遣して、取扱いと製造を修得させたが、一九一九年にフランス航空団が来日すると、熱田兵器製造所で笹本菊太郎中佐以下がベルニッシュ中尉の指導を受け、一九二〇年三月に試作二基を完成させた。一方、一九一九年八月には愛知郡千種町に発動機専門工場として名古屋機器製造所（一九二三年四月千種機器製造所と改称）の建設に着手、一九二〇年一一月に完成、笹本中佐が初代所長となって一九二八年までにサルムソン二三〇馬力発動機五六七基を生産した[122]。また東京砲兵工廠ではニューポール練習機に用いられるル・ローン八〇馬力発動機を国産化し、東京瓦斯電気工業にも製造させた。サルムソン機体の製造は所沢の航空部補給部で伝習が行われ、熱田兵器製造所からも専修員を派遣、一九二一年四月に熱田でサルムソン偵察機の機体製造に着手して二二年一月に試作機完成、破壊試験でフランス製より優秀な成績を確認した後一九二二年三月に名古屋機器製造所製の発動機と組み合わせた国産完成機を得た。(123) このように、輸入の本格化で大戦を経過した水準の飛行機が入手され、フランス航空団の伝習と製作権を買収できる大手民間企業の参入により、その国産化が進展しつつあったのが一九二〇年の状況である。

民間航空に関しては、大戦後の国際的状況が制度整備を促進した。一九一九年一〇月にベルサイユ講和会議で発足した連合国航空委員会が起案したパリ国際航空条約（航空に関する条約）に調印したため、国内機関や法規の整備が必要となり、一一月に陸軍大臣の監督の下に臨時航空委員を設け、翌二〇年八月に陸軍省の外局としての航空局に発展させた。(124) 陸軍省は大戦前の一九一三年四月に「一般航空に関する条例又は規則」を制定する必要があるとして、在欧各大使館附武官に調査を求めて回答を得るなど、(125) 早くから航空行政の調査を進め、井上幾太郎も陸軍の航空体制を構想する中で、内閣航空局を設ける意見をまとめるなど研究を進めていたので、この課題に対応する準備ができていた。井上幾太郎を委員長とする陸軍航空制度研究委員は一九二〇年一二月に陸海軍の航空部隊を合わせて空軍を建設し、空軍省を置いて民間航空を含めて統括するべきであるとの報告書を提出したが、陸海軍首脳の合意は得られなかった。(126) 陸軍部内の航空体制整備も、少なくとも工兵科の立場からすれば、第一次世界大戦を反映した軍の体制の根本的変革であり、その延長上には、陸海軍と民間を含めた組織再編もあり得るとして調査が進められていたのである。空軍論には保守的な部内の反対があったが、ほぼ新規の民間航空行政に関しては反対勢力もなかった。

航空局は、一九二〇年一〇月に陸軍省令で航空機操縦生採用規則を定め、翌年にはこれによる一〇名の操縦生を陸軍飛行学校に委託して教育した。民間航空の担い手の公的な養成がはじまったのである。一二月には航空奨励規則を制定して、帝国飛行協会を介せず直接に、民間航空関係に奨励金や賞金を授与することを可能にとした。一九二一年四月には航空操縦士免許規則と航空機検査規則が制定され、初めて民間機の操縦者と機体を統一的な取り締まりの対象とし、第四四議会の協賛を経て航空法が制定される[127]。そして、おおよその体制が整い、民間航空が展開し始めた一九二三年四月、航空局は逓信省に移管された。

航空局を通じて軍用機の払い下げが行われるようになると、民間飛行学校では新機を購入しなくなり、民間機専門の中小工場は修理工場に転落したという[128]。

5　おわりに

気球によって空に昇ることを任務の一部ととらえ、そのためにヨーロッパの航空界や帝国大学との関係を深めていた陸軍は、海軍より早くから飛行機に取り組んだ。航空の発展に従来気球を担った工兵科だけでは対応しきれないことを覚った工兵科出身の軍政家たちは、陸軍の体制の再編を進め、それは一〇年間かけて一応達成された。その過程での検討と、間接的ながら民間航空を奨励して来た経験は、陸軍が民間航空行政の基礎を築くに十分な力を蓄えさせたが、その行政は中小工場が民需で発展するような、民間航空の自立性を期待するものではなかった。

当時の飛行機の軍事力としての象徴的価値の大きさと、第一次世界大戦期とその前後の、国家が不安定なアジアの情勢を反映して、日本から中国やロシアへの航空機輸出、操縦技術移転は、わずかな民間飛行家を中心に行われた。また、当時の民間航空の規模からすれば多くの日本人が、冒険と名誉を求めてフランス陸軍航空隊に従軍した。これは、日本にとっての第一次世界大戦ありようを反映している。大戦期に欧米で急速に進んだ航空機製作と航空戦闘の技術進歩を取り入れるため、陸軍は、イタリアへの派遣やフランス航空団による伝習を行い、新鋭機を輸入した。曲がりなりにも国内で飛行機を生産し、航空隊を育てて来た故にその必要性は理解しやすく、技術導入もしやすかったであろう。大戦末期の財政事情や、世論もそれを後押しした。一方で、これを行わなければフランスの勲章を下げた民間人や来日する飛行家を前に陸軍航空が威信を保つことは難しかった。初飛行の時から、あるいはそれ以前から陸軍航空は激しい国際競争にさらされており、それは、軍拡競争というより飛行機とともに海を渡ってくる人々との技の競い合いであった。日本にとっての航空の武器移転はそのような世界からはじまった。

海軍も独自に飛行機の導入を進めたため、一九一五年に飛行船への取り組みが一段落すると、臨時軍用気球研究会の陸海軍共同研究機関としての意味は失われた。帝国大学と陸軍の共同研究機関としての役割も東京帝国大学の航空学科、研究所の設置で薄れ、一九二〇年五月の臨時軍用気球研究会廃止は何の問題も生じなかった。この一〇年は大学で航空関係が専門分野としての地位を確立する過程でもあった。

注

（1）「空中飛行機の利益」『偕行社記事』第三九四号、一〇三～一〇四頁。

（2）印刷局『官報』一九〇九年八月三〇日、五三七頁。

（3）同年五月一日現在、印刷局『職員録　明治四二年（甲）』（同、一九〇九年）二八九頁。

（4）「臨時軍用気球研究会官制制定の件」ＪＡＣＡＲ（アジア歴史資料センター）Ref. C06084765800、明治四二年乾「貳大日記8月」（防衛省防衛研究所）。以下アジア歴史資料センターで閲覧可能な史料についてはレファレンスコードと所収綴名を記載する。レファレンスコードがAで始まる史料は国立公文書館、Bは外務省外交史料館、Cは防衛省防衛研究所の所蔵である。なお、以下引用は、かなをひらがなに統一し、濁点、句読点を適宜補った。

（5）『読売新聞』一九〇九年四月二九日四面、同六月二九日三面。

（6）長岡外史「飛行界の回顧」一九三二年（長岡外史文書研究会編［一九八九］二九六頁）。

（7）村岡正明［二〇〇三］一五三～一七六頁。なおこれに先立つ同年七月一三日、ル・プリウールは青山学院院庭で飛行を試み、相原はこの時にル・プリウールと交替で飛行したと報告している（「「グライダー」飛行実験記事及所見」（「明治四二年　公文備考　巻六四　物件七」：Ref. C06092224100)）。

（8）徳川好敏［一八六九］五八～六〇頁。

（9）「日野大尉外一名拝謁の件」（「明治四三年　貳大日記　一二月」：Ref. C06085051600）。

（10）村岡正明［二〇〇三］一三二頁。

（11）徳川好敏［一八六九］六七～七二頁。

（12）日本航空協会［一九五六］四〇～四三頁。

（13）「臨時軍用気球研究会研究方針に関する件」（「明治四二年　公文備考　巻二　官職二」：Ref. C06092136900）。

（14）防衛庁［一九七五］一一～一二頁。

（15）秋本実［二〇〇七］二五四～二七三頁。

（16）高塚彊［一九〇九］二一七～二一八頁、同［一九一二］一八八～一八九頁。

（17）軍用気球・飛行船の歴史については、秋本実［二〇〇七］に詳しい。

（18）「工会より軽気球下付の件」（「明治二五年　参大日記　四月」：Ref. C07041221800）。

（19）「山田猪三郎」（「叙勲裁可書・明治四二年・叙勲巻一・内国人一」：Ref. A10112670000）、「軽気球基本隊設立案」（「軽気球隊編制書類　明治三四年九月～三五年九月」：Ref. C12121415100）。

（20）「臨時気球隊編成要領」（「明治三七 八年戦役業務詳報 附録 軍務局軍事課」：Ref. C06040151100）。

（21）「河野大尉海外留学の件」（「明治三三年　参大日記　二月」：Ref. C07041571600）、「普国ハノーバー陸軍士官学校長陸軍大佐グスターフ、シュッツ以下三名叙勲ノ件」（「叙勲裁可書・明治三六年・叙勲巻六・外国人二」：Ref. A10112571900）。

（22）「臨時気球隊気球昇騰に関する報告」（「臨時気球隊気球昇騰に関する報告　明治三七．八．一三～一〇．三」：Ref. C13110535700）。

（23）日本航空協会［一九五六］一八頁。

（24）「臨時気球隊に関する件」の内、徳永熊雄「旅順方面の戦に使用せられたる臨時気球隊に関する報告并に奉天方面の戦に使用せられ得へき新臨時気球隊に付卑見」（「満密大日記　明治三八年 五月 六月」：Ref. C03020329200）。

（25）「独逸国陸軍砲兵少佐ヘルマン、メーデベック叙勲ノ件」（「叙勲裁可書・明治四〇年・叙勲巻三・外国人一」：Ref. A10112632300）。

なお、メーデンベックは各国の気球事情を紹介する著書執筆のために日本の情報を求め、情報交換がなされた（「軽気球乗手及飛行術家袖珍材料の件」（「明治三五年一月　壹大日記」Ref. C04013801200））。

(26)「臨時気球隊に関する件」（「満密大日記　明治三八年 五月 六月」：Ref. C03020329200）。
(27)「第一臨時築城団〔気球隊〕長独乙式気球材料野外演習報告書」（「明治三八年九月 副臨号書類綴」：Ref. C06040777100）。
(28)「気球研究員残留に関する件」（「明治三八年　満大日記 一二月上」：Ref. C03026833100）。
(29)「軍事課　平時編制中改正の件」（「密大日記　明治四〇年」：Ref. C03022885100）。
(30)日本航空協会〔一九五六〕四三頁。
(31)「陸軍部隊に技師官を置く件」（「明治四三年乾　貳大日記　一一月」：Ref. C06085039200）。
(32)「砲工学校員外学生に関する件」（「明治四一年坤　貳大日記　一二月」：Ref. C06084666200）。
(33)岩本周平「臨時軍用気球研究会の思い出」（日本航空協会〔一九六六〕二頁）。
(34)徳川好敏〔一八六九〕六四〜六六頁。
(35)日本航空協会〔一九五六〕三三〜三四頁。
(36)一九一二年七月一日現在列次を付された陸軍現役兵科佐尉官一〇三三五名中六二一名が工兵科（陸軍省『陸軍現役将校同相当官実役停年名簿』川流堂、一九一二年）。
(37)長岡外史「飛行界の回顧」一九三二年（長岡外史文書研究会編〔一九八九〕二九六頁）。
(38)『読売新聞』一九一一年一二月二日朝刊三頁。
(39)日本航空協会〔一九五六〕二五、四六頁。
(40)『読売新聞』一九一一年一二月二日三面、同四日三面。
(41)井上幾太郎伝記刊行会〔一九六六〕一六四頁。
(42)「空中偵察及航空機操縦将校養成の件」（「大日記乙輯　大正三年」：Ref. C02031772000）。
(43)荒山彰久〔二〇一三〕五〇〜五二頁。徳川好敏〔一八六九〕。
(44)徳川好敏〔一八六九〕四五〜四八、六四頁。
(45)日本航空協会〔一九五六〕四四〜四五、五〇〜五一頁。荒山彰久〔二〇一三〕四六〜四九頁。

(46) 日本航空協会［一九五六］二九、五一、五六頁。
(47) 島津楢蔵「航空エンジンの国産と森田新造氏のこと」（日本航空協会［一九六六］一八～一九頁）、日本航空協会［一九五六］二八頁。
(48) 日本航空協会［一九五六］三六、四五～四六、一〇三頁。
(49) 日本航空協会［一九五六］八五～八八、一〇六～一〇八、一二三～一二六頁。
(50) 日本航空協会［一九五六］六四～六七、七三～七五、八〇～八四、一〇五～一〇六、一一六～一一九頁。
(51) 山田忠治「第一回民間飛行大会に就て報告」（「大正三年　公文備考　巻十三　学事二」：Ref. C08020397800）。
(52) 臨時軍用気球研究会「自明治四四年一〇月一三日至仝年一一月一日　第六回飛行試験報告」（「公文備考　物件九止　巻一〇〇」：Ref. C07090230100）。
(53) 徳川好敏［一八六九］九三～九七頁。
(54) 徳川好敏［一八六九］一〇〇頁。
(55) 名古屋陸軍造兵廠史編集委員［一九八六］二四、三八～三九頁。
(56) 「陸軍平時編制中改正の件」（「密大日記　大正二年」：Ref. C03022317100）。
(57) 防衛庁［一九七二］三三頁。
(58) 参謀本部［一九一六］下巻、六八五～七六五頁。
(59) 「飛行機及同用発動機等調弁交付の件」（「大正三年　歐受大日記　八月下」：Ref. C03024289900）。
(60) 参謀本部［一九一六］下巻、七六二頁。
(61) 「従軍願の件」・「民間飛行家従軍出願の件」（「大正三年　歐受大日記　一〇月上」：Ref. C03024347900・Ref. C03024348200）。
(62) 防衛庁［一九七二］六〇～六六、一一六～一二四頁。
(63) 防衛庁［一九七二］六八～七八頁。
(64) 「臨時軍用気球研究会官制中改正の件」（「大日記甲輯　明治四五年 大正元年　第一、二類」：Ref. C02030061600）。
(65) 防衛庁［一九七五］一六～二〇頁、名古屋陸軍造兵廠史編集委員［一九八六］四五～五〇頁。
(66) 名古屋陸軍造兵廠史編集委員［一九八六］四〇～四四頁。

(67) 徳川好敏［一八六九］一五〇～一五三頁。
(68) 帝国飛行協会「過去事業ノ概要」（「大正六年　公文備考　巻一五　学事二」：Ref. C08020917800）。
(69) 前掲「航空エンジンの国産と森田新造氏のこと」（日本航空協会［一九六六］一八～二一頁）。
(70) 井上幾太郎伝記刊行会［一九六六］二一八～二一九頁。
(71) 太田邦博「黎明期から今に繋がる純国産車技術を開拓　オオタ自動車元代表取締役　太田祐雄」（日本自動車殿堂ホームページ http://www.jahfa.jp/jahfa10/pala/person2.pdf）。
(72) 友野直二［一九六二］二〇～二三頁。
(73) 「飛行機に鳥の神経を　発明奨励金を受けた大阪の大河原技師」（『大阪毎日新聞』一九三二年二月一八日）。
(74) 日本航空協会［一九五六］三五九頁、高橋重治［一九三六］六七三頁、井上幾太郎伝記刊行会［一九六六］二一八～二二〇頁。
(75) 富塚清［一九八〇］五八頁。学校開設年月は前掲日本自動車殿堂ホームページ。
(76) 「三井物産支店長会議議事録　一二　大正七年」丸善、二〇〇四年、一一七頁。
(77) 「河北勘七」（人事興信所『人事興信録　六版』同、一九二一年、か七九頁）。
(78) 高橋泰隆［一九八八］二二一～二二八頁、井上幾太郎伝記刊行会［一九六六］二二四頁。
(79) 名古屋陸軍造兵廠史編集委員［一九八六］五〇、一八七～一八九頁。
(80) 器材課「航空器材業務に関する打合事項」（「陸軍航空本部創立当初の重要書類綴」防衛省防衛研究所所蔵、陸軍中央航空基盤二二、以下「航空基盤二二」と略記）。
(81) 日野自動車株式会社［一九八二］一四～一五頁。
(82) 日本航空協会［一九五六］三五九、四四一頁。
(83) 宮田応礼「スパーク・プラグと航空原動機」（『日本航空宇宙学会誌』一九巻二〇八号、一九七一年、二六～三〇頁）。
(84) 『官報号外　大正四年六月十日　衆議院議事速記録第十五号』四三頁。
(85) 東京帝国大学学術大観刊行会［一九四四］三九五～三九六頁。
(86) 防衛庁［一九七二］二一頁。

(87) 東京帝国大学『東京帝国大学一覧　従大正七年至大正八年』(同、一九一九年) 九四、二六五、五〇四～五〇五頁、東京帝国大学 [一九三二] 三二〇、四七〇、一一三九～一一四二頁。
(88) 国立公文書館「任免裁可書」大正一二年任免巻四八。
(89) 日本航空協会 [一九五六] 四八～四九、一九四～一九五頁。
(90) 日本航空協会 [一九五六] 二七二、二七三頁。
(91) 「山東護国軍用飛行機輸入に関する件」(「大正九年　歐受大日記一〇月」: Ref. C03025189700)。
(92) 「7．支那官憲ノ本邦高左右式飛行機輸入不許可ニ関スル件　大正三年八月」(「空中飛行機及飛行船関係雑纂」: Ref. B12081116400)。
(93) 帝国飛行協会「大正五年度事業報告」(「大正六年　公文備考　巻一一三　雑件四」: Ref. C08021066400)。
(94) 日本航空協会 [一九五六] 二七二～二七三頁。
(95) 日本航空協会 [一九五六] 二九六～二九七、三三一八頁。
(96) 徳川好敏 [一八六九] 二二一～二二四頁。
(97) 日本航空協会 [一九五六] 一二一～一二三頁。
(98) 野口昂「理蕃飛行のことども」(日本航空協会 [一九六六] 九四～九六頁)。
(99) 「台湾総督府偵察航空班設置に関して陸軍に於て援助すへき事項並其の要領」(航空基盤二二)。
(100) 日本航空協会 [一九五六] 一三九～一四〇頁。
(101) 海軍省軍務局長宛「飛行実施の為艦艇配置に関する件」(「大正九年　公文備考　巻三七　航空一」: Ref. C08021587600)。
(102) 防衛庁 [一九七一] 一八八頁。
(103) 荒山彰久 [二〇一三] 一四四～一六〇頁。
(104) 「欧州戦争関係伊国ノ依頼ニヨリ飛行将校及職工並ニ材料供給一件」: Ref. B07091214900.
(105) 「臨時軍事費支出方の件」(「大正七年　歐受大日記　七月」: Ref. C03024939200)。
(106) 防衛庁 [一九七一] 九七～九九頁。
(107) 井上幾太郎伝記刊行会 [一九六六] 二三五～二四二頁。

(108) 防衛庁［一九七二］一二三〜一二四頁。
(109) 航空課「航空兵科独立の利害」（航空基盤二二）。
(110) 『宇垣一成日記Ⅰ』（みすず書房、一九六八年）二〇一頁。
(111) 防衛庁［一九七二］一〇一〜一〇七頁。
(112) 防衛庁［一九七五］二四〜二五頁。
(113) 以下、機体と発動機の国産化は基本的に高橋重治［一九三六］六七二〜六八一頁による。
(114) 器材課「大正九年度飛行機整備計画表」（航空基盤二二）。
(115) 日本航空協会［一九五六］三七七〜三七八頁。
(116) いすゞ自動車株式会社［一九八八］三一〜三四頁。
(117) 防衛庁［一九七五］五五頁。
(118) 阿部市助［一九三六］一五三〜一七五頁
(119) 「三井物産支店長会議議事録　一三　大正八年」丸善、二〇〇五年、八二頁、「同　一四　大正一〇年」九〇頁。
(120) 日本航空協会［一九五六］四三二頁。
(121) 航空基盤二二。
(122) 名古屋陸軍造兵廠史編集委員［一九八六］五二頁。
(123) 同右、五二〜五五頁。
(124) 「公文類聚　第四十四編　大正九年　第四巻」三七件中七。
(125) 「航空法調査の件」（「大日記乙輯　大正四年」：Ref. C02031879900）。
(126) 防衛庁［一九七二］一四三〜一五三頁。
(127) 逓信省［一九四〇］二一〜三四頁、なお一九二七年六月に航空法が施行されるまでは航空取締規則を施行した。
(128) 伊藤音次郎「稲毛飛行場の生い立ち」（日本航空協会［一九六六］二九頁）。

参考文献

秋本実［二〇〇七］『日本飛行船物語』光人社。

阿部市助［一九三六］『川崎造船所四十年史』川崎造船所。

荒山彰久［二〇一三］『日本の空のパイオニアたち』早稲田大学出版部。

いすゞ自動車株式会社［一九八八］『いすゞ自動車五〇年史』同社。

井上幾太郎伝記刊行会［一九六六］『井上幾太郎伝』同会。

参謀本部［一九一六］『大正三年　日独戦史』同、ゆまに書房覆刻二〇〇一年。

高塚彊［一九〇九・一九一二］『空中之経営』隆文堂。

高橋重治［一九三六］『日本航空史　乾』航空協会。

高橋泰隆［一九八八］『中島飛行機の研究』日本経済評論社。

逓信省［一九四〇］『逓信事業史　第七巻』逓信協会。

東京帝国大学［一九三二］『東京帝国大学五十年史　下冊』同。

東京帝国大学学術大観刊行会［一九四四］『東京帝国大学学術大観　工学部・航空研究所』帝国大学新聞社。

徳川好敏［一八六九］『日本航空事始』出版協同社。

富塚清［一九八〇］『オートバイの歴史』山海社。

友野直二［一九六二］『発動機と寝起き六十年　友野直二の記録』同刊行会。

日本航空協会［一九五六］『日本航空史　明治・大正篇』同。

――［一九六六］『日本民間航空史話』同。

長岡外史文書研究会編［一九八九］『長岡外史関係文書　回顧録編』長岡外史顕彰会。

名古屋陸軍造兵廠史編集委員［一九八六］『名古屋陸軍造兵廠史・陸軍航空工廠史』名古屋陸軍造兵廠記念碑建立委員会。

日野自動車株式会社［一九八二］『日野自動車工業四〇年史』同社。

防衛庁防衛研修所戦史室［一九七一］『陸軍航空の軍備と運用〈1〉――昭和一三年初期まで』朝雲出版社。

――［一九七五］『陸軍航空兵器の開発・生産・補給』。

村岡正明［二〇〇三］『航空事始——不忍池滑空記』光人社。

第2章　日本海軍における航空機生産体制の形成と特徴

千田武志

1　はじめに

本章の課題は、日本海軍が航空機という新兵器の登場にともない、先進国からどのように技術を移転して生産体制を形成し、国産化を実現しようとしたのかということを解明することである。未知の分野の航空機を対象とする筆者にとって、こうした課題は荷が重いものであるが、艦艇や搭載兵器（以下、艦艇等と省略）、航空機などの輸入を通じて国産化に至る過程を論証した武器移転史的先行研究を参考にしながら、それらの課題に取り組むことにする。なお航空機の国産化の過程は、調査が開始された明治末期から世界的な機種の開発が可能になった日中戦争勃発までと長期にわたるが、この間の実態を総合的に分析することは不可能であり、全時期を概観しつつもっとも技術移転のさかんであった第一次世界大戦後から軍縮期を中心とする。

明治海軍は、種々の方法により技術移転を行ったが、基本となったのは新兵器の登場に際し長期的展望にもとづいて段階的に軍備を拡張する計画を策定し、それをもとに艦艇等を造修するための海軍工作庁を建設するとともに、兵器を発注した先進国の兵器製造会社に技術者を派遣し、技術や制度を習得させるというものであった。そして輸入した艦艇等の改修などを通じて派遣された技術者から一般職工へと技術を伝え、同型の兵器の製造が可能になり、その技術を他の海軍工作庁や兵器製造会社へと再移転する。その後も同一の方法によって段階を踏んだ技術移転が行われ、日露戦争期とその直後に主力艦を建造し、一九一〇年代に巡洋戦艦「金剛」における製造権の購入をふくむ技術移転により、世界的な艦艇等の建造を達成した。ここで注目すべき点は、どの先進国の兵器製造会社も輸出に積極的であり、海軍がもっとも兵器を輸入したイギリスの場合は国家がそれを抑制することがなかったということである。

本章において分析視角とする武器移転的な観点による航空機の研究も少なからず蓄積されているが、ここでは第一次大戦後から軍縮期の生産体制の形成と国産化に重要な役割を果たした研究に注目する。とくに横井勝彦氏のセンピル航空使節団の招聘や軍縮期におけるヨーロッパ・アメリカの航空機産業の世界的転回、永岑三千輝氏のヴェルサイユ体制下のドイツ航空機産業の再軍備に関する研究については、海軍航空機の技術移転の実例として使用した。また高田馨里氏のドイツ民間航空の国際的転回と軍民転用論からは、海軍航空機と先進国航空機産業を比較する際に示唆を与えられた(1)。次に本章と本書の他の論文との関係を示すと、第5章で海軍航空機の国産化において九六式艦上戦闘機とともに画期的な役割を果たした九六式陸上攻撃機の重要性と開発の経緯、第1章で出発点を同じにしながら別の道を歩むことになった陸軍航空、第3章で海軍が金属製航空機の技術提携先としたドイツ航空機産業、第4章においてルフトハンザの東アジアへの進出と軍事化が取り扱われる。なお部分的に関連する分野については、そこで指摘する。

ここで本章の中心時期となる第一次大戦とワシントン軍縮に関する筆者の研究を紹介し、その航空機への適用について提示する。まず研究の結論を示すと、海軍は、厳しい国際状勢のなかで、主力艦から新兵器や補助艦への兵器の転換、総力戦体制の構築を目指して兵器製造会社への兵器の発注を増大するとともに、科学的管理法や生産管理を推進し、経費を削減しながら軍事力を強化させることに成功したが、総力戦に必要な大量生産を実現することはできなかったということになる。(2) これを受けてここでは、第一次大戦以前とは異なるきびしい国際環境のなかで最新兵器の航空機の技術移転がなぜ可能であったのか、艦艇等と航空機の技術移転における差異はどのようなものなのか、航空機の大量生産は実現できたのかなどについて明らかにしたい。

こうした観点に立脚しながら、本章は次のような構成により論を展開する。まず海軍航空機の生産体制の形成過程を概観し、次に既設の海軍工作庁と新たに設立された広海軍工廠、代表的な航空機製造会社の航空機生産の状況を取り上げる。最後にこうした記述を踏まえ、航空機の技術移転の実態と艦艇との差異、航空機の技術移転における海軍と航空機製造会社との関係、国産化した航空機の長所と短所とそれをもたらした原因について考察する。

2　海軍航空機生産体制の形成過程

日本において航空機の調査研究が組織的に開始された明治末期から日中戦争開始までを三期にわけて、主な航空関係の組織、政策、海外からの技術者の招聘、海外への技術者の派遣、代表的な事業などについて概観する（ただし一九三一年以降については、主に組織と政策に限定）。記述に際しては、紙幅の関係もあり海軍関係に限定するが、航空機の用兵、操縦と製造、修理とは密接にかかわっており、本節では生産を中心としながらも可能な限り関係事項も取り上げることにする。

(1)　航空機に関する調査と試行（一九〇九～一九一八年）

山本英輔海軍少佐の提言を契機として一九〇九（明治四二）年七月三〇日、海外の先進国で研究のさかんな軍用気球、航空機について陸海軍と学会が協同して研究を行うことを目的として臨時軍用気球研究会（会長・長岡外史陸軍少将）が設立された(3)。新兵器への対応について挙党体制による協議が行われ、軍用ばかりでなく民間航空技術の発達をも目指し二〇年五月一四日まで活動が続けられた（この研究会については第1章を参照）。しかしながら海軍では、「別に海軍独自の航空に関する研究を行なうべき」という意見が強まり(4)、一二年六月二六日に海軍航空術研究委員会（委員長・山路一善大佐）が設立され、後述するように本格的な活動が展開された。

同委員会は、横須賀海軍航空隊が一九一六年四月一日に開隊されることにともないその役割を終え、発展的に解散し、同時に軍務局第一課の事業の一部として航空行政が取り扱われることになった。こうしたなかで安保清種少将は、統一ある独立機関のもとに航空機について調査・研究、計画・実施する組織を設置するべきであるという意見を提出、一七年一一月二九日にまず臨時潜水艦航空機調査会（委員長・中島資朋少将）、次に一九年八月一一日に臨時編成として軍務局航空部（部長・高橋寿太郎大佐）が設置された（前記調査会は解散）。一方、本章に関係の深い航空機の造修と技術に関しては、当初、艦政本部第二部（水雷兵器所掌部）が担当したが、一五年一〇月一日に艦政本部が技術本部となったため同部第二部となった。

海軍の航空政策と呼べるものではないが、一九一五年一二月、海軍航空術研究委員長の吉田清風大佐は委員会の経過と所見を加藤友三郎海軍大臣に提出したなかで、海軍航空機の生産における海軍工作庁と航空機製造会社の役割について、次のように述べている(5)。

航空機関の内地民間製作は今にわかに望み難く差当り工廠の製作に依頼するの外手段なきも将来益々需要の増進に伴い工廠の製造力のみを以ては不足するのみならず一朝有事の際欠陥を免れず　而して此の際専門私立工場の成立は勿論望むべからず　茲に於て三菱、川崎等の大工場を勧誘し当局指導奨励下に着手せしむれば比較的容易に目

的を達し得べしと信ず

この時期の主な活動としては、まず一九一〇年二月に相原四郎中尉のドイツ派遣（一九一一年二月死去）をはじめとし金子養三大尉をフランス、山本中佐をドイツ、山下誠一機関大尉をヨーロッパに派遣して、先進国の航空機に関する調査活動や航空術の研究にあたらせたことがあげられる。また一二年七月に河野三吉・山田忠治大尉と中島知久平機関大尉をニューヨークのカーチス社へ、梅北兼彦大尉と小浜方彦機関大尉をフランスのモーリス・ファルマン社に派遣し、航空機の購入と当該機の操縦研究にあたらせた。そしてカーチス水上機二機を購入して帰国した河野大尉は、一一月二日にその内の一機に搭乗し追浜海岸において十数分間の試験飛行に成功、一一月六日には、ファルマン機二機と一緒に帰国していた金子大尉も成功裡に試験飛行を行った(6)。

試験飛行の成功直後の一九一二年一一月下旬には追浜において、第一期練習将校四名の操縦訓練を開始した。この練習将校制度（のち練習航空術研究委員制度と改称）によって、将来の海軍航空の中枢を担う人材が育成された。こうしたなかで横須賀工廠において航空機の造修を開始、一三年五月にはカーチスとファルマンを折衷した試作一号機を完成した（この件についてはのちに詳述）。また第一次大戦時の一四年の青島攻略戦に際し航空部隊を形成し、運送船を水上機母艦に改造した「若宮丸」に乗り込み、偵察や爆撃を実施した。そしてイギリス海軍の航空母艦構想に着眼するとともに、一五年頃からその研究を開始した(7)。さらに一六年四月一日の横須賀海軍航空隊を開隊、一八年四月一日に海軍航空機試験所を築地に開所した。

このようにこの時期の海軍は、航空機に関する調査・研究と航空機の輸入と技術者の派遣による技術の習得という方法によって模倣機を製造するに至った。しかしながら第一次大戦は、そうした方法を不可能にするとともに、参戦国の航空技術は実戦によっていちじるしく発展した。そのため海軍は、新たな技術移転の道を求めることになった。

(2) 航空機の技術移転の本格化（一九一八〜一九三一年）

一九一八（大正七）年一一月一一日、第一次大戦が終結、この戦争により航空機の重要性と先進国との格差を認識した海軍は、航空事業の発展に本格的に取り組むことにした。こうしたなかで二一年一一月一二日にワシントン会議が開催、二二年二月六日に海軍軍備制限条約が調印された。このため艦艇等は主力艦が制限されたことにより縮小されたが、航空機は対象外となったこと、少ない費用で軍事力の強化が期待できること、軍拡期に各種事業が開始されていたことが重なり軍縮期に至りいっそう発展した。

この時期、行政組織は、一九二一年六月一日に臨時的な軍務局航空部を廃止、軍務局第三課を設置し航空に関する行政を担当させた。その後、二三年四月一日に第三課を廃止、第一課と第二課で分掌した。そして二七年四月五日には航空に関する行政、教育、技術の中央統一機関として海軍航空本部（本部長・山本英輔中将）を設立した。その業務内容は艦政本部と類似しているが、総務部、教育部、技術部からなり艦政本部にない教育や総務（事務）部門を有し、「実質上用兵作戦以外の航空に関する行政の大部分を一括所掌」する航空事業推進の強力な組織であった(8)。

一方、技術に関しては技術本部第二部が担当していたが、一九一九年三月三一日に技術本部に第六部を新設し航空機と材料、航空機工場設備の計画と審査、航空機の製造に従事する造兵官以下の教育を行うことにした（二〇年九月三〇日に艦政本部第六部、二三年三月三一日に同部第二部と改称）。しかしながら、航空本部の設立にともない第二部は廃止された（ただし後述する海軍技術研究所は艦政本部に所属）。

この間の航空政策としては一九二〇年、航空隊一七隊を二三年度までに完成する計画が策定された。しかし二〇年一二月一日に佐世保、二二年一一月一日と一二月一日に霞ヶ浦と大村、三〇年六月一日に館山、三一年六月一日に呉海軍航空隊を開隊するなど、計画の完成は三一年まで延期された。一方、本章の主題とする航空機の生産については、

二〇年に艦政本部によって、次のような計画が策定されている。(9)

航空機製造補充及民間工場利用方針に関する件覚書（原文のまま）

〔前文省略〕

一、技術員の養成
（イ）発動機　先に仏国「ローレン」発動機製造権を買収し技術員約三十名を送り目下実習中なり。
（ロ）機体　先「エフ」五型飛行艇製造に関し英国より技術者を傭聘の上、製造法研究のことに決定し進行中なり。今回英国「アブロ」式製造権買収に決し、本年中に技術員約二十七名を送り、製造法を実習せしむる予定なり。右に依る技術員の養成と共に、従来横廠式機体並に「ベンツ」式発動機等製造の経験とを併せ並に技術方面に於て将来自立の基礎漸く定まらんとする次第なり。

二、英教導団練習用飛行機の補充
（イ）必要なる飛行機左の如し
「エフ」五飛行艇「アブロ」式飛行機「キャメル」式飛行機「パンサー」式飛行機「カックー」式飛行機
（ロ）右何れも必要数を新規購入し、又は英政府払下品を譲り受け充当の予定。

三、将来自給の方法
（一）発動機
（イ）前述仏国「ローレン」発動機製造実習員帰朝せば、我国に於て直ちに大馬力発動機の製造を開始す。
（ロ）中馬力発動機としては、「ヒスパノ」式を採用し従来の如く神戸三菱に於て其の製造に当らしむ。
（ハ）「アブロ」式機体に使用する小馬力発動機は当分外国品購入の上充当す。

（二）機体

（イ）初期陸上練習機として今回製造権を購入技術実習の運びとなれる「アブロ」式を製造充当す。

（ロ）陸上実用各種型は三菱をして外人専門家を傭聘せしめ其の計画に成りたるものを使用す。
右外人専門家は「ソッピース」会社に於て計画製造に従事せる者なり。

（ハ）水上練習用として横廠式を使用す。

（ニ）水上実用として先に外人招聘製造法研究に決したる「エフ」五型を製造充当す。

四、工場と製造飛行機

廠社	種類	第一次	第二次
横須賀工廠	機体 発動機	「エフ」五飛行艇　横廠式 適宜	仝上 仝上
広支廠	機体 発動機	「アブロ」 「ローレン」	「アブロ」「エフ」五飛行艇　金属飛行艇 仝上
佐世保工廠	機体 発動機	横廠式 適宜	「アブロ」横廠式 適宜
三菱	機体 発動機	陸上実用各種型 「ヒスパノ」	同上 同上
中島	機体	横廠式	同上
愛知時計	機体	横廠式	同上

（備考）
（一）利用する民間工場は三菱中島愛知時計の三と予定す。
（二）第二次時代に於て更に新式飛行機の製造権買収等の必要起りたる時は愛知時計を利用す。
（三）気球の製作は当分藤倉工業を利用し将来広支廠に気球航空船製造設備を整う。

五、民間工場註文飛行機割当

		十年度	十一年度	十二年度	十三年度
三菱	機体	五〇	一〇〇	一二〇	同上
	発動機	六〇	二〇〇	二〇〇	同上
中島	機体	六〇	六〇	六〇	同上
愛知	機体	二〇	三〇	六〇	同上

（備考）十二年度以降海軍所要総数約四〇〇台となるべき見込なり。

この「覚書」をみると、一九二〇年から二四年頃の間に、どこからどのようにして技術を導入し、どこで製造するかということが示されている。その意味で簡単ではあるが、この時期の航空機生産計画ともいえる。なお一五年当時、海軍が航空機製造会社として予定していた三菱と川崎のうち川崎が姿を消し、中島と愛知時計が加わったことは、この間の陸海軍と航空機製造会社との関係の変化を反映したものといえよう。

この時期の事業としては、一九二一年一月一五日に海軍においてはじめて本格的な航空機生産設備を有する呉海軍工廠広支廠が設立、二三年四月一日に広海軍工廠として独立した（広工廠については後述）。また二一年四月六日、臨時海軍航空術講習部（部長・田尻唯二少将）を設立し、イギリスから招聘したセンピル航空使節団の指導のもと、七月一日から二二年七月まで講習を実施した。それによって海軍は、艦上機の操縦のうち、「帰着ニ就テハ未タ之ニ充ツヘキ母艦完成セラレサルヲ以テ実物実験ノ運ヒニ到ラサル」も、射撃、爆撃、雷撃、偵察はもとより通信、写真、航法、機体および発動機の整備・修理などについての技術を習得した[10]。なお帰着に関しては、航空母艦「鳳翔」の竣工（二二年一二月二七日）後の二三年二月五日、三菱内燃機㈱に雇用されたイギリス人ジョルダンが一〇式艦上戦闘機で着艦に成功している。なおセンピル航空使節団の招聘は、航空術の教育に止まるものではなく、後述するように航空機生産技術の移転などをふくむ総合的な技術の習得を目指した事業といえる。

一九二三年四月一日には、海軍艦型試験所、海軍航空機試験所を合併して海軍技術研究所（所長・野田鶴雄海軍造兵少将）が設立された[11]。これ以降、航空機に関する研究は同所航空班を中心に行うことになった（二四年六月三日に航空研究部となる）。しかし九月一日の関東大震災により施設・設備の大部分が破壊されたため、二四年一一月二〇日に霞ヶ浦飛行隊の一角に技術研究所霞ヶ浦出張所を開設し、航空研究部も築地から移転して本格的な活動を開始した。この間、二四年七月にはドイツのゲッチンゲン大学のウィーゼルスベルゲル教授の指導で設計した一・二メートルの第一風洞を、その後の二六年三月に二・五メートルの第二風洞を完成、当時の日本最大の大型風洞として航空力学の発展に貢献した[12]。

(3)　航空機国産化体制の形成（一九三一～一九三六年）

一九三〇（昭和五）年一月二一日、補助艦の制限を目的にしたロンドン海軍軍縮会議が開催され、主力艦建造休止措置の五カ年間の延長と参加国の補助艦の制限が話し合われ、四月二二日に調印された。その結果、日本の補助艦総トン数は対米六割九分七厘五毛、大型巡洋艦は対米六割二厘となった。このロンドン軍縮会議は、必然的に航空機の在り様に影響を与えることになった。

ロンドン軍縮会議が開始された一九三〇年一月に発行された『有終』において、航空母艦「赤城」副長の松永寿雄中佐は、戦艦一隻の建造費によって六〇〇〇馬力の全金属の大型飛行艇を一〇〇艇建造可能であること、「海上の王者と云はるゝ堅艦艨艟も、薄暮黎明の好機に投じ、前後左右より此種大型百機の急襲を受けたなら、如何に巧妙に転舵回避せんとするも、海を蔽ふて来る六百本の魚雷に串刺しとなる」と唱えた[13]。また航空本部長の安東昌喬中将も、同誌において航空兵備の整備、とくに量的劣勢を挽回するために、「技術一切の基礎たり、最良の解決策たる設計実験研究に一新生面を開拓し、全速力にて外邦の進歩に追ひつかなくてはならぬ」と主張した(14)。両人ともロンドン軍縮会議による艦艇等のさらなる制限に直面し、費用の上からも有利な航空兵備の充実、とくに「空中の大艦巨砲主義」に象徴される全金属製の大型飛行艇、そして攻撃にすぐれ航空母艦にともなう制限からも解放された陸上攻撃機の必要性を主張したのであった。

この間、航空に関する事業は、引き続き航空本部によって推進された。一方、航空機の研究と実験は、前者は霞ヶ浦にある海軍技術研究所の航空研究部、後者は横須賀工廠に一九二九年四月八日に設立された航空機実験部と三〇年一二月一日に誕生した航空発動機実験部によって担われていた。こうしたなかで航空本部のなかに、同部主導のもとに同部に属する実験機関と艦政本部にふくまれる研究機関とを合併させる主張が強くなり、技術研究所首脳部の反対を押し切って三二年四月一日を期して海軍航空廠が設立された。こうして航空本部を中心とする航空兵器整備体制が構築されたのであるが、それは海軍省のなかの一小国的性格を有していたように思われる。なお航空廠の活動に関しては、のちに取り上げる。

次に、この時期の航空機の生産方針について、生産と試作に分けて要約する。まず生産についてみると、一九三一年に第一次補充計画、三三年に第二次補充計画が決定されたが、両計画は基本的にこれまでの航空機生産企業の従来の計画を推進することによって実施された。一方、試作について航空本部は三一年六月、広工廠航空機部で設計主任をつとめた和田操計画主任のもと、「外国機の模倣や外人技術者の指導にたよっていた安易な海軍航空機の開発を、わが国の技術者たちがみずからの手によっておこなうよう改めるという画期的な方針」により、三二年度を初年度とする海軍航空機試作三カ年計画を作成した(15)。この試作計画は、航空廠を中心として海軍機を製造している企業を総動員して航空機、発動機、航空兵器を開発することを目指したものであり、三二年度の七試計画で六機、三三年度の八試計画で四機、三四年度の九試計画で八機の試作を通じて、各社の設計・試作能力は格段の進歩をとげ、そのなかから九試単座艦上戦闘機（九六式艦上戦闘機）や九試中型陸上攻撃機（九六式陸上攻撃機）などの画期的な国産機が生み出された。

3　海軍工作庁における航空機生産の実態

本節の課題は、各海軍工作庁の航空機生産の実態とその役割を明らかにすることである。こうした課題に応えるためには航空機生産の開始から日中戦争勃発までを対象として検証することが望まれるが、資料、紙幅とも限界があり、生産開始期と特筆すべき事項の記述に限定する。

(1)　横須賀海軍工廠

すでに述べたように海軍は、フランスのモーリス・ファルマン式水上機二機とアメリカのカーチス式水上機二機を購入、一九一二（大正元）年一一月、追浜における試験飛行に成功し、操縦訓練を開始した。これにともない同年に山下機関大尉を中心として、横須賀工廠造兵部水雷工場で航空機や装備計器の修理を開始した。この工場は一三年五月一九日に赴任した中島機関大尉に引き継がれ、七月にカーチスとファルマンを折衷した試作第一号機が完成した。(16)その後の一四年三月三日、横須賀工廠造兵部内に五五一三円で木造平家（一八万坪）の飛行機工場を建設した。(17)そして山下工場長（中島は一月二四日に造兵監督官としてフランスに出張）以下、職員三名、職工七四名によって同年、ファルマン式大型水上機を製造した。これ以降、同工場は一五年に海軍のはじめての量産機となる横廠式（ロ号甲型）水上偵察機を製作するなど、種々の航空機を送り出した。

一方、発動機は、一九一二年七月にフランスのモーリス・ファルマン社に派遣され帰国した小浜機関少佐が一三年二月四日に造機部員に赴任、生産体制を整えた。そして造機部において空冷ルノー七〇馬力および水冷カーチス七〇馬力の製造を開始した。なおこれより先、臨時軍用気球研究会からグノーム発動機の注文があり、同部において一三年七月に日本最初の発動機を完成している。

これ以降の横須賀工廠が生産した航空機の要目については『日本海軍航空史』などに掲載されており（三八五～三八八頁を参照）、また航空機の生産状況に関しては、表２－１に示すのでここでは省略する。

航空機の製造のために海軍は海外から機体や発動機を輸入し、横須賀工廠で機構研究、また横須賀航空隊か霞ヶ浦航空隊で飛行実験をした。こうしたなかで国産の試作機も多くなり海軍工作庁と密着する実験機関の必要性が高まり、一九二九年四月八日に航空機とその属具ならびに材料の実験・研究をする航空機実験部（部長・市川大治郎大佐）、また三〇年一二月一日、航空用発動機とその属具ならびに材料の実験・研究および審査をする航空発動機実験部（部長・花島孝一機関大佐）が設立された。(18)

(2)　海軍航空廠の設立と活動

すでに述べたように海軍航空機関係者の主張が認められ、一九三二（昭和七）年四月一日、技術研究所航空研究部、横須賀工廠の航空機と航空発動機の両実験部と造兵部飛行機工場などを統合して、航空兵器の設計と実験、航空兵器とその材料の研究、調査と審査ならびにこれに関係する技術的試験（その他、必要に応じて航空兵器の造修と購買）を担当する海軍航空廠（廠長・枝原百合一少将）が設立された。なお航空廠は、総務部、科学部、飛行機部、発動機部、兵器部、飛行実験部、会計部、医務部の八部からなっていた。

航空廠の第一の役割とされた設計については、九六式艦上攻撃機が知られており一九三六年に制式採用されたが、九六式艦上戦闘機や九六式陸上攻撃機ほどの名声を得ることはできなかった。しかしながらこの時期に海軍機の設計、試作が飛躍的に発展したことは事実であり、こうした成果は海軍が航空機試作三カ年計画のもと、具体的計画要求書を作成しこれをもとに航空機製造会社に試作機を発注し、受注した会社が計画説明書を海軍に提出し審査を受け製作を開始するという方式が確立したことによってもたらされた面は評価すべきといえよう。その際、主導的役割を果たしたのは航空本部であるが、審査を担当した航空廠は、「単なる書面上の審査（計画審査）だけでなく、実用審査にいたるまでのほぼ全ての審査と風洞実験や試作機の実験飛行など試作のほぼ全ての過程に関わった」と述べられており、[19]技術的に試作を支えたのであった。

(3) 佐世保海軍工廠

佐世保工廠においては一九一八（大正七）年五月、造兵部水雷工場で航空機の製造と修理が開始された。そして一九年六月には新たに飛行機工場が建設され、造修事業が本格化した。さらに三四年六月八日には、航空機部が設立された。

佐世保工廠の生産活動については不明な点が多いが、ここでは資料の得られた一九一八年度から二四年度の航空機の生産実績について記述する。まず一八年度をみると、機体（横廠式ロ号）が二機、発動機（ルノー七〇馬力）が三台製造中、一九年度は六機（横廠式イ号甲型二機、同イ号乙型四機）、二一年度は二六機（イ号甲型二機、ロ号甲型二四機）と発動機三台（ルノー七〇馬力）、二三年度は二〇機（ロ号甲型）、二四年度は六二機（一〇式艦上戦闘機）が完成した。[20]試作機を製造しなかったことで取り上げられることが少なかったが、修理、改造などをふくめると、佐世保工廠の生産面での貢献は少なくなかった。

(4) 呉海軍工廠

呉工廠の航空機生産についても、これまでほとんど取り上げられてこなかったが、次のようなことが明らかになった。まず一九一八（大正七）年度には、水雷部水雷工場（一〇二〇坪）の工事をし、発動機を四台（ルノー七〇馬力）完成、また製鋼部で航空機用と断定はできないがニッケルスチール丸棒（四ミリグラム）を製造し住友伸銅所に納入した。翌一九年度は前年度に続き水雷工場、新たに水雷機械集成工場（六六六坪）と電気工場（一〇〇坪）の工事をして、発動機を五台完成、製鋼部ではニッケルスチール丸棒を三八・五キログラム製造し住友に納入した。そして二〇年度は、機体を二機、発動機を一台、二一年度は、機体を二機、発動機を四台完成している[21]。

これ以降、航空機の生産は広支廠に移るが、一九二二年度に製鋼部で機体用材料（栓用鋼材一〇〇本、鋼材二七枚、丸鋼一三本、特種角鋼八箇）、発動機製造用粗材一一九箇を完成した。また二三年度に発動機製造用粗材（ローレン四〇〇馬力発動機用五七二九箇）、二四年度には発動機製造用粗材（ローレン四〇〇馬力用四四五七箇、ベンツ一三〇馬力用五九二箇）、さらに砲熕部でローレン発動機用諸金物二八箇、ローレン四〇〇馬力発動機用車鉋など三廉を完成した[22]。

呉工廠においては、水雷部が広支廠開設まで発動機と機体の生産、そして職工の教育、機械、材料の購入など同廠開庁の準備にあたった。またその後、製鋼部に素材、砲熕部は部品の供給、また昭和期になると、機銃などの航空機用兵器、大型射出機など、裾野の広い航空兵器の生産、使用を支える重要な役割を果たしている。

(5) 広海軍工廠の設立と役割

一九一七（大正六）年の第三九帝国議会において、八四艦隊計画が可決された。大規模な艦艇等の増強のため海軍は、各工廠に造機設備を整備することを計画した。しかし費用がかさみ実現しても多くの欠点があることが判明し、「寧ロ一個独立シタル造機工場ヲ新ニ建設スルノ有利ナルヲ認メ……六年七月総工事費千二百万円ヲ以テ七年度ヨリ九年度ニ亘リテ整備シ残工事ハ十年度以降ニテ完了スルコト」にした。(23) このため海軍造機廠設立準備委員会が設置され、一八年七月二日には呉市に近い広村に造機廠を建築する計画が作成された。

こうしたなかで一九一八年初頭、「軍事上の見地からこれを民間のみに委すことはできぬばかりでなく、利益を度外視する官業を基礎として民業を監督指導するを必要と認め、中央に航空機廠を新設して、（一）機体、発動機およびその属具の製造、（二）繋留気球およびその属具の製造、（三）航空機用特殊材料の準備、（四）国内私立工場に委託する航空機の工事監督等を掌理する設備を海軍にて建設する省議が決定した」。(24) ところが七月一〇日には中央航空機廠設立計画を廃止し、呉海軍工廠広支廠を設立することになった。

このため一九一八年七月一二日には、広村には造機工場に加え航空機製造工場を建設することが内定、呉海軍工廠広支廠設立準備委員会を設置し、九月二八日には広支廠造機設備計画を策定した。その後、一九年六月一六日には航空機設備の大体計画、二〇年九月一五日にはそれを精査して「製造力三百台（発動機及機体共）ヲ目途」とする計画と、「製造力ヲ五百台ニ増加スル」計画を作成し加藤友三郎海軍大臣に提出した。(25) なお気球と航空船の製造設備は、用地が狭いため他所に建設することになった。

結局、広支廠航空機部の生産能力は、機体・発動機とも三〇〇台となった。施設予算七七〇万六五八〇円のうち工場建設費は約三三四万円（六四万円の機体工場と同額の機械工場、調質および工具・発動機組立・板金・製図工場など）、機械費は約四三一万円であった。その後、工事が本格化し、一九二一年一月一五日に航空機部、造機部、機関研究部、会計部からなる呉海軍工廠広支廠（支廠長・大橋省機関中将）が開廠した。そして二年後の二三年四月一日に総務部、会計部、医務部、航空機部、造機部、機関研究部の六部によって構成される広海軍工廠（工廠長・斎藤真造機少将）として独立した。

呉工廠広支廠および広海軍工廠について初期の状況をみると、一九二一年三月までに航空機部製図工場（木造・一八三坪）を完成、二二年度中に各工場の機械の据付、材料の収集などをすすめた。また二二年度の『海軍省年報（極秘）』によると、アブロ陸上練習機三〇機、F－五飛行艇一二機、ローレン四〇〇馬力発動機四〇台を受注したと記述されている（期日はないがすでに二一年度までにほとんど起工されており同年度中と推定）。このうち機体については、アブロは二一年一二月二二日に三〇機を起工、二二年度末に四機、二三年度中に二六機を完成（記念写真から一号機は二三年一月一六日に竣工したことが判明）[26]、F－五飛行艇は、二三年度に四機を完成している。次に発動機に移ると、ローレン四〇〇馬力は、二〇年三月一一日に一二台を起工、二二年度に四〇台製造中、二三年度に八台完成、また呉工廠から受託したベンツ一三〇馬力（一部資料では一〇〇馬力と記述）四台を二一年一二月二六日に起工、二二年度に三台完成、一台製造中と報告されている[27]。

これ以降、主な航空機の試作を取り上げる。後述するように金属製飛行艇の重要性を認識した海軍は、一九二二年にドイツのロールバッハ社へ技術者を派遣するなどして技術を習得し、二五年に横須賀工廠でR－一号艇を組立、二七年に三菱航空機で二号艇を製造したのち、二八年に広工廠製のローレン二型四五〇馬力発動機を二機搭載したR－三号艇を製造した。R艇は制式機に採用されなかったが、「それに用いられた所謂『ワグナー』の型式に依るヂュラルミン張力場式構造は、後年広廠の九〇式一号艇から三菱の九六式艦戦及び陸攻に伝わり、我が国ヂュラルミン機体に後年の爛熟期を招来する端緒となった」と高く評価されている[28]。

一九二六年には一五式飛行艇の試作が開始され、二七年に一機が完成、二九年二月に制式採用となった。また同年に八九式飛行艇の設計に着手し三〇年に試作一号機を完成、三二年三月に制式採用となった。そして三〇年には、全金属製大型艇の九〇式飛行艇の試作に着手、三一年一月に完成したが、一機製作しただけであった。さらに同年に日本最初の全金属単葉双発の九一式飛行艇の設計に着手し三二年に完成、三三年七月に制式採用された。

すでに述べたように一九三一年には、海軍航空機試作三カ年計画が樹立され、陸上を基地とする長距離攻撃機（九五式陸上攻撃機）を製造することになり、当時、大型金属製飛行艇の製造にもっとも優れた技術を有していた広工廠に発注された。広工廠はこれまでの技術的経験を生かし、さらに陸上機としての特性についてはユンカース式全金属製機を参考とし、三三年三月に一号試作機を完成した。同機は、大型機のため、「操縦は幾分重く、かつ鈍重でもあったが、性質の良い安定した飛行機で、諸性能はおおむね要求を満足し、発動機も順調で、十分実用に堪えられるものでⁿ」(29)、改修のうえ三六年六月に制式採用された。この航空機は、制式採用が遅く活動期間は短かったが、技術は同機を製造した三菱航空機に受け継がれ、九六式艦上戦闘機、九六式陸上攻撃機などを生み出す原動力になった。

広工廠の設立と活動を検証することによって、海軍は艦艇等の生産の場合と同様に利益に左右されない海軍工作庁の必要性を確認し、早くも第一次大戦終結前に中央航空機廠設立を構想し、必ずしもその通りになったとはいえないが軍備拡張期間中に広支廠を開廠、広工廠となる大正期から昭和期にかけての軍縮期に海軍一の航空機の試作、生産、指導・監督機関としての役割を果たした。広工廠の生産した航空機は金属飛行艇が多いこともあり、機数も実践ではなばなしく活躍することも少なく注目度が高いとはいえないが、いずれも次の段階の技術への橋渡しとして貢献した点に特徴がある。なお九五式陸上攻撃機を最後に広工廠は試作から撤退するが、その後も最大の航空機造修の海軍工作庁として活動、民間への発注のための原価計算機能の役割も果たした。

4　航空機製造会社の設立と生産

航空機生産の特徴の一つとして、艦艇等と比較して兵器製造会社の役割が大きいことがあげられる。短期間にこうした発展を実現できたのはなぜなのか、技術移転と海軍との関係を中心に記述する。なお原則として海軍航空機製造会社を対象とするが、海軍が一九一五（大正四）年当時に期待していたにもかかわらず主に陸軍航空機製造を担った川崎航空機についても、その理由の一端だけでも知るために例外的に取り扱う。

(1)　三菱航空機株式会社

すでに述べたように一九一五（大正四）年に海軍は航空母艦の研究を開始、また三菱と川崎に航空機の生産を委託する方針を策定し、翌一六年、三菱に対し「艦上機製作の要請」をした[30]。これを受けて同社は五月に三菱神戸造船所に潜水艦、航空機、自動車を対象とする内燃機課を設置した。一七年に同課は、海軍から支給された図面によりフランスのルノー式の航空機用七〇馬力空冷式エンジン約一五台の製作を開始し、同国のイスパノ・スイザ社と航空機用水冷式エンジンの技術援助契約を締結した。二〇年五月一二日には三菱内燃機製造㈱を設立し、二一年に潜水艦工場の拡張のために購入していた名古屋築港第六号埋立地に航空機と自動車生産工場を建設、同年一〇月には社名を三菱内燃機㈱に改称した。そして二二年には、自動車関係を東京芝浦分工場に移転、三菱内燃機㈱名古屋製作所は航空機の専門工場となった。なお二八年五月には、三菱航空機㈱と改称された。

その間の一九二一年二月、後述するように海軍の斡旋によりイギリスのソッピース社のスミス設計主任以下現場技術者、テストパイロットなど約一〇名を名古屋にむかえ、航空機の設計、製作に着手した。そして同年一〇月二日に一〇式艦上戦闘機、二二年に一〇式艦上偵察機（一月一二日）と一〇式艦上雷撃機（八月九日）、二三年に一三式艦上攻撃機を製造し、二四年六月に帰国した。このようにスミス一行は、三菱航空機の生産の基礎を確立するとともに、「後年現場技術に於て常に他社より優位を保持し得し基」を築いた[31]。ただし彼らは第一次大戦期の経験により習得した古い技術に頼り、高等教育を受けた技師でもなかったためか、理論的指導にかけた面がみられた。

こうした欠点を補うかのように三菱航空機は一九二五年四月、ドイツのスツットガルト大学のバウマン教授を招聘、主に陸軍機設計について指導を受けることにした。バウマン教授の機体の設計は、スミスの複葉木製羽布張機と異なり、主翼は木製羽布張、胴体尾翼にはジュラルミン骨格に羽布張という新しい構造を採用したもので、同年一二月に陸軍の鷲型軽爆撃機、二七年に鳶型偵察機と特種艦上偵察機、二八年に隼戦闘機などを完成した。しかしながら、飛行機が大型鈍重であること、金属製で工作が困難なため高価であるなどの理由によりいずれも採用されなかった。ただし金属製航空機を完成させた経験と、バウマンの学理的な研究態度、未知なるものへの挑戦する姿勢から多くのことを学んだという。

すでに述べたように海軍は、金属飛行艇の将来性に着目し、広工廠と三菱航空機において製造させることとし、同社も一九二二年に技術者をドイツのロールバッハ社に派遣し、二五年に横須賀工廠におけるR－一号艇の組立をへて二七年に金属工場を新設して二号艇を製造するなど、海軍の指導を得て金属飛行艇の製造技術を高めた。

この間、三菱航空機は一〇式艦上戦闘機の次期戦闘機の競争入札において、中島飛行機製作所に敗れ窮地に陥った。そのため一九二八年の次期艦上偵察機兼艦上攻撃機の計画においては、設計をイギリスのブラックバーン社に依頼し、三二年に八九式艦上攻撃機として採用された。また二九年に独自の力で設計に着手した九〇式作業練習機が、三一年に制式機として採用された。一方、この当時、陸軍機の製造にともない、ドイツのユンカース社と技術提携を行い工場の組織と工作技術を導入した(32)。

すでに述べたように海軍は、一九三二年度を初年度とする海軍航空機試作三カ年計画を策定し、航空機の国産化の確立を目指した。このうち七試計画において三菱航空機は中島飛行機とともに単発艦上戦闘機、単発艦上攻撃機、単社指定で双発艦上攻撃機の試作機の発注を受けたが、いずれも採用されなかった。しかし堀越二郎技師が初めて設計した七試艦上戦闘機は、「当時としては思い切った低翼単葉固定脚型式を採用し、三菱空冷星型一四気筒Ａ４（高度三千で公称七一〇馬力）発動機を装備した独創的なもの」と評価されている。[33] 次の八試計画で三菱は、中島とともに艦上複座戦闘機（不採用）、単社指定で特殊偵察機を受注した。この八試特偵は、「風洞試験の結果と実物飛行試験の結果がよく一致した最初の機体にて全金属製にして九〇飛行艇、七試大攻と同じく主翼桁に『ワグナー』の張力場を応用せるものにて之の成功は平板金属構造に自信を得しめ、やがて次に現れて三菱航空機をして斯界の最高峰たらしめし九六〔艦〕戦、九六陸攻の基」となったと述べられている。[34]

(2)　中島飛行機製作所

すでに述べたように中島機関大尉は、横須賀工廠において海軍航空機製造を牽引していたが、「飛行機工業民営の企図は国家最大最高の急務」であるとして、自ら「飛行機工業民営起立を画し」、海軍から離れた。[35] 予備役となった中島は一九一七（大正六）年、故郷の群馬県太田町に横須賀工廠造機部に勤務していた三名と弟の中島門吉とともに中島飛行機研究所を創設した。そして一八年四月一日に中島飛行機製作所と改称し、五月には関西財界の有力者の川西清兵衛の出資を得て合資会社日本飛行機製作所を設立した。しかし川西との共同事業が破談となり、一九年一二月二六日、ふたたび中島飛行機製作所と改称、三井物産と提携することになった。

この間、飛行機の需要は海軍より陸軍が多いと判断した中島は、横須賀工廠で製造経験のあるトラクター式航空機の設計を終えた直後に臨時軍用気球研究会幹事の井上幾太郎陸軍少将を訪問し、事情を説明し協力を依頼、「米国から輸入した（大正六年）ホール・スコット百二十馬力の発動機二基の譲渡を受け、又試作機の完成次第、陸軍から飛行将校を派遣し、試験飛行をさせるという、その上試験の結果継続的に発注もしてやろう」という回答を得た。[36] さっそく一九一八年七月三一日に一号機を完成させた中島は、八月一日、一号機の試験飛行をしたが、浮上せず失敗した。その後、苦難が続いたものの、一九年二月に行われたホール・スコット一二〇馬力発動機搭載の中島式四型六号機の試験飛行に成功した。この結果、四月一五日に陸軍より中島式四型（ホール・スコット一五〇馬力）二〇機の注文を受け、一二月までに納入した（陸軍と中島との関係については、第1章を参照）。

一九二〇年には陸軍用八五機、海軍用一七七機（横廠式ロ号甲型など）、二一年には一一〇機と七五機、二二年には六七機と一一〇機と多くの航空機を生産した。この間、二一年度から陸軍がフランス航空団の使用したフランス製ニューポール式に切り替えたため、中島飛行機製作所も同機を原型とする二式二四型機や甲式二型練習機を納入している。またこれを機に弟の乙未平をフランスに滞在させ（一九二七年まで）、二三年九月にニューポール二九型機と図面を購入、甲式四型機の製造を発展させた。

また発動機も、一九二四年三月に東京工場を新設し設計、生産に着手するとともに同時にフランスのローレン式発動機の製造権を購入するなど、本格的な技術移転に乗り出した。そし二五年八月にはローレン社から技師三名が来社、二六年にローレン四五〇馬力発動機の試作を完成させた。さらに二五年一月、ブリストル社からジュピター発動機の製造権を買収、二六年春に同社から二名の技師が来社、二七年に同発動機の試作が完成し、陸軍より注文を受けた(37)。

こうした実績のうえでのぞんだ海軍航空機試作三カ年計画で中島飛行機は、予期した成果をあげることができなかった。これまで述べてきたように中島は、海軍の技術を根底にしながらもどちらかといえば陸軍の意図に忠実な路線を歩んでおり、ドイツの航空機技術を導入し全金属製航空機の開発を目指していた海軍の路線と一致しなかったこともあったように思われる。しかしながら発動機に関しては、これ以降も多くの名機を送り出した。

(3) 愛知時計電機株式会社

名古屋市において時計産業の代表的企業として発展した愛知時計電機㈱は、その精密機械技術を基盤として海軍用の真管、機雷、魚雷発射管を製造、海軍の信頼を得るようになった。こうしたなかで一九二〇（大正九）年、海軍から横廠式ロ号水上機の製造を受注し航空機の生産に乗り出した。そして、「十三年、ドイツのハインケル社と提携し、海軍の要求性能に基づいたＨＤ－二五（二座）、およびＨＤ－二六（単座）の二種の水上偵察機の試作をハ社に発注」するとともに[38]、岡村純技術大尉と一緒に社員を同社に派遣し技術の習得に努めた。

海軍航空機試作三カ年計画において愛知時計電機は、一九三三年七月二〇日に八試特殊爆撃機を受注、ハインケル社から購入したＨＥ－五〇型を複座に改良するなどして試作に取り組み三四年二月二八日に納入、三四年一二月一五日に制式採用（九四式艦上爆撃機）された。また九試艦上爆撃機（九四式の改良）を受注し、三六年一一月一九日に制式採用（九六式艦上爆撃機）となった。

この他、「機械工場ニ於テハ流レ作業ヲ目標トシテ機械設備ヲ設置セシモ諸種ノ事情ヨリ理想的ナ流レ作業ハ実施セザルモ曲肱軸ノ作業ノミハ大略流レ作業ニナリタリ」と、注目すべき取り組みがみられる[39]。

(4)　川西航空機株式会社

一九二〇（大正九）年二月、中島との提携を解消した川西は、川西機械製作所の一部門として飛行機部を設置、二八（昭和三）年一一月には飛行機部を独立させ川西航空機㈱を設立した。そして二九年七月にイギリスのショート社と技術提携し、日本唯一の中型以上の飛行艇会社となった。また大阪と神戸間の鳴尾に本格的な工場を建設、三〇年に本社を移転した。

一九三〇年春、海軍が大型飛行艇の国産化を企図し、川西を通じてショート社に試作を依頼したＫ・Ｆ飛行艇（のちの九〇式二号飛行艇）が到着した。この一号機とともに、「ショート社から設計製作の技術者約一〇名が来社し」[40]、川西は二号機以下の国産化を実現するとともに飛行艇の機体に関する技術を習得した（一九三一年一〇月に制式採用）。

また三二年度の七試計画で水上偵察機を受注し、三三年二月に試作機を完成し三四年五月に九四式水上偵察機として制式採用となった。さらに九試計画で大型飛行艇の試作を受注し、「当時世界最新最優秀のシコルスキー四発飛行艇等を研究」[41]、三六年七月一四日に完成し、三八年一月に九七式一号飛行艇として制式採用された。

(5) 川崎航空機工業株式会社

一九一八(大正七)年七月、松方幸次郎社長の発案により川崎造船所は造機設計部内に自動車掛を設置した。そして大阪砲兵工廠から発注した四トン積軍用自動車五台を試作し一九年八月に納入したが、採用には至らなかった。一方、これより先、一八年一一月一一日の第一次世界大戦終了直後にパリに滞在していた松方社長は、航空機に着目し事業化を計画、フランスのサルムソン社のAZ-九型発動機と二A-二型偵察機の製造権および完成航空機三台と部品を購入し、一九年八月以降に帰国した[42]。

一九一九年四月、川崎造船所兵庫工場内に自動車科(造機設計部から移転)と飛行機科を設置した。同年七月、陸軍よりサルムソン二A-二型偵察機の試作命令が出され陸軍と協力して開発に努めたが成功しなかった。そのため二一年末には竹崎友吉海軍機関大佐を招聘し欧米の航空機産業を視察させ、二二年九月に組織を川崎造船所飛行機部に拡大した。そして一一月に試作機二機を製造、一一年度中に四七機を納入した。

一九二三年四月、陸軍飛行場の所在地である岐阜県各務ヶ原に分工場が完成した。また二四年初頭には、陸軍の命令によりドイツのドルニエ社に金属製重爆撃機の設計、試作を依頼し(二四年末に製作に着手し二六年春に完成、二七年春に陸軍により制式採用)、その後に川崎が国産化することを目指し、竹崎部長と四名の技術者が派遣され同社と技術提携契約を結ぶとともに、ベーエム・ベー社と交渉しベー型発動機の製造権を購入、両社において技術の研修に励んだ。このうちドルニエ社との契約は、二四年二月六日に締結されており、永岑氏によると、その要点は、川崎はドルニエ社に「八七万五、〇〇〇円を設計図、明細書、計算書類、それに八基の模範飛行機を含むライセンスのために支払うこと」、ドルニエ社は川崎に、「飛行機の製造開始を成功裏に進めるために必要不可欠な技術者を提供すること」、日本の技術者を技術習得のために受け入れることなどとなっている。[43] なお同年九月にはドルニエ社からホートク博士（一九三三年八月まで技術指導）以下七名が来社し、設計部門の指導をした。

こうした努力が実を結び、川崎は一九二六年春の陸軍の偵察機競争設計試作に三菱航空機と石川島飛行機製作所とともに参加し、同社のＡ－二型偵察機（一九二七年二月完成）が合格、二八年二月二一日に八八式偵察機として制式機となった。またほぼ同時期に八七式重爆撃機、続いて八八式軽爆撃機、九二式戦闘機が制式化された。前述のように海軍は、すでに一五年当時、多年にわたり艦艇等の製造により技術を蓄積した川崎に対し海軍航空機の製造を委託する予定にしていた。それにもかかわらず一八年に自動車と航空機という新事業の開始を企図し、陸軍からの自動車の受注を契機として陸軍用の航空機を製造するようになり、ドイツの航空機会社の技術導入によって、川崎は日本における全金属製飛行機の製作に先鞭をつけたと自己評価するほどの実力を有するようになったのであった。なお三七年一一月一八日、川崎航空機工業㈱が設立された。

5　海軍航空機の技術移転の方法と国産化の帰結

これまで述べてきたように海軍関係の航空機生産企業は、海外から技術を導入し製造を開始しやがて国産化した。ここではもっとも技術移転がさかんであった第一次大戦後に焦点をあて、センピル航空使節団と航空生産技術の移転の経緯、主な技術移転の実例と海軍と航空機製造会社との関係、そして国産化された航空機の長所と短所について述べることにする。

(1) センピル航空使節団と航空機生産技術の移転

センピル航空使節団については、横井勝彦氏によるイギリスの原資料を駆使した優れた研究があり、それを参考にしながら日本側の資料により交渉過程を概観し、主に本章の課題である航空機生産技術の移転について取り上げることにする。第一次大戦期、実戦を通じて航空機に関する技術は飛躍的に発展、その必要性も認識されるようになった。そうした最新技術に接しながらそれを習得することができなかった海軍は、一九一八(大正七)年に陸軍が行ったフランス航空使節団に参加するが、海軍機と陸軍機との相違もあり納得のできるものではなかった。

そうしたなかで一九一九年八月、海軍省を訪れた駐日イギリス大使館付海軍武官リー少将よりイギリス飛行将校の来日へ協力したいとの提案がなされた。かねてからその必要性を認識していた海軍は軍務局航空部を中心に準備をすすめ、同年九月一七日に「英国空軍々人傭聘ノ件」を起案した[44]。これに要する予算は、四九三万円に達しているが、そのうちもっとも多いのは、技術移転に重要な航空機および付属兵器の購入にあてる三五六万円であった。ちなみにこの計画によると機体一一一機、発動機一六七台をイギリスに注文することになっているが、横井氏によると使節団は機体一一〇機を持参したという[45]。

交渉を一任されたイギリス在勤日本大使館付武官の小林躋造大佐は、一九二〇年八月二五日、イギリス空軍参謀総長を訪問、現役空軍軍人招聘について協力を依頼し好意的な感触を得た。その後、空軍省により人選などがすすめられ、一〇月六日には大使館とイギリス外務省との間で正式交渉が開始された。ところが予想に反して事態は進展せず、一一月一三日に外務大臣より大使あてに、「遺憾乍ラ人員不足ノ結果日本ノ要求ニ応スル能ハサルモ現役軍人ノ代リニ民間飛行団ヲ要望セラルレハ英政府ハ喜ンテ必要ナル措置ヲ執ルヘシ」という回答が届けられた[46]。この背景には、イギリス外務省、空軍省、陸軍省はいずれも現役の空軍士官による航空使節団の派遣に賛成なのに対し、「陸海空合同の緊急会議を招集した海軍省は、その席で日本の海軍力がさらに増強されることへ強い懸念を示し、公式使節団の派遣に対して反対の立場を明確にした」という事情があった(47)。

この点に関して小林大佐は、「空軍省ハ初メヨリ之ニ賛成シ民間実業家、政治家中ニモ切リニ其ノ成立ヲ希望シテ已マサルモノ尠カラサリシモ海軍省ハ之ヲ喜ハス省内ニ異議アリ」と分析している(48)。このうち賛成の意見については、空軍省関係者からの情報として、「(一)将来航空機注文ノ増加ヲ予想シ(二)日本海軍カ仏国又ハ独国ニ依頼スルニ至ルヲ恐ルル点ヨリ切リニ其ノ成立ヲ希望」していると報告している(49)。一方、反対の理由に関しては、表面的には海軍省はミッションを派遣する余裕がないことをあげているが、裏面的には、「甲板飛行ハ絶対ニ外国人ニ之ヲ伝授セス」という方針があること、かつて日本海軍を指導した海軍を差し置いて関係を結ぼうとする空軍への不快感があること、また、「政策上ノ問題トシテ対米感情案外ニ神経過敏此際殊更ニ日本ヲ援助スルカ如キ行動ハ可成避ケ度シトノ思惑」が働いたと述べている(50)。

イギリス航空使節団の傭聘は、航空術に加え教材の航空機や部品、素材の購入を通じて航空機生産技術の発展への貢献も期待されていた。海軍省から教材として航空機を購入することを求められた小林造船造兵監督長(兼務)は、イギリス空軍省の了承のもと調査を続け、一九二〇年一〇月一日に中間報告をした。そのなかでもっとも多く購入することになっていたアブロ(四八機注文)については、「英国政府払下品ヲ安ク購入シ得ル見込アリ……此際我海軍ニ於テ其製造権ヲ買収セラルルコト」と、ソッピース社の「計画主任製造主任等モ会社潰滅ノ今日我国ニ雇ハレタキ希望ヲ有スルニ付之ヲ八名位ノ補助員ヲ附シ相当期間傭聘スル」ことを提案した(51)。なお、「日本に持ち込んだ一〇〇機以上におよぶ各種航空機は、たとえそこに最新鋭の軍用機が含まれていようと、当時はまだライセンス制の対象外にあって、……問題なく輸出を一括認可されていたと考えられる」と述べられている(52)。

日本海軍の協力要請に対しイギリス空軍は、フランスやドイツを差し置いて友軍関係を築きたいこと、過剰航空機の処理、過剰設備に苦しむ航空機製造会社の救出、それを求める政治家の要求などを考慮し受け入れることにした。これに対し海軍は、日本海軍は友軍ではあるがライバルでもあり、もはやかつてのような最大の艦艇等の輸入国ではないこと、そうした日本海軍に対して、最大のライバルであるが友好国でもあるアメリカ海軍にも教えなかった甲板飛行を伝授することによって対米関係を悪化させたくないと反対した。こうした対立と妥協の産物として、退役軍人による民間航空使節団の派遣となったといえよう。一方、過剰兵器を抱え苦悩する航空機製造会社からの技術の流出をとめることは不可能であり、海軍は容易に希望する技術を入手できたのであった。

(2) 技術移転における海軍と航空機製造会社との関係

センピル航空使節団の招聘による航空機の輸入を契機とする包括的技術移転対策を示したのに続き、主な個別的事例を取り上げ、海軍と航空機製造会社との関係を考察する。まずセンピル航空使節団で使用されたアブロ機についてこれまでの記述と関係資料を総合すると、一九二〇（大正九）年一一月には製造権を購入しのちに広工廠の航空機部長をつとめる田中龍三造兵大佐や広工廠航空機部の設計主任となる和田大尉など技術者八名と職工二〇名がアブロ社に派遣され、二二、二三年度に広工廠で三〇機、その後に愛知時計電機（水上機）、中島飛行機製作所（水上・陸上とも）において製造されたものと思われる(53)。

次にソッピース社からの技術者の傭聘に関してみると、一九二〇年の「十一月海軍ノ慫慂ニ拠リ三菱ニ於テ傭聘方倫敦支店ニ於テ契約ヲ締結シ十二月十日英国出帆」している(54)。そして二一年一月三〇日、スミス計画主任と図工二名、ハイランド製造主任と職工長四名、テストパイロットのジョルダン退役空軍大尉が横浜港に到着、一月三一日と二月一日に三菱の伊藤常務とともに海軍省を訪れ、海軍が計画し製造を委託する航空機について打ち合わせをした。それによると海軍は一、戦闘用艦上飛行機（一人乗、イスパノ三〇〇馬力発動機、「木曾」級軽巡洋艦用）、二、偵察用艦上飛行機（二人乗、イスパノ三〇〇馬力発動機）、三、魚雷攻撃用艦上飛行機（二人乗、ローレン四〇〇馬力発動機の製造）、艦上飛揚に要スル滑走距離は八〇フィート（航空母艦「鳳翔」の出発甲板を想定）を提案、了承された。そして河野中佐が翌三月二日に横須賀工廠造兵部飛行機工場、三月三日に航空機試験所を案内、三月四日に名古屋に向かった。なお河野中佐は、「彼等ノ飛行機計画方法ヲ実地指導ヲ受クレハ吾技術ノ向上発展裨益多大ナルヘク三菱目下ノ現状ハ……彼等ノ真値ヲ認識シ得ルノ能力ヲ欠如」しており、「海軍ノ専門技術官三名ヲ監督官トシテ此際名古屋ニ増派スルヲ刻下緊要ナリ」と提案している(55)。

小林監督長の提案にはふくまれていないが、海軍はショート社からF-五飛行艇の製造権を購入している。その結果、「ドッズ技師以下一一名の技術指導員が、大正一〇年四月に来朝し、……まず横須賀工廠造兵部飛行機工場で、輸入機材による研究実験を行ない、本格的な工事は、……広支廠航空機部で行なわれ、さらに愛知で、昭和四年まで四〇機以上」を製造したのであった(56)。

このように海軍はセンピル航空使節団の招聘を契機としてイギリスから多くの技術を習得したが、すでに述べたようにその後の技術移転の主な対象をドイツに転換している。この点について詳細な経緯は不明であるが、山内四郎艦政本部第六部長は「鳳翔」の甲板実験まで契約の延長を希望するセンピル大佐の処遇に対して、「航空技術ニ関シ独逸カ群ヲ抜ケルコトニ付テハ殆ント議論ノ余地ナキ所ナリ我海軍航空技術ノ転入ニ関シテハ漸次英ヲ離レ独ニ転換スルヲ有利ト認メ目下漸ク此方面ニ歩ヲ進メツ、アル時ニ当リ『セムピル』ヲ長ク引留メ置クコトハ得策ニアラス」と(57)、注目すべき意見を述べている。第一次大戦以前から大使館付武官、造船造兵監督官などを派遣しドイツ航空機生産技術の優秀なことを認識していた海軍は、戦後の「大正九年九月頃から」航空機などの「戦利品」が「つぎつぎに船便でわが方に到着……ツェッペリン式その他、半硬式飛行船、飛行船用大格納庫の鉄骨など、膨大な器材を収納し、その大部を霞ヶ浦にまとめて実用に供し」たと述べられている(58)。

さらに対独航空監視委員会の日本監視委員として陸海軍代表が一九二二年五月五日から活動を開始し、その一環としてドイツの航空工業の状況について調査し、「軍用トシテノ使用ハユルサレス……各技術家ハ優秀飛行機ノ設計ハナシヲルモ之ヲ試製スル丈ケノ経済上ノ余力ナシ従テ彼等日米其他ニ之カ注文ヲ得ント努力シ政府トシテハ今後大ニ国外航空政策ニ力ヲ尽シ其販路ヲ国外ニ求メントシツ、アリ」と分析、さらにユンカース、ドルニエ、ロールバッハ、アルバトロス、ハインケルなど多くの企業の実情を調査し報告している。(59) なお三〇年当時においても海軍は、ドイツ航空機の「製作技術ニ至ッテハ世界ニ冠絶タリト言フモ敢テ過言デハ無イ」と高く評価している。(60)

こうした調査活動によりドイツから多くの技術移転がなされたのであるが、ここでは金属製航空機の製造技術とその主要材料の製造方法の導入に代表させて記述する。このうち前者に関してはロールバッハ社と契約、一九二二年五月、和田大尉等と三菱航空機の技術者を同社に派遣、ロールバッハ社の設計による金属飛行艇の製造技術を習得して帰国した。また後者については、ジュウレナー・メタル・ウエルケと技術提携契約を結び、同年四月に石川登喜治広支廠造機部兼航空機部員と住友伸銅所の技術者が同社においてジュラルミン技術を習得した。(61) なお二五年には、すでに述べたようにロールバッハ社長らが来日し横須賀工廠において金属飛行艇を組立（R－一号）、以後、三菱と広工廠で製造された。

ここで航空機の生産に関して海軍と航空機製造会社について比較するため、機体と発動機生産数を示すことにする。まず一九一〇年代をみると（すべて機体）、横須賀工廠が一九一三年に一機、一四年に三機、一五年に五機、一六年に八機、一七年に九機、一八年に二五機、一九年に一二機、佐世保工廠が一八年に二機、一九年に六機、計七一機と報告されている。(62) 次に表2－1により二〇年から三一年の実績を示すと、二六一四機のうち海軍が七六一機、航空機製造会社が一八五三機と二九％対七一％、全期間では二六八五機のうち海軍が八三二機、会社が一八五三機（三一％対六九％）と、二〇年まで海軍が多かったがそれ以降は民間が追い越し、その差が拡大したことがわかる。一方、発動機に関して

表２－１　航空機（機体・発動機）の生産状況

			海軍工廠				民間航空機製造会社							計
			横須賀工廠	広工廠	佐世保工廠	小計	中島	三菱	愛知	川西	渡辺	瓦斯電	小計	
1920年	機体	（機）	46		23	69	31		10				41	110
	発動機	（台）	12			12		35				3	38	50
1921	機体	（機）	52		20	72	75	19	65				159	231
	発動機	（台）	12			12		21					21	33
1922	機体	（機）	11		32	43	36	92	40				168	211
	発動機	（台）	16			16		79					79	95
1923	機体	（機）	6	30	30	66	60	66	15				141	207
	発動機	（台）	8	5		13		90					90	103
1924	機体	（機）	4	14	60	78	56	57	35				148	226
	発動機	（台）		17		17		60					60	77
1925	機体	（機）	9	28	45	82	44	61	40				145	227
	発動機	（台）		34		34	4	93				3	100	134
1926	機体	（機）	6	35	20	61	63	65	43				171	232
	発動機	（台）		44		44	18	47				38	103	147
1927	機体	（機）	7	39	30	76	32	73	42				147	223
	発動機	（台）	6	35		41	37	47				15	99	140
1928	機体	（機）	7	49	20	76	39	49	59	5			152	228
	発動機	（台）		47		47	46	83	2			20	151	198
1929	機体	（機）	4	31	20	55	40	73	47	30	2		192	247
	発動機	（台）	1	52		53	78	113	3			32	226	279
1930	機体	（機）	9	17	24	50	51	62	31	42	20		206	256
	発動機	（台）		48		48	76	127	20			34	257	305
1931	機体	（機）	2	16	15	33	59	60	27	30	7		183	216
	発動機	（台）		45		45	69	102	36			33	240	285
計	機体	（機）	163	259	339	761	586	677	454	107	29		1,853	2,614
	発動機	（台）	55	327		382	328	897	61			178	1,464	1,846

出所；山本親雄他「海軍航空沿革史原稿　航空機造修の沿革」。
注；1924年の佐世保工廠の機体数は空欄となっていたので、計算によって求めた。なお表には、これまでの記述と若干の相違がみられる。

は二〇年から三一年までの記録に限定されるが、一八四六台のうち海軍は三八二台、会社は一四六四台で二一%と七九%となっている。

これまで述べてきた航空機の技術移転を艦艇のそれと比較すると、どちらも兵器の輸入を契機として新技術を導入したという点で基本的には同じといえる。ただしもっとも艦艇等の輸入の多かった日露戦争開戦時までに焦点を当てると、ほとんど艦艇等を発注した先進国の兵器製造会社に海軍の技術者を無料で派遣しており、艦艇の建造において海軍が隻数で九〇%、排水量で九五％を占めているのに対し、航空機では製造権を購入し海軍と会社の技術者を派遣することが一般的であり、生産高において会社が七〇％（機体）ないし八〇％（発動機）を占めていることを考えると、両者の間には大きな差異があるようにみえる。

しかしながら一九一〇年代における巡洋戦艦「金剛」のイギリスのヴィッカーズ社への発注と建造をみると、海軍は製造権等を購入し海軍と兵器製造会社の技術者を一緒に多数派遣している。(63) また艦艇の建造数においても、軍縮期（一九二二〜三一年）になると会社が隻数の六七％、排水量の六〇％を占めるようになっている。こうしたことを考慮すると、航空機にみられる新現象は、艦艇等の技術移転の時代における変化を受け継いだものといえよう。とはいえ新兵器である航空機の方が、一九一〇年代の艦艇等の技術移転で起きた変化をより強く受け止め一般化していることも事実である。

両者の大きな相違は、艦艇の場合、海軍が設計し、一号艦を試作し二号艦以下を兵器製造会社が建造したのに対し、航空機の場合は、会社も設計、試作を担当するようになったことである。ただし海軍は航空機においても、高度な技術に加え自らも設計、試作を行うとともに操縦に密接な関係を有し複雑な技術が要求される修理、改造、整備や航空廠を中心とする各種研究、発注と受注にともなう飛行実験、審査、計算など、艦艇等の生産以来の伝統を受継いで利益にとらわれない官業にしかできない分野を担当することによって、会社に対して主導性を発揮しつづけた。

(3)　航空機の国産化の実現と特徴

日本の戦前の航空技術に関しては、「質に於ては敢て遜色なかった」が、科学技術を有効化する生産技術が低かった」と述べられている。(64) こうした見解に対しては、日本の海軍航空機が優れていたのは、「空力および軽量構造についての設計技術だけで、生産および製造技術、部品の品質や機能をもふくむ艤装などについては、はるかに劣っていた」というやや厳しい分析もみられる。(65)これ以降、こうした海軍航空機の長所と短所が形成された主な点について取り上げることにする。

海軍は優れた「空力および軽量構造についての設計技術」によって、世界的にも注目される航空機を生産したが、こうした成果を得ることができた主な原因としては次のような点が考えられる。第一に、海軍は艦艇等の時と同じように兵器の輸入の見返りとして技術者を派遣するという方法を基本としながら、時代の変化を積極的に取り入れて先進国の航空機製造会社から海軍または航空機製造会社が製造権を購入し、技術者をできるだけ同時に派遣するとともに、会社に設計、試作の機会を与えたことである。会社による製造権の購入には、国家（海軍）では問題視されるような軍事技術の移転でも、「民間会社なるが故に、諸外国の飛行機会社との提携が容易である」とともに、(66)財政資金にのみ頼らなくとも航空技術を発展させることができるという利点があった。さらに会社への設計、試作の付与は、そこで働く若い技術者に意欲をもたらした。

第二に、第一次大戦後からワシントン軍縮条約の締結前という微妙な時期に、海軍は航空機生産先進国の窮状を的確に分析し、軍備拡張期の豊富な資金を利用して、センピル航空使節団を通じての技術移転、その後に軍用機の生産が禁じられているドイツからの金属製航空機の製造技術の移転、またその間に導入した技術をもとに同型機を試作、生産し航空機製造会社に技術を再移転する場として、海軍最大の航空機工場を有する呉工廠広支廠を設立したことは、その後の海軍の航空機生産の発展に大きな役割を果たした。この他にも、航空機に興味を抱く兵科、機関科士官が多数いたこと、東京帝国大学航空学科などとの協力（海軍選科学生の受入、共同研究、卒業生の輩出）、海軍航空本部、海軍航空廠に代表される技術重視の組織が設立されたことなども忘れてはならないだろう。

次に、短所とされる「生産および製造技術」について取り上げる。まず少し年代が下がるが一九四一年六月に実施された能率調査の一部を示すと、表2－2のように直接工一人当りのアメリカ現規準に対する比率は、機体では五六

表2－2　航空機（機体・発動機）関係工員１人当り生産量の比較（1941年６月調査）

		アメリカ		三菱	中島	愛知	川西	渡辺	日飛	日立
		現基準	将来計画							
直接工１人当り１カ月生産重量（kg）	機　体	28.7	33.6	16	10	7.5	10	7	10	9.5
	発動機	49	57.5	32	28.3	13				30
直接工１人当りの生産重量のアメリカ現基準に対する比率（%）	機　体	100	118	56	35	26	35	24.5	35	33
	発動機	100	118	66	58	27				61

出所：山本親雄他「海軍航空沿革史原稿　航空機造修の沿革」。

から二四％、発動機では六五から二七％と非常に低い。一方、すでに表２－１で示したように、三一年に二一六機を記録した航空機の生産機数は、「本期間中〔一九三二年から三七年〕年額四五〇機前后を続けたのち、最后の昭和十二年には八〇〇機に飛上がり以后躍進を続ける」と述べられている。(67) 試みにアメリカの航空機生産数をみると、一八年に一万四〇二〇機（軍用機一万三九九一機、民間機二九機）を記録したが、二〇年には三三八機（一五六機と七二機）に激減し、その後に回復し三七年に三七七三機（八五八機と二九一五機）となるが、民間機主導であり軍用機全体と日本の海軍機がほぼ同数となっている。(68) ところが太平洋戦争が勃発した四一年（アメリカは暦年、日本は年度）ともっとも生産機数の多い四四年（度）には、日本海軍の一二〇六機と一万二七三六機に対し、(69) アメリカは二万六二七七機（軍用機一万九四三三機、民間機六八四四機）と九万六三一八機（すべて軍用機）と大差が発生したのであった。(70)

こうした結果がもたらされた一因としては、まずアメリカの場合は平時に多い民間機の生産を戦時に軍用機の生産に転換できたのに、日本ではほとんど不可能であったことがあげられる。また、「一九四一年一二月ニ於ケル自動車ノ生産ハ日米開戦前既ニ前年一二月ノ平均四八％ニ制限サレテヰタガ、其後一九四二年二月ニハ、Studebaker, Hudson, Nash, Packard 等ノ多数ノ小自動車会社ノ生産ハ一五・七％ニ、General Motors, Ford, Chrysler 等ノ大会社ハ生産ヲ五九％ニ制限サレ、更ニ其後ノ西南太平洋ニ於ケル海戦ノ結果、コレラ民間自動車会社ノ企業ハ全部停止サレルニ至リ、代ッテ航空機、発動機、プロペラ、戦車、軍用自動車、其他凡ユル兵器ノ製作々業ニ転向サレルコトニナッタ．斯クシテ自動車工業ハ従来ノ単ナル援助ト云フ域カラ脱シ、一歩進ンデ航空工業ノ中心トサヘ見ラレル様ニナッタ」のに対し[71]、日本には航空機産業に転換可能な自動車産業が無きに等しかった。この点は、ドイツがジェネラルモーターズ社の一〇〇％子会社であるアダム・オペル社をふくむ自動車産業に対し航空機中心の軍事化を推進したこととも大きく異なる（第6章を参照）。

さらにこうした外部要因に加えて、先の一九四一年六月の能率調査時においても、海軍航空本部に生産技術や管理を担当する専門家は一名だけにすぎなかったこと、四四年末、「艦政本部協力の一環として呉工廠が第十一航空廠を応援したとき、『呉工廠造船部の治工具工場は熟練工三百人を以て漸く切り廻しているのに、飛行機部の治工具工場の貧弱さは何だ』と笑われた」と述懐しているように[72]、航空機生産部門の生産管理への無関心があった。艦艇等の生産を主導した呉工廠は、軍拡期の多量生産への対応するために科学的管理法を導入し、軍縮期に軽量化、高速化、経費節減へと目的を変質させながらそれを徹底させたのに対し、軍拡の経験がなく軍縮の対象外とされ、戦時期をむかえるまでアメリカとの生産機数の差にそれほど悩まされることもなかった航空機生産企業では、能率や生産管理への関心が薄かったのであった。

6　おわりに

ここまで日本海軍が航空機という新兵器の登場に際し、先進国から技術を移転してどのように生産体制を形成し、国産化を実現しようとしたのかという課題のもと、艦艇等の技術移転の研究を念頭におきながら論をすすめてきた。その結果、海軍は艦艇等の時と同じように兵器の輸入の見返りとして技術者を派遣するなどの方法を基本としながら、製造権の購入など時代の変化にともなう新手法を加味して先進国から航空機生産技術を取り入れ、それを航空機製造会社に再移転することによって国産化を実現したことが判明した。とくに第一次大戦からワシントン軍縮条約の締結前という微妙な時期に、センピル航空使節団の招聘や軍用機の生産が制限されているドイツからジュラルミン技術などを導入、海軍最大の航空機工場を有する呉工廠広支廠を設立したことは、その後の発展に大きな役割を果たすことになったのであった。

国産化された海軍航空機は、「空力および軽量構造についての設計技術」に優れていたが、「生産および製造技術、部品の品質や機能もふくむ艤装」や量産化において劣っていたと述べられている。このうち長所については、多年にわたる技術移転に加え、ロンドン軍縮条約後に航空本部、海軍航空廠の主導のもとに大型金属航空機の開発に邁進した成果といえよう。また短所に関しては、基本的には自動車や民間航空、多種多様な部品産業の未発達など経済基盤の脆弱性に起因するといえるが、呉工廠で真剣に取り組んでいた科学的管理法や生産管理が広工廠の後身である第一一海軍航空廠では採用されていないなど、海軍工作庁で多年にわたり培われてきた知見や技術が航空機生産に生かされていなかったことも忘れてはならないだろう。

これまで多くのことを指摘してきたが、どのようにして陸海軍の航空機生産会社は分けられたのか、航空機製造会社が愛知県を中心に立地されたのはなぜなのかなど、海軍航空機の生産の分析のみでは知りえない問題が多く発生した。また中央航空機廠のように重要でありながら、資料に制約されて十分に検証できなかったものも少なくない。こうした点については、今後、より確実な資料を発掘して実証していくことにしたい。

注

（1）横井［二〇〇五］および［二〇一四］、永岑［二〇一四a・b］、［二〇一五］および［二〇一六］、高田［二〇一二］を参照。

（2）第一次世界大戦とワシントン軍縮に関する筆者の研究については、千田［二〇一二］、千田［二〇一四］、千田［二〇一五］を参照。

（3）臨時軍用気球研究会に関しては、日本航空協会編［一九五六］二一～二七頁などを参照。

(4) 日本海軍航空史編纂委員会［一九六九］七頁。
(5) 山本親雄他「海軍航空沿革史原稿　航空機造修の沿革」（防衛研究所保管、一九六八年受入）。なお日本海軍航空史編纂委員会［一九六九］三一四頁にもほぼ同様の記述がみられるが、本章ではもとになっていると思われるこの原稿から引用する。以下、両資料にほぼ同じ記述がある場合は、同様に取り扱う。
(6) 航空術研究会の設立と活動に関しては、桑原虎雄「航空術研究委員会時代」（防衛研究所保管、発行年不詳）および和田［一九四四］などによる。
(7) 防衛庁防衛研修所戦史室［一九七六］一八頁。
(8) 日本海軍航空史編纂委員会［一九六九］四三頁。
(9) 山本他「海軍航空沿革史原稿　航空機造修の沿革」。
(10) 「英飛行団ノ功績ニ就テ」一九二三年五月一〇日（「大正十二年公文備考　巻四十七　航空三」。
(11) 有馬成甫「海軍造兵史資料　海軍技術研究所沿革」（防衛研究所保管、一九三五年頃）。
(12) 日本海軍航空史編纂委員会［一九六九］三一～三二頁。
(13) 松永［一九三〇］五頁。
(14) 安東［一九三〇］一三頁。
(15) 碇［一九九六］四二頁。
(16) 日本海軍航空史編纂委員会［一九六九］三八四頁を基本とし、前川［一九九七］一四〇頁で補足した。
(17) 横須賀海軍工廠［一九三五a］三一七頁。
(18) 横須賀海軍工廠［一九三五b］二二七、二二九、二八一、二八三頁。
(19) 栗田［二〇一二］五四三頁。
(20) 海軍大臣官房［一九二二］一五六頁、［一九二三］二二三頁、［一九二八a］二四〇頁、［一九二八b］一四一～一四二頁、［一九二八c］二一五頁、［一九三〇］二二二～二二三頁、［一九三四］二四八～二四九頁。
(21) 海軍大臣官房［一九二二］八七頁、［一九二三］一八三、一九四頁、［一九二八a］一六五頁、［一九二八b］八七頁。
(22) 海軍大臣官房［一九二八c］一九四頁、［一九三〇］一九六頁、［一九三四］一〇六、二二一頁。

(23) 海軍省建築局「部外秘　海軍省建築局　海軍省建築部沿革概要」(防衛研究所所蔵、七八頁)。
(24) 日本海軍航空史編纂委員会［一九六九］一四〇頁。なお広海軍工廠の全体については、呉市史編纂委員会［一九八八］を参照。
(25) 大橋省呉海軍工廠広支廠設立準備委員長「広支廠航空機部設備ニ関スル件」一九二〇年九月一五日（「大正九年公文備考巻九十九　土木二十五」)。
(26) アブロ竣工については、中国日報社［一九五六］一七三頁および『中国新聞』一九八六年二月一九日を参照。
(27) 海軍大臣官房［一九二八a］二一五頁、［一九二八b］一三〇頁、［一九二八c］二六九～二七一頁、［一九三〇］二七三～二七四頁、二七六頁。なお発動機に関しては、檀［一九八三］を参照。
(28) 岡村他［一九七六］七六頁。
(29) 日本海軍航空史編纂委員会［一九六九］四七五頁。
(30) 三菱重工業株式会社社史編纂室［一九五六］六一八頁。
(31) 高橋巳治郎他「三菱重工業株式会社製作飛行機歴史　海軍関係飛行機」(防衛研究所保管、一九四六年八月二九日)。
(32) ユンカース社の経歴、活動については、永岑［二〇一五］を参照。
(33) 岡村他［一九七六］一〇三頁。
(34) 高橋他「三菱重工業株式会社製作飛行機歴史　海軍関係飛行機」。
(35) 毛呂［一九六〇］九九頁。
(36) 毛呂［一九六〇］一〇七頁。
(37) 「中島飛行機株式会社概史」(防衛研究所保管、年不明)。
(38) 日本海軍航空史編纂委員会［一九六九］四九六頁、愛知時計電機八五年史編纂委員会［一九八四］、中日新聞社社会部［一九七八］を参照。なお日本との関係をふくむハインケル社の活動については、永岑［二〇一四b］を参照。
(39) 愛知機械工業株式会社「愛知航空機生産年史」(防衛研究所保管、一九五九年に受付)。
(40) 野沢編著［一九六三］一七二頁。引用部分は、菊原静男によって「川西の飛行機の略史」として執筆されている。
(41) 竹内為信「川西航空機生産資料」(防衛研究所保管、一九五八年)。
(42) 川崎航空機工業株式会社「航空機製造沿革　機体之部」(防衛研究所保管、一九四六年)。

(43) 永岑［二〇一六］七八～八三頁。
(44)「英国空軍々人傭聘ノ件」一九二〇年九月一七日（「大正十二年公文備考　巻四十五　航空機一」）。以下、注(46)、(48)、(49)、(50)、(51)、(54)、(55)はこの綴による。なおこの要旨は、海軍大臣官房［一九三四］一二八～一三五頁に抄録されている。
(45) 横井［二〇〇五］三九〇頁の表8-2を参照。
(46) 小林躋造大佐より井出謙治海軍次官あて「英国軍々人傭聘経過報告　其ノ二」一九二一年一〇月一四日。
(47) 横井［二〇〇五］三八七頁。
(48) 前掲「英国軍々人傭聘経過報告　其ノ一」。
(49) 小林大佐より井出次官あて「電報」一九二〇年一〇月二四日。
(50) 前掲「英国軍々人傭聘経過報告　其ノ一」。
(51) 小林大佐より井出次官ほかあて「電報」一九二〇年一〇月一日。
(52) 横井［二〇〇五］三八四～三八五頁。
(53) 岡村他［一九七六］六四～六五頁をもとに、田中龍三造兵大佐の履歴、これまでの広工廠の記述などで補足、修正した。
(54)「覚」一九二一年二月。
(55) 同前。
(56) 野沢編著［一九六三］一四四頁。
(57) 山内四郎艦政本部第六部長「意見」一九二三年七月一二日（「大正十二年公文備考　巻四十七　航空機三」）。
(58) 御原［一九六六］二五七頁。
(59) 別府明朋海軍大佐他「秘　対独航空監視委員会終了報告」一九二六年八月（「大正十五昭和元年公文備考　巻五十六　航空六」）。
(60) 中村［一九三二］一四〇頁。なおこれは、一九三〇年六月二八日に開催された海軍機関学会の講演の記録である。
(61) 桑原［一九六四］一九六～一九七頁。ただしドイツへの派遣時期に関しては、一九二三年五月と記述されているが、日本海軍航空史編纂委員会［一九六九］五一〇～五一一頁や派遣軍人の履歴から二二年五月に修正した。
(62) 山本他「海軍航空沿革史原稿　航空機造修の沿革」。なお海軍大臣官房［一九二二］は、前述のように一九一八年に佐世保工廠は機体を二機製造中と記述しており、若干の差異が認められる。
(63)「金剛」建造にともなう技術者の派遣に関しては、小野塚［二〇〇五］一一一～一五三頁を参照。
(64) 江木実夫「飛行機生産技術上の教訓」(防衛研究所保管、一九五九年)。
(65) 碇［一九九六］九六頁。
(66) 防衛庁防衛研修所戦史室［一九七六］一八頁。
(67) 山本他「海軍航空沿革史原稿　航空機造修の沿革」。
(68) 安延多計夫「第二次世界大戦に於ける米国の航空機に就て」(防衛研究所保管、一九五八年)。なおアメリカの全体の数値には、アメリカの資金によってカナダで生産されたもの、軍用機には聯合軍に委譲されたものもふくむ。
(69) 海軍航空本部「昭和十六～二十年飛行機生産計画及実績」(防衛研究所所蔵、一九四五年一〇月二七日)。本資料には、判読の困難な数値、計画機数(四一年度‐八機、四四年度‐九六〇機)のみで実績機数の見当たらないものがあるなど考慮すべき点があるが、出所が明確でありあえて使用した。
(70) 安延「第二次世界大戦に於ける米国の航空機に就て」。
(71) 新羅［一九四三］二一頁。
(72) 山本他「海軍航空沿革史原稿　航空機造修の沿革」。

参考文献

愛知時計電機八五年史編纂委員会［一九八四］『愛知時計電機八五年史』同社。

安東昌喬［一九三〇］「海軍航空兵備の充実に就て」『有終』一七‐一一。

碇義朗［一九九六］『海軍空技廠(全)』光人社。

岡村純他［一九七六］『航空技術の全貌(上)』原書房。

小野塚知二［二〇〇五］「日英間武器移転の技術的側面――金剛建造期の意味――」奈倉文二・横井勝彦編著『日英兵器産業史――武器移転の経済史的研究――』日本経済評論社。

海軍大臣官房［一九二二］『大正七年度海軍省年報　秘』。

海軍大臣官房［一九二二］『大正八年度海軍省年報（極秘）』。

海軍大臣官房［一九二八ａ］『大正九年度海軍省年報（極秘）』。

海軍大臣官房［一九二八ｂ］『大正十年度海軍省年報（極秘）』。

海軍大臣官房［一九二八ｃ］『大正十一年度海軍省年報（極秘）』。

海軍大臣官房［一九三〇］『大正十二年度海軍省年報（極秘）』。

海軍大臣官房［一九三四］『大正十三年度海軍省年報（極秘）』。

海軍大臣官房［一九三四］『極秘　海軍軍備沿革続編』巻二』。

栗田尚弥［二〇一二］「海軍航空技術廠（「空技廠」）」『新横須賀市史　別編　軍事』横須賀市。

桑原虎雄［一九六四］『海軍航空回想録』航空新聞社。

呉市史編纂委員会［一九八八］『呉市史　第六巻』呉市役所。

新羅一郎［一九四三］『研究実験成績報告　米国航空機生産高』海軍航空技術廠。

高田馨里［二〇一二］「一九三〇年代における『軍・民技術区分』問題とドイツ軍拡」横井勝彦・小野塚知二編著『軍拡と武器移転の世界史――兵器はなぜ容易に広まったのか――』日本経済評論社。

檀正二編著［一九八三］『第十一海軍航空廠発動機部（広海軍工廠航空機部発動機課）の記録』バブ日立工業プリント部。

千田武志［二〇一二］「軍縮期の兵器生産とワシントン会議に対する海軍の主張――『有終』誌上の論説を例として――」『軍事史学』四八－二。

千田武志［二〇一四］「ワシントン軍縮が日本海軍の兵器生産におよぼした影響――呉海軍工廠を中心として――」横井勝彦編著『軍縮と武器移転の世界史――「軍縮下の軍拡」はなぜ起きたのか――』日本経済評論社。

千田武志［二〇一五］「第一次世界大戦後の兵器産業における労働の変様――呉海軍工廠を中心として――」軍事史学会編『第一次世界大戦とその影響』錦正社。

中国日報社［一九五六］『大呉市民史　大正篇（下巻）』同社。

中日新聞社会部［一九七六］『あいちの航空史』同新聞社。

永岑三千輝［二〇一四ａ］「ヴェルサイユ体制下ドイツ航空機産業と秘密再軍備（１）」『横浜市立大学論叢　社会科学系列』六五－

一・二・三。

永岑三千輝［二〇一四b］「ヴェルサイユ体制下ドイツ航空機産業と秘密再軍備（2）」『横浜市立大学論叢　社会科学系列』六六－一。

永岑三千輝［二〇一五］「ヴェルサイユ体制下ドイツ航空機産業と秘密再軍備（3）」『横浜市立大学論叢　社会科学系列』六六－二。

永岑三千輝［二〇一六］「ヴェルサイユ体制下ドイツ航空機産業と秘密再軍備（4）」『横浜市立大学論叢　社会科学系列』六七－一・二。

中村止［一九三二］「各国ニ於ケル航空機ノ現状」海軍機関学会『会誌』一五九（昭和館所蔵）。

日本海軍航空史編纂委員会［一九六九］『日本海軍航空史（三）』時事通信社。

日本航空協会編［一九五六］『日本航空史　明治・大正編』同協会。

野沢正編著［一九六三］『日本航空機総集　第三巻』出版協同社。

防衛庁防衛研修所戦史室［一九七六］『戦史叢書　海軍航空史』朝雲新聞社。

松永寿雄［一九三〇］「空中の大艦巨砲主義に注意せよ」『有終』一七－一。

三菱重工業株式会社社史編纂室［一九五六］『三菱重工業株式会社史』同社。

御原福平［一九六六］『井上幾太郎伝』井上幾太郎伝刊行会。

毛呂正憲［一九六〇］『偉人「中島知久平」秘録』上毛偉人伝記刊行会。

横井勝彦［二〇〇五］「戦間期イギリス航空機産業と武器移転――センピル航空使節団の日本招聘を中心に――」奈倉文二・横井勝彦編著『日英兵器産業史　武器移転の経済史的研究――』日本経済評論社。

横井勝彦［二〇一四］「軍縮期における欧米航空機産業と武器移転」横井勝彦編著『軍縮と武器移転の世界史――「軍縮下の軍拡」はなぜ起きたのか――』日本経済評論社。

横須賀海軍工廠［一九三五a］『横須賀海軍工廠史　第五巻』〈一九八三年に原書房により第二巻として復刻〉

横須賀海軍工廠［一九三五b］『横須賀海軍工廠史　第七巻』一九三五年〈一九八三年に原書房により第四巻として復刻〉。

和田秀穂［一九四四］『海軍航空史話』明治書院。

第3章　ドイツ航空機産業とナチス秘密再軍備

永岑 三千輝

1　問題の限定

軍縮・軍備管理の破綻の問題を歴史の中で検証しようとする場合、第一次世界大戦の終結とワイマール民主共和制の成立、ヴェルサイユ体制とその危機、ヴェルサイユ体制からナチス体制への移行、そしてナチスの秘密再軍備から公然たる再軍備への移行が、歴史上そのもっとも典型的なものの一つであることは否定できないであろう。では、そうした政治体制の度重なる転換と激変する国際環境の中で、新興産業としてのドイツ航空機産業は、どのように変化を遂げ、ナチス空軍構築の産業的基盤を形成したのであろうか(1)。そこでは軍用機と民間機の関係、生産の軍民転換とその逆の民軍転換、それらを通じるドイツ航空機産業の世界的転回はどのようになっていたであろうか(2)。

2　ヒトラー・ナチスの政権掌握とミルヒ計画

第一次世界大戦の終結により軍用機は一般的にはお払い箱となった。軍の飛行機・部品注文はすべて解約となった[3]。自社の飛行機を旅客機等民間機として使えるかどうかは製造業者にとって死活問題であった[4]。ヴェルサイユ条約発効に伴うドイツ軍用機破壊の前には、軍用機の民需転換、すなわち郵便機として使う案が検討されていた[5]。戦闘機はまた「クーリエ（急使）飛行機」に、爆撃機は運輸飛行機、すなわち民間の旅客機や貨物飛行機に重要な構造転換がなされなければならなかった。しかし、「機関銃装置、爆弾投下装置がとりはずされたからといって、民間航空機にはほど遠かった。軍用機の主要装備―エンジン、機械装置、燃料装置、これらの装置に求められる信頼性の諸条件が民間航空のためには決して十分には発展させられてはいなかった[6]」。したがって民需への転回のための生産技術的高度化を念頭に置けば、戦後期のその転回は単純な軍民転回ではなく、いわば螺旋的上昇の転回ということになろう。ドイツの場合、ヴェルサイユ条約による空軍禁止下で、一方では強制的な軍用機廃棄を受けての民需開拓を意識的に行わなければならず、他方では諸外国の需要――その中心は当時の世界の状況ではほとんどが軍需――と結びつかざるを得なかった[7]。

一九三三年一月にヒトラーは政権を掌握し、わずか二年少し、すなわち三五年にはドイツ内外に再軍備を公然と宣言し、ヴェルサイユ体制を打破した。ヴェルサイユ体制下においても軍備それ自体が完全に禁止されたわけではなく、十万の軍隊の保持は認められていた。しかし、そこでは、航空兵力、その物的基礎としての航空機など最先端の重要な兵器――軍用機――は明確に禁止された。本論が扱おうとする航空機は、その意味でヴェルサイユ条約発効の当初、完璧な禁止措置の対象であった。それだけではなく、戦後に旅客機として開発がすすめられたもの（典型的には

Ｆ－13）も、連合国航空監視委員会により軍用機としての利用可能性が厳しくチェックされた。

ところが、三五年三月のヒトラーの再軍備宣言において公然化するのは空軍建設（三月一日から）であり、その物的手段としての短期間の軍用機（戦闘機・爆撃機・偵察機）の大量生産の公然化であった。ドルニエ社の社内報はこの公然化による高揚した雰囲気を次のように述べていた。「すべてのドイツ人、とりわけ航空との関係を持っているものすべてにとって、耐え難い恥辱と感じられていた状態が除去された」と。かつての敵によってもたらされたヴェルサイユ条約の諸義務の継続的破壊作用と他方におけるかつての敵国のいかなる軍縮も拒否する態度とが、総統に空軍建設の「権利を与えた」だけではなく、ドイツ国民に対する義務として「ドイツの安全のために」不可欠なみずからの航空領域に対する「防衛主権」を再建することを要請した、という。なぜなら、今日では国境のすべての安全も国の内部における平和的労働も、強力な空軍なしには考えられないから、と。ヒトラーの再軍備宣言の二週間ほどで、「早くも、一九三五年三月一四日には若きドイツ空軍の最初の戦闘機編隊が編成され」、ヒトラーによってこの編隊に第一次世界大戦の英雄「リヒトホーフェン」の名前が付与された（Jagdgeschwader Richthofen）、と。「ドイツ空軍の一年」と題するドルニエ社内報巻頭記事は、「数的には近隣諸国の空軍に劣っているとしても、わが空軍は模範的な訓練と本物の航空兵精神により第一級の装備に支えられて、わが国の安全の支柱となり、あらゆる敵にとってドイツを空から攻撃することが危険な冒険になってしまった」と断言し、国の安全と防衛のためだということを強調した(8)。

短期間の編隊編成を可能にしたのは何も奇跡的なことではなく、それにさかのぼる前提諸条件の形成によるものであった。この問題についてはワイマール期にはすでに軍用機生産がドイツで秘密裏に始まっていたのだとか、それに先立つ独ソ間のラパッロ条約による軍事協力があったからだという歴史像が通説的にみられる(9)。しかし、これまでの検討によれば、それはきわめて限定的なのであった(10)。むしろ強調すべきは次のことである。ワイマール期、ヴェルサイユ体制下でのドイツ航空機産業の平時における飛躍と世界の需要構造に対応するドイツ航空機産業の民需中心の生産転回こそが、ナチス政権の短期間の航空戦力の構築を可能とし、その生産技術的基盤となり、裾野を形成した、と。ヒトラー・ナチスはその成果を掴み取り、ヴェルサイユ体制における禁止を喧伝して、自分たちの短期間の業績を際立たせ、一種の革命的転回を演出し、国民的熱狂を煽り立てることに成功した。

再軍備宣言と急速な航空戦力の構築が進む一九三五年に創刊されたドルニエ・コンツェルン社の社内雑誌『ドルニエ・ポスト』第一号（一〇・一一月号）は数週間前に最新型ドルニエ飛行艇Do18の試験飛行を終えたことを知らせた。そして、試験飛行成功により、この機種がドイツ・ルフトハンザの長距離航空路に投入され、海外航空路のさらなる発展に大きな一歩を踏み出すことを意味するとした。[11] ここでもまだ公然たる形では世界の民需が前面に押し出されていることを確認しておこう。

ナチス政権誕生直後の秘密空軍建設を中心的に担ったのは、すでに一九二一年ごろからゲーリングと密接な関係を持つようになり、のちに民間航空ルフトハンザ社で頭角を現した重役エアハルト・ミルヒであった。[12] ゲーリングとミルヒがナチ党政権誕生の場合の空軍建設問題を初めて議論したのは三二年だったという。三三年一月二八日、ゲーリングが突然訪ねて来て、ヒンデンブルクがヒトラーを首相に任命し、他の諸政党との連立政権を成立させることを決断した、ついては、新設予定の航空省に協力しないかと。三〇日にはヒトラーからもあなたの航空分野の技術的知識と能力が是非とも必要だと説得された。ついに彼らの申し出を受諾し、次官に就任した。[13] そして、三四〜三五年に軍用機（戦闘機・偵察機・爆撃機）および補助爆撃機、それに訓練用飛行機など約四〇〇〇機の製造計画（ミルヒ計画）を立案し、事実、ほぼ期間内に達成した。[14]

秘密の空軍建設においていかにミルヒが重要な働きをしたか、欠くことのできない人物だったかを示すのは、次の文書である。一九三五年一二月一二日付の親族関係調査局からヒムラー配下の人種・植民本部長宛て書簡は、「総統・ライヒ首相はミルヒ次官に関して、彼の子孫もアーリア人と認められるとの決定を下したと」[15]。この書簡は、ヒトラーの決定を受け、ミルヒの妹が結婚している親衛隊将校ヘルマン・フォン・シュテッティンを警察の臨時長官から正規の長官に昇進させることに関するもので、「それも問題なし」と伝えるものだった。この書簡はもちろん「極秘」であった。ヒトラーはミルヒの先祖がユダヤ人だったことを認定したうえでアーリア人と認定する特別措置を命令したことになる。

表3－1　ミルヒ計画1934-35

陸上作戦用		
	Do. 11, Do. 23 爆撃機	372
	Ju. 52 爆撃機（補助用）	450
	He. 45 偵察機（長距離用）	320
	He. 46 偵察機（短距離用）	270
	Ar. 64, 65, He. 51 戦闘機	251
	He. 50 急降下爆撃機	51
		小計1,714
海上作戦用		
	He. 60 偵察機（飛行艇）	81
	ドルニエ・クジラ偵察機（長距離）	21
	He. 38, He. 51戦闘機（飛行艇）	26
	He. 59 全般用	21
		小計149
基礎訓練用		
	FW. 44, Ar. 69, He. 72, Kl. 25, Ar. 66, W. 34 等	1,760
連絡用		
	Kl. 31, 32	89
その他各種		
	新型爆撃機試験用シリーズを含む、He. 111, Do. 17, Ju. 86	309
		総計4,021

出所：*The Rise and Fall of the German Air Force*, p. 8.

しかし、これはゲーリングのやり方とは違っていた。ミルヒの「母の夫」、つまり「父、ないし父と称される人物」がユダヤ人だとの情報は、すでにニュルンベルク裁判（主要戦犯）でも裁判長が質問していた。ミルヒは三三年春の入党申請において祖父母の資料がなかったとした。父親が洗礼を受けたキリスト教徒であって、自分はキリスト教徒であると確信していたと。しかし、ミルヒがユダヤ人だ、その家系だという噂は次官就任当時からあった。ミルヒの証言によれば、ゲーリングが助けを出したと[16]。

最新の研究によれば、ゲーリングとミルヒはナチ党左派との戦いの中で連携を深める以下のような要因があった。経済党（Wirtschaftspartci）に所属していたユンカース社重役ザクセンベルク（Gotthard Sachsenberg）は一九三一年にハルツブルク戦線に参加し、三二年選挙での経済党の陥没後はナチ党左派のシュトラッサー派に接近した。彼は、ナチ党の一部をも包摂した広範なブルジョア的国民的連合を創出しようとの思惑から、クルト・フォン・シュライヒャーとのつながりを作った。ザクセンベルクに近しい人の三四年六月三〇日の突撃隊指導部に対する作戦（レーム粛清）で逮捕された後の証言によれば、ザクセンベルクは「将来の国家」でミルヒに代わって航空省次官になりたいと思っていたと。この証言が本当かどうかは別として、「国家次官が非アーリアだなんて」とミルヒのユダヤ人家系問題（祖父がブレスラウの著名な建築銀行家・不動産会社経営者）がナチ党左派に追い落としのために利用される恐れがあった。そこで、ミルヒの身辺をきれいにしておこうということとなった。最終的には三三年初夏、ミルヒの母カラが子供のアーリアとしての血統証明の文書を書いた。ミルヒを含む四人の子供は、夫の是認のもと、キリスト教徒の叔父ブロイアー（Carl Bräuer）――一九〇六年に死去した彼女の母の兄弟――との恋愛関係で生まれたと。血筋上では、ユダヤ人家系の父アントンとは無関係と。こののち、ミルヒは業務日誌に、「父 Carl Br.」と記載することになる。突撃隊、レームの航空への介入を挫折させた後、三三年一一月一日にゲーリングは、ヒトラー、ブロムベルク、ヘスに対し、彼の次官の出自が「アーリア」だと報告した。(17)

知る人ぞ知る、もやもやしたものがベルリンやブレスラウで密かに蔓延していたとしても、ゲーリングもヒトラーも長い付き合いでミルヒの能力に厚い信頼を寄せ、「噂」をはねのけ、秘密再軍備から公然たる再軍備への急速な進展を託した。空軍建設の成功が「噂」を掻き消していたということだけは厳然たる事実であった。(18)

3　民間航空網建設構想と戦後混乱期の航空機産業

一九一〇年ユンカースの「翼のみ」特許（大きな翼の中にエンジン、旅客・貨物を積み込む構想）における飛行機の機能は平和的諸国民の結合のための大いなる手段、画期的手段として構想された。第一次世界大戦が飛行機の武器としての機能に飛躍をもたらしたとすれば、他方では戦前にもあった平和利用、平時のための飛行機利用の構想も大きく進展していた。戦時中の一七年一二月一三日、ワルター・ラーテナウのもとでＡＥＧ社によってドイツ航空会社（Deutsche Luftreederei GmbH）が航空交通研究会社として設立された。民間航空において飛行機を投入する可能性があると考えられ、平時に向けてのその準備のためであった(19)。事実、この会社は戦後すぐに航空業に乗り出すことになる。

世界航空交通の発想は第一次世界大戦勃発の前に登場し、戦時中にもその思想の深化が進んでいた。戦時中における発想をいくつかの史料で確認しておこう。ケルンのある新聞の一九一八年二月二八日夕刊記事のタイトルは「来たるべき世界飛行機交通」であり、「ヨーロッパ諸国民が意見の違いに決着をつけようとしている大砲の大音響がまだ鳴り響いているときに、飛行機は爆弾投下や空中戦闘以外の何か別のものに使うことができるのではないか」、「世界航空交通の思想がふたたび登場している」と報じた。フランスの航空専門雑誌によれば、フランス、イタリア、アメリカ、アルジェリアですでに定期航空郵便があった。先頭を進軍しているのは三七の航空郵便路線をもつアメリカであった。イタリアでは去年春からローマ・トリノ間で、さらに第二の路線が少し前にサルデーニャと本土との間で開かれた。イタリアの郵政省は全イタリアと地中海植民地で航空郵便を導入しようとしている、と(20)。

一九一八年四月には、「極秘」文書ながら、「世界航空運輸株式会社」設立案が作られ、担当官庁にも提出されていた(21)。そこには、他の諸国、アメリカ、イギリス、スウェーデンがすでに取り掛かっている民間航空建設に後れを取ってはならないという危機意識が表明されていた。すでに発達した交通網を持っている諸国では、航空機はその特別の能力により必要な補完となるのであり、新しい労働の可能性や方法の基礎条件となり、「競争戦における前代未聞の強力な武器」となるからであった。(22) この会社の路線として計画されたのは、次のものであった。ハンブルク～ニューヨーク、ハンブルク～南アメリカ、カップ・ヴェルデ～南アフリカ、ハンブルク～東アフリカ、カメルーン～東アフリカ、ハンブルク～オーストラリア、ボンベイ～東京、ハンブルク～東京（陸上路線、ハンブルク～モスクワないしザンクト・ペテルブルク～オムスク～トムスク～イルクーツク～北京～東京）、ハンブルク～東京（海上路線、ハンブルク～黒海、オデッサ～カスピ海、アストラハン～アラル海～バルカシュ海～いくつかの湖を経由してルコ－ノールから北京～東京）、ニューヨーク～南アメリカ、ニューヨーク～太平洋（サンフランシスコ）、サンフランシスコ～南アメリカ、サンフランシスコ～東京、ニューヨーク～ホノルル、ホノルル～シドニーないし広東。(23)

「将来の航空交通計画へのライプツィヒの包摂を」というライプツィヒ・ターゲブラットの記事（一九一八年二月二六日）は、ウィーンで設立準備が進む国際航空株式会社の路線に触れ、それにライプツィヒが含まれないのではないかという危惧を表明し、ドイツの商業経済生活でのライプツィヒの地位が正当に評価されるように訴えるものであった。(24) 飛行機の平和利用への、民需活用への関心は戦時中に広く高まっていたのである。

終戦直後の一九一八年一二月に新しく設立されライヒ航空局（Reichsluftamt）は、戦争手段のみに使用され、この特別の目的に開発がすすめられた飛行機が、いまや有益な平和目的のために自由に利用できるようにしなければならないとしていた。(25) 三年後、二二年一月一日時点のドイツとイギリス、フランスの民間航空（国家による支援を受けた定期的航空交通の過去七カ月間実績）の概観によれば、イギリスの路線はロンドン～パリ、ロンドン～アムステルダムの二つで、航空会社も二社であった。総飛行距離は四〇万キロ、乗客一万一八五〇人、輸送貨物・郵便四四トンであった。フランスは、パリ～ロンドン、パリ～ブリュッセル～アムステルダム、パリ～シュトラスブルク～プラハ～ワルシャワ、パリ～ジュネーブなど九路線、九会社、総飛行距離一四五万キロ、乗客五七〇〇人、輸送貨物一〇二トン、輸送郵便物五トンであった。これに対しドイツは、ベルリン～シュテッティン～ダンツィヒ～ケーニヒスベルク、ケーニヒスベルク〜メーメル〜リガ〜レヴァル、ケーニヒスベルク〜コヴノ〜リガ、ベルリン〜ドレスデン、ベルリン〜ライプツィヒ〜ニュルンベルク〜ミュンヘン〜アウクスブルク、ミュンヘン〜コンスタンツ、ベルリン〜ドルトムント、ベルリン〜ブレーメン、ハンブルク〜ブレーメン〜アムステルダム〜ロッテルダムなど一三路線と三〜四カ月間限定の海水浴場路線三路線で、航空会社は七つ、総飛行距離は約一六五万キロ、乗客六八二〇人、貨物と郵便三一トンであった(26)。

終戦後すぐに民間機を開発したユンカース、それに一九二二年五月の製造禁止解除後に生産再開したり新会社を創立したドイツ飛行機産業は、自ら製品の市場をもとめて民間航空に乗り出し、職を失った元軍用機兵士を使ってその発達を促進した。それによって民間機（旅客機・郵便機）の市場を開拓し、したがってドイツ航空機産業の発達を促進した。後の航空省次官ミルヒもユンカースに雇われた一人だった(27)。戦後に多数の大小航空会社が誕生し、それぞれが路線を開拓した。それらの統合によって二六年に成立したのがドイツ・ルフトハンザであり、その路線網は急速に拡大した。ルフトハンザは「あらゆる力の統合と目的意識的な指導」によってドイツの航空交通を可能な限り発展させようとしたものであった。ドルニエ社は、すでにドイツ・ルフトハンザの前身であるドイツ航空会社やドイツ・アエロ・ロイド社（Deutscher Aero-Lloyd）に路線網構築で飛行機を提供していた。二二年末、ドイツ〜イギリス空路開始に際して一八五ＰＳＢ.Ｍ.Ｗ.エンジン搭載のドルニエ－コメットⅡが使われた。「異常に不利な天候の中で」ベルリン〜ロンドン間往復の最初の便は成功し、世間を驚かせたという(28)。ユンカースもまた目前のユンカース航空会社（Junkers-Luftverkehr）を作り、自社の飛行機を投入した。

しかし、平和的な国内外航空路線建設は何の苦労もなく実現したのではなく、ヴェルサイユ条約に基づく連合国航空監視委員会（Interallierte Kontrollkommission für Luftfahrwesen）に民間機生産を可能な限り認めさせる闘いの中で実現していったものであった。それは連合国の監視委員会がどのような航空機会社をどのように扱おうとしているかの極秘情報を入手することから始まっていた。(29) 一九一九年一一月下旬の航空局部長からユンカース宛ての書簡では、「アンタンテ」(史料に登場する表現)は平和条約の執行に関して具体的な措置はまだ決めていないようだとし、情報入手次第知らせることを伝えた。同時に、「アンタンテ」がドイツ国内で私的な飛行機の製造を六カ月間禁止しようとすれば、それは国内需要について許されることであり、外国の需要は決して平和条約の製造禁止のもとにおくことができないとの見地で立ち向かうことを次官補と打ち合わせた。(30) 外国の需要でこの段階で明確で大きかったのはアメリカの実業家(ラルセン)からのもので、毎年一〇〇機を買おうという商談であった。二機の宣伝用マシーンを送ること、アメリカ側(ラルセン)が求める宣伝資料を提供すること、パテント問題を明確にすること、アンタンテに対する防御などが重役会議で決められた。(31)

「アンタンテ委員会」の工場視察に対する対策も社内で練りあげられた。フランスの委員(Dorand 大佐)がユンカース機の優秀性に「驚嘆し熱狂している」ことを掴み、来訪の際はフーゴー・ユンカース自身に立ち会ってもらい、F-13が民間機であることを認識してもらうためにベストを尽くそうということになった。(32) アンタンテ側とドイツ側の委員の最初の会合の情報もベルリン本部は入手し、イギリスの委員長(マスターマン将軍)が「非常にいい印象」だったこと、ただ、委員の中には政府の指示に従うものもいるので折衝は「簡単でも気持ちの良いものでもない」と想定されることをフーゴーに伝えた。フーゴーとイギリスとの間には戦前にいい関係があったのであり、戦争によって中断されただけであることなども折衝の中で活用する方針をとることになった。(33)

輸出に活路を見出そうとするユンカースにとって、世界的な戦後恐慌が販売見通しを引き下げることを余儀なくさせた。一九二一年一月末の重役会議は第一の議題が「世界経済の状態」であり、二番目の議題が「アンタンテ」であった。冒頭、フーゴー・ユンカースが「半年前の大きな計画」の変更を提起した。前の計画は、次のような熱慮に基づいていた。一方で飛行機生産に「大きな販売見通し」があり、航空交通が巨大な未来を持っているのは確実だ。とすれば、どうすればいいか。二つの道がある。一つは国内外でほかの企業に生産させる、もう一つは自ら生産することだ。「われわれは後者、自己の飛行機生産を促進する最大の動機を持っている」。自らの工場は新しい優れたものを創造するという最も重要な目標とその最も強力な基盤である。自ら相当数を売りさばくこともそうである。他方で、自己生産は「われわれに最良の経済的成果も」与える。労働と犠牲の最も小さなコストで最大の収益。エンジン製造や装置製造の長年にわたる経験に基づいた蓄積がある。そのうえ第三に自己生産はさらなる発展の最良のよりどころとなる、と。(34)

しかし、この間、状況が根本的に変化し、計画を変更させる事情が発生したとする。第一に一般的な経済状況。イギリスの失業は一五〇〇万人、雇用を求める叫びが内外政治を規定している。アメリカもそれよりいいわけではない。全世界で多かれ少なかれそうだ。これが我々の飛行機の販売可能性に必然的に大きな影響を与えている。第二に重要な契機としての「アンタンテ」の態度。半年前もその困難を計算に入れてはいたが、「アンタンテ」がこれほど容赦ないとは、そして、どこからも支援が来ないとは信じていなかった。アメリカからの支援が全くなくなろうとも信じなかった。さらに第三に、アメリカの販売見通しも「暗澹たる」ものとなった。ラルセンは契約ではミニマムとして年一〇〇機の販売を見込んでいた。しかし、この間にそれが四分の一に引き下げられた。ラルセンとの交渉にわれわれは最良の力、労働、資金を投じた。非常な損害を受け、ラルセンの代替をみつけることが妨げられた。(35)

こうして西側での市場開拓に苦心しているとき、大きな市場の可能性があるかに思われる話が舞い込んだ。ソ連にはいわば敗戦状態でブレスト・リトフスクの屈辱的講和を結ばざるを得なかったわけだが、逆にそれだけドイツの工業力・科学力・軍需生産基盤の水準の高さを熟知し、最先端のものを欲しがっていた。連合国から戦車・飛行機など最先端の兵器を禁止された国防軍から、極秘にソ連に工場進出する話が持ち込まれたのである。国防軍の秘密組織(Sondergruppe, SG)の要望を受け、一九二一年秋フーゴーはロシア政府と交渉を開始した。すでに一〇月から一二月のうちにロシアの戦前と現在の諸環境を詳しく調べて、ユンカースはロシアでの飛行機とエンジンの製造が「経済的な観点からは適当でないと確信」した。ソ連の完全に秩序だった状態への復興を仮定しても、生産コストが他のヨーロッパ諸国よりもはるかに高かった。したがってそこで生産した工業製品は世界市場では競争力がなかったからである。そこでユンカースは、ロシアの状況に由来する「政治的・一般的なリスク」がSGによって引き受けられること、さらに必要な運転資本が初めに提供されることを求めた。[37]

SGは当時全問題を政治的観点から見ており、ユンカースの諸要求を受け入れ可能と考えていた。しかも、運転資本に必要な投資額はわずかで済むだろうと信じられた。なぜならロシア政府が無傷の工場とあらゆる種類の機械設備を提供すると約束していたからである。しかし、事態が進むうちにやむを得ずこうした合意の完全な履行についてSGから距離がとられるようになってしまった。SGが暫定的に提供できる資金とその間に必要だと判明した資本需要との間に大きな差がでてしまっていた。しかも、モスクワでの交渉で明らかになったのは、ロシア側が全権を与えられたSG代表署名の文書を手に入れていたことである。それには現金六億マルク（当時三〇〇万ドル）の提供が予定されていた。ロシア側はこの観点から交渉を進めてきた。ところが、一九二二年三月、実際には三〇〇万ドルではなく、わずか二八万ドルしか提供されなかった。ユンカースがロシア側にただちにこの資金的事情変更を説明し、ロシアの計画の全体規模・水準を当初予定よりはるかに少ない運転資本に合わせて変更していれば事は簡単であったであろう。こうしたやり方はSGの利害関心から不可能にされた。SGはこの金融事情の変更をロシア側に知らせることは不可能とみなしていた。一二二年七月にロシアの空軍の長官がベルリンに来たとき、SGが資金状態を説明したが、もはやこの時点ではプロジェクトの基礎を変更することはできなかった。「こうした諸事実が結局ロシア側との間で発生してくるすべての困難を引き起こした」。[38]

ユンカースにとっては経済的基盤の欠陥からロシア工場を放棄する危険が迫っただけでなく、ロシアでの活動で活動力を完全に失って、本体のドイツの工場の存続さえ危険に脅かされることになった[39]。国防軍の下部組織ＳＧとの折衝では埒が明かず、フーゴー・ユンカース自身がゼークトに「できる限り信頼のできる高位の司法当局による公正な判決」を提示するよう求めるに至った[40]。しかし、ゼークトは一九二四年一〇月、「あなたによって攻撃された部局の行動をすべて承認しており、当該部局は物質的負担や危険引き受けの義務を負っていない」、「ロシアのあなたの事業は純粋に政治的な問題ではなかったであろう」と要求をはねつけた[41]。しかし、ユンカースは一年後の二五年一〇月には資金繰りが続かなくなり、デッサウの本社工場さえ維持できない状態に陥った[42]。ユンカース危機は新聞で広く報道されることになった。ユンカースは危機がロシアでの活動によるものだとして、国防省に責任を取るように迫った。国防省は仲裁裁判所に持ち出すことを拒否し、中立的人格、すなわちドイツ最高の司法職の人物、すなわち最高裁判所長官に仲裁を任せることにして、ユンカースに同意を求めた[43]。彼はこれを「非常に歓迎」したのであるが[44]、いずれにしろ、死活にかかわることではあり、紛争は交通省その他中央諸官庁を巻き込みながら長引いていくことになる[45]。二六年五月交通省はユンカース問題について立場を表明するとして、「訴えるべき価値が問題なのではなく、ユンカース教授の虚構の要求が問題になっている」とした[46]。

一九二六年五月、ユンカース問題に関する新聞報道を受けてライヒ宰相府に対しユンカース以外の航空機関係企業（ドルニエ、ハインケル、アルバトロス、ロールバッハ、ウーデット、エンジンではB.M.W.）が連名でユンカースに対する批判的態度を表明した。それによれば、ユンカースはすでに二五年の危機においても国からの援助を獲得しており、あまりにも国からの助けが突出している。むしろ、ほかの企業のほうが世界で高く評価されている。ロールバッハ機は日本やイギリスで評価され導入された。ドルニエもそうだなどと、自分たちの優秀性を実績を織り交ぜつつ訴えた[47]。しかし、ユンカースの経営危機の本当の原因、国との論争点は国家秘密であり、彼ら他企業には想定外のことであった。政府側はユンカース危機は「内政的にも外交的にも重要性を持っている」ので政府としての統一的態度

を決めるべきだとした。交通省が検討を重ね、最終的には閣議で援助の処理問題を決定した。(48)

4 ドイツ航空機産業の苦闘と国家

こうした一九一九年それに二〇年一月の製造禁止から二二年五月の解禁までのドイツ航空機産業のありようを追跡してわかるのは、ユンカースが純民間機としてのF‐13の増産、その世界的な販路開拓に並々ならない努力をしたということである。F‐13は非常に成功し、いわば儲け頭となって、新機種開発の支えとなった。しかし民間機と軍用機の境を巡っては紛糾があり、「アンタンテ」による「民間機」没収の事件も発生した。それに抗するためには幾度もの粘り強い折衝が必要であった。ユンカースは戦時中は軍用機製造のためにフォッカーと会社を作っていた（Junkers-Fokker-Werke）。しかし休戦によりこの会社を解体し、単独の飛行機製造会社（Junkers-Flugzeugwerk A.-G.）を創設していた。この新会社では軍用機を一機も作っていなかった。(49) しかし、諸外国の多くが関心を持つのは軍用であった。たとえば、軍用として関心を示す日本への売り込みも重要だった。一九一九年七月のベルリン本部からフーゴー・ユンカース宛ての書簡は、「今日、今井少佐（Major Ymai）を訪問し、わが社の飛行機に対する活発な関心がまだ存在している」ことを知らせた。(50)

デッサウの重役会議では、航空路線開拓が話し合われ、J‐13を宣伝飛行に投じること、たとえばミュンヘンへ、そしてオランダの展覧会に出品することなどが議題となった。(51) しかしこうした前向きの対応ではなく、航空機に関するヴェルサイユ条約の諸規定の結果を巡っても検討が進められた。工場内には完成した民間航空機と並んで国から買い戻した元軍用機も在庫としてあった。それらを「平和条約の不明確さ」のもとで協商国による没収ないし持ち去りから防衛しなければならなかった。外国に条約発効（二〇年一月）前になんとか売りさばいてしまうことも検討テーマであった[52]。七月末段階でF‐13は民間機としては三機のみが認可されるとの情報が入り、直ちに五機にするよう交渉することが検討課題となった[53]。

ユンカースと彼の飛行機を高く評価する国防軍当局者の一九一九年九月の書簡によれば、プール・ル・メリット勲章のゲーリングが訪ねてきてこの数カ月コペンハーゲンでフォッカー社の飛行機の宣伝パイロットとして活動していること、旅客飛行でいい商売ができ、フォッカーの宣伝に一役買っていると語った。そこで、彼はゲーリングとユンカース機をデンマークに紹介する仕事について話し合った。ゲーリングはそれを引き受け、自ら操縦するといった。そして無条件の成功を約束した。この軍関係者はこうした会話の情報をユンカース社に伝えて、ゲーリングとの交渉に入るよう勧めた[54]。

ヴェルサイユ条約による生産禁止は航空機民間企業にとって大打撃であり、それに対しては政府補償を求める活動も重要であった。しかし、ひとたび政府から与えられた補償はごくわずかであり、追加の救済措置を求めてさらに働きかけなければならなかった。ドイツ航空業界を代弁するドイツ・アエロ・ロイド社秘密覚書によれば、ヴェルサイユの平和条約で、「フランスがドイツから航空における活動のあらゆる可能性を禁止することを求めた」。この完全な排除は規定上そのままでは「申し渡されなかったとしても、平和条約の諸条件は航空に携わる者にとっては、全条約の中で最も厳しいもの」であった。ロンドン最後通告によって、ドイツ航空業には新しいさらに厳しい諸規定が課せられ、航空機の製造は「一年の長きにわたって」停止させられた。この間に、後々の飛行機の購入に充てる予定で蓄積した資金がインフレで無に帰してしまった。それだけに航空会社にとっては「致命的」だった[55]。それにもかかわらず、戦勝国がドイツの航空機製造と航空交通を麻痺させることには「完全には成功しなかった」。関係者の最大限の犠牲によってであったと[56]。

しかし、一九二三年、ルール危機の状況で土壇場の状態に陥った。航空交通を担う企業が路線を整備し維持する負担は非常に大きく、私企業だけでは到底担いえなかった。イギリスの航空会社が政府から受け取っている補助金はドイツのそれの「何倍もの額」であった。「すべての文化国家」の政府と同じように補助金の形態での国家資金の提供が必要であった。また、最良の飛行機を創造するためには、ドイツ工業の内部での競争が必要であり、毎年のコンテストの開催とその勝者に対し、発注で特別の配慮がなされなければならない。以上のようにドイツ・アエロ・ロイド社はドイツの航空交通の筆頭を自負して国に要求を突き付けた(57)。

一九二三年三月のハンブルク－アメリカ・ラインからクーノー首相に宛てた要望書では、ドイツの六大銀行が資金難のアエロ・ロイド社を支援するために融資の用意あることを伝え、そのためには航空会社に対する補助金問題が可及的速やかに処理される必要があるとした。国からのしかるべき補助金――飛行距離一キロ当たり一・五キログラムのガソリン補助ないしその対価の補助――があれば、航空会社は損失なく経営できるなどとしていた。航空局担当者ブレドウ（Bredow）氏は一キログラムだけ認めようとしているが、それでは経費を完全に補填するには「全く不十分だ」と。しかも、補助金の分配を巡ってはドイツ航空機企業間で激しい競争があった。「さらなる困難」としてアエロ・ロイド社が訴えるのは、航空局が一方的にユンカースを優遇し、ユンカースに六〇％で、アエロ・ロイド社には四〇％としていることであった。一製造会社が補助金の半分以上を獲得しているのに対し、残りのすべての、アエロ・ロイド社に代表されている製造会社（ドルニエ、アルバトロス、サブラトニッヒ等）は残りの金額で満足しなければならないのは不当だというわけである。国は、できる限り多くの製造会社を生存力あるように維持することに利益があることは言うまでもない。航空局のやり方はライヒの利益に反すると抗議した(58)。ルール作戦終了に際して「ドイツの航空を担保としてとろう」との要求を焚き付けるフランスの新聞の「扇動的記事」にも、ドイツ航空機産業家連盟は神経をとがらせた。業界として四月には首相クーノーに注意を喚起し、「ドイツ航空が目下置かれている危機的状態」を伝え、対応策を求めた(59)。

こうした航空機製造会社からの不断の要望に対し、一九二三年七月には関係諸官庁会議が開催された。出席者は、ライヒ交通省航空自動車部、ライヒ国防省、ライヒ内務省、ライヒ経済省、ライヒ宰相府、ライヒ郵政省、ライヒ復興省、ライヒ財務省の代表者たちであった。製造禁止で被った損害の補償がまったく不十分だと引き上げを求める要望は財務省によって拒否された。しかし、航空機製造会社への一般的な支援の要請、外国との競争に耐え抜き、ドイツ航空機を「しかるべき高い水準に維持する」ための要望については、会議参加者全員が共感を示した。ドイツの飛行機製造を生存力あるものにするため可能な最大限がなされなければならない、と。[60]ライヒ交通大臣からライヒ国防省、ライヒ内務省、ライヒ経済省、ライヒ宰相府、ライヒ郵政省、ライヒ復興省、ライヒ財務省にあてた文書によれば、航空機産業に対する製造禁止措置での損害に対する補償措置としての一億五千万マルクでは「決定的に不十分」なので、少しでも助けになるため、航空機産業の振興を目的とするコンテストに資金を出す構想が出された。[61]その構想自体はこれまた「財政状態の困窮」を理由とする財務省の拒否で実現しなかった。しかし、業界の苦境の深刻化、業界と関係諸官庁の要請、それらをもとにしたライヒ交通省の度重なる要請を受けて、二十四年度予算に希望額の三分の一ほどが認められた。[62]ともあれ、競争を通じての高い技術生産水準を目指す思考は、企業サイドにも国家諸官庁にも広くみられ、財務当局にも譲歩を迫るものであった。

一九二三年九月、ドイツ・アエロ・ロイド社はドイツ航空機産業・ドイツ航空業の発展に関する意見書をライヒ宰相府に提出した。[33]冒頭でヴェルサイユ体制下のドイツの目指すべき基本路線が「平和的発展」の方向であることを確認している。すなわち、すべての前進の努力を続ける諸国民の関心は、最近三年、とくに最近数カ月、技術的に完璧な、大規模な、そして優れた航空船団の発展に向けられている。この努力は軍事的性格を有しているので、その限りでは「ドイツは意識的に単なる部外者として」、この最新の、しかしもっとも強力な軍事的権力要因を観察することに限定することになろう。そして、そのことから生じる政治的状況を可能な限り最大限にドイツの目的のために経済的かつ政治的に活かすことになろう。なぜなら、ヴェルサイユ条約により、この軍備競争に能動的に参加することは、ドイツ国民の権限のうちにはなく、またその意思もないからである、と。(64)

ドイツのチャンスはどこにあるか。公然と言えることは第一次世界大戦の中立諸国の抱える需要であった。数的にも相当な航空戦闘‐船団を有する列強とならんで、世界大戦での中立諸国が、部分的には彼らの領土防衛のために、部分的には国内に、そしてとくに植民地に、迅速移動可能な警察力を創造するために、強力に武装した航空戦力を作り出そうと尽力していた。その際、それら諸国は、「今日いたるところで正しいと認められている原則」から出発している。その原則とは、この最もモダンな権力手段の可動性と優越性が最もわずかの出費で可能な最大限の効果を上げるということであった。困難な領土的政治的諸関係のもとでも、たとえ他の権力手段が機能しなくても、国家権力の権威を飛行機の使用で決定的に支える可能性がある、との見地であった。(65)

それに対してドイツにとっては、ヴェルサイユ条約の諸制限から軍事的にも政治的警察的にも飛行機の使用可能性は問題にならない。しかし、非常に必要な平和的な商業船団の創造では、事態は違ってくる。ドイツは自らの能力を全世界の復興のために役立てる権利があるだけではなく、国民的な意味でも国際的な意味でも、その義務がある、と。(66)

あらゆる交通手段が持つ諸国民結合の傾向は、交通・輸送手段として飛行機を使用する場合、まったく特別に、特徴的に際立っている。ところが、将来の商業飛行機に開かれたこの大きく卓越した可能性について、世界ではまだほとんど気づかれていない。けれども今日すでに目に見えていることは、ドイツの世界的勢力の再建のためには商業航空船団がそのもっとも重要な要素のひとつでありうるし、そうなるだろうということである。外国におけるドイツ飛行機の登場、ドイツ商人が販路を探しドイツ工業が進出しようとしている外国の各地にドイツの航空交通組織を樹立することは、ドイツが政治的目標を追求しているところでは目的達成のため、ほかの宣伝手段よりもはるかにふさわしく効果的である、と。(67)

海運業は航空船団と比べると宣伝的活動に関してははるかに狭く制限されたものであった。世界の大きな港ではその直接的な影響力はなくなってしまう。ところが商業航空船団には何の国境も引かれていない。それは、政治的境界をぼやけさせ、諸民族の相互理解を促進するような接近を抜群の規模で呼び起こす。そのことに世界経済で影響力を獲得してきた、あるいは獲得しようとしている諸国民は気づいている。それら諸国民はしたがって軍用船団とならんで、たくさんの商用航空機を製造し、大規模な航空交通組織——特に母国から植民地への、また国の商工業のためにとくに重要な地域へのそれ——を作り出している(68)。

こうした諸努力の一部が、特にフランスのそれは、民間航空船団もそれによって大規模な広範囲の人員集団を養成し、軍用航空機の操作のための準備をすることになる限りで、多かれ少なかれ軍事的目的に奉仕させるように仕向けられている。したがって、この「敵側同盟諸国」の商業航空船団の経済的宣伝的意義は、目下のところは副次的目的しか持っていないとしても、新しい販売地域と新しい世界的名声の創造を目指すドイツの努力にとって危険である。商業航空船団の創出と維持は、単に任意の領域での競争が問題なのではなくて、将来の商業の可能性の本質的基礎そのものが問題となっているのである。ドイツの航空機産業と航空交通の発展の可能性と二〇年におよぶ航空制度の中で発展してきた伝統の維持は、国の財政的支援で確実なものとされなければならない(69)。

ドイツの航空利害の二つの代表は、ドイツ・アエロ・ロイド社とユンカース・コンツェルンである。前者は二つの航空会社（Deutsche Luft-Reederei 社と Lloyd-Luftdienst 社）の合併で、ドイツの経済的利害を代表する諸企業、すなわちＡＥＧ、ハンブルク－アメリカ・ライン、北ドイツ・ロイド、ドイツ銀行、ドイツ石油会社およびその他の航空業に関心を持つ諸大銀行と有力産業家たちによって、設立された。その意味で、ドイツ経済界の戦略が込められた会社設立だった。そして、後者、ユンカース・コンツェルンは、戦後期に「最大の危険を冒しながら」、大変な犠牲を払って飛行機とそのエンジンの製造に、しかしとりわけ航空においてもドイツの名前を世界に知らしめたとアエロ・

表3－2　ワイマール期飛行機生産

生産企業	1920	1921	1922	1923	1924	1925	1926	1927	1928	1929	1930	1931	1932	計
Albatros	—	1	—	5	23	24	21	22	23	23	25	13	—	180
Arado	—	—	—	—	—	10	19	8	16	5	4	9	11	82
Casper	—	—	5	3	9	6	7	7	1	—	—	—	—	38
Domier[1)]	2	3	6	8	20	38	23	22	30	21	17	19	9	218
Focke-Wulf	—	—	1	—	2	16	9	7	27	27	14	12	25	140
Fokker	6	15	12	4	—	—	—	—	—	—	—	—	—	37
Fokker-Grulich	—	—	—	—	6	36	—	—	—	—	—	—	42	
Heinkel	—	—	—	1	16	18	22	20	25	32	31	25	38	228
Junkers[2)]	74	16	9	79	90	78	69	58	62	73	92	88	27	815
Klemm	1	—	—	—	8	4	4	30	73	82	56	107	85	450
L. F. G.	2	6	2	2	2	20	10	—	—	—	—	—	—	44
Messerschmitt	—	—	—	—	3	4	1	7	12	30	57	27	24	165
Rohrbach	1	—	—	1	4	9	5	6	5	12	—	1	—	44
Sablatnig	9	9	4	—	—	—	—	—	—	—	—	—	—	22
Udet			3	9	15	31	33	41	54	29	4	—	—	219
その他	—	7	5	18	66	112	107	66	81	45	32	9	12	560
計	95	57	47	130	264	406	330	294	409	379	332	310	231	3,284

出所：Jean Roeder, *Bombenflugzeug und Aufklärer*. Koblenz 1990, S. 140.
注：1）CMASA（イタリア）を除く。
：2）Filli（ソ連）を含まず、Limhamn（スウェーデン）を含む。

ロイド社は評価していた(70)。

ここで、ワイマール期飛行機生産の全体を統計で概観すると表3－2のようであった。ユンカースの卓越した位置が確認できるであろう(71)。

5 「ドイツ航空機技術の傑作」ユンカースG38とその市場性問題

巨大飛行艇ドルニエDoXと「世界初のジャンボ」と特徴づけられるユンカースG38が登場したのは一九二九年であった。G38の初飛行は一一月六日であった。この二つの機種は第一次世界大戦終了後一〇年間におけるドイツ航空機産業発達の到達点、その背後にある技術的蓄積と飛躍を象徴的に示すものであった。いずれのデモンストレーションも世界的にセンセーショナルなニュースとして報道され、公衆は驚嘆した(72)。

しかし、二つの機種は専門的観点からはG38にDoXよりも高い評価が与えられていた。DoXは当時、無数の新聞で報じられ、書籍さえ出版された。それに比べれば、G38の宣伝は控えめであった。だが、現在のヨーロッパ統合の一つの代表的達成とされるエアバス社の副社長がみずからの二五年におよぶ大型飛行機開発の経験を背景に評価するところでは、G38は「ドイツ航空機技術の傑作」であった。彼によれば、すでに四カ月先行して飛行していたDoXは、機体補強や構造でG38と比べると「古く」見えるほどであった[73]。G38は、技術的に見れば問題なくDoXよりはるかに興味深く、進歩的であった[74]。

世界経済恐慌の中で、また、その後の一九三四年以降に始まった好景気（しかし軍需景気）の中で求められた高速性の点で、G38は市場を見つけることはできなかった。しかし、それは何十年か後のジャンボの登場で示された大量輸送の時代の先駆者であった。ユンカースは以前から航空の主要目標を経済的な高速・遠距離交通の創造において、開発を続けていた。画期的なユンカースF13からG38までの段階的な開発の道は、表3－3のようであった[75]。

表3－3　ユンカース民間機開発

	機種	飛行重量（トン）	エンジン数
1919	F13	2-3	1
1924/25	G24	5.5-7.5	2
1926/27	G31	8-9	3
1929/30	G38	20-24	4

出所：Die technische Bedeutung der Jubkers-G38, DMMA LR 11066.

このG38の開発過程で、一九二七年八月の会議で形、大きさ等に関する一般的なことが議論され、九月の本社会議では、この間に持ち出された多くの提案を議論した。その時点での開発名称は、「J38－一五ないし二〇トン型」であった。開発企画会議でユンカースは、さらに提案があれば申し出るように部下に指示した。しかし、一〇月二七日、社内の軍関係部署（暗号ないし略称M-Stelle）のユンカース宛て書簡によれば、この間の議論にM-Stelleが何の情報も与えられていなかった。M-Stelleはそれは「誤りだ」と訴えた。この部署はすでに八月の会議以来、軍用機に関連する提案書の作成に打ち込んでいた。自分たちの提案は、軍用機構想において基盤とみなされるべきものだった。ところが、会社の重役会議にM-Stelleがぜひとも参加すべきだという下からの意見は成果を見ていなかった。そこでM-Stelleは直接ユンカースに訴え出たわけである[76]。

しかし、開発担当重役によれば、フーゴー・ユンカースから与えられた指針は、「性能の良い大型飛行機を速やかに完成させること」を第一にするものだった。彼は、製造にお

いて軍事関係の要求を考慮すれば完成が遅れてしまうので論外という立場だった。(77)

しかし、M-Stelle は設計ビューローの大きな負担なしに軍関係の要求をある程度は盛り込めるという立場だった。そのことを開発担当重役に訴えた。その返事としては、ふたたび、速やかな新型飛行機の完成が第一で、そのほかの考慮は後回しにしなければならないという厳格な指示がユンカースから出されているということだった。むしろ議論を通じて判明したことは、開発会議に参加した重役たちのほとんどが、大型軍用機の構想に強く反対したということであった。会議参加者の多数は、J38型のような大きな飛行機は「純粋な軍用機としてはそもそも問題にならない」という見地だった。むしろ、このような大型飛行機を開発するとすれば、それは輸送用飛行機であり、ただ応急的にのみ「補助巡洋機」として武装すべきものだと。(78)

この基本方針に対して M-Stelle が強調したのは、ユンカース飛行機の販売の経験から、F13を例外として、すべての飛行機が買い手によって当該機が軍事的に利用できるかどうか、どのようにできるかということによって購入が判断されたということであった。K30は、積載能力、速度および上昇高度の点で軍事的諸要求をほとんど計算に入れなかったために販売が停滞してしまった、と。開発担当重役は設計ビューローなどの意見と同じで、J38型は何の困難もなく設計変更が可能であり、J38型の経験をもとに軍用機（K-Maschine）に容易に新しく設計できるとした。しかし、それは、再び新しい設計であり、もちろん二重のコストと設計作業が発生することを考慮していない発想だと M-Stelle は批判した。M-Stelle が考える唯一可能な道は、設計の初めから軍用装備のためのすべての要点を集中的に完全に明確化することであり、それによって二重設計やあとからの改造やつぎはぎ細工を回避すべきであった。(79) M-Stelle の見地では、J38型、ないしそれよりも大型の飛行機は完全な武装も行うべきであった。そして、戦闘を自立的に遂行できるようにすべきであった。(80)

しかし、実際には新機種は完全な旅客機として完成された。機体番号 D-2000（後に D-AZUR に改称）と D-2500

（後にD-APISに改称）の二機のみが、ルフトハンザによって運行されることになった[81]。年表的なことを確認しておけば、一九二八年設計開始、二九年一一月G38、D-2000最初の飛行、三〇年四月ツィンマーマンによる二つの世界記録の樹立、三〇年一〇月〜一一月ヨーロッパ周遊飛行、三〇年一二月、試験飛行終了（飛行時間一九〇時間）、三一年五月、D-2000、ルフトハンザ社に。三一年七月、ルフトハンザ、ベルリン〜ロンドン間に投入、三一年秋、ボディー増築のG38b型が組立最終段階、三一年（〜三五年）、K51型（爆撃機）が日本で六機ライセンス生産された[82]。三二年春、G38b、D-2500の初飛行、三二年六月二七日、ルフトハンザ、ベルリン〜ロンドン間にD-2500就航、三三年、D-2000をD-AZUR（DEUTSCHLAND）に、D-2500をD-APIS（HINDENBURG）に改称、三六年二月、ライヒ航空大臣によりドイツ・ルフトハンザ社に無償で譲渡、三六年、D-AZUR、デッサウで墜落、三七年八月、D-APISの飛行時間三二八〇時間に、四〇年四月、戦時投入、ドイツ空軍に。四一年五月、D-APISはアテネで空襲を受け破壊された（飛行距離、一〇〇万キロ以上[83]）。

M-Stelleは、G38開発に関して、民間機・軍用機としての両立が可能な設計を執拗に求めたのは見たとおりだが、ほかの機種の場合、使い手によって、また、使う時期と用途に応じて転用できる機種も、当然ながらあった[84]。しかし、大型民間機として開発されたG38は販売という観点からは軍事的にしか利用できなかった。イギリス人はこの機種を、将来の大型爆撃機の模範例として称賛した。日本での成功がその評価を裏付けた[85]。われわれはユンカース社内の開発方針を巡る対立をかなり詳しく見てきたが、まさに、M-Stelleが指摘していたことが日本との関係では発生したのである。日本の軍は、ユンカースG38の成功を見て、このジャンボ飛行機を長距離大型爆撃機として導入することになった。そこでユンカースによって軍用機モデルの設計図が書かれ、ライセンス生産のために必要な図面が日本に送られた。そして、「わずかの」変更で長距離爆撃機Kiが生まれた。全部で六機が生産され、そのうち、一機は一九四三年九月にもまだ使われていたとされる[86]。

一九二九年はドイツの航空にとって「非常にセンセーショナルな年」であった。七月一二日に当時の世界最大の飛行機DoXが試験飛行を行い、八月八日には飛行船LZ127グラーフ・ツェッペリンがセンセーションを起こした世界周遊飛行に出発した。さらに一一月六日にはこの時代最大の陸上飛行機、ユンカースG38が処女飛行に飛び立った(87)。ユンカースG38の大々的なヨーロッパ周遊飛行は三〇年に行われた(88)。デモンストレーションを見た諸外国の外交官や招待客は、世界周遊に成功したとはいえ軍事的には全く無意味なツェッペリン飛行船にはあまり関心を示さなかった。彼らは同時に披露されたドルニエの巨大飛行艇DoXの軍事的利用可能性に注意を集中した。ユンカース社はルフトハンザおよび交通省に働きかけ、旅客機としての採用を目指した。三一年九月のユンカース宛て社内文書によれば、折衝で出された問題点を踏まえて改良(胴体を大きくするなど)を提案し、交通省の担当官やルフトハンザの首脳部からは「好意的に評価された」。しかし、交通大臣は大型旅客機の生産と利用に国の資金をだすことには反対の態度であった。ただ、大型旅客機に好意的な担当官が交通大臣の否定的な意味での態度決定を「これまでのところ阻止している」状況であった。交通省担当官によれば、ユンカース「教授が大臣と個人的に話し合って」打開を図ることが可能ではないかと会社の交渉担当者に伝えていた。その際、ユンカースが最近何年間か、とくに三一年には全く、ないしごくわずかの資金しか開発基金から受け取っていないことを強調すべきだと進言した。開発援助資金を手に入れることが目下最大の金融的困難を少し緩和する唯一の可能性だと。ドルニエも困難な状態にあり、もし緊急に開発資金を獲得できなければ、彼に持って行かれてしまう危険があるとも(89)。

ドイツで二機しか製造されなかった機種を日本は六機もライセンス生産することになったのは驚くべきことであるが、ユンカースの担当者がみるところ、そもそも日本における飛行機生産はほとんどもっぱら軍事目的であって、民間には航空輸送の需要はほとんどなく、また資金もなかった。新型の製造決定にとって指導的なのは軍であった。海軍は陸軍よりも寛容で、資金もずっとたくさん持っていると噂されていた(90)。売り込みにおいて留意すべきは、陸軍の飛行機関係の指導的部署では不断に人が入れ替わり（二年間に三人の司令官）、専門的に力を持つ高級将校は全く後景に退いているということだった。将来的なタイプのライセンスの販売可能性は、その新型が日本の軍事的要望に応え、その高まる諸要求を満足させる限り、不断に存在していると見られた。その際配慮すべきは、日本が製造の最新状況とすべての国における将来の設計について、明らかに非常に早く、また詳しく情報を入手し、いつも最新のものを持とうとしていることだった。こうした情報と見地から、ユンカースは交渉を進めた。しかし、完成機G38の販売の見通しは、「非常にわずか」であった[91]。日本側は資金が国内にとどまるべきであり、製造経験が国内で獲得されなければならないという態度であった。日本製がさしあたりは高くついても、それは考慮されなかった。日本のJ38ライセンス生産機は、陸軍よって製造され、一号機の成功に「一〇機製造プログラムが遂行されるかどうか」がかかっていた。一月段階で三〇％完了していた。それは三一年末に完成する見通しであった[92]。

6　最先端技術による世界的転回――輸出・ライセンス供与・人材派遣――

ユンカースは世界各国の飛行機需要に応えて、輸出を行った[93]。ヨーロッパではチェコスロヴァキア、オーストリア、ポーランド、ハンガリー、ブルガリア、ルーマニア、ギリシャ、ユーゴスラヴィア、スイス、イタリア、フランス、スペイン、ポルトガル、ベルギー、オランダ、デンマーク、アイスランド、スウェーデン、フィンランド、ラトヴィア、リトアニア、エストニア、ロシア。アジアでは、トルコ、ペルシャ、アフガニスタン、シリア、インド、シャム、日本、中国。アフリカでは、エジプト、南アフリカ。アメリカでは、カナダ、合衆国、コロンビア。それにオーストラリア[94]。

販売状況が悪化する一九二九年でも売買交渉中の国は十六か国であった。中国（F13二機、A35／R53八機、W

33／W34一二機、K47七機、J36七機）が最大の相手であり、次いでペルシャ（A35／R53十機、W33／W34六機）、ポルトガル（F13一機、A35／R53十二機、G31三機）であった。A35／R53は前者が民間機タイプ、後者がその軍用機タイプだがそのいずれのタイプが交渉中か不明である。しかし、この年の交渉中の三〇機すべてが、中国、ペルシャ、ポルトガルのものであった。ただ年末までの六月時点での成約見通しは、中国が二五％、ペルシャが一〇％、ポルトガルが二五％であった。日本は、W33／W34二機、K47一機で、成約見通しは五〇％であった。(95)

ユンカース社はヴェルサイユ条約の「概念規定」(96)の制限を回避するため、軍用機生産の拠点として一九二四年、スウェーデンに子会社 A. B. Flygindustri（略語 Afi）を作った。(97)会社の社用便箋には、社名の上にF‐13のロゴ、社名の下に赤字強調で「ユンカース製造者（Junkers Konstruktioner）」と一目瞭然の文字が掲げられていた。(98)ソ連は「Kおよび交通分野で非常に将来性のある」市場とみていたが、「遠隔地のため」（だけでなかったのはフィリ工場経営をめぐる紛糾・挫折からも明らかではあった）問題にならなかった。ある程度工場進出の話が進んだトルコのトムタシユも供給能力がなかった。(99)このスウェーデン工場における生産は表3‐4のようであった。

ユンカースは、一九二六年春 Afi にR42型（軍用を意味する略語Kを使ったタイプ名K30）(100)の構成データを提供した。乗組員の構成は、パイロット、偵察兵、機関銃狙撃兵で、重量二四〇キログラムとしていた。武器は、偵察兵用の機関銃一基（それぞれに弾丸六〇〇発）、偵察兵用の稼働機関銃一基（弾丸八〇〇発）、それに二個の機関銃リングであった。これら武器の重量を一八七キログラムとしている。照準器、投光器などの装備、そして、最後に爆弾を投下用装備を含めて、八〇〇キログラムとしている。(101)機関銃と爆弾を備えた「重戦闘機」であった。さらに、ユンカースは、中立国スウェーデンの Afi にパテントを供与し、G24he に四座席を装備するなどの必要な改装を施した型の生産も可能にした。それは、迅速な民間機から軍用機への改装を可能にするプロジェクトの成果であった。(102)

商業用（すなわち旅客貨物輸送用）G24とそれに改造を施した軍用K30との関連は、第一次世界大戦の経験、およ

表３－４　リムハム（スウェーデン）における軍用機生産

機　種	1925	1926	1927	1928	1929	1930	1931	1932	1933	1934	1935	計
K30/R42	3	18	—	9	—	—	3	—	—	—	2	35
K53/R53	—	—	6	4	11	2	—	—	—	—	—	23
K37	—	—	—	—	—	—	1	—	—	—	—	1
K39	—	—	1	—	—	—	—	—	—	—	—	1
K43	—	—	—	—	—	1	6	13	—	—	—	20
K45	—	—	—	—	—	—	—	—	1	—	—	1
K47	—	—	—	—	2	2	7	—	1	2	—	14
	3	18	7	13	13	5	17	13	2	2	2	95

出所：Roeder, J. [1990] S. 148.
注：K30/R42：ユンカースのアイデアに従い旅客機 G23/G24から派生した軍用機統一タイプ
：K53/R53：単発 A35（これは A20から派生）の軍用モデル
：K37：輸送機としてカムフラージュした双発 S 36(1927) の軍用モデル
：K39：偵察機・軽爆撃機として構想された単発 A32の軍用名称
：K43：旅客機 W34の軍用多目的ヴァージョン
：K45：単発 Ju52

びその後の世界の航空機産業・航空機需要との関連を反映したものであった。「K30の軍事的評価」と題するA４一〇ページの文書(103)によれば、ある国が財政的に破滅せず、実効性のある防衛のために必要なさまざまの軍用機タイプの一定数を調達し維持することができるようにという見地から開発された。すなわち、「ユニヴァーサルタイプ」を発見する努力の結果であった。それぞれ独自の用途に設計されたさまざまの課題を充足させるような、普遍的活用タイプの開発が求められたのに応えたと。しかも同時に、このタイプは、さまざまの用途への転回にあたって改装ないし改造にそれほど手間がかからないこと、積載重量・スピード・操作性などその諸能力に重大な影響が生じないこと、そしてなんといっても陸海での軍事目的のために「改造コスト無しに」使用可能であることが目指された。開発を規定した「もう一つの根本的なモメント」は、モダンな商品の大量輸送にも適したタイプの創造ということであった。しかも、逆に、その民間の全航空機が多大のコスト無しに、最高度の迅速性で均質の空軍機に改造できるようにすることであった。第一次世界大戦という総力戦を経験したことから、平時経済の戦時経済への転回における、また二〇年代の世界の状況から、その逆の転回における可能性ということが開発の基底を流れるコンセプトだったといえよう。そして、「専門家世界の見解」によれば、ユンカー教授は七年間の研究・試験作業で唯一可能な方法をとった。ユンカース社は、こうした課題を「すくなくとも今日の技術水準」で「陸海軍事タイプＫ30」とこれに対応する「商業タイプＧ24」として開発したと評価した[104]。そして、Ｋ30の金属構造、武器装備などについて細かく検討した後、「総括的に言って、ユンカースの大型戦闘機、エンジン三基のＫ30の型は、今日、その適用可能性の多様性の点でこれまで航空で達成されたことのない兵器を意味している」と[105]。

当然にも、イギリスとフランスの情報機関がリムハム工場で製造される飛行機に関心を持った。英仏が秘密情報を集めているとの文書（一九二六年一二月）は、海軍の軍令部ラース大佐の助手が入手した。彼はかつて海軍関係の技術者で今ではユンカースに職を得ている人物にこれを伝えた。ラース大佐の助手は、その文書では「多くのことが誇張されているかもしれないが」と断りながら、これを翌年一月、デッサウのユンカース社技術担当に送った。さらにそこからすぐにリムハムの責任者にも送られた[106]。

子会社工場を作って成功したのはユンカースの場合、スウェーデンにおいてのみでトルコでは結局では頓挫した。収入源としてはライセンス供与も重要だった。一九三三年四月の飛行機特許からのライセンス収入資料によれば、二六年から三二年までのドイツ内外他社からのライセンス収入約一五〇万ライヒスマルクのうち三菱が一二〇万ライヒスマルク（二八／三〇年）で突出していたことは特記するに値するであろう[107]。ユンカースのライセンスビジネスで日本の位置は大きかった。

ドルニエの場合、子会社はイタリアのマリーナ・ディ・ピサ、それにボーデン湖畔対岸のスイスに二つであった。この会社もライセンス供与と人材派遣を行った。そこでも日本が重要な位置を占めた。ここでは、そのライセンスの実行のために派遣された人物について紹介しておこう。その人物、すなわち、ハンスー・ブーハー[108]は、すでに第一次世界大戦中の一九一五年、ゼーモース（フリードリッヒスハーフェン）の工場——当時はツェッペリン社——で設計士として働いた。採用後、すぐに昇進し、工場マイスターになって、戦闘機編隊および夜間爆撃機隊で設計の仕事に携わった。その後、召集されて航空隊に属した。戦後、内燃機関分野で仕事をした。そして二四年初めにドルニエ社に復帰した。この当時、ドイツでは飛行機生産がまだ制限下にあったので、ドルニエ社にとっても外国へのライセンス供与とそこでの生産が「特に重要な課題」となっていた。[109] そこでブーハーは、イタリアのマリーナ・ディ・ピサに配属され、そこからドルニエ専門家の小さなグループとともに日本に行った。ドルニエ社の各種航空機のライセンス生産を神戸の川崎造船所で必要な設備を施し、構築するためであった。彼は二八年に本社に復帰し、三六年に急逝するまで部門指導者代理としてプロジェクト・ビューローで活躍した。[110]「並外れた能力を持ったエンジニア」の急逝を惜しむ企業雑誌『ドルニエ・ポスト』は、多面的な実践的経験という健全な基盤の上で、いつも着想豊かに新しい課題に向き合い、ドルニエ社の飛行機の改善のために多くの新しい価値ある発想で貢献したという。[111]

7　一九二九年春のドイツ航空機産業の要望と世界経済恐慌

ドイツ航空産業は市場状況の良くない中で、要望書を作成し、交通省、国防軍その他に送った。航空機産業は全経済の一部であり、同じ経済諸法則のもとに置かれている他の諸産業と違った特別の処遇を求めるものではないと断ったうえで、「航空経済の新秩序のための提案」を行った。[112] その内容を見ておこう。

戦争と戦争の結果はヨーロッパの、特にドイツの経済の編成替えを必然化した。一方では経営の再組織化と合理化が行われた。他方では利益をもたらすはずの生産設備・工場が新しい状況下では見込みがないことが明らかになり、閉鎖した。もはや経済的には仕事ができない分野にかえて新しい生産部門に着手するとすれば、国民が思考様式、特殊な労働方法、ものづくりと技術の適性といった点で持っている固有の性質が決定的になる。そして、こうした諸前提条件は政治的経済地理的諸関係にも合っていなければならない。ヴェルサイユ体制下のドイツは航空勢力をめぐるほかの諸国との競争で「金融財政と権力政治の分野」ではほかの列強と伍していこうとしても、初めから競争力がない。こうしたことを熟慮すると、現存する手段をすべてのこれら諸条件に合致している生産部門に集中しなければならない。その分野こそ、ドイツのモーター産業一般であり、特に飛行機・飛行機エンジンの部門である。この製造部門にはドイツ国民に素質がある。それゆえ、この工業部門は高価値の製品を作ることによって将来的可能性を持っている。ドイツはほかの諸国と同等かあるいはより優れたものを提供できる手段で、すなわち航空機と航空機エンジンで貢献しなければならない。ドイツの航空における影響力や勢力は、現在も将来も、ドイツで生産された航空機器の高い水準に基づいている。したがって、ドイツの航空政策は、まず第一に航空研究の精神生活と航空産業の高質労働の技術的可能性・能力を維持することでなければならない。

ドイツの財政状況は厳しい。したがって、公的補助金は求めない。その代わりに、ドイツの航空政策の基本路線は、国内外における販売可能性を最大限に拡大する努力でなければならない。近いうちには経済的に利用できず、したがって工業によっては引き受けることができないような生産物のための研究課題の発注に資金を提供することが不可欠である。販売のためのもっとも重要な前提は、製品の質であり、価格面での競争能力である。価格面での競争能力にとっては、飛行機・飛行機エンジンの同一規格による大量生産が最初の前提となる。大量生産の可能性、同時に価格引き下げの可能性は、国内外の販売の大きな拡大である。

これまでよりも大きな国内市場を開拓するには、これまで唯一の行政当局、すなわち交通省が航空の全問題の処理を中央集権的にやる硬直した方法から離れる必要がある。従来は航空から遠くにあった行政当局と民間の諸力の活発な参加が必要である。その場合、特に郵便が重要になる。ルフトハンザの国内航空路線網は、まず第一に郵便・貨物輸送に向けられるべきである。それはこの何年も専門家が求めてきたものだが、実現していない。夜間郵便サービスと並んで、もちろん、ドイツから外国への旅客輸送の路線も問題になる。この路線にも余裕があるからである。今日の国の厳しい財政状況からして国内路線網を維持する資金は、経済的利用にもっとも効果を発揮するところ、すなわち、郵便業務から引き出さなければならない。

全国航空路線網の他に、飛行機販売促進のためには、飛行機をさまざまの需要に応じて飛ばすサービスを可能な限り伸ばすことである。主要路線への地域的な連絡のための臨時の貨物・旅客輸送、旅客タクシー輸送、新聞空輸サービス、海水浴路線や周遊・観覧飛行などである。飛行のこうした営業部門を完全に自由にすれば、民間資金や州・地方自治体の資金によって、航空機産業は非常に活発になる。すべてのこうした活動は、なかでもスポーツ飛行は、飛行機に対する排他性の閂を取り去る上で、非常に効果があるであろう。

外国販売については、工業全国連盟が出した覚書に共鳴するもので、航空機器についても国と経済界の全力を輸出促進に向けるべきである。その場合、特に経済省との協力に特別な可能性があるとみている。外国における航空運輸の成功の基盤は、つまるところ、ドイツ産業の供給能力にあり、ドイツ製品の外国販売は、外国路線経営への助成金と結びつく資本輸出とは違って、労働の輸出を意味する。

輸出拡大のためにはまた、そのための共通の課題を促進する経済組織の創出も求める。特に、この経済機関は、輸出クレジットを仲介し、場合によっては、金融専門家の判定によりクレジット供与の道で工業に流れ込む資金を管理する。航空経済促進のそのほかの措置として、民間航空学校の支援に賛成する。それは、機器とともに、ほとんどの場合において同時に、技術要員とパイロットが必要となるからである。

以上、一〇ページほどの提案事項のエッセンス部分を見てきたが、民間需要・市民的需要の開拓と飛行機の生産・販売の拡大とが結びつけられていることが確認できる。そして、それが第一次世界大戦後、一〇年間の実績と経験をもとにしたものであったことも、明らかである。

ユンカースはこの業界要望書を見て、社内で年来の自負と信念を開陳し、電話と文書で伝えることになった。彼によれば、これは「議会人を啓蒙するには欠陥がある」、特に「研究思想」が欠如している、と。(113) その意味は大量生産分野で突出した成果を上げているアメリカ合衆国との対抗、それとの市場競争という観点の欠如であった。アメリカはすべての工業原料を地下資源と巨大な資本力、そしてとくに世界市場における販売経験によって大量生産に向いている。ところがドイツはアメリカの競争に対して資源、「力の源泉の欠如」で特に不利である。したがって、世界市場の主体として国民経済を維持し増進するためには、生産の傾向を高品質製品の創造に向けざるをえなかった。完全に新しい高品質製品の生産と既存タイプの改善のいずれもが重要であった。ドイツの良質な労働の伝統が、世界におけるドイツ商品の質の声望と結びついて経済的に容認される最小のコストを達成し、世界市場でも販売戦に勝利する前提である。それにより完成品の輸出あるいはライセンス供与の道で継続的収入源を創出し、国民経済に貢献してきたのだ。ユンカース工場はその点で模範的なやり方でドイツが比較的若くて特に大きな桎梏によって阻害された産業で、アメリカとアメリカ外の大量生産との戦いに成功することを示した、と。それによって、国家諸官庁から最大の支援を受けた。ユンカースの諸目標の実現のための戦いにおいて問題となるすべての勢力を動員するために、ドイツの中央官庁、議会、産業、銀行、その他の公的分野の指導的人々に、とくにシャハトやシュトレーゼマンに、ユンカース工場の意義を確信させることが必要だ、と。(114) 事実、少なくともライヒスバンク総裁シャハトに関してはこの後、実に積極的にユンカース諸工場の性格、ユンカース航空機エンジンについての専門家の鑑定書などを説明資料として整え、書簡を差し出した。そして、「質的によりよく、かつ低価格の新製品のシステマティックな生産」という「平和的な道で」他の工業諸国、特にアメリカ、その計画的経済的な大量生産との競争に打ち勝ちドイツの以前の影響力を奪回するために、シャハト支援を求めた。(115)

ハインケルは、生産の半分以上が諸外国の軍用機で、経済危機を乗り切るには有利な地位にあった。ハインケルは

表３-５　ワイマール期軍用機生産

機　種	1920	1921	1922	1923	1924	1925	1926	1927	1928	1929	1930	1931	1932	計
戦闘機	—	—	2	3	2	1	2	1	8	8	3	19	16	65
偵察機	—	—		2	26	13	17	22	20	36	32	15	19	207
爆撃機・魚雷機	—	—	—	—	1	5	20	12	2	3	8	—	20	71
計	—	—	7	5	29	19	39	35	30	47	43	34	55	343

出所：Roeder, J. [1990] S. 140.
注：水上機を含む。CMASA を含まず。Filli（ソ連）を含まず。Limhamn（スウェーデン）を含む。

国防軍との関係もユンカースと比べれば良好で、ドイツ航空兵力幹部を養成するためのソ連の秘密基地で使う軍用機を開発し提供していた。それは軍用機に関する「概念規定」を完全に無視したものであった。国防軍が次第に、特に一九二七年以降密かにではあるが、空軍力の基礎――戦闘機・偵察機開発――の構築を秘密保持ができる範囲で前進させようとしていたことに、ハインケルは応えた。ユンカースのリムハムに関しては既述統計のとおりだが、ハインケルとドルニエ、それにその他の航空機企業がそれぞれどれだけ軍用機生産を行っていたかの内訳はわからない。ただ、ワイマール期軍用機生産の表３-５の統計を見ると、ハインケルが得意とした戦闘機・偵察機といった高速分野の機数が合計で二七二機、全体の約八割をしめることは確認できよう。

世界恐慌の影響も加わってユンカースの在庫は積み上がり、一九三〇年初め、四〇機、三五〇万マルク相当となった。同額の飛行機生産投資も行われていた。会社本部は可及的速やかな在庫一掃を求めた(116)。販売可能な少数機種への絞り込みも緊急課題となった。フーゴー・ユンカースも社員（技師・営業マン）も最新のエンジン一基のJu52／1mに期待した。しかし、それは積載可能重量が充分でなく、注文はわずかであった。その不評を打開すべく開発をしたのがエンジン三基のJu52／3mであった。この機種は国際的にも高く評価された。後々のことになるが四八四五機も生産されることになった。ルフトハンザだけで七四機が購入され、多くの路線に投入されることになる。まさにこの評判の高い機種が、開発当初のミルヒ計画において「補助爆撃機」に位置付けられたのである。ユンカースの長年の苦闘のたまものが、ナチス秘密再軍備の重要な核になってしまった(117)。

だが、ユンカースは飛行機にとってはあくまでも非軍事分野こそ重要なのだと繰り返し強調していた。三〇年四月の本部会議の記録によれば、世界における飛行機の利用について国家サイドでは公式非公式に軍事目的での利用が前面に出ているが、熟慮してみれば「重要性は非軍事分野にある」と。飛行機の製造と納入は国内外でたくさんの人々に雇用の機会を創出するだけではない。とくに大陸内と大陸間の路線での国際的な航空交通は世界の「平和的征服」を内に含んでいるのだ。歴史的事件の経験が示しているのは、武器の力と抑圧の手段による世界の制服には永続性がないということである。むしろ逆に、異民族と異国に対する強圧は遅かれ早かれ自国の利益を阻害するのだ。イギリスとその植民地の関係を見よ。国際航空交通の樹立は「平和的基盤の上で」の外国の支配だ。それは悪影響の残る武器・大砲よりも「はるかに人道的なも」のなのだ。したがって、国内外の航空路線の樹立のためのあらゆる努力と措置ことが国家と公衆の最大の支援に値するのだ、と(118)。

しかし、彼も飛行機の軍事的利用の重要性が全くないと言っているわけではない。彼の主張を内容的に見れば、ヒトラー的ナチス的な暴力的人種主義的他民族支配・帝国建設・領土勢力圏膨張の論理と力の道具としての飛行機を否定しているだけであった。彼の場合も自国防衛の軍事力の必要性を否定せず、あるいはヴェルサイユ体制のくびきの不当性は認識し、公然と述べていた。彼はその考えをルール占領からのアーヘンの解放の祝賀記念の演説で述べた。そのことがヒンデンブルク大統領の耳に入り、大統領の求めに応じて「防衛力―航空―国民」という小論を提出した(119)。

彼によれば、また当時の多くのドイツ人の見方でもあったであろうが、ドイツの政治状況は「権力政治的志向の諸国家の隣人」によって特徴づけられていた。防衛力はこうした隣人に対して駆使できる。その助けで危急の場合、数日ないし数時間のうちに権力の中心に対し絶滅的打撃を与え、ドイツ国民を導くことができる。したがって、適時に十分なドイツ国防軍の構築が必要だと思われる。隣人からのそのような打撃を効果的に防衛すること、その要請に応える武器の種類において空軍に勝るものはない。瞬時の戦闘準備、大きな作戦半径と迅速な影響力をこの武器は可能にする。純粋の防衛を超えて敵の諸措置に対し精密な攻撃で敵国内部で機先を制することができる。成功の確実性のための前提は、敵の量的優越性を質的に凌駕することである、と。(120) ところが、そのような質的凌駕のためには自動車産業に与えられている「発展の自由性」が必要である。しかし、航空交通の独占（国営ルフトハンザを頂点とするそれ）は、この航空の重要な発展領域を官庁的枠内に押し込めてきた。それによって、すべての経済的発展の推進力としての私的イニシアチブが奪い去られている、と。(121) ここにはフーゴー・ユンカースの体験が色濃く出ていた。そして、それはナチス的な上からの統制方法とは全く反対のものであった。彼が後に追放される必然性はこのような発想と態度にもあった。

経済危機における民需掘り起こし、その意味での有効需要の創出という点では、飛行機という新しい交通手段を地域に導入し、地域内の航空機企業を何としてでも支えようとする地方政府の努力があった。まさにそれこそ前述の航空機産業の要望が求めていたことの一つであった。(122) バイエルン州は経営危機に瀕した州内航空機工場を支援し、存続させようとした。一九三一年三月、バイエルン首相からライヒ首相ブリューニングへの書簡は、この問題についてであった。(123) それによれば、州政府は目下、ライヒ交通大臣と経営危機に陥っているアウクスブルクのバイエルン航空機工場株式会社（Bayerissche Flugzeugwerke A. G.）への公的援助の種類と規模について交渉中だった。州政府はこの工場の指導部が会社の金融状態の悪化に部分的に責任があることを見ないわけではなかったが、結局のところ、航空機製造への注文が少ないことに主な問題があった。ドイツの他の飛行機製造会社も苦境に陥っていたからである。事情の理解とライヒ首相の影響力の行使を要請した。ライヒ交通大臣は二つの道しかないと考えていた。ハインケル航空機工場との合併か破産か。それに対して、州政府はほかの再建提案を考えていた。当該会社が自立を保ち独自性を維持できるようにするという案であった。ライヒ交通大臣が計画している四〇万ライヒスマルクの国の補助があるとすれば、ハインケルとの合同でも州政府の再建提案で同じだとも。州政府はみずから一八万マルクの州補助金を提供しようと表明していた。国の南東部における自立的な航空機産業の維持は、バイエルンだけではなく一般的なライヒの利益にもかなうとの見地であった。州政府の再建提案は決して高額の国家資金を必要とするものでもないので可能な限りの対応をと要請した。

8　むすびにかえて

経済危機の深刻化の中で、ワイマール末期の政府は雇用創出策で打開を図った。ライヒ鉄道がこの政策によりライヒ交通大臣の支援を得て大作戦を取ろうとしていた。その情報は航空機産業にももたらされ、雇用創出資金の相当額を獲得しようと努力した。一九三三年一月二六日、すなわち、ナチス政権誕生の数日前の文書によれば、交通大臣はこれを受けて国防大臣と連携して一四〇〇万ライヒスマルクを申請した。その資金の使用目的とされたのは「国土防衛のため」であった。その申請には関係する企業名が列記されていたが、その冒頭にユンカースがあった。ドルニエ、ハインケル、アルバトロスがあった。アラドはなかった。エンジン製造者では、ユンカース発動機、B.M.W.、ダイムラー・ベンツ、ジーメンス、それにアルグスがあった(124)。

しかし、数日後のヒトラー内閣の成立とそこでの公然たる航空省の設置、背後における秘密の空軍建設の開始は、航空機産業の市場条件を根本的に変化させてしまった。今や、一九一九年から二二年までの製造禁止期間の絶望的状況も、二二年以降の「概念規定」の桎梏のなかでの制限的な状況も、したがって軍用機生産への制限・禁止も、さらには二九年以降三三年初頭の世界恐慌期の苦境も乗り越えて、大々的な市場拡大＝生産拡大の環境が出現した。航空機産業にとっても、それはさしあたり、ヴェルサイユの「不当な制限」の打破という国民的課題、「防衛のための」航空機生産という正当化理由のもとでの——したがって不自由な外国への迂回的回避的生産移転を伴わない——明るい市場展望であった。そうした大義を掲げるヒトラー政権が議会で圧倒的多数を獲得するための国会解散も、その選挙戦での警察力を背景にした暴力的なナチスの行動も、さらには、投票一週間前二月末の国会放火事件を即座に共産党のクーデター計画だとみなして大統領緊急令によってワイマール憲法の民主主義的基本条項を停止して左翼弾圧が全国的に展開することも、それらを「国民と民族のため」と称するヒトラー・ナチスの説明も、実は国民と民族にとって真に重大な危険をはらむものであることを国民の多くも企業家たちも認識していなかった。弾圧され活動が非合法化されたものたち、さらにその支援者たちにだけは、明確にみずからの身の危険をもって確認されたことであったろうが、フーゴー・ユンカースにもそうした甘さがあった。ディミトロフなどコミュニストが裁判闘争で勝利し、無罪放免となったのは、すでにナチス独裁体制が確立した三四年のことであった。

国会放火事件直後の三月二日、ユンカースは財界代表クルップに宛てて経営状態が回復に向かったこと、三一年から三二年にかけての非流動性危機を風呂釜工場の売却によって切り抜け、航空機工場の多数株式と発動機工場の参与過半数を買い戻したことなどを伝えた。そして、「研究によって創造された導入が近い新製品」とそのもとになるライセンスを市場に出す条件ができたことを報告した。たとえば、イギリスに重油エンジン・ライセンスを提供する契約が締結直前である、と。そして新たに開発したエンジン三基の大型飛行機Ju52の成功はこれまで以上に不断の研究を追求させるに至っている、最近ルフトハンザはJu52一〇機を発注した、さらに喜ばしい注文が南アフリカ、南アメリカそしてその他の諸国からやってきた、と。そして、この書簡の最後で、しかし良好な受注状況とはいえ、そこから「国家的な航空機経済の新秩序がどのような形態でどの程度企業の課題に影響するか、結論を導き出すことは時期尚早」とし、今後もよろしくご支援をお願いしたいと述べていた(125)。

さらにヒトラーにも直接訴えようと準備を進めた。三月九日の首脳会議の議事録「ユンカース教授とヒトラーの会談のための計画」によれば、会談の冒頭で「ドイツ人としてドイツの再建のために貢献したい」と決意表明することにした。その意味で二つの柱で具体的な提案をする。第一は「ドイツの研究の促進」、第二は「大衆化によるドイツの航空の促進」であった。第一の柱でいう「研究の概念」においては、一般的産業で通常の市場性のあるタイプの改善が問題なのではなく、「抜本的な大きな科学的経済的技術的な進歩」が問題なのだとする。そして、その意味での研究は「まったく特別の生存条件、とくに完全な官僚的阻害要因から解放された活動の自由を要求する」と。全金属製飛行機のような大きな技術的な進歩は、「自由な研究の雰囲気なしには発展し得なかった」。航空制度の開拓者の仕事に何らかの規則ないし指図がなされたら、航空そのものが生まれなかったであろう。具体的提案としては、「ライヒ研究委員の創設」であった[126]。第二の柱は、「ドイツ国民の不統合性の克服を助けるという中立的目標に適している」。ドイツの若者にドイツ国民の未来がかかっているが、その「航空への熱狂」を創出することである。航空における実践的活動に対する全ドイツ国民の関心の発展は、国民意識の強化に大きく貢献しうる。航空の大衆化は「国土防衛、強固に武装化した敵のまっただ中にいるドイツの地理的状況にとって決定的な重要性」を持っている。「場合によっては一九三〇年一〇月にヒンデンブルクへの書簡に言及」と。最後に、航空の民族性の向上、特に国旗の担い手として飛行機が外国に出現することは「国民的宣伝」を促進する、と[127]。

しかし、こうしたプレゼンテーションをヒトラーの前で行うことは出来なかった。実際に起きたのは、約半年後のフーゴー・ユンカースの本社、デッサウからの追放であった。そして、ユンカースの特許などの剥奪、強制的な国家への売却であった[128]。

注

（1）ワイマール期の航空兵力秘密構築に関する最新の研究は、Maier, K. H. [2007]。対象時期が本章とほぼ同じであり、ナチス秘密再軍備の前提を確認するという点でも同じである。ただし、ドイツ航空機産業のヴェルサイユ体制下の主要特徴が第一次大戦期にすでに大きな潜在的発展方向となっていた民需主導であり、軍需はむしろ諸外国の軍事的要請に応えるものとして発展したという本章の立場よりも、ドイツ国内における秘密空軍力構築の実証に力点があり、その重要な点・視角で違っている。ナチス再軍備の「革命性」を見るとき、ワイマール期の言わば穏健で限定的な秘密再軍備とは決定的に違っていたことに注目するのが拙稿である。これに関連して、ユンカースを平和構築・国際的経済発展・国際交流発展の意識的追求者として高く評価する拙稿と違って、当時の国家（軍）やユンカースの競争企業の視点を重要視する点でも違っていると思われる。それはMaierの依拠する史料のウエイトが軍関係にあり、ドイツ博物館の企業アルヒーフ（特にユンカース文書）に重点を置く拙稿との違いにも現れている。共和制を崩壊させていく経済界の人物の中に航空機産業の代表者は一人も出てこない。栗原優［一九八一］。経済界全体では新興産業としての航空機産業は小さなもので、まだ政治力をもつほどの勢力を形成していなかった。

（2）ワイマール期からナチス崩壊までのドイツ航空機産業と軍備の関係の政治史は、Budrass［1998］。航空業と再軍備の関係を解明したルフトハンザの歴史に関するBudrass, L.［2016］も前著が基礎にある。本書は航空機産業（ルフトハンザ）と再軍備の関係の問題を見ようとする場合、参照し批判的に検討すべき待望の（最初の出版予告は二〇一三年であり、刊行がかなり遅れた）本格的大著である。本章は、わが国では未開拓状況にあるこの問題群のうち、一九三三年から三五年にかけて主要な再軍備の担い手となった三社ユンカース、ハインケル、ドルニエについて検討してきたドイツ航空機産業とその世界的転回のあり方を踏まえ（永岑［二〇一四－一〇一六］、［二〇一六］）、武器移転の独特の形態（媒介的形態・世界的転回）の解明に的を絞って、史料の点で最も豊富なユンカースを中心に文書館史料に立ち返って検証してみようとするものである。

（3）Neue zu beachtende Gesichtspunkte für die Abrufe auf 20 J., 20 C. und 10 D-Maschinen, den 17. Februar 1919, DMA, JA 0301 T01 M23. この文書によれば、六五機のJ1、百機のD1、三五機のC1、その他七〇機の注文が取り消された。当然ながら、従業員数の削減は大幅なものであった。一九一八年一一月一日現在の二〇五〇人を頂点に、一九年四月一日には五九八人になっていた。次の統計参照。Junkers-Flugzeugwerk A.-G, Aufstellung über Belegschaftsbewegungen in der Zeit von 1. 9. 17 -1. 4. 19, DMA, JA 0301 T01 M32. しかし、フーゴー・ユンカースは、何としてでも独自の製品の製造を最大限に促進すべきであり、新型機開発、試験的制作を促進し発展させなければならない、と重役会議で繰り返し強調した。全工場が統一的観点のもとで仕事をし、全体の部分を構成していると感じるようにしなければならない、と。Besprechung über Bauprogramm bei Jfa am 29. 4. 1919, DMA, JA 0301 T01 M39. 戦前の経験を踏まえ、外国でユンカース製品の売り込みに成功するために、外国に派遣する技術要員の育成も計画的に進めることとした。Schreiben vom Hauptbüro Dessau an Forschungsanstalt Prof. H. Junkers am 31. Mai 1919, DMA, JA 0301 T01 M45. 平時生産への転回にまい進するフーゴー・ユンカースの様子は、航空機査閲官を感服させるものであった。「あなたが旗に掲げる質の要因、ドイツ的根本性と厳密性だけが、世界で喪失した場所を再び占める手段にふさわしい」と。Schreiben von Inspekteur des Flugzeugwesens, Wagenführ, an H. Junkers, 4. Juni 1919, DMA, JA 0301 T01 M46.

（4）Schreiben an Major Seitz vom 10. März 1919, S. 5, DMA, JA 0301 T01 M28. 何よりもすでに納入した飛行機の支払い問題は緊急問題であり、軍との間に実にたくさんのやり取りが行われた。T01のファイルにはその関係のたくさんの文書が収められている。こうした厳しい状況下では、飛行機の買い手が出現することは願ってもないことであり、ベルリン滞在中の日本海軍少佐の意図を確認するために、ユンカース飛行機の写真を「なるべく早く」ベルリンに届けるようにデッサウの責任者に申し入れている。それは、特許侵害問題、デッサウ～ワイマール間航空路線承認問題など緊急案件の一つであった。Schreiben von Junkers-Werke Büro Berlin an Major Seitz, Dessau, 2. Mai 1919, DMA, JA 0301 T01 M37. 同年一〇月のデッサウ本社からベルリン本部宛ての速達便で、今井少佐の名前が出てくる。「目下ベルリンにいるか」確認せよ、と。Schreiben an die Junkers-Werke, Büro Berlin vom 21. Oktober 1919, ibid.

（5）Bericht über eine Besprechung im Reichspostministerium am 1. April 1919, BArch R 3101/7371, Bl. 130f.

（6）大戦中の軍用機の場合、敵の作用なしに三千人以上のパイロットと偵察員が死去し、三千人以上が重傷を負った。それに対して敵の作用により死亡したパイロットと偵察員の数は三千人より多くはなかった、と。そうした事実をもとに、ドイツ航空当局は飛行機の発達において他のすべての国より進んでいたという見方が不正確であり、「われわれのまったく軍事的な見解から喚起された事実関係の過大評価である」と冷徹な見方をしていた。Schreiben des Unterstaatssekretärs des Reichsluftamts vom 31. März 1919, BArch R 3101/7371, Bl. 176ff. 逆に、再軍備期に問題となるのは、民間機としての装備条件と軍用機に求められる厳しさとが違っているということであった。

（7）もちろん、軍用機に関してはワイマール共和国政府の履行政策という基本路線のなかで厳しい制約があったとはいえ、戦闘機・爆撃機など固有の軍用機の開発も、連合国・アンタンテの制限緩和の段階に応じて進められていた。第一段階は一九二二年五月からの「概念規定」（軍用機開発を禁止するための制約条件）のもとでの製造、第二段階は二九年から三二年までである。Kosin, R. [1990], Roeder, J. [1990]。しかし、それは、三五年の公然たる空軍建設、したがってまた英仏米との軍用機開発競争の質的量的飛躍の時期とは違っていた。Cescotti, R. [1989]。われわれの対象とする時期のドイツでは民需、民間機開発主導であったこと、そして軍需（軍用機需要）という点ではソ連、日本、スウェーデンなどの諸国のそれがドイツ航空機産業の発達に対して持つ意味を見なければならないということにとどまる。スウェーデンの場合は、自国空軍の強大化のためというよりは、「たくさんのヨーロッパ諸国政府の軍用機タイプの注文」に応えるという位置にあった。Flugzeugbau in Schweden, Übersetzung aus *Aviation* 8, 22. Febr. 26, S. 262, DMA, JA 0619 T05. 軍用機製造会社はユンカースの子会社である、A. B. Flygindustri であった。Sechs Bombenflugzeuge sind nun bereit zur Ausfuhr, Die skandinavische Presse über die Probeflüge der K-Grossflugzeuge am 18. März 1926, ibid. ドイツ航空交通勃興期の一九年から二五年における実に多様な旅客機の開発・プロジェクトについては、Wagner, W. [1987]。これに伴う民間航空の飛行場の増加（たとえばベルリンのテンペルホーフ）も当然ながら二〇年代に顕著であった。Entwicklungsdiagramm deutscher Verkehrsflughäfen von 1909 bis 1945; Übersichtskarte zum Flughandbuch für das Deutsche Reich, 1928, in: Treibel, W. [1992] S. 10 u. 11. 平時における若い飛行機愛好家とパイロットの養成の広い裾野の形成という点で、スポーツ用飛行機が重要な意味を持つが、その点でもヴェルサイユ体制下の制限を逆手に取って、振興がはかられた。Brinkmann, G. u. a. [1995]。

（8）*Die Dornier = Post. Zeitschrift für die Betriebe des Dornier-Konzerns*, Nr. 4, April/Mai 1936, S. 66, Airbus Group. Corporate Heritage-Dornier Archive, Immenstaad.

（9）鹿毛達雄［一九六五］およびこれに対する条約成立史における精密な検討からする修正については、清水正義［一九八四］。

（10）秘密の空軍建設はルール危機を契機として空襲への防衛措置の検討から始まったとされる。ライヒ国防省の立場は、その段階では、あくまでも「国境防衛措置として」であり、ヴェルサイユ条約に違反する空軍建設ではない、「少なくとも国境地域ではこの防衛措置の実施は可能である」というものであった。それには内務省や外務省は態度を保留した。Besprechung im Reichswehrministerium am 1. 6. 1923, BArch R 3101/7370, Bl. 11f. 同じころ、ライヒ交通省に対しライヒ国防大臣を経由してライヒ経済大臣による要請として、航空学校の設立に補助金を出せないか打診があった。パイロットの養成を国防省が民間部門ですすめようとしたことがわかる。ルール危機のこの時点では、交通省は予算面で不可能と返答している。Schreiben des Reichsverkehrsministers vom 22. Juni 1923, BArch R 3101/7370, Bl. 13.

（11） *Die Dornier = Post. Zeitschrift für die Betriebe des Dornier-Konzerns*, Nr. 1, Okt./Nov. 1935, S. 2. 企業雑誌の刊行開始こそ、それに先立つ公然たる再軍備宣言と空軍建設の公然化を受け、軍用機生産が本格的になったことを背景にしている。巻頭言（S. 1）は言う。「この雑誌はドルニエ工場雑誌の出版の最初の試みである。わが社員に自分たちの雑誌をプレゼントしたいという希望は長年あった。この可能性は、第三帝国の樹立とともにわが社をもとらえた大々的上昇運動の中で初めて生まれた」。さらに、「共同の物質的利益の強力な絆は、工場共同体の中のわれわれの生活を幸せにし満足させるには十分ではない。われわれが共同で毎日行う労働は、われわれの生計を成り立たせることで汲みつくされるものではない。それ以上に、それはより高い意味と目的を持っているのだ」。このわれわれの仕事のより高い意味をわれわれに示し、われわれの毎日の活動に喜びを与え促進することに、この雑誌の主たる使命がある、と。そして、「二〇年間の粘り強い犠牲を厭わない仕事が、わが工場を航空における最先端の地位につけた。この地位を将来にわたって維持することがわれわれすべての自明の義務である。この目標の達成は、われわれが毎日新たな喜びと新たな感激をもって仕事を始める場合にのみ、可能である。この新しい工場雑誌がそれに貢献し、仲間意識と工場連帯意識の源泉となるように」、と。

（12） Budrass [2016] S. 60, 70. ミルヒとゲーリング、ヒトラーの接触の緊密化、ルフトハンザ機（Ju52）の大統領選挙や国会議員選挙での提供、ミルヒを取り立てようとする「党内において未だ本格的な部署を占めていない」ゲーリングの思惑などについては、ibid., S. 307-312. ミルヒは一九一九年ポーランドに対する国境防衛で結成された義勇軍の一つに入り、二一年三月にはロイド東方航空（Lloyd Ostflug）に。そこでコヴノに飛んでいるSablatnig航空でパイロットをしていた第一次世界大戦の英雄でプール・ル・メリット勲章（プロイセン軍最高戦功賞）のゲーリングの知己を得た。

（13） IMG, Bd. 9, S. 92-94.

（14） Ari Ministry [2001] p. 8. 永岑［二〇一四－二〇一六］、［二〇一六］。機数だけでもワイマール期全体のドイツ航空機企業の全製造数約三〇〇〇機をはるかに超える大規模なものであった。

（15） Schreiben des Leiters der Reichsstelle für Sippenforschung an den Reichsführer SS, Chef des Rasse- und Siedlungs-Hauptamtes, z. Hd. von SS-Oberführer Harm, 12. Dez. 1935, BArch NS 2/171. このドキュメントに関するアルヒーフの解説は、Nachweis der arischen Abstammung. – Erklärung des damaligen Staatssekretärs im Reichsluftfahrtministerium, Erhard Milch, zum „Ehrenarier" と。

（16） IMG, Bd. 9, S. 106.

（17） Budrass [2016] S. 329-334. 私が連邦文書館文書の中に発見して驚いたこのヒトラー命令は三五年一二月のもの（ゲーリングのヒトラーへの説明の二年後）であるが、Budrass にはこの文書への言及がない。知らなかったのか、無視したのか。ともあれ、このドキュメントをどう解釈すべきか。ヒトラーはゲーリングの説明を信じていなかったということなのか。ゲーリングのヒトラーたちへの説明は、ミルヒの母の私文書——私事に関する何とも証明しようのないもの——に根拠を置くものであり（現在ならＤＮＡ鑑定書を偽造したかもしれない）、極秘文書であったため、下部機関には知らされていなかったであろう。だれも首をかしげるような私文書を根拠にすることはできず、父親系祖父がユダヤ人だったという証拠は明確にあるので、ヒトラー命令で「名誉アーリア人」と認定することにせざるをえなかったのか。

（18） ユダヤ人迫害、ニュルンベルク法、その後のホロコーストの全体を知る今日の観点からすれば、国家中枢部の次官、とりわけ華々しい空軍建設の立役者がユダヤ系であったことは驚愕すべき事実ではなかろうか。この背後にあるのは、ドイツにおけるユダヤ人解放の歴史であり、第一次世界大戦で活躍したユダヤ人兵士やユダヤ人科学者（もっとも著名なのは「毒ガスの父」・空中窒素固定でノーベル賞を受けたフリッツ・ハーバーであろう）にみられるように、宗教の違いを超えたドイツ国民としての統合があった事実であろう。この問題の複雑さについては、長田浩彰［二〇一一］参照。

（19） Hirschel, E. H. u. a. [2001] S. 61.

（20） Der kommende Welt = Flugverkehr, *Kölnische Volkszeitung*, 28. Feb. 1918, BArch R 3101/7368. Barch のこのファイルには戦後の航空郵便網の構築に関するたくさんの新聞記事の切り抜きや民間航空交通の全般に関する法律などが収められている。

（21） Schreiben von Dr. ED. Hallier, April 1918; Projekt für eine Welt-Luftvekehrs A. -G.; Schreiben an den Staatssekretär des Innern, Ministerialdirektor Dammann 9. April 1918; Schreiben an den Reichskanzler Graf von Hertling am 15. April 1918, BArch R 5/3854.

（22） F. W. Jordan, Luftverkehrs-Probleme, S. 3, BArch R 5/3854.

（23） Ibid., S. 11.

（24） Einbeziehung Leipzigs in die künftigen Luftverkehrspläne, *Leipziger Tageblatt*, 26. Feb. 1918, BArch R 3101/7368.

(25) Der Unterstaatssekretär des Reichsluftams, Nr. 78, 11. Januar 1919, BArch R 3101/7368. ライヒ航空局はライヒ内務相の中に設置された。のち、Reichsamt für Luft- und Kraftwesen に改組され、さらに一九一九年六月以降、新設のライヒ交通省の一部局になった。BArch R 5, Reichsverkehrsministerium, Inhaltverzeichnis, Vorbemerkung, S. IX.

(26) Übersicht über die Zivilluftfahrt in Deutschland und im Auslande nach dem Stande vom 1. Januar 1922, BArch R 3101/7369, Bl. 240-244.

(27) Budrass [2016] S. 70. ユンカースは、先に社員となっていた G. Sachsenberg の戦友としてミルヒ（元航空偵察兵）を信用して採用した。ミルヒは一九二五年までユンカースのいろいろの部署で指導的役割を果たしていた。DMA, NL 21/3; Budrass [2016] S. 136.

(28) *Die Dornier = Post. Zeitschrift für die Betriebe des Dornier-Konzerns*, Nr. 3, Febr./März 1936, S. 45.

(29) Schreiben von Junkers-Werke Büro Berlin an Dipl. -Ing. Mierzinsky, Dessau, 24. September 1919, DMA, JA 0301 T02 M28. 連合国が統制のための調査項目（英語ないしフランス語からの翻訳で戦時中にどの企業が飛行機とエンジン、材料などをどの程度生産していたか）をまとめた文書を秘密に入手し、デッサウ本社に送付したもので、この書簡は「特別極秘」となっている。

(30) Schreiben Dietrichs an H. Junkers vom 21. 11. 1919, DMA, JA 0301 T02 M42. ヴェルサイユ条約第二一〇条で対象となるのは、軍用機のみだとの解釈もあり、その見地が製造禁止を解除させていくためには重要になった。Schreiben von Albert Ulrich an Majyor Seitz, 2. Dezember 1919, DMA, JA 0301 T02 M44. 連合国統制委員会の調査票は、国防軍経由で一二月八日に届いた。Schreiben 4. Dezember 1919, DMA, JA 0301 T02 M48.

(31) Verwaltungskonferenz bei Jfa am 22. 11. 1919, DMA, JA 0301 T02 M43.

(32) Schreiben von Junkers-Werke Desssau, Büro Berlin an H. Junkers vom 25. Jan. 1920, DMA, JA 0301 T03 M04; Schreiben Major Wagenführ an Seitz 22. 1. 19, ibid., M09. .

(33) Schreiben an H. Junkers vom 20. Jan. 1920, DMA, JA 0301 T03 M04.

(34) Niederschrift über Verwaltungskonferenz vom 11. Januar 1921, S. 1f, DMA, JA 0301 T05 M03.

(35) Ibid., S. 2f. 以下、ユンカースの問題提起を巡り重役たちの議論が一七ページの議事録にまとめられているが、これ以上立ち入ることは紙面が許さない。

(36) 史料のなかで、ソ連という表現は一度も出てこず、使われているのは常にロシアである。

(37) Denkschrift an das Auswärtige Amt（Sommer 1924), S. 1, DMA, JA 0301 T32 M01.

(38) Ibid., S. 2.

(39) Ibid., S. 5.

(40) Schreiben von Hugo Junkers an von Seeckt, 22. Okt. 1924, DMA, JA 0301 T32 M01.

(41) Schreiben von v. Seeckt an H. Junkers, 26. Nov. 1924, ibid.

(42) Denkschrift zum Fall Reichsfiskus -Junkers am 25. Juni 1926, DMA, JA 0301 T32 M02.

(43) Schreiben von Hasse an H. Junkers, 12. Dez. 1925, DMA, JA 0301 T32 M01.

(44) Schreiben an Hasse vom 15. Dez. 1925, ibid.

(45) 陸軍兵器局文書 BArch-MA RH8とドイツ博物館のアルヒーフのユンカース企業文書 JA, Juprop には当然ながら、交通省 BArch R 5. 宰相府文書 Barch R 43/II、財務省 Barch R2. その他関係官庁も含めて、この紛争に関する大量の文書がある。

(46) Pressemeldung, 15. Mai 1926, DMA, JA 0301 T32 M02.

(47) Stellungnahme der Flugzeug- und Flugmotoren-Industrie im Mai 1926, in: BArch R 43 II/699, Bl. 59–61. 確かにドルニエ飛行機もアメリカで受容され賞賛された。Dornier-Flugzeuge in USA, *Dornier-Post*, 2/72, DMA, LR 02240–02. BMW は飛行機エンジン生産でユンカース・エンジン製造会社と競争する企業であった。Lorenzen, T. [2008]。

(48) Schreibren des Reichsministers an den Reichskanzler vom 3. Mai 1926, in: BArch R 43 II/699, Bl. 47–48. 交通省は、「新たな国家資金の投入」、「部分的解体」、「工場操業停止」、「破産措置」を提案し、それぞれに必要な国家資金を示した。Vortrag des Referenten, Ministerialrat Dr. Offermann, BArch R 43 II/699, Bl. 51. 財務省は厳しい案を示したが、結局、交通省は、ユンカースの破産措置は取らない。工場の縮小を行い、それに必要な解雇を実施する。縮小した会社に信用を与える。その信用には、国会の承認を得ることとし、首相がそれを決定した。Schreiben des Staatssekretärs vom 11. Mai 1925, ibid., Bl. 52; Auszug aus dem Protokoll der Sitzung des Reichsministeriums vom 5. Mai 1926, ibid., Bl. 53.

(49) Schreiben an Major Wagenführ vom 18. 12. 19, DMA, JA 0301 T02 M48.

(50) Schreiben an Hugo Junkers vom 21. 7. 19, DMA, JA 0301 T02 M01. 一一月の文書では、日本側を代表するデットマン・グループについて、この重要人物を避けることはできないとの判断が示され、日本政府への影響力が大きいが、ユンカー社にとって非常に利用できるかもしれないが、逆に害となることもありうるとしていた。Besprechung von Major Wagenführ und Seitz am 3. Novemberr 1919, DMA, JA 0301 T02 M37.

(51) Besprechung Kaiserplatz 21 am 1. 7. 19, S. 3, DMA, JA 0301 T02 M02.

(52) Protokoll. Betr. Folgen der Bestimmungen des Friedesvertrages für Luftfahrzeuge, DMA, JA 0301 T02 M03. ドイツ側からすれば連合国による没収対象は、休戦協定までの飛行機、エンジン、材料などであるべきだったが、休戦協定以後に作られたものの没収も問題となった。Schreiben an H. Junkers am 3. Februar 1920, DMA, JA 0301 T03 M13.

(53) Schreibenvom Hauptbüro Dessau an Firma Flugeugwerk A. -G., DMA, JA 0301 T02 M08.

(54) Schreiben Wagners, Kommandeur der Flugzeugmeisterei, an Seitz vom 4. September 1919, DMA, JA 0301 T02 M19.

(55) Druckschriften der Deutschen Aero Lloyd A. G., BArch R 43 II/698, Bl. 145.

(56) しかし、条約発効直後に連合国航空監視委員会がドイツ外務省に伝えていたところでは、連合国はドイツの民間航空路線の存在を不可能にしようという意図は持っていなかった。ただ、民間機だという特質が「連合国航空監視委員会によって明確に決定されなければならない」ということであり、非軍事的タイプの飛行機は二〇一条が規定する禁止期間六カ月経過後は製造されるし輸入もできる、という立場であった。Schreiben am Minister für Auswärtige Angelegenheiten, Auswärtiges Amt vom 18. 1. 20, DMA, JA 0301 T03 M07. しかし、問題は、民間機と軍用機の認定を監視委員会が行うということ、民間機既定の狭さであった。F－13は、すでに二〇年二月に民間機と認められることになったが、その証明のために細かなデータの提出が求められた。Schreiben der Luftfahrt-Friedenskommission, Reichswehrministerium, an Junkers & Co. vom 23. Februar 1920, DMA, JA 0301 T03 M18. F-13が「最初の、そしておそらくは唯一の民間機タイプとして数日中に認定される」との知らせが入ったのは、三月三日であった。Notiz am 3. März 1920, ibid., M22. 五月一〇日に旅客機として認可が下りたのは、エンジンが一六〇PSであった。ユンカースはすでに一八五PSのエンジンも使っていたが、フランス人委員が「同クラスに属する」と容認の態度であった。Schreiben von Büro Berlin an Firma Junkers-Flugzeugwerk A. -G. vom 27. Mai 1920, ibid., M39. しかし、八月のライヒ国防省航空平和委員会のユンカース社宛て書簡では、「条約に違反する改めての製造禁止」が問題になっており、また、アメリカ（ラルセン）への輸出についてもハンブルクで差し押さえ問題が起きていることを示している。この文書を書いた国防省の委員は「アンタンテ、主にイギリス人がわが航空機産業をシステマティックに絶滅しようとしていることを熟知しておかなければならない」と怒りをぶちまけている。Schreiben der Luftfahrt-Friedens-kommission, RWM, an Seitz vom 21. Aug. 1920, ibid., M46. 平和条約によれば、一九二〇年七月一〇日に民間機製造の禁止期間は切れるので、民間機と認可されたタイプは制限なしに製造できるとの見地で、国際航空統制委員会に訴え、製造禁止解除を求めている。Entwurf eines Antrages an die Interallierte Luftfahrt-Kontrollkommission vom 24. Sept. 1920 DMA, JA 0301 T04 M14. 一〇月二日付で連合国航空監視委員会から伝えられたところでは、連合国の諸政府に五機を引き渡すことと製造禁止となっていたこのシリーズの製造継続を認めることになったと。Schreiben Mastermans an den Präsidenten der Luftfriko vom 2. Oktober 1920, DMA, JA 0301 T04 M16.

(57) Druckschriften der Deutschen Aero Lloyd A. G., BArch R 43 II/698, Bl. 145-148. ドイツ・アエロ・ロイド社は、Deutsche Luft-Rederei G. m. b. H. とLloyd Luftdiest G.m.b.H. の合同によって一九二三年二月に設立された会社であった。Deutsche Aero Lloyd Aktiengesellschaft, BArch R 43 II/698, Bl. 150. この会社の詳細は、ibid., Bl. 150-153.

(58) Schreiben der Hamburg-Amerika Linie an den Reichskanzler Dr. Cuno, 27. 3. 1923, BArch R 43 II/698, Bl. 94-96. Schreiben Ritters am 14. April 1923. Betr. Reichsbeihilfe für Luftverkehrsgesellschaften, BArch R 43 II/698, Bl. 106. Schreiben vom Verband Deutscher Luftfahrzeug-Industrieller G.m.b.H. am 25. Mai 1923. Betr.: Vortrag über die Lage der deutschen Luftfahrt sowie deren Belänge, BArch R 43 II/698, Bl. 135f.

(59) Schreiben an den Reichskanzler Dr. Cuno vom 10. April 1923, Betr. Franz. Angriffe, BArch R 43 II/698, Bl. 99.

(60) Sitzung betreffend Antrag des Verbandes Deutscher Luftfahrzeug-Industrieller wegen eines Wettbewerbes zur Forderung der Luftfahrzeugbau-Industire 7. 7. 1923, BArch R 43 II/698, Bl. 177-183.

(61) Schreiben des Reichsverkehrsministers vom 27. Juni 1923, BArch R 43 II/698, Bl. 139-140. 財務大臣、内務大臣、労働大臣、経済大臣、郵政大臣、国防大臣、復興大臣および外務省に宛てた文書。

(62) Schreiben des Reichsministers der Finanzen an das Reichsverkehrsministerium, Abt. für Luft- und Kraftfahrwesen vom 26. April 1923, BArch R 43 II/698, Bl. 141; Schreiben des Reichsverkehrsministers an den Staatssekretär in der Reichskan-

zlei, 13. November 1923, BArch R 43 II/698.

（63） Schreiben vom Deutschen Aero-Lloyd A. G. an Dr. Ehlers, Reichskanzlei, am 10. September 1923 und Entwurf, BArch R 43 II/698, Bl. 184-194.

（64） Entwurf, S. 1, ibid., Bl. 186.

（65） Ibid.

（66） Ibid., S. 2.

（67） Ibid.

（68） Ibid., S. 2f.

（69） Ibid., S. 3f.

（70） Ibid., S. 4f.

（71） CMASAは一九二一年にドルニエがヴェルサイユ条約の制約を逃れて創立に参加したイタリアの会社 Construzioni Meccanische Aeronautiche SA in Marina di Pisa. ドルニエの子会社（スイスのアルテンライン工場）では生産できない大型飛行機を組み立てた。 Roederm J. [1990] S. 142.

（72） Der erste Jumbo der Welt. Vor 50 Jahren: Erstflug Junkers G 38, *aerokurier,* 12/1979, S. 1577.

（73） Einleitung von Jean Roeder, Toulouse, April 1987, in: Fred Gütschow, *Junkers G 38: Das erste Grossflugzeug der Lufthansa,* 1995, S. 8.

（74） Hans Justus Meier, Ein deutsches Großflugzeug mit vielen neuen Ideen. Die Junkers G 38, Teil 1, *LUFTFAHRT international,* 3/79, S. 119.

（75） Die technische Bedeutung der Junkers-G 38, DMA, LR 11066. ユンカースのF13、G24、G38、ドルニエのDoX、ユンカースの非常に普及したJu52／3m、それに最新の Aribus A300 B2について、処女飛行年、エンジンの種類と数、そのPS、飛行重量、飛行速度などに関する詳細なデータ比較表（Der erste Jumbo der Welt. Vor 50 Jahren: Erstflug Junkers G 38, *aerokurier,* 12/1979, S. 1577）があり、興味深いが、ここでは省略せざるを得ない。

（76） Schreiben an Hugo Junkers vom 24. Oktober 1927, S. 1f, DMA, LR 11066.

(77) Ibid., S. 2f.
(78) Ibid., S. 3.
(79) Ibid., S. 4.
(80) Ibid., S. 10.
(81) Junkers G 38. Großflugzeug eines „Geburtstagskindes", S. 1956f, *LUFTFAHRT international*, 13/76, DMA, LR 11066.
(82) K 51. Bomberversion der G 38. Lizenzbau in Japan als Mitsubishi 92（Ki 20), DMA, LR 11072.
(83) G38- Airbus, DMMA LR 11066. このG38の技術的達成と市場的不成功は、しばしば、戦後フランスのコンコルドのそれと比較されている。
(84) Abschrift vom 22. 10. 1929, Betr.: Bauprogramm Jfa, DMA, LR 11072.
(85) Wagner [1996] S. 321.
(86) Langstreckenbomber Ki 20, *Flugwelt,* 1958, Heft 5, S. 357.
(87) Junkers G 38. Vor 50 Jahren: das Großraumflugzeug der Luft Hansa, *FLUG REVUE +flugwelt* 11/79, S. 62.
(88) Der große Europaflug der Junkers im Jahre 1930 –Archiv v. Römer–, DMA, LR 11066.
(89) Schreiben an Hugo Junkers vom 9. September 1931, DMA, LR 11066.
(90) Aktennotiz über Japan, Dessau 24. 1. 1931, DMA, JA 0705/T 09.
(91) この文書の一週間ほど前の文書によれば、「目下の状況を考慮すれば、G38の発注は不可能」であった。Akten-Vermerk vom 16. Januar 1931, DMA, JA 0705/T 09.
(92) Aktennotiz über Japan, Dessau 24. 1. 1931, DMA, JA 0705/T 09. ライセンス契約にいたる日本との交渉の詳細は、永岑［二〇一七］を参照されたい。
(93) その促進や補償のためには財務省支援を獲得した。たとえば、一九二八年のユンカースへの輸出信用供与、三〇年九月の輸出委員会議事録。BArch R 2/17442. 三〇年九月以降の飛行機による北極探検への補助。BArch R 2/5605.
(94) Absatz-Aussichten bis Ende des Jahres 1930, DMA, JA 0301 T25 M29.
(95) Tabelle der Vertriebsaussichten bis zum Jahresschluss, 11. Juni 1929, DMA, JA 0301 T23 M37.

(96) 生産禁止解除後の当初の最も厳しい状況では、六〇馬力以上の単座機、装甲その他の保護装備を持った飛行機、完全積載荷重で最高高度四〇〇〇メートルのもの、完全荷重・高度二〇〇〇メートルで時速一七〇キロメートル、積載能力六〇〇キログラム——パイロット、機内機械工、道具を含めて——を超えるすべての飛行機は、前記の制限を満たしていても、軍用機とみなされるなどとなっていた。Roeder, J. [1990] S. 134.

(97) 会社の資本金は四五万スイスクローネで、全額ユンカース航空機製造会社（Ifa）が所有。Beteiligung Jfa per 1. 10. 1927. Ausländische Fabrikationsunternehmungen. Aktiebolaget Flygindustri, Limhamn（Afi）, DMA, JA 0619 T05.

(98) たとえば、一九二六年八月二〇日の書簡。DMA, JA 0619 T05.

(99) Niederschrift über eine Besprechung betr. Massnahmen für M. -Fall beim Hauptbüro am 7. Juli 1926, DMA, JA 0619, T05.

(100) Kの型式は当初G（Groß 大型）に対するKlein（小型）機種につけられていたが、K30（これは三発大型旅客機G23／G24を空中戦で想定される諸課題のために改造・開発された）以降、軍・戦争（Krieg）の略語への意味転回が行われた。Roeder, J. [1990] S. 199–200, 272.

(101) Type R 42（K 30）Land mit 3 Junkers LV -Motoren. Zusammenstellung der normalen Zuladung, Dessau, den 1. März 1926, DMA, JA 0303 T21.

(102) K 30. Land und Wasser. Schweres Kampfflugzeug der A. B. Flygindustri/Schweden Nach Junkers-Patenten gebaut, gültig ab 1. 5. 1931, DMA, JA 0303 T21.

(103) Militärische Beurteilung der K 30, DMA, JA 0303 T 21. ソ連（フィリ）に提供する軍用機のユンカース社からAfiへの発注書には、武装に関しては「六組の可動機関銃システムをつけること」など「特別装備」に関する指示書もつけられている。発注書の爆弾装置の項目では、「飛行機は爆弾投下装置を装備しなければならない」とし、爆弾の個別投下と連続投下の双方が可能な装置とすることを指示している。Bestellung Nr. J. 450, Dessau, den 14. Januar 1926, DMA, JA 0619 T05.

(104) Militärische Beurteilung der K 30, S. 2., DMA, JA 0303 T 21. K 30は、一九二六年一〇月一七日から二一日、テクセル島（北オランダ州）飛行場でオランダ海軍当局に披露された。この飛行機は完全武装（上部砲塔に二連機関銃二基、下部砲塔に機関銃一基）し四〇〇キログラムの爆弾を積んでマルメーのA. B. Flygindustriから直行してきたものであった。Bericht über die Vorführung der K. 30 vor den holländischen Marine-Behörden auf der Flugstation De Mok, Insel Texel, vom 17. bis 21.

Oktober 1926, DMA, JA 0619. ただ、オランダ海軍は購入にまでは至らなかった。Limhamnで製造された三五機は二五年に三機、二六年に一二機がソ連空軍・海軍に、二六年に六機がチリに、二八年に一機がスペインに、八機がソ連空軍・海軍に、三一年に二機がユーゴスラヴィア空軍に、一機がユンカース株式会社に、最後の年三五年に二機がユーゴスラヴィア空軍に購入された。Roeder, J. [1990] S. 199f.

(105) Militärische Beurteilung der K 30, S. 10, DMA, JA 0303 T 21. そうした高い評価の具体的現れが、たとえば六機のR 42のチリへの売却（スウェーデンでの引渡し）やR 02（A 20の軍用機タイプ）のアルゼンチン委員会の視察であった。Bericht über die Besichtigung der R 02 durch die argentinische Kommission und die Abnahme der 6 Chille R 42 in Schweden, 14. u. 15. 3. 1926, DMA, JA 0619 T05. ただ、引き取りに来たチリ人将校の一人が試験飛行を視察して、いくつかの点で「満足していない」ことにもこの報告書には言及がある。その問題点をクリアしたマシーンを提供して事なきを得たと。

(106) Schreiben Festners an den Baurat Kaye, i./Fa. Junkers, 7. Januar 27, DMA, JA 0619. 海軍軍令部のラース大佐の助手フェストナーが入手したスパイに関する情報は、コペンハーゲンの人物からのもので一九二六年一二月二二日づけであった。イギリスやフランスの情報機関は、機関銃等を製造するコペンハーゲンの会社（Rekyhlgewehrsyndikat）の従業員（「この種の報告ができるのはユンカースの工場と関係のあった機械工ハンセンに違いない」と）から情報を入手していたようだとしていた。スパイは技術情報のほか、特に関心を持って集めようとしたのは、完成した飛行機の販売先であった。Abschrift. Kopenhagen, den 22. Dezember 1929; Schreiben von Kaye an Dipl./Ing. Mierzinsky i. Fa. A. B. Flygindustri, Limhamn b/Malmö, ibid.

(107) Lizenzeinnahmen aus Flugzeugpatenten, DMA, JA 0301 T31 M24. 一九二六年から三一年までの総額は五五五万ライヒスマルクであったから、三菱は総額の約二二パーセント近くを占めていた（(三一年から三二年の数値が欠如しているので厳密さには欠けるが)。

(108) この人物についてはごく簡単な言及が、エーリヒ・パウアー［二〇〇八］二〇五頁にある。

(109) このライセンス契約の内容の紹介は、永岑［二〇一四-二〇一六］を参照されたい。

(110) *Die Dornier = Post. Zeitschrift für die Betriebe des Dornier-Konzerns*, Nr. 6, Aug./Sept. 1936, S. 125.

(111) Ibid.

(112) 「航空経済の新秩序」という一一頁の要望書の要約が、Zusammenstellung über die Gedankengänge der Industrie aus ihren Vorschlägen zur Neuordnung der Luftfahrtwirtschaft, Berlin, 20. April 1929, DMA, FA 001/1315. この業界の要望書は陸軍にも届けられ、「国防軍の構築、発展および装備、軍備諸措置」の「民間航空と防空」の項目の下に収められている。BArch-MA RH 12-1/48. また、このファイルには、「航空交通の安全 一九二六－二八年のルフトハンザの経営成績に基づいて」なるエアハルト・ミルヒの文書も収められている。民間航空の情報が軍当局に提出され、民間航空の発達と防空体制とが結びついているという認識が共有されていたことがわかる。

(113) Aktennotiz. Sitzung am 18. April 1929, DMA, JA 0301 T23 M19.

(114) Aktennotiz. Gedankengänge von Prof. Junkers über die volks- und weltwirtschaftlichen Aufgaben der Junkers-Werke, 28. Mai 1929, DMA, JA 0301 T23 M30.

(115) Charakterisierung der Junkers-Werke（Unterlagen für Verhandlungen Schacht, 25. Juni 1929; Schreiben von Hugo Junkers an H. Schacht, 26. Juni 1929, DMA, JA 0301 T23 M36.

(116) 同年五月に作成された年末まで八カ月間の売上見通しは、売買交渉進展度合いなどの「可能な限り注意深い見積もり」で約五三〇万マルクになった。二五〇万マルクがドイツ内のもので、輸出は二八〇万マルクの見通しだった。Absatz-Aussichten bis Ende des Jahres 1930, S. 1, 6, DMA, JA 0301 T25 M29.

(117) Wagner [1996] S. 321.

(118) Aktennotiz. Betr. : Ausführungen von Prof. Junkers zu der Frage der Verwendungsmöglichkeiten des Flugzeuges in der Welt, 5. April 1930, DMA, JA 0301 T25 M23.

(119) Schreiben an den Reichspräsidenten von Hindenburg, 21. Okt. 1930; Wehrmacht –Luftfahrt –Nation, DMA, JA 0301 T26, M16.

(120) Wehrmacht –Luftfahrt –Nation, S. 1, ibid.

(121) Ibid., S. 2.

(122) フーゴー・ユンカースがゲルデラー市長就任に際して出した賀状によれば、一九二五年末にアエロ・ロイド社とユンカースがルフトハンザに合同したさい、ライプツィヒ市当局は「自由な航空の思想」を堅持した。そこで、市長（Dr. Rotke）の希望に応えユンカース飛行機整備工場とユンカース航空写真センターを二八年秋にライプツィヒに移転した。それはドイツ最大の都市のひとつにおける航空努力とドイツ航空全般の祝福のためであった、と。国家の中央集権的統合のあり方に批判的な意識が、自治的大都市の地域発展志向と結びついたということであろう。新任ゲルデラー市長と議会にデッサウ訪問の招待をした。Schreiben von Hugo Junkers an Dr. Görderer, 4. Juni 1930, DMA, JA 0301 T25 M37. ゲルデラーは六月二一日の自筆署名の返事で自分と議員の訪問予定を伝えている。Schreiben Görderers an Hugo Junkers vom 21. Juni 1930, ibid. 事実、七月一四日には市長が「大勢で」来てくれたことにユンカースが謝辞を述べた。冒頭、非常に様々の分野でのもっとも活発な仕事がここで支配していること、高品質製品の生産がまとまった有機体になっていることを見ていただけるだろうと述べ、ライプツィヒがメッセ都市として常に高品質商品のドイツの情報センターであったこと、常に世界に視野を持った都市であったこと、したがって両者の間には「理念の親近性」があると述べた。ついで重役シュレイシングがライプツィヒ市とユンカースの飛行機工場・整備工場との関係を述べ、戦後「平和的国民経済の使命を強調しながら」仕事をしてきたと挨拶した。次いで重役リングヴァルトが「大型商業用飛行機Ｇ38」を簡単に説明し、Ｇ38の工場視察に案内した。Aufzeichnung. Betr. Besuch Oberbürgermeister und Magistrat Leipzig am 15. 7. 1930, DMA, JA 0301 T26 M02.

(123) Schreiben des Bayerischen Minister-Präsidenten an den Reichskanzler Brüning vom 14. März 1931, BArch R 43 II/700, Bl. 4.

(124) Schreiben von M. v. Sydow an A. Mühlen, Jfa-Dessau, 26. Jan. 1933, DMA, JA 0301 T31 M03.

(125) Schreiben von Hugo Junkers an Krupp von Bohlen und Halbach, 2. März 1933, DMA, JA 0301 T31 M04.

(126) Programm für Besprechung Prof. Junkers/Reichiskalzler Hitler am 10. März 1933, S. 1-3, DMA, JA 0301 T31 M05.

(127) Ibid., S. 4-5

(128) Aktennotiz. Betr. : Handelskammer-Besprechung am 17./18. Okt. 1933（Fast wörtliche Wiedergabe）, 10. Okt. 1933, DMA, JA 0301 T31 M19.

一、文書館史料

Bundesarchiv, Berlin（BArch）

NS 2

R 2 Reichsfinanzministerium

R 5 Reichsverkehrsministerium

R 43/II Reichskanzlei

R 3101

Bundesarchiv-Militärarchiv, Freiburg im Breisgau（BArch-MA）

RH 8 Heereswaffenamt

RH 12-1 Inspektion der Kriegsschulen

Airbus Group, Corporate Heritage-Dornier Archive, Immenstaad.

Deutsches Museum München, Archiv（DMA）

Heinkel-Archiv（FA 001）

Junkers-Archiv（JA）0301, 0303, 0305, 0619, 0705,

Junkers-Propaganda（Juprop）

Luft- und Raumfahrtdokumentation（LR）11066, 11072, 02240

Messerschmitt-Werke（FA 003）

Nachlass Junkers, Hugo（NL 21）

二、文献

鹿毛達雄［一九六五］「独ソ軍事協力関係（1919-1933）——第一次大戦後のドイツ秘密再軍備の一側面」『史学雑誌』74-6。

工藤章・田嶋信雄編［二〇〇八］『日独関係史』Ⅰ、Ⅱ、Ⅲ、東京大学出版会。

クナウプ、ハンス・ヨアヒム［二〇一一］「第一次世界大戦後のドイツ航空機産業の国際戦略と日本（序論）――ミュンヘン・ドイツ博物館古文書館に存在するユンカース社関連資料の紹介」『慶應大学日吉紀要 ドイツ語学・文学』（48）。

栗原優［一九八一］『ナチズム体制の成立――ワイマル共和国の崩壊と経済界』ミネルヴァ書房。

清水正義［一九八四］「ラパッロ条約成立の一断面――独ソ交渉の展開を中心に――」『現代史研究』31。

芝健介［二〇一五］『ニュルンベルク裁判』岩波書店。

長田浩彰［二〇一一］『われらユダヤ系ドイツ人――マイノリティから見たドイツ現代史 1893-1951』広島大学出版会。

永岑三千輝［二〇一四-二〇一六］「ヴェルサイユ体制下ドイツ航空機産業と秘密再軍備」（1）（2）（3）（4）『横浜市立大学論叢』65社会科学系列1・2・3、66人文科学系列1、66社会科学系列2、67社会科学系列1・2。

永岑三千輝［二〇一六］「ヴェルサイユ体制下ドイツ航空機産業の世界的転回――ナチ秘密再軍備を考える――」明治大学『国際武器移転史研究』2。

永岑三千輝［二〇一七］「ユンカースの世界戦略と日本」『横浜市立大学論叢』68社会科学系列2。

パウアー、エーリヒ［二〇〇八］「日独技術交流とその担い手」工藤・田嶋［二〇〇八］Ⅲ。

増田良純［二〇一三］「ナチ体制下ドイツ航空機産業における『労働動員』――ユンカース航空機・発動機製作所を中心に」『ゲシヒテ』6。

柳澤治［二〇一三］『ナチス・ドイツと資本主義――日本のモデルへ――』日本経済評論社。

山田徹雄［二〇〇九］『ドイツ資本主義と空港』日本経済評論社。

渡邉尚編［二〇〇〇］『ヨーロッパの発見――地域史のなかの国境と市場』有斐閣。

Air Ministry［2001］*The Rise and Fall of the German Air force (1933 to 1945)*, 1948 (Public Record Office)

Brinkman, Günter/Gersdorff, Kyrill von/Scwipps, Werner［1995］*Sport- und Reiseflugzeuge—Leitlinien einer vielfältigen Entwicklung*, Bonn.

Budrass, Lutz［1998］*Flugzeugindustrie und Luftrüstung in Deutschland 1918–1945*, Düsseldorf.

Budrass, Lutz［2016］*Adler und Kranich. Die Lufthansa und ihre Geschichte 1926–1955*, München.

Cescotti, Roderich [1989] *Kampfflugzeug und Aufklärer. Entwicklung, Produktion, Einsatz und zeitgeschichtliche Rahmenbedingungen von 1935 bis heute*, Koblenz.

Internationaler Militärgerichtshof Nürnberg, *Der Prozess gegen die Hauptkriegsverbrecher vom 14. November 1945-1. Oktober 1946*, Nürnberg 1947 (IMG).

Ebert, Hans J./Kaiser, Johann B./Peters, Klaus [1992] *Willy Messerschmitt-Pionier der Luftfahrt und des Leichtbaues*, Bonn.

Hirschel, Ernst Heinrich/Prem, Horst/Madelung, Gero [2001] *Luftfahrtforschung in Deutschland*, Bonn.

Kazenwadel-Drews, Brigitte [2007] *Claude Dornier. Pioniere der Luftfahrt*, Bielefeld.

Köhler, H. Dieter [1983] *Ernst Heinkel-Pionier der Schnellflugzeuge*, Koblenz.

Kosin, Rüdiger [1990] *Die Entwicklung der deutschen Jagdflugzeuge*, Koblenz.

Kranzhoff, Jörg Armin [2001] *Die Arado Flugzeuge—Vom Doppeldecker zum Strahlflugzeug*, Bonn.

Kranzhoff, Jörg Armin [2004] *Edmund Rumpler—Wegbereiter der industriellen Flugzeugfertigung*, Bonn.

Lorenzen, Tiloll [2008] *BMW als Flugmotorenhersteller 1926-1940. Staatliche Lenkungsmaßnahmen und unternehmerische Handlungsspielräume*, München.

Maier, Karl Heinz [2007] *Die geheime Fliegerrüstung in der Weimarer Republik 1919-1933*, Hamburg.

Roeder, Jean [1990] *Bombenflugzeuge und Aufklärer. Entwicklungsgeschichte, Ausrüstung, Bewaffnung und Einsatz der deutschen Bomben- und Aufklärungsflugzeuge im internationalen Vergleich von den Anfängen bis zur Enttarnung der Luftwaffe*, Koblenz.

Schmitt, Günter [1991] *Hugo Junkers: ein Leben für die Technik*, Planegg.

Seifert, Karl-Dieter [1999] *Der deutsche Luftverkehr 1926-1945—auf dem Weg zum Weltverkehr*, Bonn.

Treibel, Werner [1992] *Geschichte der deutschen Verkehrsflughäfen. Eine Dokumentation von 1909 bis 1989*, Bonn.

Wachtel, Joachim [2009] *Claude Dornier. Ein Leben für die Luftfahrt*, Bielefeld.

Wagner, Wolfgang [1987] *Der deutsche Luftverkehr—Die Pionierjahre 1919-1925*, Koblenz.

Wagner, Wolfgang [1991] *Kurt Tank-Konstrukteur und Testpilot bei Focke-Wulf. Das Lebenswerk eines großen deutschen*

Flugzeugkonstrukteurs mit eigenen Berichten über die Erprobung seiner Flugzeuge, Bonn.

Wagner, Wolfgang [1996] *Hugo Junkers. Pionier der Luftfahrt—seine Flugzeuge*, Bonn.

Weinke, Annette [2006], *Die Nürnberger Prozesse*, München（ヴァインケ、アンネッテ［二〇一五］『ニュルンベルク裁判』板橋拓己訳、中公新書）。

第4章　ルフトハンザ航空の東アジア進出と欧亜航空公司

田嶋　信雄

1　はじめに

ヴェルサイユ条約により軍事主権に厳重な制約を課せられたドイツは、航空戦力の保有を禁止され、そのため航空機生産においても、また航空運輸産業においても大幅な制限のもとに置かれた。その後一九二二年にこの制限が一部緩和されると、限られた性能の民間航空機の製造が認められることとなり、ドイツは、民間航空機開発の名のもとに、ユンカース、ハインケル、ドルニエなどでの航空機開発をおこない[1]、将来の軍民転用（dual use）にも備えることとなった。

またドイツは、航空運輸産業の分野においても航空網の拡大に注力し、一九二六年一月六日、「ドイッチェ・ルフトハンザ」（Deutsche Lufthansa：以下「ルフトハンザ」と略）を創設した。ルフトハンザは欧州航空路の拡充に積極的に取り組み、さらには、南北アメリカや東アジアなどヨーロッパ外にも積極的に航空路を拡大する意欲を示した[2]。

東アジアにおいてルフトハンザは、中華民国交通部と提携して「欧亜航空公司」（Eurasia Aviation Cooperation）を創設し、中国における航空運輸事業に参入するが、満洲事変以降における東アジア国際政治の変動のもとで、しだいに親日的な路線に傾斜していった。一九三六年末には日独防共協定締結とほぼ同時に「日独満航空協定」に仮調印し、「関東軍の空軍」とも称された満洲航空との提携と、中央アジア・ルートでの航空路開発に乗り出していく。この過程で、ルフトハンザと満洲航空の提携は極めて軍事的な色彩を帯びていくこととなる。

本章は、こうしたルフトハンザの東アジア進出の過程をトレースすることを課題とする。分析は主要には国際政治史的手法によりおこなうが、その際、以下の二点を念頭に入れておきたい。第一に、戦間期の「軍縮下の軍拡」においては、非海軍戦力＝空軍戦力への重点移行がおこなわれたこと、(3) 第二に、この時期においては兵器の生産国と輸入国の拡散すなわち武器移転の拡大が顕著に現れたことである。ルフトハンザの東アジア進出は、国営企業による「平和的」な航空路拡大としておこなわれたのではなく、中国や日本への武器移転としての性格をも有していたのであり、さらには、日独「満」航空提携により、日独を繋ぐ航空路自体が軍事的な性格を帯びることになる。その実相を歴史的に明らかにすることが本章のねらいである。(4)

2　ルフトハンザ航空、欧亜航空公司と満洲航空株式会社

(1)　ルフトハンザ航空の成立と「トランスユーラシア」計画

一九二〇年代前半、ドイツには多くの中小の航空運輸会社が存在したが、それらはやがて、ロシア航空路の独露合弁航空会社デルルフト（Deruluft）や南米コロンビアに拠点を置くコンドル（Condor Syndikat）を傘下に収めるア

エロ・ロイド（Deutsche Aero-Lloyd）と、航空機製造をも手掛けるユンカース（Junkers Flugzeugwerk AG）という二大航空会社に集約されていった(5)。その後ユンカースは航空運輸事業を分離し、ユンカース航空会社（Junkers Luftverkehrs-AG）を設立したが、三〇万ライヒスマルクの損失を出し、ロシア支社が倒産する事態となった。そこで、アエロ・ロイド社がユンカースの航空輸送事業を合併吸収する形で一九二六年一月六日に国営のルフトハンザが成立したのである(6)。

ルフトハンザの会社構成上の一つの特徴は、ミルヒ（Erhard Milch）、ヴロンスキー（Martin Wronsky）、クナウス（Robert Knauss）、ガーブレンツ（Carl August Freiherr von Gablenz）らに代表されるように、第一次世界大戦時に航空戦力の形成に寄与し、また自ら航空戦に参加さえした多くの旧軍人が幹部として存在していたことである。ミルヒは第一次世界大戦中、航空部隊に転属され、戦争末期には第六航空師団の司令官に就任した。ドイツ敗戦後、非正規軍である航空志願兵部隊の隊長となったが、同部隊が解体されたあと、ユンカース（Hugo Junkers）によって設立された「ダンツィヒ航空郵便会社」に勤務した。その後ルフトハンザが設立されると、理事兼技術部長に就任し、ドイツ航空運輸事業の発展に精力を集中することとなる(7)。ヴロンスキーは第一次世界大戦においてフランドルの飛行中隊を指揮し、敗戦後はベルリンに設立された「ドイツ航空運輸会社」（Deutsche Luftreederei）の航空部長に就任した。かれが運営したヴァイマール憲法制定会議への航空輸送業務はドイツ航空旅客運輸の濫觴といわれている。一九二三年にはアエロ・ロイドの理事に就任し、その後ルフトハンザが設立されると、同じくアエロ・ロイド出身のメルケル（Otto J. Merkel）、ユンカース出身のミルヒとともに、三人の創立理事の一人となった(8)。

クナウスは第一次世界大戦中、航空偵察兵として活動し、戦後はベルリン大学で法学・経済学を学び、博士号を取得した。その後ルフトハンザに入社、やがて理事に就任する。一九三三年には、航空省次官に転出したミルヒを通じて、都市に対する戦略爆撃の構想を航空大臣ゲーリング（Hermann Göring）に提案した(9)。ガーブレンツは第一次世界大戦末期に第七爆撃飛行編隊の副官として勤務し、戦後はドイツ航空運輸会社の操縦士となった。その後ユンカースに入社、技術部門で功績をあげ、ルフトハンザが成立すると、航空運輸部長の重責を担い、ミルヒ技術担当理事の下で、とりわけ近代的な夜間飛行・計器飛行およびその教育訓練プログラムの基礎を築いた(10)。以上のような人事上の性格は、ルフトハンザに軍事的な性格を付与することとなった。

ルフトハンザは、設立当初よりヨーロッパ外への航空路創設に積極的であった。しかも、ドイツ航空機産業により生産された飛行機が容易に軍民転用（dual use）され、軍事的な意義を有したように、ドイツ製飛行機を用いたルフトハンザの海外航空路拡張は、軍民転用できる飛行機の世界的拡散すなわち国際武器移転としての性格をも有していたのである。

ルフトハンザの海外航空路への関心のうち、もっとも重要な部分を占めたのは、東アジアへの航空路開発であった。一九二八年一月にミルヒとクナウスがドイツ外務省のディルクセン（Herbert von Dirksen）を訪問し、ルフトハンザにとって問題となるのは北米、南米、東アジアという三地域への航空路拡大のみであるが、そのなかでも「東アジアがもっとも重要」というのであった(11)。

ルフトハンザ内では、東アジア航空路として三つのルートが検討された。第一は、南アジアを経由するルートで、カラチ・カルカッタ・広州・南京を繋ごうというものである。しかしながらこのルートは、そもそも英仏やオランダが帝国を繋ぐルートとして開拓しており、競争が激しいうえ、全行程は一万四〇〇〇キロにわたるため（当時の見積で約一二日間を要した）、政治的・経済的に多くの困難が存在した。第二は、中央アジアを経由するルートで、イラン・アフガニスタンを経由して新疆で中国に接続するというものであった。このルートは、気象学的には安定した条件のもとにあり、しかも全行程は一万一〇〇〇キロで、南回りよりも有利であった。しかしながらこのルートでは、地上設備がまったく整備されていないのが大きなネックであり、そのうえ中央アジアの山岳地帯を高々度で飛行しなければならないという最大の技術的困難が存在した。第三はシベリア・ルート、とりわけ外モンゴルを経由するルートで、全行程は約九〇〇〇キロと短いうえ、高山地帯もなく、気候も安定しているため、定期航空運輸に適合的であると判断された。しかもこのルートに沿ってシベリア鉄道と付属施設が広範にわたって存在し、ソ連による定期運行の実績もあるため、ルート開発上非常に有利であるとされた(12)。結局、東アジアへのルートではソ連経由がもっとも実現可能性のあるものと判断され、ドイツは、このルートに「トランスユーラシア」という名称を付けて計画を推進することになったのである。

このルートは、さらに、いくつかの区間に分けて検討された。第一の区間はベルリン～モスクワである。この区間は、すでに一九二三年よりデルルフトにより独ソ共同で運行されているうえ、ベルリン～ケーニヒスベルク間は夜間飛行さえ実現されていた。第二はモスクワから中ソ国境までである。このうちモスクワ～イルクーツク間はすでにソ連の航空運輸会社ドブロリョート（Dobrolet：アエロフロートの前身）により定期運行がおこなわれていた。ルフトハンザ内では、このドブロリョートとの合弁が望ましいとされ、しかもそれは「独ソ航空業界の密接な関係」を踏まえれば政治的にも可能と判断された。第三の区間、すなわち中ソ国境から上海までは、中国政府の承認を（あるいは少なくとも東北の支配者すなわち張作霖の承認を）求め、中独合弁の航空運輸会社を設立して運行すべきだとされた(13)。さらに第四の区間として、中国と日本の間の航空路が考えられたが、この航空路は日本の航空会社が単独で運行するか、あるいは日本の航空会社と中独合弁会社の協力により（すなわち日独中の協力により）実現されるべきであるとされた(14)。

こうしたトランスユーラシア計画を推進するため、ルフトハンザにより試験飛行が試みられ、一九二六年七月二四日、クナウス指揮下のユンカースG二四型機が中国へ向けて出発し、八月三〇日に北京に到着した。トランスユーラシア航路が航空技術的には実現可能であることが証明されたのである。ただし、中国国内の戦乱のため、当初の目的であった上海への飛行は中止し、九月二六日、同機はベルリンへ帰還した。[15] 中国部分には政治情勢の変動という不安定要因が残されていた。

(2) 「トランスユーラシア計画」の挫折と欧亜航空公司の成立

トランスユーラシア計画にはドイツ政府の強い支援が存在した。一九二七年一〇月六日、ドイツ外務省は「ルフトハンザのトランスユーラシア・プロジェクトに関するメモ」を起草し、東アジアへの定期航空路建設に関するドイツ政府の立場を定式化した。それによればドイツ政府は、「シベリアを経由し東アジアへ向かう定期航空路の設立」に「疑いもない関心」を有しており、しかもそれはたんにソ連の東端(満洲里ないしウラジオストック)に到達すればよいというのではなく、「北京へ、上海へ、東京へ、すくなくとも奉天へ」向かうべきであり、そこで中国ないし日本の航空路と接合すべきであるというのであった。[16]

さらにドイツ交通省も、トランスユーラシア計画実現によるドイツ製飛行機の販路拡大を期待した。交通省は、ルフトハンザの中国代表が「交通・販路問題の専門家」としての性格を有するべきであると強調した。[17] 外務省もそれに応えて「危機に陥っているドイツ航空産業」への財政的措置を通じて「中国市場における競争を可能な限り容易にする」べきであると強く主張した。[18] 中国は、ドイツ航空産業にとって極めて有力な市場であった。

ただし、計画の進め方については、ドイツ政府内部でもさまざまな議論がなされた。外務省は、中国東北の支配者張作霖の許可を得るためにも、トランスユーラシア計画に日本を含めることを提案した。日本の政治的圧力により張作霖から同意を引き出そうというのである。[19] しかしながら、ルフトハンザで交渉を担当していたミルヒとヴロンスキーは、これに断固として反対した。かれらによれば、ウラジオストックから日本へは日本海を八〇〇キロ横切らなければならない(すなわち、不時着ができない)し、そもそも日ソ関係は良好とはいえないので、日本と交渉すれば、ソ連との関係に悪影響を及ぼすというのであった[20]。ルフトハンザはソ連との協調を重視していた。逆に、中国駐在ドイツ公使ボルヒ（Herbert von Borch）は、ソ連政府との協力に懐疑的であった。一九二八年五月、トランスユーラシア計画に関する交渉のため中国に派遣されていたルフトハンザ中国代表シュミット（Wilhelm Schmidt）と会談したボルヒは、「ルフトハンザはまず中国で独自の航路を開拓すべきではないか」との意見を提出したのである。ボルヒによれば、中国航路は、将来のトランスユーラシア全航路への接続を見据えつつも、さしあたり中国内部での航空路実現を考えるべきであった。これに対しシュミットも「大きな関心」を示した[21]。

しかしながら、肝心のルフトハンザとソ連政府の交渉は難航した。その原因の第一は、ソ連政府がヴロンスキーに対しさまざまな要求をつきつけ、交渉の遅延を計ったことである。そのなかには、デルルフトの本社をモスクワに移転せよとの難題さえ含まれていた[22]。こうした態度の裏には、ドブロリョートが既存のモスクワ～イルクーツク線を延長し、バイカル湖地方および満洲里を越えてウラジオストックを目指す計画を進めており、ルフトハンザとの競合を忌避したためともいわれている[23]。第二は、とりわけ世界経済恐慌発生後の財政状況の悪化によりドイツ財務省が計画に難色を示したほか、一時は交通省さえ消極姿勢を示したことである。そのため、ドイツ政府内部では、中国政府との交渉を優先させ、ソ連政府との交渉は後回しにすることが決定された[24]。

中国では、すでに見たように、一九二八年にルフトハンザ代表として赴任していたシュミットが中国国民政府との交渉を開始していた。交渉は、結局、中国政府交通部とシュミットの間で一九三〇年初頭にまとまり、同年二月二一日に契約が調印され、同年九月一九日に中国政府により批准された[25]。この契約により、中国籍の欧亜航空公司が創設されることとなった。会社の「目的」は、中国事業を「予定された欧亜間航空運輸事業全体の一部分として編入する」こととされた。こうして、「ベルリン～上海」間を想定したトランスユーラシア計画からロシア部分が先送りされ、フルトハンザはさしあたり中国部分のみの実現を目指すこととなった。

翌一九三一年二月一日、欧亜航空公司が設立され、社長に交通部次長韋以黻が就任し、ルフトハンザからはシュミットが技術担当理事として経営に参画することとなった。中国側の資本提供は三分の二、ルフトハンザは三分の一とされ、ルフトハンザのそれはすべて「現物」、すなわちドイツ製の飛行機と部品により提供されることとなった。本社は南京に、技術センターは上海に置かれ、さしあたり郵便運輸事業を主たる業務とした(26)。中国ではすでに、初の国内民間航空運輸会社として、中国政府とアメリカのカーチス・ライト社（Curtiss-Wright Corporation）との合弁で中国航空公司（ＣＮＡＣ）が設立されていた。欧亜航空公司は中国第二の航空運輸会社となったのである。

欧亜航空公司の運行を担当する操縦士はすべてドイツ人であった。しかしながら、中国政府はもちろん将来の有事には欧亜航空公司のドイツ製飛行機を軍事転用することを予定していた。そのため中国側は、中国人操縦士を養成し、可及的にドイツ人に取って代えるようルフトハンザ側に繰り返し求めていたのである(27)。

欧亜航空公司のトランスユーラシア構想を根本的に揺るがせたのは、会社創立の半年後に勃発した満洲事変と、一九三二年三月の「満洲国」の成立であった。欧亜航空公司の欧亜連絡路線としてはもともと中国東北を経由する航空路が有力と考えられ、試験飛行もおこなわれていた。しかしながら、「満洲国」成立以降は東北経由の方針に困難が生じた。中国政府は、中国籍の欧亜航空公司の飛行機を「満洲国」に運行させるわけにはいかなかったのである(28)。

こうしてルフトハンザと欧亜航空公司は、「満洲国」を回避するルートを模索せざるを得なくなった。第一に検討されたのは、シベリア～外モンゴル（モンゴル人民共和国）ルートである。一九三一年一二月一〇日、モスクワで交渉していたミルヒとヴロンスキーは、モスクワ駐在モンゴル人民共和国大使館に対し、東部外モンゴル上空での飛行許可を与えるよう求めた(29)。しかしながら、当時中国政府は、外モンゴルは中国の主権下にあるとの立場を取っていたため、「満洲国」ルートと同様、ルフトハンザの構想する外モンゴル・ルートにも難色を示した。

そこで第二に有力な選択肢に挙がったのは、新疆から直接ソ連領に入るルートである。一九三一年一二月二二日のトラウトマン駐華公使の報告によれば、中国政府は「自国領土を最大限飛行する中国〜ヨーロッパ・ルート」、すなわち新疆からソ連に入るルートの実現を欲しているという。シュミットによれば、新疆を経由した飛行ルートは、砂漠の上空を飛ぶため、奥地に飛行場を作り、駱駝隊でガソリンを運ぶ必要があったが、中央政府の要請を受けた新疆省はガソリンを準備し、すでにウルムチに運んだという。また、新疆省政府との交渉のため、シュミット自身が、試験飛行の意味も込めてウルムチに向かった(30)。

(3)　満洲航空株式会社の成立

一九三二年九月一五日、日本は日満議定書に調印し、「満洲国」を承認した。一〇日後の九月二五日、日満議定書の交換公文にしたがって、日本航空大連支所を基礎に、満洲航空株式会社が成立した。社長には鄭垂（「満洲国」国務総理鄭孝胥の息子）、副社長には児玉常雄がそれぞれ就任した。同社の事業目的は、(1)旅客・郵便物またはその他の貨物の航空運送、(2)航空機の製造および修理、(3)その他の事業であった(31)。満洲航空は、日本陸軍がはっきりと「帝国国防上の要求に吻合せしむる」ものと述べていたように、初発から軍事的な色彩を帯びていた(32)。

この会社の軍事的性格を考える場合、なによりも初代副社長児玉常雄の存在と指導を無視して考えるわけにはいかない。児玉は、一八八四（明治一七）年三月、児玉源太郎（のち元帥）の四男として生まれ、陸軍士官学校を卒業後、陸軍から派遣されて東京帝国大学工学部機械工学科に入学した。第一次世界大戦では青島戦争に参加し、四年後にはシベリア出兵にも加わっている。戦後はドイツに調査員として派遣され、帰国後、陸軍省軍務局航空課員、臨時航空委員会幹事などを歴任した。一九二〇年には陸軍航空部付兼務で航空局第一課員となり、航空分野での児玉の活動が本格化した。航空局が陸軍省から逓信省に移管されると児玉もその第二課長に就任し、日本航空輸送の創設にも尽力した。満洲航空の立ち上げについては、当然のことながら、関東軍の首脳部と児玉との緊密な協議がおこなわれた(33)。

児玉の航空運輸思想には、ドイツ、とりわけルフトハンザの影響が見られる。たとえば児玉は、一九二八年正月、つぎのように記している。「ドイツは前記の如くヴェルサイユ条約の結果空軍を有することを禁ぜられているが、空軍なしに将来の戦争は到底勝算の見込が立たない、ゆえに各国が空軍に最良の航空機を配備せるに対抗して、ドイツでは民間航空に全力を傾けている、換言すればドイツにおける民間航空事業は即ちドイツの空軍なのであり、民間航空事業の発達を国外に延長することは即ちドイツ空軍の勢力を国外に発展せしむることになるのである」(34)。児玉の観点からいえば、ルフトハンザの東アジア進出は、すなわち「ドイツ空軍の勢力」の東アジア進出を意味していたのである。

さらに、満洲航空は、当初から(1)華北および(2)欧州（とりわけベルリン）との国際連絡を意識した会社であった。たとえば陸軍省は、一九三二年八月七日、「支那本部に対する航空権の獲得の準備および欧亜連絡航空路の完成等、帝国航空政策の遂行に資する」ため、いずれ満洲航空の資金および技術を利用して「北支航空会社を設立し、以て我が航空勢力対支進出の根基確立を期す」とされていた。満洲航空の先には、さらに「北支航空会社の設立」と「欧亜連絡航路の完成」が予定されていたのである。

さらに満洲航空は、ルフトハンザが「ドイツ空軍」と同義であるように、当初から「関東軍の空軍」としての軍民転用を意識した会社であった。もと社員の樋口正治は、満洲航空の軍事化につき、つぎのように語っている。「満洲航空は、時の社長児玉常雄氏の慧眼に基づき、昭和七年一〇月創設当初から、いつでもたちどころに軍事航空に転換し得る仕組みになっていた」(35)。操縦士・機関士はその多くが所沢の陸軍飛行学校で教育を受け、陸軍航空部隊で訓練された下士官らであった。さらに満洲航空は、関東軍の委託のもと、実際に軍事定期航路を設立しており、創立一年後の一九三三年の段階ですでに新京～ハルビン線、奉天～錦州線、錦州～承徳線など六線の軍事定期航路が開設されていた(36)。

満洲航空はまた、前記「事業目的」にもあるように、航空機の製造・修理部門を有していた。この部門は一九三八年に「満洲飛行機株式会社」として独立し、民間および軍用の飛行機の生産にも乗り出すことになる。当初は中島飛行機などのライセンス生産を担ったが、のちには独自設計の戦闘機なども生産するようになる。[37]満洲航空は、日本から「満洲国」への武器移転をも担っていた。

満洲航空機の武装化は、元社員河井田義匡によれば、つぎのようにおこなわれた。まず、同社の主たる運用機である「スーパーユニバーサル機」（中島飛行機のライセンス生産）については、「爆撃装備、爆弾懸架を直ちに装着し得る如く構造しあり、即ち爆弾を装着する懸吊架の幅は機胴体の幅と同じくし、その外端に各耳をつけ両者を噛み合せピンにて結合す」とし、その作業は「極めて簡単」であったと述べている。ユンカース機については、「ドイツに注文するに当たり直ちに懸吊架を装着し得るよう設計しあり、飛行機の受領と同時に受領せり、武装品は常時飛行機の部品として保管してある」というのであった。ユンカース機は、「旅客機」とはいうものの、当初から武器として発注されていたわけである。[38]

さらに特筆すべきは、満洲航空機がしばしば実際の戦闘に参加したことである。たとえば一九三三年二月に発動された「熱河作戦」では満洲航空が「空中輸送隊」を編成し、関東軍の指揮下に入った。前述の樋口はつぎのように述べている。「この輸送隊の任務は、連山に位置し、錦州の兵站司令部から兵器、弾薬、被服、糧食等を受けとって連山飛行場に運送し、熱河省承徳に向って進撃する関東軍作戦部隊に航空輸送補給を行なうにあった」。「飛行場勤務員は、関東軍から借り受けた自衛用三八式歩兵銃で装備され、庶務班はピストルを持ち、奉天飛行場の格納庫内に整列した輸送隊は、軍属部隊とはいいながら、あっぱれりりしくも雄々しき晴れ姿であった」[39]。このように満洲航空は（日本陸軍の当時の言葉を借りれば）初発より「第二線航空威力」という性格を強く有していたのである。[40]

3　中央アジア・ルート案の浮上と、満洲航空・欧亜航空公司の接近

(1)　ルフトハンザにおける中央アジア・ルート案の浮上

すでにみたように、ルフトハンザ・欧亜航空公司では、満洲事変の勃発と「満洲国」の成立以降、「満洲国」を通過するルート、外モンゴルを通過するルートがいずれも中国政府によって否定されると、新疆から直接ソヴィエト領トルキスタンに入るルートが有力視されることになった。ヴロンスキーやガーブレンツはそのためソ連との交渉を継続し、さらに中国ではシュミットが新疆に赴いて交渉を継続したが、結果ははかばかしいものではなかった。難航した理由の第一は、もちろん、満洲事変勃以降の東アジアにおけるソ連の政治的・軍事的警戒心の高揚であった。ソ連共産党機関紙『プラウダ』は、一九三四年三月二九日、欧亜航空公司の計画は「日本帝国主義と緊密に結びついている」との論評まで掲載した(41)。理由の第二は、一九三三年一月三〇日のナチスによる権力掌握と、その後の独ソ関係の悪化である。デルルフトを通じて独ソ両国の航空界は友好的な関係を築いていたが、ナチスの権力掌握はこうした雰囲気を破壊したのである。第三は、新疆地方の政治環境の変化である。当時新疆ではソ連が政治的影響力を増大させ、新疆の実力者盛世才との関係を深めていた。交渉の中でのソ連の主張によれば、ソ連がもし新疆ルートを認めると、盛世才がソ連と欧亜航空公司の関係に「あらぬ疑い」をかける恐れがあるというのであった(42)。こうしてソ連は、一九三四年八月、ルフトハンザに対し、欧亜航空公司の新疆ルート設立を拒否した(43)。

このような状況は、その後も改善せず、むしろ悪化していった。一九三五年八月二四日付のルフトハンザ中国代表者シュタルケ（Starke）の北京駐在ドイツ公使館宛て報告は、ソ連経由で欧亜を繋ぐ計画について、厳しい状況を明

らかにしている。「新疆への運行を近い将来再開できるかどうかは、非常に疑わしい。新疆省主席〔李溶、実権は盛世才〕は七月に、南京政府からの二度にわたる電報にようやく答えたが、予期されたように、〔航空路設立に関する〕拒否回答であった」。シュタルケによれば、「いずれにせよ北部ルートの見込みはほとんど期待できない」というのであった。[44]ルフトハンザは、こうした状況から、英仏の南回りルートへの接続も考慮せざるをえなかった。しかし、広州からラングーンを繋ぐ航空連絡は技術的な困難が大きく、また、ハノイ～パリ線に接続するには「政治的な困難が立ちはだかっている」と判断された。さらに、そもそも南京政府は中国領上空における外国航空会社への入航権および飛行権の供与を基本的に拒否していた。[45]

こうして欧亜航空公司は、欧亜航空連絡計画に関し、一九三五年頃には八方塞がりの状況に追い込まれた。そこにあらたなルートが唯一可能なものとして浮上した。すなわちソ連を通過しない新疆ルート、すなわち新疆からアフガニスタン、イランへと向かう中央アジア・ルートである。[46]

ただし中央アジア・ルートは、すでに見たように、航空技術的に多くの困難を抱えていた。第一に、このルートを飛行するには、長距離・高々度を飛行できる高性能の最新鋭機が必要であった。このためルフトハンザ・欧亜航空公司は、一九三四年春、中国で最新鋭の三発機ユンカース五二型機の宣伝を開始した。[47]同年九月には、ガーブレンツ自身が同型機を操縦して中国に到着し、上海・北京・天津・青島をデモ飛行して大いに注目を浴びた。[48]ルフトハンザには高性能機を中国に売り込む必要があったのである。第二の困難は、このルートを達成するには、ゴビ砂漠の各所に飛行場を設け、さらに飛行機用ガソリンを駱駝隊で輸送する必要があることであった。

(2)　関東軍・満洲航空における中央アジア・ルート案の展開

一方このころ関東軍は、「満洲国」から西進し、内蒙古自治運動指導者ドムチョクドンロプ（徳王）を支援してあらたに傀儡政権「蒙古国」を設立する構想を進めていた。さらに関東軍は、内蒙古を拠点に航空機を使って綏遠・寧夏・新疆からアフガニスタンを経由し、ヨーロッパへと繋ぐ「防共線」の実現まで構想していた(49)。しかも関東軍・満洲航空は、将来日ソ戦が勃発した場合、こうした「防共線」から満洲航空(ないしその「義勇軍」)の飛行機を使ってソ連領内、とりわけシベリア鉄道を爆撃する計画さえ推進していた。

こうした工作のため一九三四年春ごろから関東軍の特務機関員がシリンゴル(錫林郭勒)盟や蒙政会(内蒙古自治運動)所在地である百霊廟をしばしば訪問し、一九三五年には西スニト旗(徳王の本拠地)に常設の特務機関が開設された。同年五月末には関東軍参謀部第二課(謀略担当)の田中隆吉少佐が西スニト旗に飛来して徳王に「蒙古国」建設を教唆し、同年九月一八日には関東軍参謀副長板垣征四郎が第二課長河辺虎四郎、田中隆吉らを引き連れて西ウジュムチン(西烏珠穆沁)旗を訪問し、徳王らと協議した(50)。

板垣は、翌三六年八月にも第二課長武藤章および副官を引き連れて徳化(徳王)、百霊廟(雲王)を訪問し、その後包頭で満洲航空重役武宮豊次らと合流、さらに沙王府(沙王)、定遠営(達王)を訪ねている。その目的には、蒙古諸王との「親善」および各特務機関に対する指導のほか、「欧亜直通航空の中継点偵察」も含まれていた。板垣一行はまたオジナ(額済納)に先遣隊を派遣し、視察させていた(51)。板垣の副官であった泉可畏翁によれば、板垣の出張の成果は「一つは欧亜直通航空の最良の中継点が発見されたこと、今一つは日ソ開戦の場合、シベリア鉄道を側面から脅威する絶好の爆撃基地が見つかった」ことであった(52)。ふたつは、いずれもオジナを指していた。

関東軍は、このように、ソ連辺境部に隣接する地点に特務機関および爆撃基地の設置を目指していたが、日ソ戦争勃発の場合、そこからの空爆はどの程度効果があると考えられていたのであろうか。一九三六年一〇月より欧州を視察していた日本陸軍の視察団は、極東ソ連軍への空爆の効果について、以下のように判断していた(53)。

「西欧列強の如く、その国家組織鞏固にして国民の対敵国戦争意識強烈なる国においては、空中爆撃によりその戦争意志を挫折し戦争を終局に導くことは容易ならずといえども、蘇邦の如く其の政権と国民との結合弱く、殊に長遠なる連絡線を隔て資源貧弱の地に戦わざるべからざる極東軍に対しては、開戦初頭空軍の行う圧倒的空中爆撃に依り之に内部崩壊を起し、速に戦争を終局に導き得るの公算尠しとせず、伊国の『エチオピア』遠征は之が一面の真理を開示しあり」。

すなわちイタリアのエチオピア侵略を例として、開戦初頭での航空機を使った「圧倒的空中爆撃」によりソ連の内部崩壊を引き起こし、戦争を終結に導くことが可能であると考えられていたのである。その際「満洲国」やソ連邦南部接壌地域からの「圧倒的空中爆撃」を担うと想定されたのは、関東軍の空軍＝満洲航空の航空機であった。日本の外務省はこのような計画は危険であると考えていたが、外務省出先には関東軍および満洲航空に近い考えを持つ者もいた。たとえば一九三五年六月一日、北田正元駐アフガニスタン公使は、新疆に関し、「有事の際わが国をして容易に『トムスク』州方面にて西比利亜鉄道を中断攪乱し得る」手段を提供すると述べ、ソヴィエト南部国境接壌地域――北田自身はこれをのちに「回教防共線」と名付けた――から飛行機を使ってシベリア鉄道を攻撃するという関東軍や満洲航空の構想を支持していた(54)。

しかしながら、関東軍および満洲航空でさえ、単独で欧亜連絡を実現できるとは考えていなかった。すなわちかれらは、中央アジア・ルートの実現のためには、華北および西北地域にすでに地上設備を有し、同地域への飛行経験も積んでいた欧亜航空公司、および当時すでにベルリンからカーブルまでの定期航路を計画していたルフトハンザの協力が不可欠と考えたのである。

(3) ルフトハンザと満洲航空の接近

関東軍および満洲航空とルフトハンザおよび欧亜航空公司の間での秘密の交渉を仲介したのはドイツ航空産業全国連盟(Reichsverband der deutschen Luftfahrtindustrie)東アジア代表カウマン(Gottfried Kaumann)であった。同全国連盟は、文字通りドイツ航空産業を代表し、海外においてはドイツ航空機の販路を拡大することを目的とした業界団体であるが、中国においては、基本的にルフトハンザおよび欧亜航空公司と利害をともにしていたといってよい。[55] カウマンは一九三五年夏、東京駐在ドイツ陸軍武官オット(Eugen Ott)から日本参謀本部第二部ドイツ課の馬奈木敬信少佐を紹介された。馬奈木は、その機会に、華北と「満洲国」の間の航空連絡に欧亜航空公司を関与させる可能性について打診し、カウマンは、一九三五年九月一三日付で「航空における両国〔日中〕の平和的協力」と題する覚書を作成した。[56] こうして、関東軍・満洲航空と欧亜航空公司との協力に関する議論は、欧亜連絡よりも前に、まず「満洲国」と華北間の航空連絡をめぐって始まった。

カウマンは覚書を持って新京を訪れ、関東軍参謀部で板垣征四郎および二人の参謀部員に「友好的に接受」されたが、その席で板垣は、「われわれは、〔中国と〕なにか平和愛好的な関係に入ろうと考えているわけではない」と述べ、さらに「満洲と長江以北の華北はわれわれのものだ」「われわれは南京政府の生存可能性は三年もないだろうと見ている」と言い放ったのである。板垣は、それを前提とした上で「いずれにせよ過渡期においては、貴殿が覚書で提案した中間的解決に同意する」と述べ、欧亜航空公司関係者と協議するようカウマンに依頼した。カウマンはこうして欧亜航空公司との協力に関する関東軍の意欲を確認し、「ドイツ産業の輸出可能性のほかに、欧亜航空公司の生存の拡大も見込める。日本の補助金をも期待できる」とほくそ笑んだ。[57]

カウマンはその足で北平へと向かい、一九三五年一〇月五日、北平駐在ドイツ公使館のビダー(Hans Bidder)同席のもと、中国駐在ルフトハンザ代表シュタルケと会談した。そこでは、カウマンの覚書に基づき、「華北～満洲間における航空連絡に欧亜航空が参加する問題」が議論された。その議論では、しかし、シュタルケおよびビダーの反論に基づき、「参加はドイツの利益の観点から望ましい」が、中華民国交通部が欧亜航空の満洲への路線拡大に難色を示していることを考慮しなければならず、その調整は「将来の日中間の交渉に委ねられなければならない」とされたのである(58)。ルフトハンザおよび欧亜航空公司は、こうして、日中間の複雑な政治問題に巻き込まれることとなった。

その後カウマンはふたたび新京に戻り、さらにベルリンへの帰途に就いた。一方板垣征四郎は、一九三五年末、つぎは欧亜航空連絡のため、満洲航空の永渕三郎をドイツに派遣した。欧亜航空連絡の交渉の場所は、こうしてベルリンに移された(59)。

一九三六年一月二四日にベルリンで満洲航空（永渕ら二人）、ルフトハンザ（ヴロンスキーら二人）、ドイツ航空産業全国連盟（カウマンら二人）の会議が開催され、大島浩ドイツ駐在日本陸軍武官が立ち会った。日本側は、この席で、ルフトハンザ・欧亜航空公司と日本の航空界がドイツと東アジアの航空連絡にあたるべきであると主張し、さらにルートとしては、中央アジア経由、すなわちアフガニスタン、「東トルキスタン」（新疆）を越えて日本に向かう航空路が議論された。しかしながらこの席でルフトハンザ側は、「あらかじめ中国の賛同のない限り、東アジアにおけるいままでの航空政策的な方針を変更することはできない」と主張したのである(60)。

このようにルフトハンザは中央アジア・ルートに難色を示したが、それでも一応同ルートの航空技術的な検討を開始した。一九三六年七月八日には、気象観測所開設にあたる専門家を乗せたルフトハンザ機がカーブルに到着した。アフガニスタン政府は、気象観測には同意したが、ルフトハンザのワハーン回廊越えに難色を示し、狭隘な国境地域では「ソヴィエト側から射撃を受ける可能性」さえあると指摘した(61)。アフガニスタン政府はルフトハンザのワハーン回廊飛行に懐疑的であった。

ドイツ外務省本省もこの計画に対して大きな懸念を示した。かれらによれば、そのような航空路の設立には、大きな地理学的・航空技術的な困難以外にも、非常に大きな政治的障害が待ち受けており、しかも「この障害を克服することができるか否かはまったく見通せない」というのであった(62)。経由地のトルコは領域内での外国の航空路の実現に道を閉ざしており、ギリシャ政府もドイツの航空にさまざまな条件を付けており、イランやアフガニスタンの態度も明らかではない。新疆は名目上中国中央政府に従属しているが、現実には多くの顧問を通じてソ連が大きな政治的・経済的影響力を発揮している。さらにアフガニスタン＝中国国境から甘粛省までは一八〇〇キロもあるということを考慮しなければならない。偶発事故はいつでも起こりうる。「なんらかの不時着を余儀なくされる場合、飛行機の乗員は当該地域の住民および権力者の恣意に身をゆだねざるを得ないだろう。ドイツ政府はかれらに救助を与えることができない(63)」。ドイツ外務省の憂慮は大きかった。

さらに、中国現地でもトラウトマン公使がこの計画に「深刻な疑念」を表明し、また欧亜航空のシュタルケもその意見に「完全に同意」していた。トラウトマンも指摘するように、カウマンは「ドイツ航空機の販路を促進するためにあらゆる可能性を追求」しており、そのことが政治的には大きな困難をもたらしたのである(64)。

ドイツ外務省は、以上のように、新疆までの航空路開拓の政治的な困難を指摘したが、同様の困難は、当然の事ながら、日本側が担当する華北から新疆までの航空路についても存在した。しかしながら、関東軍は、この困難を暴力的に突破しようとした。

一九三六年一一月九日、内蒙古軍が「防共」を旗印として綏遠省に侵入し、これを支援するために関東軍は満州航空機を「義勇軍」として出動させた。これに対し傅作義に率いられた綏遠軍は反撃を開始し、一一月二三日から二四日にかけて百霊廟を奪回、内蒙古軍は潰走した。二一日に日本の外務省は、この「綏遠事件」は中国の内政問題であり、日本は関知しないと声明したが、内蒙古軍の敗北は明らかに関東軍の軍事的な失敗であった。

この綏遠侵攻の主要な目的の一つは、中央アジア・ルートのための橋頭保の設置であった。もと満洲航空社員中畑憲夫はそのことを以下のように述べている。「察東事変〔綏遠事件〕というのは、関東軍の意図によって日本と独乙を飛行機で直結する為、満洲～内蒙古チャハル省包頭～五原～ゴビ砂漠～パミール高原を越えて独乙に直通し、情報技術の交換、物資の供給を図るため、ゴビ砂漠に飛行根拠地を建設するという遠大なる計画で始められたものである」(65)。綏遠事件における敗北は、中央アジア・ルートおよびそれを基礎とした関東軍の「防共線」政策の重大な破綻を意味した。

4　日独「満」航空協定および日独謀略協定の成立

(1)　日独「満」航空協定の成立

すでに見たように、一九三五年末、関東軍参謀副長板垣征四郎は満洲航空の永渕三郎をドイツに派遣し、日独「満」航空協定交渉に当たらせた。ドイツ駐在日本陸軍武官大島浩は、日独防共協定交渉と平行する形で、永渕とヴロンスキーおよびガーブレンツとの間でおこなわれていた航空協定交渉を後見した。ドイツ側でルフトハンザを後見したのは航空省次官ミルヒであった(66)。

一方日本外務省は、航空路などに関する南京国民政府との交渉と平行して、あるいはその破綻を予期しつつ、冀察政務委員会とも交渉し、満洲航空のための華北自由航空の実現を目指していた(67)。堀内千城天津総領事と冀察政務委員会は、一九三六年一〇月一七日に「日支航空協定」に調印し、日中合弁の航空会社「恵通航空公司」を設立することに決定した。これに基づき河北省保安処長張允栄と満洲航空会社取締役児玉常雄が、中国航空公司と欧亜航空公司の例に倣い、新会社設立の準備に取りかかった[68]。恵通航空は、満洲航空の傘下に置かれながら、まず「北支」に対して航空勢力の進出を図り、さらに「全支に於ける航空権」をも実質的に掌握せんとする意図を持っていた[69]。しかしさしあたりの重要課題は、なによりも、ルフトハンザおよび欧亜航空公司との間での日独「満」航空路線の実現であった。恵通航空はその後同年一一月一七日に設立され、多くの満洲航空社員が出向した。

一九三六年一一月の日独防共協定締結により、日独「満」航空協定に調印する政治環境は整えられた[70]。同年一二月一八日、大島浩と永渕三郎は、ルフトハンザのガーブレンツとともに、日独「満」航空協定に調印した[71]。日独「満」航空協定は、いわば日独防共協定の関連協定として締結されたのである。

日独「満」航空協定では、第二条で協定の「目的」が規定され、ルフトハンザと満洲航空が共同で「伯林～ロードス～バグダッド～カーブル～安西～新京～東京の線に予定せられたる航空路に依り東京～伯林間の共同定期航空を設定する」こととされた。さらに、両者はアフガニスタンとトルキスタン（新疆）の国境を境とし、その東西において定期航空路に必要な「諸設備の準備を担任」することとされていた[72]。

さらに協定は、「総ての研究準備および試験飛行」を一九三七年中に実施し、一九三八年三月までには定期飛行を開始する計画であった。そのためルフトハンザは「『パミイル』飛行竝同地付近の気象観測」をおこなうこととし、満洲航空側は新疆方面に於ける諸調査をおこない、「此の際為し得る限り『アンシイ』（安西）『カブウル』間に中間着陸場設置の可能性を探究す」とされた[73]。

ただし、この案には、さまざまな政治的ないし航空技術的な不安定要因が存在した。たとえば、安西の利用に関し、なお中国当局の了解を得る必要性は残った。そのため日本の陸軍省は、「速に日満独連絡飛行の準備並に実施に支障なからしむる如く、支那領土上空飛行及び安西に飛行場設置に就き（中国国民政府と）交渉」すべきとの姿勢を示した[74]。しかしながら、日本の「華北分離工作」に対する当時の中国国民政府の強硬な態度に鑑みれば、このような交渉がたとえ実現したとしても、安西の利用許諾が南京から下りる可能性は極めて低かったといわなければならない。そのため、日本側は、中国内の飛行に関する欧亜航空公司の協力を求めた。すなわち恵通航空は、「支那の情勢により、新疆省内通空等に関しては、当初要すれば『ル』社既得航路を恵通等が臨時飛行名義にて飛行する」などの便宜を求めていた(75)。

さらに、安西が使えない場合を考慮し、満洲航空・恵通航空は、モンゴル人民共和国に接する寧夏省北部のオジナを有力な飛行場建設地と想定した(76)。オジナは、すでに見たように、板垣征四郎や満州航空幹部らにより、「欧亜直通航空の最良の中継点」かつ「シベリア鉄道を側面から脅威する絶好の爆撃基地」として「発見」されていたのである。すでに一九三六年六月、満洲航空はオジナへの橋頭堡としてアラシャン旗の定遠営に飛行場を設置していた。同年九月、ガソリン缶を積んだ駱駝一五〇頭からなる第一次ガソリン輸送隊が秘かに百霊廟を出発し、砂漠を越えて一一月三日に定遠営に到着した。また、翌一九三七年五月、第二次ガソリン輸送隊が駱駝三〇〇頭にガソリン缶を満載して西スニト旗を出発し、オジナを目指した(77)。

一方ルフトハンザは、アフガニスタン領アンジュマン峠付近に石造の小屋を建てて気象観測を開始し、カーブルに飛行無線技士を常駐させた。日独「満」航空協定に調印したガーブレンツは、さらに一九三七年夏、アフガニスタン外務大臣に「いかなる事態になろうとも」絶対にソ連国境を侵犯しないという誓約書を提出し(78)、みずからアフガニスタン＝中国ルートを試験飛行する準備を開始した(79)。

(2)　日独航空連絡に関する閣議決定

一九三七年三月二〇日、日本政府はルフトハンザと満洲航空の航空協定案を閣議決定し、日独航空連絡の方針を承認するとともに、ドイツとの国家間協定の正式調印を目指すこととした。そこには、ユーラシアの北回りルートはソ

連に、南回りルートはイギリス・フランス・オランダに抑えられているという以下のような航空情勢認識が示されていた。(80)

「現下の国際請勢並列強の東亜に対する航空進出の現況に鑑みるも、速かに我航空勢力の対外発展を企図するは国家百年の大計上焦眉の急務なりと信ず。就中亜欧連絡航空関係に於ては南方航空路たる印度経由線は既に英、仏、蘭の三国に依りて実施せられ、北方航空路たる西比利亜経由線は蘇連邦の介在に依りて阻まれ、新航空路としては纔に蒙古新疆を横断する中央経由線を残存するのみなる処、偶々客臘〔「昨年一二月」の意〕満洲航空株式会社取締役永淵三郎と独逸「ルフト、ハンザ」会社社長「ヴロンスキー」との間に本経由線に依る相互乗入に付、日、満、独政府の許可を条件として、完全なる諒解の成立を見たるは、帝国の対欧航空進出上絶好の機会なるを以て、此の際左記要領に依り、成る可く速に本件航空路の設定を期することと致度」。

日本政府は、閣議決定を受けて、「華北自由飛行」問題で南京国民政府と妥協してでも恵通航空の活動および欧亜航空公司との協力を承認させようとした。すなわち一九三七年四月一六日に「対支航空問題の解決促進に関する方針」が決定され、南京政府をして恵通公司を「承認もしくは黙認」せしめ、さらに同政府をして「同公司の営業線を延長しもしくは欧亜航空公司との連絡を承認せしむる様」措置することとした。(81) 日本政府自身が中央アジア・ルートの実現に乗り出したのである。

満洲航空は、かつて欧亜航空連絡に備え「特航部」を設けていたが、閣議決定を受け、一九三七年五月、それを独立させ、満洲航空の全額出資のもとに「国際航空株式会社」を設立した。社長として児玉常雄自身が乗り込み、永渕三郎が常務取締役に就任した。(82)

(3) 日独謀略協定の成立

一九三五年夏より大島浩はドイツ国防省防諜部のカナーリス（Wilhelm Canaris）と協力して日独防共協定交渉を推進していたが、同協定は紆余曲折を経つつ一九三六年一一月二三日に調印された[83]。同年末、大島浩は、ちょうど日独「満」航空協定に調印したばかりの永渕三郎とともに、極秘で帰国の途についた。日独防共協定および日独「満」航空協定の運用について日本の陸軍参謀本部第二部（情報・謀略担当）と協議するためであった[84]。

翌一九三七年一月一八日に帰国したのち、大島はオットとの間で二月初旬まで四回の秘密協議を重ねた。大島はオットに対し、日本は将来対ソ戦争を戦わざるを得ないが、ロシアは「戦争の重圧の下で容易に個々の国家に分裂する可能性」があるので、対ソ戦争勝利の見込みは高いとの見通しを述べていた[85]。さらに、同年二月一二日、防共協定の軍事的強化に関し、オットと日本参謀本部第二部（部長渡久夫少将、欧米課長丸山政男大佐、ドイツ班長馬奈木敬信中佐および大島浩）の詳細な会談がもたれた。航空政策の面で注目すべきは、日本側が、「航空戦力拡張の遅れ」を理由に、「対ソ戦争準備には四年から五年の期間が必要だ」との認識を示したことであろう。日本陸軍にとって、対ソ航空戦力の整備は待ったなしの課題であった[86]。

一九三七年三月末にドイツに再赴任した大島は、日本での協議を踏まえ、同年五月一一日、カナーリスとの間で「ソ連邦に関する日独情報交換付属協定」および「対ソ謀略に関する日独付属協定」に調印した[87]。

謀略協定には「五カ年計画表」（表4-1）が附属していたが、そこでは、日独「満」航空協定と同じく、航空機の利用や飛行場ないし航空拠点への強い関心が示されていた（たとえば「土耳古」欄一九三七年第三項「国境要点数カ所に秘密拠点の構成」、イラン欄一九三八年第二項「国境拠点の構成」、「土耳古」欄一九三九年第三項「飛行場設置に関する研究」、同一九四〇年第二項およびイラン欄一九四〇年第二項「主要なる軍事対象物に対する空中攻撃の為の詳細なる準備」など）。「欧州諸邦」欄の一九三九年第二項に見られる「東地中海に根拠地（倉庫）の編成」は、あるいは日独「満」航空協定で想定されたロードス島を念頭に置いていたのかもしれない。いずれにせよこの「計画表」は、ソヴィエト南部隣接地域に秘密の飛行場を設置し、対ソ作戦実施の場合にはこうした拠点からソヴィエト連邦（とりわけ鉄道や各種炭坑・油田、さらには各種工場など）への航空機を使った攻撃を想定していた。

ドイツ国防省防諜部と日本陸軍参謀本部は、こうして、フィンランドからポーランド、ハンガリー、ブルガリア、トルコ、ペルシャ、アフガニスタン、新疆、甘粛、寧夏、綏遠、チャハルを経て「満洲国」へといたる「防共線」を

1940	1941
1．前年度工作の鞏化 2．主要なる軍事対照物に対する空中攻撃の為の詳細なる準備 3．武器搬入	1．前年度工作の鞏化 2．軍事的諸準備の完成 3．高架索軍隊の骨幹編成
1．前年度工作の鞏化 2．主要なる軍事対照物に対する空中攻撃の為の研究準備 3．武器搬入	1．前年度工作の鞏化 2．軍事的諸準備の完成
1．前年度工作の鞏化 2．全般的暴動勃発に対する諸準備	前年度に同じ
前年度工作の鞏化	前年度に同じ
前年度に同じ	1．前年度に同じ 2．軍事的な諸準備の完成

表４－１　「五カ年計画表」

	1937	1938	1939
土耳古	1．政府要路者との連絡、買収 2．軍部との連絡（参謀総長） 3．国境要点数ヶ所に秘密拠点の構成（商売人に偽装す） 4．政治及軍事状況の調査 5．徐ろに親日、親独、反蘇宣伝の開始 6．土耳古に於て要員教育（学生に対する奨学資金の体裁とす）	1．前年度工作の強化 2．要すれは「リツベントロツプ」事務局をして土政府を反蘇戦線に立たしむる如く政治的工作をなさしむ 3．拠点の増加、増強 4．黒海汽船による連絡の設定 5．特使経路の設定及越境者の養成並配置 6．高架索現地へ細胞設置及之との連絡設定	1．前年度工作の鞏化 2．「ラヂオ」連絡の設定 3．飛行場設置に関する研究 4．高架索軍隊編成の為に幹部教育開始
イラン	1．政治及軍事状況の調査 2．軍部との連絡 3．為し得れは「リツベントロツプ」事務局をして経済関係の鞏化に努めしむ	1．前年度工作の鞏化 2．国境拠点の構成 3．越境連絡員の教育及配置 4．要員の教育	1．前年度工作の鞏化 2．「カスピ」海汽船による連絡 3．「カフカズ」との間に「ラヂオ」連絡の設定
高架索	1．政治及軍事状況の調査	1．調査の継続鞏化 2．常続連絡路の設定 3．宣伝開始	1．前年度工作の鞏化 2．「バクー」「グローズヌイ」「チフリス」「ウラヂカフカズ」「バツーム」石油輸送線に細胞設置 3．赤軍及「カフカズ」土軍との連絡設定
欧州諸邦	1．為し得れは「リツベントロツプ」事務局をして接壌第三国特に「ブルガリア」及「ルーマニア」に対し政治的工作をなさしむ 2．「カフカズ」軍の教育即ち同地方の住民より抽出し教育後再び帰郷せしむ 3．英、伊、波蘭の対高工作に注意す	前年度工作の鞏化	1．前年度工作の鞏化 2．東地中海に根拠地（倉庫）の編成 3．高架索軍隊編成の為に幹部教育開始
対「エミグラント」	1．「バーマート」の率いる国粋主義派を支持し宣伝の為次の措置をとる a．雑誌「カフカズ」の増強拡張 b．必要なる各国語にて発刊 c．高架索及他の諸邦への宣伝 2．「プロミテー」派の工作に注意す	1．前年度工作の鞏化 2．情況に応し反蘇宣伝の方法を適宜変更す	前年度工作の鞏化

出所：防衛省防衛研究所戦史研究センター資料室　文庫・宮崎32。

想定しつつ、各地域に飛行場を含めた拠点を設置し、そこからソ連に対する情報収集および各種謀略工作、さらには航空機を使った空中攻撃をおこなう計画を策定したのである。(88) もちろん、日本側でこうした攻撃を担うのは、綏遠事件の場合と同様に、満洲航空ないしその「義勇軍」であった。

5　日中戦争の勃発と欧亜航空連絡の挫折

(1)　日中戦争下の日本とドイツ

一九三六年一〇月一七日に堀内干城天津総領事と冀察政務委員会との間で締結された「日支航空協定」およびそれに基づく恵通航空の創設は、南京国民政府を強く刺激した。同年一二月、『大公報』など中国各紙は、「およそ各省市の対外協商および外国人との合資条款について、中央の審査、許可を経ざるものは一律無効とする」との国民政府の「訓令」を報道した。さらに国民政府は、翌一九三七年五月一三日、冀察政務委員会に対して「日支航空協定」は無効である、との決定を伝えた。恵通航空公司は、中国国民政府により、事実上非合法化されたのである。(89) 満洲航空の華北・欧亜連絡計画および日独「満」航空協定は重大な政治的困難に直面した。

関東軍の焦燥は深かった。関東軍参謀長東条英機は、一九三七年七月七日、陸軍次官梅津美治郎に電報を発し、「残るは唯航空路設定問題のみ」ではあるが、「予定の如く来年三月より定期航空を実施」するためには、航空路設定の外交交渉は「少なくも本年一一月迄には全部完了しあるを絶対必要とする」ので、外務省当局に「一大督促を加えられ度」と発破をかけたのである。

同じ七月七日、盧溝橋事件が勃発し、やがて日中両国は全面戦争に突入していった。これにより日独両国の防共協力および欧亜連絡協力は新たな局面を迎えた。

中国国民政府・航空委員会は、以前より中国航空公司と欧亜航空公司にたいして徴用計画を立てていたが、一九三七年八月に欧亜航空機二機を軍事輸送にあたる航空運輸隊に組織した（アメリカ資本が入る中国航空は徴用を拒否）(90)。一方、八月一四日、ルフトハンザのガーブレンツは自らユンカース五二型機を繰ってベルリンのテンペルホーフ空港を飛び立ち、ロードス、ダマスカス、バグダッド、テヘランに立ち寄りながらカーブルに到着した。その後八月二四日、北にパミール高原、南にヒンズークシ山脈をあおぐ最難関ワハーン回廊を横切り、標高四九二三メートルのワフジール峠を超えて中国領に入る厳しい試験飛行に成功した。中国領では、欧亜航空公司の施設を使い、甘粛省の安西および粛州を経て西安に到着した。しかしながらガーブレンツは帰途、八月末に新疆のホーテン付近で不時着を余儀なくされ、地方軍閥馬西麟将軍の下で四週間にわたり拘留されたのである(91)。この試験飛行により、東西三〇〇キロ、南北の狭いところでは一〇キロにも満たないワハーン回廊を航空技術的に乗り超える展望は開けたが、日中戦争下の条件の下でこのルートは政治的には実行不可能となった。

このころ、三〇〇頭の駱駝にガソリンを満載してオジナに向かっていた満洲航空の第二次ガソリン輸送隊は、広大な砂漠の中で消息不明となった。安西付近で中国側の捕虜となり、粛州から蘭州に護送され、九月に同地で満洲航空社員を含む日本人メンバー一三人全員が処刑されたと伝えられている(92)。

日本軍はその後一九三七年一〇月に傀儡政権「蒙古連盟自治政府」を、一一月には「蒙疆連合委員会」を樹立したが、その支配は新疆までには及ぶことがなかった。さらに、欧亜を繋ぐ要の一つであるアフガニスタンをめぐっても、日中戦争勃発後、国際政治環境が劇的に変化していた。一九三八年四月五日、桑原鶴アフガニスタン駐在代理公使は、日中戦争勃発により、アフガニスタンとソ連・イギリスの関係にも変化が生じたため、「我が方の大陸政策遂行のために当国［アフガニスタン］を利用することは極めて困難となりたり」という報告を外務省に送った(93)。日独「満」航空協定や関東軍の「防共線」構想を実施に移す基盤は、こうして、日中全面戦争によって失われたのである。

(2) 大島・リッベントロップ交換公文（一九三八年一一月二四日）

ドイツでは、航空省も外務省も、日独「満」航空協定の正式調印は困難に陥ったという判断を示した(94)。また、ドイツ駐在日本大使館も、日独「満」航空協定締結への意欲を急速に後退させた。外務大臣ノイラートとの会談で駐独大使武者小路公共は、一度は航空協定協議の継続のため大使館員をドイツ外務省に派遣すると述べていたが、一九三七年一〇月初頭の時点でその約束は果たされないまま放置された(95)。

他方ヒトラーと駐英大使リッベントロップは、日中戦争の長期化にもかかわらず、政府間の日独「満」航空協定の締結をさらに追求する姿勢を示した。すなわち一九三七年一〇月八日、リッベントロップは外務次官マッケンゼン（Hans-Gerog von Mackensen）に、「いかなる困難をも顧みず、可及的速やかに日独航空協定を成立させるように」というヒトラーの「命令」を伝えたのである。リッベントロップによれば、ヒトラーもかれ自身も、「日本の対独信用を保持するという上位の利益から見れば、なお多くの困難があろうとも、日独航空協定の即時締結が必要である」というのであった。しかしながらマッケンゼンは、「総統の命令は無前提に実行可能か、あるいは実行困難なのか」との疑問を呈し、あからさまにヒトラーの命令への難色を示した。結局ヒトラーとリッベントロップも、おそらく外務大臣ノイラートの説得もあり、いま日独「満」航空協定を政府間で締結するのは困難だという判断に傾くことになる(96)。ヒトラーとリッベントロップの対日積極政策にもかかわらず、かれらは日中戦争の現実になす術もなかった。

他方大島浩は、翌一九三八年七月五日、航空協定の締結はしばらく見合わせなければならないと認めたが、やがて「日本が新疆に治安を打ち立てる」時にそれは可能となるだろうとの希望的観測を示した。しかしもちろん、その見込みは当面まったく立たなかった(97)。

大島とリッベントロップは、中国の抗戦の継続によって中央アジア・ルートを通じた欧亜航空連絡が不可能となり、面目丸つぶれとなった。一九三八年一一月二四日、事態を弥縫するため、リッベントロップ（一九三八年二月四日より外務大臣）と大島（一九三八年一〇月九日より駐独大使）は、⑴欧亜定期航空路設立に関するルフトハンザと国際航空株式会社の間での協定、⑵東アジアにおける共同の航空運輸に関するルフトハンザと恵通航空公司の間での協定、という二つの協定を締結させ、さらにそれら二つの協定を両国政府が承認する旨の交換公文に調印した。ただし、その交換公文には「二つの協定に予定されている航空運輸が開始されるまで、二つの協定を秘密にしておくこと、また二つの協定については報道機関に一切伝えないこと」という合意が記されていた。この交換公文は、たんにルフトハンザの東アジアでの関与を秘密にしておくという趣旨だけではなく、合意が公になった場合にその非現実性が露わとなることへの恐れからも発していたといえよう。(98)

6　おわりに

ユンカース、ドルニエ、ハインケルなど第一次世界大戦後に再建ないし発展を開始したドイツ航空産業は、当初から軍民転用（dual use）を目的とした飛行機を大量に生産し、のちのドイツ空軍に近代的な兵器を供給した。さらに、一九二六年一月六日に設立されたルフトハンザは、もっぱらドイツ製飛行機を運用して航空網を拡大し、たんにヨーロッパのみならず、南北アメリカや東アジアへ進出した。当初より「ドイツの空軍」と見なされたルフトハンザの世界的拡大は、同時に潜在的な国際武器移転の一形態でもあった。

東アジアの航空界は、こうしたルフトハンザの構想に顕著な影響を受けていた。ひとつは「ドイツの空軍」＝ルフトハンザをモデルとして「満洲国の空軍」を目指した満洲航空である。しかも満洲航空はユンカース旅客機を初発から武器として発注していた。もうひとつはルフトハンザが出資した中国籍の欧亜航空公司である。中国政府は当初より有事のため欧亜航空機とその操縦士の徴用を計画しており、中国人操縦士を養成するとともに、実際に日中戦争において欧亜航空機を航空運輸隊として組織し、軍事輸送にあたらせた。

ルフトハンザの東アジア進出は、こうして、東アジアの航空界の軍事化に直接的にも間接的にも寄与した。さらにルフトハンザは、一九三〇年代の半ば、「トランスユーラシア」計画の隘路の打破と「中央アジア・ルート」の実現を目指して満洲航空に接近し、満洲航空および関東軍、さらには日本陸軍全体とも結びつきを深めていった。このようなルフトハンザの対日接近の背景には、同社最高幹部ミルヒの航空省次官就任に象徴されるルフトハンザ総体のナチス化という事情が存在しており、さらには、広くは、日独防共協定・日独謀略協定に示される日独両国の政治的接近という国際政治環境の変化があった。ルフトハンザが満洲航空と締結した日独「満」航空協定はその一表現であった。

日本陸軍参謀本部第二部とドイツ国防省防諜部カナーリスが合意した「日独謀略協定」は、日独両軍の工作領域をアフガニスタン＝新疆の境界で接続し、ソ連邦南部国境地帯を帯状に接続する「防共線」を形成する計画であった。大島やカナーリスは、こうした「防共線」上に特務機関や飛行場を設置し、対ソ戦争勃発の際にはシベリア鉄道などに対し特務機関から破壊工作を、飛行機から爆撃を敢行しようとする計画を有していた。

こうしたルフトハンザと満洲航空、ドイツ国防省防諜部と関東軍・日本陸軍参謀本部第二部の構想を破綻させたのは、日中戦争の勃発であった。日中戦争で日本軍は傀儡政権である「蒙疆政権」を樹立したが、その支配権はもちろん新疆には及ばなかった。さらに、欧亜航空連絡の要とされたアフガニスタンでも、カーブルの政府が日独欧亜連絡への態度を硬化させたのである。

一九三九年五月四日、ルフトハンザのガーブレンツは、ドイツ航空産業全国連盟のカウマンとともに、南回りで東京に到着し、「ナチスの翼」として航空関係者および国民の熱烈な歓迎を受けた。この飛行は、「大成功」と称えられたが、ルフトハンザや日本の関係者の精神的高揚にもかかわらず、そのルートは一九二〇年代に立案された「トランスユーラシア計画」とは似ても似つかぬものとなったのである。(99)

注

（1）永岑三千輝「ヴェルサイユ体制下ドイツ航空機産業と秘密再軍備の実態」本書第3章参照のこと。
（2）ラテンアメリカ航空路に関するルフトハンザの関心については、Davies［1967］pp. 151-169. 本書第7章の高田馨里「ラテンアメリカの軍・民航空における米独の競合――航空機産業、民間航空を中心に」を参照のこと。
（3）「軍縮下の軍拡」について、詳しくは、横井勝彦編［二〇一四］を参照のこと。
（4）なお、本論文は、航空政策的観点から日独防共協定を見直そうとするものであり、筆者の防共協定研究の一環である。軍事的・謀略的観点からの見直しについては、田嶋信雄「戦間期日本の「西進」政策と日独防共協定」田嶋信雄・工藤章編『ドイツと東アジア　一八九〇－一九四五』東京大学出版会（近刊）を参照のこと。
（5）Seifelt［1999］S. 9.
（6）Morgenstern/Plath［2006］S. 9.
（7）*Neue Deutsche Biograhpie*, Bd. 17, S. 499-503; *Deutsche Biographische Enzyklopädie*, 2. Auflage, Bd. 7, S. 104 などを参照。
（8）Seifert［1999］などを参照。
（9）同右。
（10）*Neue Deutsche Biographie*, Bd. 6, S. 6-7; *Deutsche Biographische Enzyklopädie*, 2. Auflage, Bd. 3, S. 649 などを参照。
（11）Aufzeichnung Dirksen, 10. Januar 1928, in: Politisches Archiv des Auswärtigen Amts [folgend zitiert als PAdAA], R32880. 現在ルフトハンザ社の企業アルヒーフには欧亜航空公司を含む（とくにナチス期の）同社の重要な史料はほとんど残されていないといわれている。一方、ルフトハンザを管轄した航空省の文書は、連邦軍事文書館（フライブルク）に所蔵されているが、もっともナチス的な性格の濃い官庁といわれた同省の文書は、ドイツ敗戦前に大量に処分され、残された文書は極めて断片的である。しかし幸いなことに、ドイツ外務省外交史料館（ベルリン）には以下のような文書群が所蔵されているため、ルフトハンザの航空運輸戦略の発展をトレースすることができ、企業アルヒーフの欠を補っている。Deutsche Lufthansa（R32778-R32779）; Luftverkehr Ostasien（R32873-R32878）; Einrichtung eines Luftverkehrs auf der Strecke Königsberg-Moskau-Peking（R32879-R32881, R32937-R32939）; Luftverkehr Russland（R32904-R32908）; Deutsch-Russische Luftverkehrsgesellschaft（R33036）; Japan. Luftverkehr allgemein（R85982-85983）; Luftverkehrslinien Transeurasia（R85376-R85378）など。

(12) Deutsche Lufthansa, „Gedanken über die Luftverkehrswege nach dem Fernen Osten", September 1930, in:, PAdAA, R32876.

(13) Aufzeichnung der Abt. IV. OA zur Transeurasia-Projekt der Deutschen Lufthansa, 6. Oktober 1927, in: PAdAA, R85982.

(14) Deutsche Lufthansa, „Gedanken über die Luftverkehrswege nach dem Fernen Osten", September 1930, in: PAdAA, R32876.

(15) Ibid.

(16) Aufzeichnung der Abt. IV. OA zur Transeurasia-Projekt der Deutschen Lufthansa, 6. Oktober 1927, in: PAdAA, R85982.

(17) Der Reichsverkehrsminister an das AA, 25. März 1930, in: PAdAA, R32876.

(18) Das AA an die deutsche Gesandtschaft in Peping, 2. April 1930, in: PAdAA, R32876.

(19) Aufzeichnung der Abt. IV. OA zur Transeurasia-Projekt der Deutschen Lufthansa, 6. Oktober 1927, in: PAdAA, R85982.

(20) Das AA an die deutsche Auslandsvertretungen, 6. Januar 1931, in: PAdAA, R32876.

(21) Aufzeichnung Borch, 23. Mai 1928, in: PAdAA, R85376.

(22) Aufzeichnung Wronsky und Milch, 19. März 1931, in: PAdAA, R32876.

(23) 在漢堡総領事村上義温発外務大臣幣原喜重郎宛（一九三〇年一二月一八日）、外務省外交史料館「各国間航空運輸関係雑件／独、支合弁会社の欧亜連絡関係」F-1-10-0-13-1（B10074864100）, 0311-0312. 日本外務省は中独間の航空関係に対し大きな関心を持っていたため、日本外務省外交史料館には欧亜航空連絡に関する多くの関係史料が残されており、有用である。ただし、いうまでもなく、史料的価値はドイツないし中国の関係史料の方が高い。

（24）Das AA an die deutsche Auslandsvertretungen, 6. Januar 1931, in: PAdAA, R32876.

（25）「中華民国国民政府交通部與徳国漢沙航空公司訂立欧亜航空郵運合同」, in: PAdAA, Peking II, 2893. この Peking II は旧中国駐在ドイツ大使館文書で、そのうち Zivile Luftfahrt（2886–2893）文書群が欧亜航空公司に関わる。なお、欧亜航空公司に関わる文書では、台湾の国史館に国民政府交通部の文書が存在するが（「中徳訂立欧亜航空郵運」⑴～⑶、「中徳合弁飛機製造廠」⑴～⑶など。小池求氏のご教示による）、ルフトハンザの航空運輸戦略を分析する本論文では使用しなかった。欧亜航空公司の全体像を把握するためにはこの中文史料を分析する必要があるが、今後の課題としたい。

（26）Deutsche Lufthansa, Aufbau und Verkehrspolitische Ziele der „Eurasia", 28. April 1934, in: PAdAA, R85378.

（27）Aufzeichnung Kriebel, 24. April 1935, in: PAdAA, R32878.

（28）Aufzeichnung, 3. August 1932, in: PAdAA, R85377.

（29）Deutsche Lufthanza（gez. Wronsky und Milch）an den Gesandten der Mongolischen Republik, 10. Dezamber 1931, in: PAdAA, R85382.

（30）Trautmann an das AA, 22. Dezember 1931, in: PAdAA, R85283.

（31）満洲飛行機の思い出編集委員会編［一九七二］一頁。

（32）昭和七年八月七日「満洲航空会社増資及北支航空会社設立に関する要綱（案）」（陸軍省）（A09050549100）。

（33）児玉常雄については、前間［二〇一三］第三章「児玉常雄と国際航空事情」一一一～一三七頁に詳しい。

（34）児玉常雄「最近の世界航空界」『大阪毎日新聞』大阪毎日新聞　一九二八年一月三日～一月八日。

（35）樋口［一九七二ー一］。

（36）国枝［一九七二］。

（37）満洲飛行機株式会社については、満洲飛行機の思い出編集委員会編［一九七二］を参照のこと。

（38）河井田［一九七二］。

（39）樋口［一九七二ー一］。

（40）「昭和七年八月七日　満洲航空会社増資及北支航空会社設立に関する要綱（案）」（陸軍省）（A09050549100）。

（41）Aufzeichnung Deutsche Botschaft Moskau, 4. August 1934, in: PAdAA, R85378, Luftschiffahrt Eurasia vom 1. Januar

1934 bis Feb. 1936, Bd. 3.

(42) Ibid.

(43) Aufzeichnung Twardowski, 27. August 1934, in: PAdAA, R85378, Luftschiffahrt Eurasia vom 1. Januar 1934 bis Feb. 1936, Bd. 3.

(44) Aufzeichnung Starke, 24. August 1935, in: PAdAA, R85378.

(45) Ibid.

(46) 北田公使発廣田外務大臣宛（一九三六年五月二八日）外務省外交史料館「新疆政況及事情関係雑纂 第六巻」A-6-1-3-4_006 (B02031850000)。「本日独逸公使の内話に依れば独逸は（多分ルフトハンザなるべし）嘗てソ連の反対にて頓挫したる上海～新疆蘇領トルキスタンを経て欧州に至る定期航空路の計画を変更し波斯、亜富汗、新疆線を計画中にて波斯政府に対しては目下同意取付交渉円満に進行中なるが何れ当地に於いても亜富汗政府に対し交渉することとなるべし」。

(47) Trautmann an das AA, 29. März 1934, in: PAdAA, R32877.

(48) Deutsches Konsulat Tsingtau an das AA, 14. September 1934, in: PAdAA, R32878.

(49) 松室孝良「蒙古国建設に関する意見」島田俊彦・稲葉正夫解説『現代史資料（八）日中戦争（一）』みすず書房、一九六六年、四四九～四六三頁。「防共線」については、北田［一九三九］四四～四六頁。

(50) ドムチョクドンロプ［一九九四］九八頁、一〇四～一〇五頁。

(51) 森［二〇〇九］一八六～一八七、二一七～二一八頁。

(52) 板垣征四郎刊行会編［一九七二］一二八～一三〇頁。

(53)「航空視察団報告第二巻」防衛省防衛研究所「中央－軍事行政その他六六一」九九六頁。

(54) 北田公使発広田外務大臣宛（一九三五年六月一日）、外務省外交史料館 A-6-1-3-4_005 (B02031847600)。

(55) „Gesichtspunkte für die Beteiligung der chinesisch-deutschen Luftverkehrsgesellschaft „Eurasia Aviation Corp., Schanghai" an einem Luftverkehr zwischen Manchoukuo und China", PAdAA, Peking II, 2928, Bl. 41-44. Aufzeichnung Starke, 17. Oktober 1935, in: PAdAA, Peking II, 2892, Bl. 32-36.

(56) Ibid.

(57) Aufzeichnung Bidder, 3. Oktober 1935, in: PAdAA, Peking II, 2892, Bl. 37–40.
(58) Aufzeichnung Bidder, 5. Oktober 1935, in: PAdAA, R85378.
(59) 国枝［一九七二］。
(60) Der Reichsminister der Luftfahrt an die Deutsche Lufthansa, 14. März 1936, in: PAdAA, Peking II, 2891, Bl. 149–150.
(61) Deutsche Gesandtschaft Kabul an das AA, 1. August 1936, in: PAdAA, Kabul II, Bd. 93, Bl. 132–139.
(62) Aufzeichnung Renthe-Fink, 23. März 1936, in: PAdAA, Peking II, 2891, Bl. 152–153.
(63) Notiz Fischer, 17. Juni 1937, in: PAdAA, Peking II, 2891, Bl. 124.
(64) Trautmann an das AA, 18. Oktober 1935, in: PAdAA, Peking II, 2892, Bl. 30–31.
(65) 中畑［一九七二］。
(66) 国枝［一九七二］。
(67) 萩原［二〇〇四］。
(68) 国立公文書館「満支情報」、逓信省・郵政省文書（A09050878000）。
(69) 「満洲航空会社増資及北支航空会社設立に関する件」（C01003169700）。内田［二〇一三－一］。
(70) 永渕［一九九四］。
(71) 同右。
(72) 同右。
(73) 防衛省防衛研究所「欧亜航空協定に関する件」（C01004330400）。
(74) 外務省外交史料館「帝国ノ対支外交政策関係一件　第七巻」（B02030159600）。
(75) 防衛省防衛研究所「欧亜航空協定に関する件」（C01004330400）。
(76) 永渕［一九七二］。
(77) 森［二〇〇九］二二二頁、二三一〜二三三頁。比企［一九七一］一四一〜一四九頁。永渕［一九七二］。
(78) Der Reichsminsiter der Luftfahrt an das AA, 23. August 1937, in: PAdAA, Kabul II, 10.
(79) Gablenz［2002］.

(80) 国立公文書館「日満独連絡航空路設定に関する件」(A03023592000)。
(81)「対支航空問題ノ解決促進ニ関スル方針(案)」「帝国ノ対支外交政策関係一件　第七巻」、外務省外交史料館 A-1-1-0-10_007(B02030160400)。
(82) 関東軍参謀長東條英機発陸軍次官梅津美治郎宛「日独満航空連絡ノ為航空路設定ニ関スル件」(一九三七年七月七日)昭和一二年『満受大日記』(防衛省防衛研究所)(C01003272300)。
(83) 日独防共協定締結にいたるドイツ側の政治過程については、田嶋[一九九七]参照。
(84) 永渕[一九七二]。
(85) Ott an Tippelskirch, 2. Februar 1937, in: BA-MA, RH2/v. 2939.
(86) Ott an Tippelskirch, 1. März 1937, in: BA-MA, RH2/v. 2939.
(87) この二つの協定について、詳細は、田嶋[一九九七]参照。
(88) 防衛省防衛研究所「情報交換及謀略ニ関スル日独両軍取極」(C14061021200)。田嶋[一九九七]一九八～一九九頁。
(89) 内田[二〇一三-一]一五五頁。
(90) 萩原[二〇〇六]。
(91) Gablenz [2002].
(92) 森[二〇〇九]二三五～二三六頁。
(93) 臼杵[二〇〇七]一一〇頁。外務省外交史料館「AF阿富汗斯旦/一、アルガニスタン、英国間」(B02030860000)。
(94) Aufzeichnung Mackensen, 8. Oktober 1937, in: PAdAA, R29839, Büro des Staatssekretärs. Aufzeichnungen über Besuche von Nicht- Diplomaten Bd. 1, 36081.
(95) Ibid.
(96) Ibid.
(97) Aufzeichnung Ribbentrop, 5. Juli 1938, *Akten zur Deutschen Auswärigen Politik 1918–1945*, Serie D, Bd. 1, Dok. Nr. 603, S. 719.
(98) Einrichtung von Fluglinien, Stand der Entwicklung der Eurasia-Fluggesellschaft, Bd. 8, 10. 38–6. 39, in: PAdAA, Peking II,

2890.

(99)『朝日新聞』一九三九年五月五日朝刊。

文献目録（第一次史料については注を参照のこと）

Ⅰ　邦文文献

○自伝・回想録・伝記等

河井田義匡［一九七二］「乗務員軍事訓練」満洲航空史話編纂委員会編［一九七二］『満洲航空史話』六五～六八頁。

北田正元［一九三九］『時局と亜細亜問題』皐月会。

国枝実［一九七二］「欧亜航空路の開設協定について」満洲航空史話編纂委員会編［一九七二］『満洲航空史話』一五五～一五九頁。

中畑憲夫［一九七二］「察東事変」満洲航空史話編纂委員会編『満洲航空史話』一四二～一五一頁。

永渕三郎［一九七二］「空の『シルクロード』」満洲航空史話編纂委員会編［一九七二］『満洲航空史話』一六七～一七五頁。

八鳥寛一［一九七二］「臨時軽爆撃隊の多倫出動」満洲航空史話編纂委員会編［一九七二］『満洲航空史話』一五二～一五三頁。

比企久男［一九七一］『大空のシルクロード』芙蓉書房。

樋口正治［一九七二］「第一次空中輸送隊の活躍」満洲航空史話編纂委員会編［一九七二］『満洲航空史話』五六～六四頁。

――［一九七二ｰ二］「西部国境事件参加」満洲航空史話編纂委員会編［一九七二］『満洲航空史話』一五四頁

満洲航空史話編纂委員会編［一九七二］『満洲航空史話』私家版。

――［一九八一］『満洲航空史話（続編）』私家版。

満洲飛行機の思い出編集委員会編［一九七二］『満洲飛行機の思い出』私家版。

○研究文献

臼杵陽［二〇〇七］「戦時期日本・アフガニスタン関係の一考察――外交と回教研究の間で」『日本女子大学紀要　文学部』五七、九七～一一三頁。

内田尚孝［二〇一三ｰ一］「冀察政務委員会と華北経済をめぐる日中関係」同志社大学『言語文化』一五～二一、一三七～一六二頁。

――［二〇一三―二］「察哈爾をめぐる日中関係――土肥原秦徳純協定の成立過程―『コミュニカーレ』（同志社大学）二、九一～一一七頁。

田嶋信雄［一九九七］『ナチズム極東戦略』講談社。

萩原充［二〇〇六］「中国の民間航空政策と対外関係――日中戦争前後の対外関係を中心に」『国際政治』一四六、一〇三～一一九頁。

――［二〇〇七］「「空のシルクロード」の再検証――欧亜航空連絡をめぐる多国間関係」『社会科学研究：釧路公立大学紀要』（釧路公立大学）一九、一～一九頁。

前間孝則［二〇一三］『満州航空の全貌　一九三二～一九四五』草思社。

森久男［二〇〇九］『日本陸軍と満蒙工作』講談社。

横井勝彦編著［二〇一四］『軍縮と武器移転の世界史』日本経済評論社。

Ⅱ　欧文文献

○参考文献

Deutsche Biographische Enzyklopädie 12 Bde, 2005-2008, München: Sauer.
Neue Deutsche Biographie 25 Bde, 1953- Berlin: Duncker & Humbolt.

○回想録

Gablenz, C. A. [2002] *Pamirflug*, München: F. A. Herbig（ガブレンツ［一九三八］、永渕三郎訳『パミール飛翔』私家版）。

○研究文献

Davies, R. E. G. [1967] *A History of the World's Airlines*, London: Oxford University Press.
Seifelt, K. -D. [1999] *Die deutsche Luftverkehr 1926-1945-auf dem Weg zum Weltverkehr*, Bernard & Verlag, Bonn.

第5章　戦間期航空機産業の技術的背景と地政学的背景
——海軍航空の自立化と戦略爆撃への道——

小野塚知二

1　はじめに

本章は戦間期の海軍軍縮条約下に、航空機産業がいかなる発展の契機を獲得したのかに注目して、特に太平洋をはさんだ日米両国において、敵国海軍勢力に対する新しい航空戦術（本章でいうところの「自立した海軍航空」）がなぜ登場し、そうした新しい航空戦術を遂行する手段がなぜ直ちに戦略爆撃の兵器へと転化したのかを解明することを目的とする。

筆者は前稿で、一九世紀末に定着した魚雷という新兵器が第一次世界大戦前までには、海軍の主たる攻撃力を駆逐艦・潜水艦に変え、戦艦・巡洋戦艦などの主力艦は第一次世界大戦の海戦においてすでに、巨大で高額な割には役に立たない兵器に堕していたことを明らかにした(1)。第一次世界大戦中に海戦で沈没した戦艦・巡洋戦艦の大半は魚雷・水雷で沈められており、主力艦の巨砲は敵艦を沈める手段としてはほとんど無用の長物になっていたのである。むろん、主力艦は、その後も第二次世界大戦開戦までは、海軍力の偶像（「床の間の置き物」）[2]ではあり続けたし、それゆえにこそ、ワシントン海軍軍縮条約（一九二二年）では巨大で高額な兵器を条約に基づき協調的に制限するということに、「軍縮」の象徴的な意味が付与されはしたのだが、第一次世界大戦終了時点で各国海軍の実質的な索敵・攻撃手段となっていた巡洋艦や駆逐艦や潜水艦には何らの保有総量規制も課されなかった。

潜水艦・駆逐艦・巡洋艦が第一次世界大戦前から海軍軍拡の実質的な中核をなしていたのであり、その趨勢は第一次世界大戦後の軍縮下においても基本的に変化はない。むろん、潜水艦・駆逐艦・巡洋艦は一九二〇年代の軍縮下にあって、個艦の性能という点でも各国の保有量という点でも増勢し続けたから、ジュネーヴ（二七年）とロンドン（三〇年）の海軍軍縮会議では、さすがにそれらを条約外に放置することはできず、ロンドン海軍軍縮条約は国別の保有総量規制に乗り出すこととなった。では、戦争遂行手段（兵器）の質と量を制限するという海軍軍縮に明示的に表現された意図によって、戦争の脅威は実質的に減じえたであろうか。従来の戦間期海軍軍縮の研究は、軍艦の制限という意図とその直接的な結果については検討が及んでいるものの、それがいかなる意図せざる結果をもたらしたかについて、殊に、海上・海中兵力以外への影響については充分に論じてこなかった。一九世紀末以降一九二〇年代までの海軍の攻撃力強化を実質的に担ってきたこれら艦種に代わって、三〇年代以降、仮想敵海軍に対峙する「軍縮下の軍拡」を支えたのは航空機であった。

戦間期の海軍軍縮、殊にロンドン軍縮によって海軍に属する航空兵力が増勢したことについては、これまでにもさんざん議論されてきてはいる。しかし肝腎の点が曖昧なままに残されている。それは、第一に敵海軍に対抗するための航空兵力が海面（水面）に依存した水上機・飛行艇と航空母艦・艦上機だけにとどまらず、海面から自立した陸上運用の航空機が一九三〇年代中葉に日米両国で同時に登場し、海軍航空のあり方を根底から変えたということである。この意味での海軍航空が海軍に属する必然性は戦術的にはないのだが、当時の海軍軍人の多くものちの戦史家もこの点を明確には認識していなかった。したがって本章はまず、当時の海軍軍人たちが認識した経過を簡単に追体験しなければならない。第二は、この海軍航空がのちの戦略爆撃に、さらに戦後の航空戦力と大量航空輸送に道を拓いたことの大きな意味である。

以下、まず第1節で一九〇〇年から四五年までの四六年間を六つの時期に区分して、主要海軍国の軍艦就役量（commissioned tonnage）[3]とその艦種別内訳の変化を概観することから、戦間期の軍縮会議が何を課題としたのかを見る。次に第2節で、第一次世界大戦後に太平洋を挟んで相対峙するようになった日米両国がどのように新しい海軍戦術を選択したのかを地政学的な観点から明らかにする。第3節は、三〇年代中葉に日米が同時に新しい海軍航空の発想に到達したさまを、それを可能にした技術的条件と併せて述べる。最後に、そうした海軍航空がいかにして戦略爆撃へと発展したのかを概観して、戦間期の「軍縮下の軍拡」がいかなる意味で第二次世界大戦後の軍民両方の航空を用意したのかに触れる。

2　戦間期海軍軍縮の状況と課題

(1)　六つの時期（一九〇〇～四五年）

本節では海軍軍縮のなされた状況とその効果を概観する。一九〇〇～四五年の四六年間を六つの時期に分けて、各時期にどれ程の量の軍艦が就役したのかをみてみよう。第一期は一九〇〇年代の一〇年間で、二〇世紀初頭の八大海軍国（イギリス、フランス、ドイツ、イタリア、ロシア、オーストリア＝ハンガリー、アメリカ、日本）の間で熾烈な建艦競争が繰り広げられた。装甲巨艦が前ド級[4]からド級に進化する時期に当たるが、この一〇年間に就役した主力艦のほとんどは前ド級である。第二期は一九一〇年代の一〇年間でド級艦が普及しつつ、さらに超ド級艦が出現するなど、量的な建艦競争だけでなく、個艦の性能でも海軍軍拡が急激に進んだ時期で、第一次世界大戦期を含む大量建艦期である。これら二つの時期は、前ド級・ド級・超ド級という呼び名からもわかるように、装甲巨艦（戦艦・巡洋戦艦などに類別された、厚い装甲と巨砲を備えた艦種で、戦間期の軍縮交渉では「主力艦」と一括された）に注目してその時代が特徴付けられているが、海軍の実質的な攻撃力の中心は、装甲巨艦から、魚雷を発射する潜水艦・水雷艇・駆逐艦へと移行しつつあった時代である。第三期は一九二〇〜二二年の三年間で、この時期の就役艦の多くは第一次世界大戦終了後に発注・起工され、ワシントン条約発効前に就役したものである。第四期は一九二三年から三一年で、ワシントン海軍軍縮条約によって英米日仏伊五カ国の主力艦（戦艦・巡洋戦艦）と航空母艦については個艦の排水量や備砲の上限と国別・艦種別の保有総量規制がなされた軍縮期である。第五期は一九三二〜三六年で、ロンドン軍縮条約によって補助艦（巡洋艦・駆逐艦・潜水艦）にも個艦規模と保有総量に規制が及ぶようになった時期である。第六期はこれら海軍軍縮条約が日本の破棄通告（三四年一二月、条約は通告後二年間有効）やイタリアの脱退により三六年には米英仏三国だけの、しかも、エスカレータ条項によって形骸化させられた軍縮破綻から第二次世界大戦にいたる再度の大量建艦期に当たる。

(2) 海軍軍縮の背景

表5－1を眺めて直ちに判明するのは、当然のことながら、第二期（超ド級・第一次大戦期）の就役量がどの国も第一期（一九〇〇年代の建艦競争期）を凌駕していることである。三倍以上に増加したドイツが最大の伸びを示しており、次がオーストリア＝ハンガリーとイギリスで約二倍、イタリアの七割増し、ロシアの四割増しがそれに続き、アメリカ、日本、フランスの三国は一九〇〇年代に比して二割弱しか就役量が伸びていないという相違を発見できる

表５－１　八大海軍国の艦船就役量（1900～45年、排水量トン）

	1900～09年 建艦競争期	1910～19年 超ド級・第一次大戦期	1920～22年 戦後・軍縮前	1923～31年 ワシントン軍縮期	1932～36年 ロンドン軍縮期	1937～45年 軍縮破綻・第二次大戦期
イギリス総就役量	1,205,253	2,432,641	105,100	398,572	160,691	2,707,545
年当たり就役指数	100.0	201.8	29.1	36.7	26.7	249.6
アメリカ総就役量	594,310	709,361	353,196	301,937	135,201	4,791,120
年当たり就役指数	100.0	119.4	198.1	56.4	45.5	895.7
日本総就役量	327,633（240,633）	389,286（371,726）	179,271	277,428	128,316	1,187,980
年当たり就役指数	100（100）	118.8（154.5）	182.4	94.1	78.3	402.9
フランス総就役量	358,773	421,920	63,259（31,464）	234,815	108,913	207,467
年当たり就役指数	100.0	117.6	58.8（29.2）	72.7	60.7	64.3
イタリア総就役量	145,214	246,918	78,845（44,924）	132,768	123,580	354,718
年当たり就役指数	100.0	170.0	181（103.1）	101.6	170.2	271.4
ドイツ総就役量	437,985	1,405,544	0	43,207	59,215	1,509,174
年当たり就役指数	100.0	320.9	0.0	11.0	27.0	382.9
ロシア／ソ連総就役量	224,740	308,940	4,787	42,504	74,736	299,545
年当たり就役指数	100.0	137.5	7.1	21.0	66.5	148.1
墺匈／ユーゴ総就役量	80,682	163,089	5,952	5,090	0	5,367
年当たり就役指数	100.0	202.1	24.6	7.0	0.0	7.4

出所：*Conway's All the World's Fighting Ships 1860-1905, Conway's All the World's Fighting Ships 1906-1921, Conway's All the World's Fighting Ships 1922-1945*の記載内容より算出。

注：1）各国下段の「年当たり就役指数」は、各国の1900～09年の就役量の10%（１年平均就役量）を100として、各期の１年当たりの平均就役量を指数化した値である。

：2）日本の1900～09年、1910～19年の括弧内の数値はロシアからの戦利艦を含まず、またフランスとイタリアの1920～22年の括弧内の数値はドイツとオーストリア＝ハンガリーからの戦利艦を含まない。

が、それは本章の関心の外側においておこう。

次に、第三期（一九二〇〜二二年）の就役指数（第一期の各国の就役総排水量の十分の一＝第一期の一年当たり就役量を百として、各期の年当たり就役量を指数化した値）は敗戦国（とその海軍を継承したソ連およびユーゴスラヴィア）は極端に低く、戦勝国との間に大きな差が現れているが、それだけでなく、戦勝国内部にも非常に大きな差が生み出されていることがわかる。アメリカの就役指数が第一期の二倍で、また日本とイタリアも八割増しである（これら三国は第二期をも上回る勢いで戦後も軍艦を獲得している）のに対して、フランスは第一期の六割弱（ドイツからの賠償艦を除外すれば三割弱）、イギリスにいたっては三割弱に低下している。この三割弱という就役指数は、敗戦国オーストリア＝ハンガリーの唯一の軍港プーラとごく少数の艦艇を継承したユーゴスラヴィアの就役指数二五％(5)とほとんど変わらない。第二期と比べるなら、イギリスが七分の一、フランスが半分に落ち込み、実質的に「戦後」の建艦量に減じているのに対して、アメリカの就役指数は第二期に比べて六六％、日本は五四％増加している。「マハン型軍事力編成は、第一次世界大戦では戦勝の決め手にはならなかったが、パワーポリティクスにもとづく世界政策遂行の手段として大戦後も戦勝国においては依然として重視され、日本においてはむしろ大戦後の方がアメリカを仮想敵国とした建艦競争は過熱」したのである(6)。戦後の戦勝国内部での就役量の極端な不均衡がワシントン海軍軍縮会議を必要とし、また正当化した最大の要因なのだが、そこでは英米は決して同一の利害を共有しておらず、増勢を続ける米日伊三国と減少した英仏の差を調整することが、客観的にはワシントン軍縮の大きな課題であった。

では、ワシントン海軍軍縮条約の効果は就役量にどのように現れているだろうか。第四期（一九二三〜三一年）の年当たり就役指数は、イギリスとフランスがそれぞれ前期から二割ほどの増勢に転じ、逆に米日伊三国は前期に比べるなら減勢に転じて（＝第三期の不均衡を調整して）はいるのだが、それでも日本とイタリアの就役指数は第一期（一九〇〇〜〇九年の建艦競争期）とほとんど変わらない水準を維持していた。日本・イタリアとイギリスとの年当たり就役指数には相変わらず三倍近い格差が「軍縮」期にも残されたのである。

(3) 巡洋艦・駆逐艦の増勢

「軍縮」のこうした効果をより詳細にみるために、艦種別の就役量を整理したのが表5－2である。ワシントン条約で保有総量が規制された主力艦についてみるなら、第四期に英米が二隻ずつを新規に獲得したのに対し、主力艦保有量を英米よりも低く制限された日仏伊の三国は第四期（ワシントン軍縮期）と第五期（ロンドン軍縮期）を通じて主力艦の新規就役は一隻もないし、また、航空母艦の就役量でも日本は英米のほぼ六割程度に収まっており、これらの点には軍縮条約の効果を明瞭に看取することができる。しかし、第四期にも各国で増勢を続けた艦種は、ワシントン海軍軍縮条約では保有総量に規制の及ばなかった巡洋艦である。イギリス、アメリカ、イタリアの三国は新規就役量の半数近くを巡洋艦で占めることとなったし、フランスと日本も第二期・第三期よりも大量の巡洋艦を配備した。規制対象外の巡洋艦が増えたのは容易に了解しうることだが、いまひとつ、第四期の艦種別就役量で注目すべきなのは、主力艦を新規配備できなかった日仏伊三国では駆逐艦と潜水艦という魚雷戦を行う艦種の就役量が増加していることである。駆逐艦と潜水艦の就役量の構成比はイギリスでは一七％、アメリカはわずか六％（駆逐艦は一隻も新規就役なし）であるのに対して、日本は四三％、フランスは五一％、イタリアは五五％を占めている。駆逐艦・潜水艦の就役排水量でみても、日仏伊の三国は英米よりも多く、ワシントン海軍軍縮条約がもたらした意図せざる効果は、大砲より有効な攻撃力である魚雷を行使する艦種の獲得に日仏伊三国を向かわせたことであった。

ロンドン海軍軍縮条約は主力艦と航空母艦だけでなく、巡洋艦、駆逐艦および潜水艦という海軍の実質的な主力（当時は「補助艦」と一括されていた）にも保有総量規制を掛けるようになったのだが、奇妙なことに巡洋艦の構成比はフランス以外の四国ではむしろ第四期よりも高まっている。ロンドン条約以前に計画・起工されていたものも含まれてはいるが、条約発効後に起工された巡洋艦も、ことにイタリア・日本では多い。イギリスでは、八インチ砲を装備したA範疇（重巡洋艦サリー型二隻）の新造を中止して、より小口径の六インチ砲を装備したB範疇（軽巡洋艦）に計画変更して、ロンドン軍縮下でも巡洋艦の新造が続けられた。ロンドン条約は英米仏で巡洋艦の就役量を減らす効果はあったが、その分、駆逐艦の就役量が増えており、軍縮条約は総じて、戦艦から巡洋艦へ、さらに巡洋艦から駆逐艦へと艦種を変えて軍拡を続けさせる効果をもたらしたのである。

（1900〜45年）

1923〜31年		1932〜36年		1937〜45年	
ワシントン軍縮期		ロンドン軍縮期		軍縮破綻・第二次大戦期	
就役量（排水量トン）	構成比％	就役量（排水量トン）	構成比％	就役量（排水量トン）	構成比％
398,572	100.0	160,691	100.0	2,707,545	100.0
67,043	16.8	0	0.0	183,635	6.8
78,300	19.6	0	0.0	744,706	27.5
185,920	46.6	73,475	45.7	317,035	11.7
37,265	9.3	72,736	45.3	1,306,608	48.3
30,044	7.5	14,480	9.0	155,561	5.7
301,937	100.0	135,201	100.0	4,791,120	100.0
65,200	21.6	0	0.0	419,280	8.8
75,362	25.0	14,575	10.8	1,643,928	34.3
142,730	47.3	81,332	60.2	715,450	14.9
0	0.0	30,104	22.3	1,638,426	34.2
18,645	6.2	9,190	6.8	374,036	7.8
277,428	100.0	128,316	100.0	1,187,980	100.0
0	0.0	0	0.0	124,630	10.5
53,800	19.4	8,000	6.2	431,794	36.3
105,036	37.9	78,400	61.1	91,872	7.7
68,230	24.6	21,180	16.5	368,149	31.0
50,362	18.2	20,736	16.2	171,535	14.4
234,815	100.0	108,913	100.0	207,467	100.0
0	0.0	0	0.0	123,000	59.3
22,146	9.4	10,000	9.2	0	0.0
93,308	39.7	33,424	30.7	38,000	18.3
69,815	29.7	40,103	36.8	39,696	19.1
49,546	21.1	25,386	23.3	6,771	3.3
132,768	100.0	123,580	100.0	354,718	100.0
0	0.0	0	0.0	122,172	34.4
0	0.0	0	0.0	23,130	6.5
59,378	44.7	81,260	65.8	29,858	8.4
49,200	37.1	16,564	13.4	84,135	23.7
24,190	18.2	25,756	20.8	95,423	26.9
43,207	100.0	59,215	100.0	1,509,174	100.0
0	0.0	0	0.0	154,282	10.2
0	0.0	0	0.0	0	0.0
32,065	74.2	41,620	70.3	45,074	3.0
11,142	25.8	13,620	23.0	188,583	12.5
0	0.0	3,975	6.7	1,121,235	74.3
42,504	100.0	74,736	100.0	299,545	100.0
0	0.0	0	0.0	0	0.0
0	0.0	0	0.0	0	0.0
27,850	65.5	7,650	10.2	48,468	16.2
8,478	19.9	17,840	23.9	143,599	47.9
6,176	14.5	49,246	65.9	107,478	35.9
5,090	100.0	0		5,367	100.0
0	0.0	0		0	0.0
0	0.0	0		0	0.0
0	0.0	0		0	0.0
1,880	36.9	0		4,800	89.4
3,210	63.1	0		567	10.6

*1906-1921, Conway's All the World's Fighting Ships 1922-1945*の記載内容よ

計上していない。

表5－2　艦種別就役量

	1900～09年		1910～1919年		1920～22年	
	建艦競争期		超ド級・第一次大戦期		戦後・軍縮前	
	就役量（排水量トン）	構成比％	就役量（排水量トン）	構成比％	就役量（排水量トン）	構成比％
イギリス総就役量	1,205,253	100.0	2,432,641	100.0	105,100	100.0
戦艦・巡洋戦艦	594,289	49.3	1,012,913	41.6	42,670	40.6
航空母艦	0	0.0	28,000	1.2	21,630	20.6
巡洋艦	542,985	45.1	432,530	17.8	28,950	27.5
駆逐艦	54,924	4.6	820,498	33.7	0	0.0
潜水艦	13,055	1.1	138,700	5.7	11,850	11.3
アメリカ総就役量	594,310	100.0	709,361	100.0	353,196	100.0
戦艦・巡洋戦艦	347,625	58.5	436,210	61.5	97,200	27.5
航空母艦	0	0.0	0	0.0	13,990	4.0
巡洋艦	227,030	38.2	0	0.0	0	0.0
駆逐艦	18,233	3.1	232,333	32.8	197,130	55.8
潜水艦	1,422	0.2	40,818	5.8	44,876	12.7
日本総就役量	327,633	100.0	389,286	100.0	179,271	100.0
戦艦・巡洋戦艦	215,348	65.7	320,716	82.4	67,600	37.7
航空母艦	0	0.0	0	0.0	9,499	5.3
巡洋艦	89,399	27.3	34,209	8.8	44,210	24.7
駆逐艦	21,663	6.6	30,588	7.9	37,825	21.1
潜水艦	1,223	0.4	3,773	1.0	20,137	11.2
フランス総就役量	358,773	100.0	421,920	100.0	63,259	100.0
戦艦・巡洋戦艦	133,239	37.1	273,664	64.9	0	0.0
航空母艦	0	0.0	0	0.0	0	0.0
巡洋艦	191,034	53.2	27,842	6.6	13,852	21.9
駆逐艦	23,149	6.5	95,319	22.6	37,443	59.2
潜水艦	11,351	3.2	25,095	5.9	11,964	18.9
イタリア総就役量	145,214	100.0	246,918	100.0	78,845	100.0
戦艦・巡洋戦艦	96,789	66.7	134,774	54.6	0	0.0
航空母艦	0	0.0	0	0.0	0	0.0
巡洋艦	41,366	28.5	44,589	18.1	46,243	58.7
駆逐艦	6,230	4.3	47,927	19.4	31,760	40.3
潜水艦	829	0.6	19,628	7.9	842	1.1
ドイツ総就役量	437,985	100.0	1,405,544	100.0	0	
戦艦・巡洋戦艦	226,978	51.8	759,391	54.0	0	
航空母艦	0	0.0	0	0.0	0	
巡洋艦	172,821	39.5	156,719	11.2	0	
駆逐艦	37,607	8.6	221,246	15.7	0	
潜水艦	579	0.1	268,188	19.1	0	
露／ソ連総就役量	224,740	100.0	308,940	100.0	4,787	100.0
戦艦・巡洋戦艦	118,211	52.6	222,903	72.2	0	0.0
航空母艦	0	0.0	0	0.0	0	0.0
巡洋艦	62,772	27.9	0	0.0	0	0.0
駆逐艦	39,768	17.7	63,876	20.7	3,012	62.9
潜水艦	3,989	1.8	22,161	7.2	1,775	37.1
墺匈／ユーゴ総就役量	80,682	100.0	163,089	100.0	5,952	100.0
戦艦・巡洋戦艦	57,810	71.7	130,412	80.0	0	0.0
航空母艦	0	0.0	0	0.0	0	0.0
巡洋艦	19,560	24.2	16,030	9.8	0	0.0
駆逐艦	3,312	4.1	12,664	7.8	5,952	100.0
潜水艦	0	0.0	3,983	2.4	0	0.0

出所：*Conway's All the World's Fighting Ships 1860-1905, Conway's All the World's Fighting Ships*
り算出。

注：1900～09年と1910～19年の駆逐艦には砲艦・水雷砲艦などを含む。水雷艇はすべての時期について

巡洋艦とは艦隊では哨戒(patrol)・索敵のための目と足の役割を果たし、単独で行動する場合は自国の通商保護と敵の通商破壊の手段となるが、索敵も通商保護・破壊も、排水量一万トンの巨大な船体と、一〇万馬力を超える巨大な機関と、八インチ砲のような大型の兵器を備えた巡洋艦はまず必要としないから、駆逐艦が大型化し、航洋性が高まるなら充分に巡洋艦の代わりを果たすことができる。実際に、フランス海軍一九二二年計画のシャカル/ジャグワール型(二六年就役)が先鞭を付け、日本の吹雪型(特型、二八年就役)以降、イタリアのナヴィガトーリ型(二九年就役)以降へと継承された「超駆逐艦(super-destroyer)」[7]の中には、装甲を有さないため敵からの砲撃には脆弱だが、それ以外の点では小型の巡洋艦といっても差し支えない性能のものが多く含まれている。しかも、無装甲のため価格は巡洋艦よりもはるかに低廉であり、同じ予算で何倍もの隻数を配備できるから、次節で見るように索敵に用いるには便利であったし、対潜水艦戦と対空戦のどちらにも充当でき、しかも自ら魚雷・爆雷攻撃もできるという、ほぼ万能の水上艦へと駆逐艦は進化していた。第二次世界大戦後の主要国海軍では戦艦も巡洋艦もほぼ消滅して、残ったのは潜水艦・駆逐艦・空母となる。空母以外の水上艦のほとんどは戦時までの類別でいうなら「駆逐艦(米海軍略称のDD)」にほかならず、最新のイージス艦も含めて水上艦は基本的に駆逐艦へと収斂した。ロンドン条約が排水量一五〇〇トンを超える大型駆逐艦の保有量を一六%以内に制限したのは、「超駆逐艦」化という新たな軍拡競争の可能性に歯止めを掛けるためであった。

3　日米両国の地政学的特徴

前節では、戦間期海軍の主たる兵器が戦艦・巡洋戦艦から巡洋艦・駆逐艦・潜水艦へと移行したさまを概観したが、本節では、こうした方向へ進化しても、必ずしも自国の安全保障には有効ではなかったことを、特に日米両国の地政学的な特徴から見る。本章のテーマは航空機であるが、本節ではまず航空機が存在しない前提で論ずる。その理由は、一九三〇年代前半まで主要国海軍において、航空機の存在や機能は認識されていたとはいえ、それはあくまで艦隊決戦の補助的なものにすぎず、一部の先覚者を除くなら、航空機が水上艦に優越するという発想はどの国の海軍においても支配的ではなかったからである。

(1)　英仏伊と日米の地政学的環境の相違――大洋を挟んだ対峙――

ヴェルサイユ条約でドイツの海軍力が沿岸防衛程度に制限され、また、ロシア海軍を継承したソ連も稼働率が極端に低下し、新規建艦も少なかったから、イギリスは本国周辺に潜在的な海の脅威は存在しなくなった。フランスも同様にして北海および大西洋の脅威は消滅したが、地中海ではフランスとイタリアは相互に潜在的脅威であり続けたし、イタリアにとっては、新生のユーゴスラヴィアがアドリア海に配備する艦艇も脅威であった。

とはいえ、英仏伊ともに本国周辺の海上防衛だけなら、限られた海域を哨戒索敵すれば済む地理的な環境にあったし、哨戒海域と本国の艦隊基地との距離はたかだか数百キロだから、多数の艦隊を各地に分散して配備する必要性は低かった。むろん、英仏両国は世界各地の植民地と本国とを結ぶ長大な通商路とその周辺海域を維持するためにも海軍力を必要としていたが、そこで求められたのは戦艦・巡洋戦艦や空母の大艦隊ではなく、通商路を定期的に遊弋《ゆうよく》させるための大量の巡洋艦と駆逐艦であった。しかし、世論と財政の両面の制約のため、通商路全体を潜在的な脅威から完全に守る海軍力を維持するのは困難な状況であった。ありていにいうなら、英仏両国にとって本国周辺の脅威は極小化し、植民地を含む広大な海域を完全に防衛する海軍力はもはや期待しがたくなっていたのである。

ところが日米両国にとって環境はまったく異なっていた。ロシアとドイツの脅威が低下したのは同様だが、最大の問題は、日米両国海軍が第一次大戦でほとんど損害を被らずに、単調に拡大して巨大な勢力をもって太平洋を挟んで対峙するようになったことである。

たとえば、アメリカがハワイ（ことにオアフ島真珠湾とその周辺の基地群）を日本艦隊から防衛するのがいかに難しいかを考えてみよう。まずは、敵味方ともに航空機を保有していない（もちろん艦載レーダーも偵察衛星もない）場合を想定する。太平洋を渡ってきた日本艦隊がハワイをどの方向から攻撃するかをアメリカ側は事前に予測できないので、アメリカ海軍はハワイ周辺の全方位の海域を哨戒しなければならない。哨戒によって敵艦隊の接近を察知してから、上陸中の水兵を呼び戻して艦艇に乗り込ませ、弾薬や食糧を積み込み、汽罐を熱して少なくとも出港可能な蒸気圧に高め、基地や砲台の防備を固め、民間人を避難させ、また防衛協力の態勢を取らせるのに、最低一二時間は必要と想定しておこう。日本艦隊の一四～一六インチ主砲の最大射程を約三五キロとするなら[8]、真珠湾を中心とした半径三五キロの海面に日本艦隊が到達する少なくとも一二時間前には、発見できなければならない。日本艦隊が一五ノット（時速約二八キロ）で迫ってくるなら一二時間で三三〇キロを、一八ノット（時速約三三キロ）なら四〇〇キロを進むから、哨戒中のアメリカ艦は真珠湾を中心とした半径三六五ないし四三五キロの海面に日本艦隊が到達したことを発見し、ただちに真珠湾の基地に打電しなければならない。そうすれば、真珠湾のアメリカ艦隊は、真珠湾より三五キロ以上遠方の射程外にいる日本艦隊を迎撃することが可能となる。

単純化して、真珠湾を中心とする半径四〇〇キロの円周をアメリカ海軍の哨戒線[9]としてみよう。日本艦隊の接近を察知するために哨戒線上に配置される駆逐艦・巡洋艦の望楼の高さを海面上四〇メートルとするなら、そこから見通せるのは二二キロ先の水平線までである。日本艦のマストも海面上四〇メートルの高さがあるなら、原理的には、水平線の向こう側、四四キロ先の日本艦のマストを発見できることになるが、実際には、波浪や霧や靄などで視程は大幅に制約されるから、二二キロ先の敵艦を光学的に発見できない可能性すらある。ここでも単純化して、哨戒中のアメリカ艦は二二キロまでの範囲内なら艦影を視認できるものと仮定しよう。半径四〇〇キロの哨戒線上を切れ目なく常時監視するためには、アメリカはこの半径四〇〇キロの円周（一周一二五六キロ）上に四四キロおきに駆逐艦を配置しなければならないから、最低でも二九隻の駆逐艦が必要となる。

たとえば、一九四一年一二月の真珠湾攻撃の際に実際に真珠湾の太平洋艦隊に配備されていた駆逐艦は三〇隻である。これらの駆逐艦をすべて投入して全周の哨戒を実施すれば敵艦隊の進攻は探知できるが、そうするなら迎撃の味方艦隊に随伴する駆逐艦はなくなる。それゆえ迎撃艦隊は海中に潜む敵潜水艦に対して脆弱になってしまう。さらに、フィリピン、グアム、アラスカ、アリューシャン列島、パナマの防備にも同様に三〇隻ずつの駆逐艦を哨戒線上に配置しなければならず、哨戒を常時維持するために必要な交替用の予備艦を算入するなら、アメリカは海外州・海外拠点周辺の哨戒だけで二百隻以上の駆逐艦を必要とする。このほかに艦隊随伴用の駆逐艦と訓練用や入渠修理中の駆逐艦も必要となるから、駆逐艦の必要数だけで少なくとも四百隻にはなる。むろん駆逐艦だけでは進攻してくる日本艦隊を迎撃できないから、迎撃のために戦艦・巡洋艦・駆逐艦・潜水艦からなる艦隊を各島に配備するなら、それだけで、主力艦はワシントン条約で許された保有量五〇万トンをすべて投入しても足りず、アメリカ本土（太平洋岸・大西洋岸）に配備できる主力艦はなくなるであろう。

(2)　日本の対米不利

哨戒と索敵だけでもこうした困難を強いられる状況は、日本にとっても本質的に同じである。たとえば、横須賀を敵艦隊の砲撃から守るためには半径四〇〇キロの哨戒線上に四四キロおきに駆逐艦を並べなければならない。ハワイと異なるのは、背後に本州があるため哨戒線が全周には及ばないことである。それでも松島沖から潮岬沖にいたる中心角二四〇度の円弧上約八四〇キロに一九隻の駆逐艦を配置しなければならない。横須賀だけでなく、佐世保、舞鶴の防備のためにもほぼ同数の駆逐艦を哨戒させなければならず、紀伊水道・豊後水道・対馬海峡・津軽海峡・宗谷海峡などの哨戒にも相当数の駆逐艦を必要とする。

仮にアメリカ海軍が三万五千トン級戦艦四隻を中核とする艦隊三つで、横須賀と呉と佐世保の三港を同時に攻撃してくる場合、日本はワシントン条約の枠組（対米六割＝主力艦三〇万トン）の下では、同等の艦隊を二つしか編成できないから、三港のうちいずれか一つは見捨てることになる。軍縮条約という制約がない状況を想定しても日本の対米不利はむしろ拡大する。表５－１に示されているとおり、第二期の日本の就役量はアメリカの五五％、第三期は五一％に過ぎないから、軍縮条約がなければ両国が配備する艦艇総量は増加するとしても、日米の生産力と財政的余裕の格差は軍縮条約が認めた日米比率以上に大きくなる。それゆえ、アメリカが全力で日本に進攻するなら、軍縮条約下よりも日本はかえって不利な状況を強いられる。こうした本来的に不利な状況を前提にして、軍縮条約以前から想定されていたのが、いわゆる漸減邀撃《ぜんげんようげき》戦術であるが、そこにも本質的な無理がはらまれていた。

漸減邀撃戦術とは、優勢のアメリカ艦隊が太平洋を渡って日本に攻めてくる途中で、潜水艦や巡洋艦で待ち伏せて魚雷攻撃で徐々に勢力を奪ったうえで（漸減）、日本艦隊とほぼ同等の勢力にまで減少したアメリカ艦隊を日本近海で迎え撃って（邀撃）、艦隊決戦で日本がアメリカを制するという発想から立てられた戦術である。広い太平洋を渡ってくるアメリカ艦隊を待ち伏せるためには、非常に多数の潜水艦や巡洋艦を広く薄く配置しなければならないが、日本の潜水艦・巡洋艦が運良く接敵に成功しても、アメリカ艦隊の勢力を減ずる前に、優勢なアメリカ艦隊によって個別に撃破されてしまい、待ち伏せ攻撃の効果は発揮できない。漸減を有効に実施しようと多数の潜水艦・駆逐艦・巡洋艦を特定海域に集中して配置すれば、哨戒線は抜け穴だらけになるから、そもそも待ち伏せが成功しない。この待ち伏せ攻撃というのは、敵が狭い海域を通ることが確実に予測される場合にのみ有効なのであって、太平洋上のアメリカ艦隊に適用するにはいかにも無理がある。この無理は、誰でも冷静に考えれば思い至ることで、日本海軍内部でも早くから認識されていた。軍令部第一課長・作戦部長としてこの戦術を一九一九年から二二年にかけて確定し、また潜水艦による敵戦艦撃沈の可能性を演習で示した末次信正は一九二七年一一月に海軍大学校で卒業生を前に自らの戦術への疑問をおよそ以上のように語っていた(10)。

仮にカムチャツカ半島の南端から南鳥島、硫黄島、沖ノ鳥島、バシー海峡、台湾海峡にいたる約八千キロを日本全体の防衛のための哨戒線とするなら、四四キロごとに約一八〇隻の巡洋艦・駆逐艦を索敵のために張り付けなければならない。アメリカが海外州と海外拠点の哨戒に必要な駆逐艦の数と、日本が本土・沖縄・台湾を防備するのに必要な哨戒用の駆逐艦の数はほぼ同数である。これらの駆逐艦のうち一隻が運良くアメリカ艦隊を発見しても、打電後ほどなくアメリカ艦隊に発見されて撃沈されるであろうから、漸減のためには、この哨戒線の少し後方に巡洋艦・駆逐艦からなる夜戦用小艦隊を無数に配置しなければならない。漸減邀撃戦術ではしばしば、最前線に潜水艦を配置することが予定されていたが、潜水中の聴音機（パッシブ・ソナー）による探知距離はたかだか一五～三〇キロほどで、しかも潜水艦は水中速度が遅く（一〇ノットに達しない）、接敵できても攻撃する機会が少ないので、潜水艦を哨戒線下の海中に配置する場合、三〇キロごとに約二七〇隻も必要とする。魚雷発射後、急浮上して敵発見を打電したらアメリカ艦隊に発見されるであろうから、これは撃沈されてしまい、漸減の役にはやはり立たず、後方に漸減用の小艦隊が控えていなければならない事情は哨戒線上に駆逐艦を配置する場合と同様である。

漸減邀撃戦術とは真剣に実施しようとするなら、無慮千隻に達する巡洋艦・駆逐艦・潜水艦を索敵・漸減のために、艦隊決戦用とは別に、用意しなければならないという本質的な無理を意味する。無理の原因は、ロシア・バルチック艦隊が対馬沖を通るとの予測に基づいて戦われた日露戦争日本海海戦（対馬沖海戦）の経験を、待ち伏せ攻撃が成立しがたい広漠とした太平洋上に拡張した点にある。それは、哨戒・索敵に回した少数の駆逐艦・潜水艦で洋上のどこかにいるかわからない敵艦隊を発見し、さらに一隻ずつ沈めることができるという手前勝手な前提の上に成り立つ特殊な戦術だった。駆逐艦・潜水艦をいくら大量に配備しても、大洋を渡ってくる（＝どこから攻めてくるかわからない）敵艦隊に対抗するのは至難の業だったのである。

(3) 航空機が存在する状況での日米対峙

航空機の海軍への配備はすでに第一次世界大戦中には実践されていた。それは、まずは索敵と砲撃戦での着弾観測のための航空機（＝偵察機）の用法であり、次に、敵の煩い偵察機を追い払うための戦闘機（駆逐機：pursuiter）の用法が航空兵力に求められたのは、陸軍の航空兵力とまったく同様である。したがって、陸海軍ともに航空機で敵主力を攻撃してそれを殲滅するといった発想は長く希薄であった。航空主兵論を最も早く唱えたとされるドゥーエ（Giulio Douhet, 1869–1930）にしても、要塞や塹壕で防備を固める敵主力を航空機で撃滅することよりは、むしろ、その他の脆弱な敵基地（補給拠点・航空機基地）、交通要衝、工業地域、市街地に爆弾を落として、敵民衆の戦意を心理的に、また、生産力・兵站能力の面で敵の継戦力を物的に削減することを目指す発想であって、それはリビア戦争（一九一二年）でイタリア軍機が手榴弾の投下でオスマン帝国歩兵隊・騎兵隊に与えたおもに心理面での効果を見聞したドゥーエの経験に裏付けられ、また、制約されていた。

さらに、ドゥーエの意図がどこまで及んでいたとしても、第一次大戦中から一九二〇年代を経て三〇年代前半まで、航空機（ドゥーエの「戦争の新形態」を可能にする「新しい技術的手段」(11)）には陸上でも海上でも敵主力を撃滅するほどの攻撃力は期待できなかった。それはまだ、航空技術がその水準に到達していなかったからである。

本項の考察は基本的に、この一九三〇年代前半までの、航空機は存在するが敵主力を攻撃しうる能力は欠いているという前提でなされる。ただし、事態を若干複雑にしているのは、海軍の用いうる航空機が水上機・飛行艇（＝海面・水面がなければ発進も帰投もできず、それゆえフロートや艇体構造など空気力学上は有害な要素を免れない機種）のみであった時代（二〇年代中葉まで）とは異なり、それ以降、空母の実用化によって、車輪での離着陸が可能な機種を海上でも用いうるようになり、フロートや艇体構造から解放される（その分、攻撃力・戦闘力が強化される）可能性が発生したことである。とはいえ、三〇年代末に至るまで艦上機といっても固定脚が常態で、艦上機の潜在的可能性を活かせていなかった。艦上機が陸上運用機と同等の性能を発揮するようになるためには、後述のように、全金属製セミモノコック構造と引き込み脚という三〇年代の技術革新を経なければならなかった。

本項が見るのは、海軍の航空兵力がいまだ敵艦隊攻撃の主力とはなりえなかった時期の海軍航空である。これを海軍航空第一期（海面に従属した海軍航空）と呼ぶことにする。

こうした状況でのハワイ防衛や漸減邀撃戦術を再度検討してみよう。敵艦隊からの攻撃が艦隊主力艦の砲撃から、空母搭載機による爆撃・雷撃へと変化する状況を考慮した場合、ハワイを防備するアメリカは、哨戒線をより遠方に設定せざるをえなくなる。一九三〇年代前半までの木骨ないし鋼管羽布張りの艦載機の巡航時速を二〇〇キロ、戦闘行動半径を最大で五〇〇キロとするなら、敵攻撃の一二時間前までに防備を固めるための哨戒線の位置は、敵艦載機が母艦発進後、攻撃位置に占位できる五〇〇キロ（＝二時間半）に加えて、残り九時間半分の艦隊の進出距離約二七〇〇キロの合計七七〇〇キロに広がる。

ただし、七七〇〇キロ遠方の敵艦隊を発見できても、防備を固めた一二時間後には敵艦載機はすでに真珠湾上空に到達して攻撃してくるだろう。敵艦隊をそれ以前に迎撃するためには、さらに遠く、たとえば一五時間前に発見できるなら、敵艦載機の空母発進前に、こちらがわの航空機で敵空母を攻撃することが可能になる。この場合の哨戒線は真珠湾を中心とした半径八五〇〇キロの円周となる。すなわち、航空機の存在を前提にしなかった場合に比べて、哨戒線半径は二倍以上に広がる。この半径八五〇〇キロの全周約二七〇〇〇キロに四四キロおきに駆逐艦を配置するには六一一隻が必要となる。

しかし、航空機が登場するとハワイ周辺海域を哨戒する側の事情も根本的に変わる。水上艦で哨戒線をくまなく索敵するのではなく、航空機によって広域的な索敵が可能になるからである。高度一〇〇〇メートルの飛行機から索敵可能な海面の半径は一一〇キロ、高度四〇〇〇メートルだと二二〇キロとなる。水上艦からの索敵範囲に比べて、三～五倍に広がる。高度が高いほど眼下の雲や靄に視界を阻まれる可能性が高まるし、索敵範囲が広がるとともに敵艦影は小さくなるから肉眼での発見確率は低下する。

仮に高度一〇〇〇メートルを実用的な偵察高度とするなら、半径八五〇キロ、全周二七〇〇キロの哨戒線上を探るのに、二二〇キロおきに偵察機を配置すればよい——高度千メートルを飛行する偵察機からは半径一一〇キロ以内の海面上に存在する艦船を常時視認しうるため、二二〇キロおきに同一方向に飛行する偵察機で哨戒線はもれなく監視可能となる——から、必要機数は常時一二ないし一三機となる。これは、最も効率的に運用すると仮定するなら、水上偵察機を四機搭載する巡洋艦五隻でまかなえる数である。哨戒に必要な数が、駆逐艦六一隻から巡洋艦五隻＋水上偵察機に減ずることの効果は絶大で、節約された駆逐艦はすべて敵艦隊を攻撃する用途に投入可能となるし、水上偵察機は、哨戒に投入された駆逐艦や潜水艦のように敵艦隊からの攻撃に対して脆弱ではないから、航続時間が続く限り、敵艦隊の動静を報告し続けることが可能となる。

航空機の登場という変化がここで意味しているのは、侵攻側にとっては侵攻可能点が敵目標より三五キロ（主砲射程）の海域から五〇〇キロ（艦上攻撃機の行動半径）へと飛躍的に離れる（＝艦隊の安全性と機動性が高まる）ことであり、防御側にとっては哨戒に必要な艦数が激減する（＝その分、敵艦隊への攻撃力に当てうる）ことにある(12)。とはいえ、ここで航空機は海面・母艦に従属しているから、船の速力に制約され、航空機の高速性を活かせない。八五〇キロ先の哨戒線へ水上偵察機を搭載した巡洋艦を派遣するのに丸一日を要し、偵察機が敵艦を発見しえたとしても、その報を受けてから迎撃艦隊が出動して敵に接触するのに半日～一日を要する。攻撃側の空母も侵攻可能点に到達するまでは船の巡航速力（時速三〇キロほど）で移動しなければならず、その間に悪天候や敵艦に阻まれる危険性がある。

侵攻可能点が離れ、哨戒に必要な艦数が激減するというこれら二つの優位性を一つの機種で同時に達成するとともに、船の鈍足（海面への従属性）に制約されないのが、次節で検討する陸上運用の長距離哨戒・攻撃機である。こうした陸上発進の長距離機が海戦に投入されることによって、海軍航空は、海面・水面への従属性から解放されて自立し、海軍航空第二期に発展し、それはほぼ連続的に直ちに、戦略爆撃へと進化し、第二次世界大戦後の大国の航空兵力と航空機産業・民間航空の原形へと継承されたのである。

4　海軍航空の自立と戦略爆撃への道

陸上運用の長距離機で広い海面を哨戒して、敵艦隊を発見し、それを攻撃しようという発想は、一九三三年に、太平洋を挟んで相対峙する日米で同時に芽生え、その数年後に同時に三菱九六式陸上攻撃機（九六陸攻）とボーイングB‐17として実用化された。それは、第一節(3)で指摘したように、ロンドン軍縮条約によって巡洋艦・駆逐艦・潜水艦にも総量規制が掛けられるようになったこと、言い換えるなら、大洋を渡ってどこから攻めてくるかわからない敵艦隊を探し出すための艦種の保有量まで制限されるようになった状況に対して、日米両国の航空主兵論者たちによって提示された解法であった。イギリス、フランス、イタリアの三国は日米とは異なる地政学的な環境にあったから、このような発想は生まれなかったし、この差は、後に見るように、戦略爆撃のあり方の相違にまで結び付いた。

(1)　自立した海軍航空における日米の同型性と相違

日本海軍が九六陸攻を開発し配備した狙いは重層的である。海軍における航空の先覚者中島知久平は民間航空機製造企業の必要性を主張し、自ら実行するために、一九一七年には予備役編入を選択して、飛行機研究所（後の中島飛行機製作所）を設立したから、海軍内部での航空主兵論は山本五十六、大西瀧治郎、井上成美らによって唱導された。彼らは、敵からの攻撃に対してきわめて脆弱な航空母艦に搭載された艦上機ではなく、陸上基地で運用され、空母の脆弱性と海面への従属性から解放された長距離攻撃機を実用化すれば、戦艦・空母を中心とした艦隊は無用になる（＝海軍の主たる攻撃力は、駆逐艦や潜水艦を別にするなら、陸上攻撃機が担いうる）と考えていた。たとえば山本は、一九三六年一一月に館山航空隊司令に着任する戸塚道太郎に対して、「いま海軍で陸奥、長門の威力をはるかに凌駕する九六式陸上攻撃機が着々として完成して、目下館山航空隊で秘密裏に実験研究中なのだ」[14]と、戦艦よりも陸上攻撃機の方が強力であると述べた。とはいえ、航空主兵論＝戦艦無用論者は海軍内部では絶対的には少数派であって、多くは戦艦・空母からなる艦隊こそが海軍の主力と考えていた。それゆえ、海軍が組織として陸上攻撃機の開発と配備に予算を割くに当たっては、山本らの航空主兵論とは別に、軍縮条約で対米劣位を強いられている艦隊勢力を補って陸上攻撃機がアメリカ艦隊の漸減に有効との認識が加藤寛治など艦隊派の中心的な人物の間でも共有されるようになったことが重要である。ここでは陸上攻撃機は海軍の主兵力ではむろんないが、補助的兵力として、巡洋艦・駆逐艦・潜水艦などとともに艦隊決戦以前にアメリカ艦隊の勢力を奪うために用いうるという意味での航空重視論が三〇年代前半には艦隊派＝対英米強行派の中にも登場していたのである。[15]

これに対して、アメリカ陸軍は日本海軍とは異なる意味で、重層的な狙いをもって一九三〇年代前半のマーチンB－10をB－17に進化させた。そもそも第一次世界大戦が終了してヨーロッパから陸軍を撤退させ、またロシア革命干渉戦争からも撤退したアメリカ陸軍にとって二〇～三〇年代は明瞭な敵の脅威を描きにくい時期で、陸軍の存在意義そのものが不明瞭になる傾向があった。むろん、軍隊、殊に陸軍は外的脅威だけでなく国内の治安維持のためにも必要なのだが、国境を接するカナダとメキシコのいずれかが、国境を超えてアメリカに進攻する虞がありえない以上、陸軍は何らかの意味で、国防に有効であることを証明しなければならなかった。有効性の証明に最も積極的だったのは陸軍航空隊であった。

ドゥーエの『空の支配（*Il dominio dell'aria*）』の初版（一九二一年）は陸軍航空部（Army Air Service：航空隊の前身）戦術学校で一九二三年には英訳されて読まれていたし、[16]イギリス空軍のトレンチャード（Hugh Montague Trenchard, 1873–1956）の「空からの植民地統治」論はアメリカには直接的な影響を与えなかったが、敵の銃後を破壊する強力な爆撃機集団の戦略爆撃によって敵国民の戦意を低下させることができるとのトレンチャードの思想は、[17]ドゥーエとともにアメリカ陸軍航空隊に影響を与えた。ドゥーエやトレンチャードとほぼ同時期にアメリカ陸軍航空隊内部でも、ミッチェル（William Lendrum Mitchell, 1879–1936）が航空主兵論・戦艦無用論を唱えていた。ミッチェルはドゥーエと同様に、独立した空軍による攻撃的航空作戦（＝戦略爆撃）こそが祖国防衛の最も有効な方法と考えたが、アメリカの地政学的な環境はドゥーエが前提にしたヨーロッパとはまったく異なっていた。ヨーロッパでは五〇〇キロも飛べば敵国の中心部に達したし、散在する二千メートルほどの高さの山地や大河は陸軍には大きな障壁となったが、航空機はそれらを易々と飛び越えて敵地を叩くことができた。航続距離二千キロ程度の爆撃機（三〇年代後半イギリスのショート・スターリングやハンドリペイジ・ハリファクスも、ドイツのユンカースJu－88やハインケルHe－111も戦闘行動半径は千キロ未満）でもヨーロッパでは攻撃力として充分に有効だったが、二つの大洋に挟まれたアメリカにとってそれは敵への攻撃力たりえなかった。

ミッチェルは以下のような四段構えの戦略で攻撃的な防衛を構想していた。第一段階は陸軍（歩兵を中心とした陸上兵力）で労働不安（labor unrest）や「赤の騒乱（Red Scare）」を鎮圧して国内の治安を維持し、第二段階では空軍（当時は陸軍航空隊）によって敵艦隊・航空機から沿岸を防衛し、第三段階で空軍が潜水艦とも協働して制海権を確保する。制海権を確保したなら、第四段階で、陸上戦力の助けも借りて大洋を越えて敵地を占領し、航空基地を建設して、そこから航空機で敵国中心部を攻撃する。[18]つまり、最終的には戦略爆撃で敵を撃滅するのだが、その前段でも、空軍が沿岸防衛と制海権確保の主力と構想されているのである。この構想は大筋では第二次世界大戦において実行されたとみることができる。真珠湾でこそ航空機による沿岸防衛は成功しなかったが、大西洋でも太平洋でも陸軍航空隊は沿岸防衛と制海権確保の重要な担い手であり、日本の艦隊と商船隊を摩滅させる役割を果たし、さらに戦略爆撃によってドイツと日本に壊滅的な打撃を与えたのである。

戦略爆撃こそがアメリカ陸軍航空隊の攻撃＝防衛戦略の最終目標だったのだが、初めからそのための航空機を保持できたわけではない。最初に配備できたのはB－10で、航続距離は二千キロに満たなかったから、基地から数百キロの範囲の沿岸防衛用に、一九三四年からハワイ、アラスカ、パナマ、フィリピンなど海外州・海外拠点に配備された。航続距離が四千キロを超えるB－17の大量配備（一九三九年以降）によって、沿岸防衛だけでなく、洋上哨戒・敵艦隊攻撃と、ヨーロッパ戦線での戦略爆撃（一九四二年以降）が可能となった。

陸軍航空隊は、戦略爆撃という、モンロー主義・孤立政策を外交の基本方針としてきたアメリカにとって簡単には容認できない攻撃的意図を、しばしば議会に対して、またときには陸軍首脳部に対しても隠蔽し、沿岸防衛という穏当な目的を前面にして爆撃機の開発と配備を続けてきたのだが、それは今度は海軍との管轄権争いに陸軍を巻き込むこととなり、それもまた陸軍首脳部を煩わす問題となった。陸軍航空隊司令官（Chief of the Army Air Corps）を一九三一年一二月から三五年末まで務めたフーロイ（Benjamin Delahauf Foulois, 1879-1967）[19]は、B－10の配備で航空機による沿岸防衛という陸軍の新たな使命を確保し、さらにミッチェルの第四段階までを実行可能な大型長距離爆撃機の開発を進めることによって、第二次世界大戦におけるアメリカ陸軍航空隊への道筋を付けた人物である。しかし、フーロイは一九三四年の航空郵便問題（The Air Mail Scandal）[20]に巻き込まれ、さらに同年四月には、この問題をきっかけとして「陸軍航空隊に関する陸軍省特別委員会（ベイカー委員会）」が設置されて、航空郵便だけでなく、陸軍航空隊のあり方そのものが問われることとなった。第一次世界大戦参戦期に陸軍長官（他国の陸相に相当）を務めた民主党の政治家ベイカー（Newton Diehl Baker Jr. 1871-1937）を委員長とするこの委員会では、陸軍（地上兵力）首脳部が調査事項も勧告の方向性も主導したため、航空隊のフーロイは窮地に立たされ、結局、米本土に関しては陸軍総司令部空軍司令長官（Commanding General of the GHQ Air Force）が、海外州・海外拠点に関しては陸軍航空隊司令官が指揮権を握るというように、陸軍航空隊自体が組織的にも指揮系統の面でも二分されることとなり[21]、陸軍航空隊の独立空軍化はいったんは阻止された。また、ミッチェルの構想に由来する大型長距離爆撃機もとりあえずは中途半端な（ボーイングYB－17の少数試作と、性能的にはB－10と同等だがB－17の四分の一と安価なダグラスB－18の配備という）仕方で配備されざるをえなくなった。

フーロイの後、陸軍航空隊司令官となったウェストオーヴァーは陸軍に従属する航空戦力という方向性を忠実に守ったが、彼が航空機事故で死亡したあと（一九三八年九月）、司令官を継いだアーノルド（Henry Harley Arnold, 1886-1950）によって、ミッチェルとフーロイが追求した空軍の姿が、第二次世界大戦という好機に乗じて実現することとなる。それが人類に何をもたらしたのかは、本章の末尾で触れることにしよう。

(2)　九六式陸上攻撃機とB－17

日本では、こうした機種の発想は海軍で、一九三二年の「航空機機種及び性能標準」に登場し[22]、それは、昭和八年度試作特殊偵察機（八試特偵、三四年二月に八試中型攻撃機に名称変更、同年五月初飛行）、同機の改良実用機型である九試中型陸上攻撃機（三五年七月初飛行）を経て、三六年に九六陸攻として制式採用された。

アメリカでは同様の機種を陸軍航空隊が要求した。一九三三年三月に陸軍航空隊司令官のフーロイは現用中の爆撃機B－10の後継機種の性能要目の検討を始め、一二月には実験機開発の仮承認を取り付け、翌三四年二月にはこの新機種について、爆撃機の開発・製造経験を有するマーチンとボーイングの両社と予備設計のための契約締結が許可された。三四年五月時点での新型爆撃機の性能要求は最高時速四〇〇キロ、巡航時速三五〇キロ、爆装での上昇限度七六〇〇メートル。爆弾搭載量一トンで、B－10より速力は一割増し、上昇限度と搭載量は同等であったが、航続力は二二〇〇マイル（約三五〇〇キロ）とほぼ倍増を要求していた[23]。沿岸防衛から洋上哨戒・艦隊攻撃への進化を狙っていたのである。この決定に沿って三四年八月までにボーイング社など数社に新型爆撃機の設計が要請された。

ところが、同年八月五日付けの『ワシントン・ヘラルド』紙の記事では、陸軍航空隊は航続力五千マイル（約八千キロ）、四発の超大型爆撃機二機の試作契約と報道されている[24]。この航続力はミッチェル戦略の第四段階を見透した当時のA計画（Project A. XB－15を経て最終的にB－29（一九四二年初飛行）として実現）の要求性能であり、さらに、航空隊内部では航続力一万マイルのD計画（最終的にB－36（四六年初飛行）として実現）も練られていた。陸軍航空隊はこの時点で、洋上を哨戒して敵海軍の侵攻から守るという「防衛的」な装い[25]の裏に、長い攻撃的な剣の構想を二本も隠し持っていたのである。

この記事では「海軍も同様の機種発注を考慮中」と陸海軍間の競合関係も強調されていた。陸軍航空隊が爆撃機を多数配備するようになった二〇年代末から、海軍との間の役割分担をめぐる問題が続発していたのだが、陸海軍間の合意の基本線は防衛分担を以下のように定めていた。「海軍航空兵力は艦隊を拠点とし、海上兵力の基本的使命を達成するための重要な一部として艦隊とともに移動する［〃海軍は陸上運用航空機は保持しない］。陸軍の航空兵力は陸上基地で運用され、本国および海外領土の沿岸防衛という使命を実行する一要素として用いられる。この取り決めに従って、艦隊は沿岸防衛には何ら責任を負わずに完全に自由な作戦行動が保証され、このように定められた分担は、陸海軍双方の航空兵力が重複する危険性はほとんどないままに、双方がそれぞれの計画・訓練体系・調達方法をもつことを可能にする。かつて、この点に関して実務的な合意に到達する道を閉ざすほどの困難が発生するなら、それはほとんど克服しがたいと思われていた。しかし、それらが最終的には克服されてきたという事実が、言葉以上に雄弁に、

写真１：大西洋上でイタリア客船レックスを捕捉したB-17編隊（1938年５月12日、３機編隊の僚機より撮影。注（28）参照）

陸海軍の軍人が国民の福祉を増進するという単一の目的をもって共通の問題を見つめ、解決するという不断の決意を涵養してきたことを表している」[26]。しかし、沿岸防衛の任に当たる陸軍航空隊の航空機がカーティスＢ－２やキーストンＢ－３／Ｂ－６のような旧式機で航続距離も一三〇〇キロほどならば、こうした玉虫色の分担合意でさしたる問題は引き起こさなかったが、マーチンＢ－10からＢ－17へ、さらにのちにＢ－29として結実する構想まで暴露されると、陸海軍間の分担問題は再燃することになった。Ｂ－10開発中の一九三二年時点では、陸軍航空隊の沿岸防衛任務の範囲は、沿岸防衛用の航空機の行動半径の範囲内（海岸から二五〇マイル＝約四〇〇キロ）と見積もられていたのだが[27]、航空技術の進化によって、この距離は延伸していくから、そのたびに、海軍との間で分担協議を繰り返さなければならなかったし[28]、さらに海軍も分担合意の基本線を踏み越えて、同様の陸上運用の哨戒・爆撃機を欲するようになるであろう[29]。アメリカには日本海軍が経験したのとは異なる困難があったのである。

さて、B-10の後継機種としてボーイング社の用意したモデル二九九は、九試中攻の翌月、一九三五年八月に初飛行している。これは三六年一月にはYB-17として試験採用されて一三機の生産が契約された。B-17はモデル二九九の事故、ダグラスB-18の同時採用、陸海軍間防衛分担問題の再燃、陸軍内部での航空隊への反感、大恐慌期の財政逼迫などさまざまな不利な要因も作用して、大量の発注を得るのは一九三八年以降となるが、のちにB-17として大量配備される機種と日本の九六陸攻とが、ほぼ同時に構想・設計・試作・採用された背後にはロンドン軍縮条約下での日米両国の同様の問題認識が作用していたのである(30)。

両機は哨戒用としては四五〇〇キロに達する航続距離を有していたから、敵艦上機の行動半径のはるか外側から敵艦隊を長時間、索敵して、発見すれば基地に打電することができた。また、両機は爆弾・魚雷を満載した状態で一三〇〇キロほど先の場所を攻撃して基地に帰投できたから、やはり敵艦上機の行動半径の外側から敵艦隊を撃って制海権確保に役立てることができた。それゆえ理論的には、こうした飛行機を多数、何カ所かの基地に配備するなら、軍艦が一隻もなくても、ハワイ・パナマ・フィリピンであれ、千島から台湾にいたる日本領海の哨戒線であれ、完全に守ることができる。すなわち航空主兵［≒戦艦・空母無用］論である。

価格は一隻および一機当たりの取得費用を単純に比較しても無意味だが、本書第2章も触れているように、「戦艦一隻の建造費を投ずれば、此の種［総出力六千馬力程度の］空中軍艦百隻を得(31)」ることができるとするなら、ほぼ同規模のB-17なら百機ほど、双発二千馬力の九六陸攻なら二百機ほどを戦艦一隻の建造費で製造しえたであろう。乗組員数（運用費用の代理指標）はB-17が九～一一人、九六陸攻が五～七人に対して、二〇年代に就役した戦艦一隻で一一〇〇～一四〇〇人だから、運用費用は航空機の方が若干低めと推測しうる。

むろん、少数の機体を分散配備したのでは哨戒にも攻撃にも効果が薄いから、問題は軍艦に比べて、どれほど価格が低く、多数機の集中配備が可能か否かと、航空機より投下した爆弾・魚雷の命中率とにかかっている。戦艦一隻を撃沈するのに二五〇キロ爆弾四発の命中が必要とした場合、[32] B-17は五〇〇ポンド（二二七キロ）爆弾一〇発を同時に、また九六陸攻は二五〇キロ爆弾二発を投下可能であったから、B-17は命中率わずか〇・五％で、九六陸攻も命中率一・〇％で、費用対効果は同等となる。自由に回避機動をし、対空砲火を放つ戦艦に対する水平爆撃でも命中率が一・〇％を下回ることはまずありえないから、[33] こうした機種は多数配備するなら、戦艦に対して費用と効果の両面で、充分に優位であったということができる。味方航空機の防護を欠く水上艦に対して航空機が優位であることは演習上のみならず、マレー沖海戦でのレパルスとプリンス・オブ・ウェイルズ両戦艦の沈没（一九四一年一二月に九六陸攻五九機とその後継機種一式陸攻二六機による爆撃・雷撃によって実戦で戦艦を撃沈した史上初の事例）から、大和・武蔵の沈没（四五年四月と四四年一〇月）を経て、フォークランド（マルビナス）紛争でのイギリス艦シェフィールドとコヴェントリの沈没（いずれも八二年五月）にいたるまで、実戦上でも証明され続けている。

以上のようにして、一九三〇年代前半に日米両国で同時に、陸上運用の航空機による洋上哨戒・敵艦隊攻撃という新しい海軍航空の姿が描かれるのだが、それは敵海軍力への航空面での対応という意味で「海軍航空」なのであって、そうした航空機が海軍に所属しなければならない必然性はない。[34] アメリカでは陸軍航空隊がそれに先鞭を付けたし（海軍も遅れてそれに追随した）、ドイツでは空軍がこうした戦術を模索した（後述）。数千キロを飛行して、敵を発見し、そこに爆弾を投下するという海軍航空第二期（海面・艦船から自立した海軍航空）の手段である陸上運用の長距離爆撃機の用途は、しかし、洋上哨戒・敵艦隊攻撃にのみ限定されるものではなく、ほとんど境界なく、敵の陸上目標爆撃へと発展可能であった。次項では、自立した海軍航空と戦略爆撃との関係を考察することにしよう。

(3) 日米の戦略爆撃——意図か結果か——

空から敵を叩き、軍事拠点だけでなく工場や住宅地まで攻撃対象にして、敵の社会・経済全体を物的かつ心理的に破壊するという戦略爆撃の発想は、リビア戦争で空から手榴弾を投下しただけでオスマン軍を恐慌に陥れた経験に始まっている。この経験を一九二〇年代に定式化したのがイタリアのドゥーエであり、また、その植民地統治への応用可能性にも気付いたのがイギリスのトレンチャードであった。ヨーロッパ内や植民地でなら五百キロも飛んで爆弾を落とせば充分に効果的であった。敵国・植民地反乱勢力の歩兵や騎兵にとってこの距離は移動に何日もかかるが、第一次世界大戦中の鈍足の飛行機でも三時間もあれば、途中の山河も飛び越えて到達できる距離である。つまり、ヨーロッパや植民地においてであったなら戦略爆撃とはすでに第一次世界大戦期には実行可能なことだったのである。実際にドイツ帝国陸軍航空隊（Deutsche Luftstreitkräfte）のゴータG.Ⅳ爆撃機が、一九一七年に占領中のベルギーの基地からフォークストンやロンドンに対して爆撃を実行するが、その距離は一八〇〜二七〇キロに過ぎず、巡航時速百キロのゴータ爆撃機でも二〜三時間で到達できた。二二回の爆撃で合計八五トンの爆弾をイギリス本土に投下することで、数百人の死傷者という実害以上に大きな恐怖感をイギリスに与えた。

それゆえ、ヨーロッパとその植民地においては、ドゥーエやトレンチャードの唱えた戦略爆撃の思想は一九二〇年前後の時点で、すでに実証済みであり、またそれを実施しうる手段もすでに存在していた。戦略爆撃の思想がその手段を生み出し、戦略爆撃を可能にしたのではなく、すでに存在していた手段が思想を基礎付けたのである。しかし、日本とアメリカの地政学的な環境にあっては、ヨーロッパ的な戦略爆撃の手段はまったく不充分であった。したがって、日米で戦略爆撃を実行しうるようになるには、そのための新たな手段を生み出す技術的な背景が必要であった。この点は後述するが、ここでは、戦略爆撃を実行する手段の存在と、戦略爆撃という思想との関係を考察する。

一九三〇年代の日本（基地構築が禁じられていた南洋諸島を除く）とアメリカの支配地域の中で最も近接しているのが、フィリピンのクラーク基地と台湾で、八〇〇（台湾南部）〜一一〇〇（北部）キロほどの距離になる。次がクラーク基地と沖縄で、一四〇〇〜一五〇〇キロである。これらが日米間の地政学的な最短距離であり、沖縄・フィリピン間はまさに九六陸攻やＢ－17で攻撃可能なぎりぎりの距離となる。これがグァム（マリアナ諸島）だと沖縄まで二三〇〇キロ、日本本土の太平洋岸が二四〇〇キロ以上、台湾へは二八〇〇キロほどとなり、一九三〇年代半ばに登場した九六陸攻やＢ－17でも及ばない距離となる。

したがって、日米の航空主兵論者の中に、敵地爆撃という攻撃的な意図を持つ者がいたとしても、それはまだ、技術的にはほとんど実行しがたいことで、九六陸攻やＢ－17は当面は、日米間では沿岸防衛や侵攻してくる敵艦隊を哨戒して迎え撃つという防衛的な任務に充当するほかなかった。この時期にヨーロッパ以外で、敵地爆撃という攻撃的な意図を実現しうる手段を有していたのはソ連であった。スコットランド人で知日派のジャーナリストであったバイアス（Hugh Byas, 1875-1945）は、一九三五年八月四日付けの『ニューヨーク・タイムズ日曜版別冊』に「日本の大多数は空襲を恐れている」という論説を書き(35)、関東大震災で東京・横浜などの木造家屋が大量に焼失したことに触れながら、日本が大陸への軍事侵攻を続けるなら、仮想敵国は、世界のどの国よりもこれら日本の都市が空襲に対して脆いことを発見するであろうと述べ、さらに続けて、ソ連極東軍管区総司令官ブリューヘル（Vasily Konstantinovich Blyukher（同論説中ではBluecher）, 1889-1938）(36)の弁を紹介している。「三トンの爆弾があれば、東京は震災がそうしたのと同様に、完璧に破壊することができる」。バイアスはこれに続けて、米空母サラトガも、艦載機の一割を投入するだけで震災と同じ被害を東京に与えうると述べているが、空母が東京を空襲しうる距離（五百キロ以内）にまで進攻する前に日本海軍に発見されて迎撃される可能性が高いのに対して、ソ連空軍が当時配備しつつあったトゥーポレフＳＢ爆撃機（ＡＮＴ－40、三四年初飛行）ならぎりぎりの航続距離ではあるが、ヴラーディヴォストークから東京（千キロ強）を空襲して帰投することが可能であった。しかも同機は九千メートル以上の高空を飛行し、最高時速は四五〇キロであったから、当時の世界のいかなる戦闘機の迎撃に対しても優勢であった。また、三五年に初飛行したイリューシンＤＢ－３爆撃機なら一トンの爆弾を搭載して航続距離三一〇〇キロであったから、ほぼ日本本土全域を行動半径の中に収めていた。

当時の日米両国は、戦略爆撃の意図の有無や強度はともかく、そのために必要な手段を欠いており、ソ連極東軍はその手段を整備しつつあり、しかも司令官はその有効性——爆弾三トンで東京が壊滅するとの認識の妥当性は別にして——も認識していた。ソ連は結局、日本本土爆撃は対日戦開始後も実行しなかったが、不思議なのは日本もソ連から本土を爆撃されることに真剣に対処した形跡がないことである。こうした「防空軽視の思想などの根幹に、昭和期の軍部の中に、日本本土から離れた場所で敵を撃退するとの発想が」強く作用していたのである。[37] 日本は攻めることには熱心だが、守りには無頓着であった。

トゥーポレフSBやイリューシンDB－3はソ連極東軍だけでなく、中華民国やモンゴルにも供与されて、日中戦争、張鼓峰事件・ノモンハン事件で用いられた。ここからわかるのは、一九三五年の技術水準で実現できた爆撃機では日米間の距離は越え難かったが、日本および支配地域（韓国・台湾）とユーラシア大陸極東部との間は充分に爆撃可能な距離であり、大陸内部での戦闘にも十分利用可能だったということである。

ミッチェルの先見にもかかわらず、アメリカは日米開戦後の時点でも、太平洋戦線で彼の第四段階を実施（陸上基地から敵国を戦略爆撃）する手段を持っていなかった。[38] それゆえ、日米開戦直後の一九四二年四月に大統領の強い意志も働いて実施された最初の日本本土空襲（ドゥーリトル空襲）は、米海軍空母で陸軍航空隊の中型爆撃機B－25——皮肉なことにこの機種には「ミッチェル」のニックネームが与えられていた——一六機を発進させ、爆撃後は西に飛び続けて中国の国民党支配地域に着陸するという奇策で実施せざるをえなかった。この空襲で日本軍は日本上空を長時間飛び続けたこれら爆撃機を一機も撃墜できなかった。

これに比べて、日本海軍で、遠隔の基地から発進した長距離機が敵地を爆撃するという発想がどれほど確固として海軍全体に共有されていたかどうかは疑問だが、現実の問題として、世界で最初にそれを実施したのは日本海軍であ

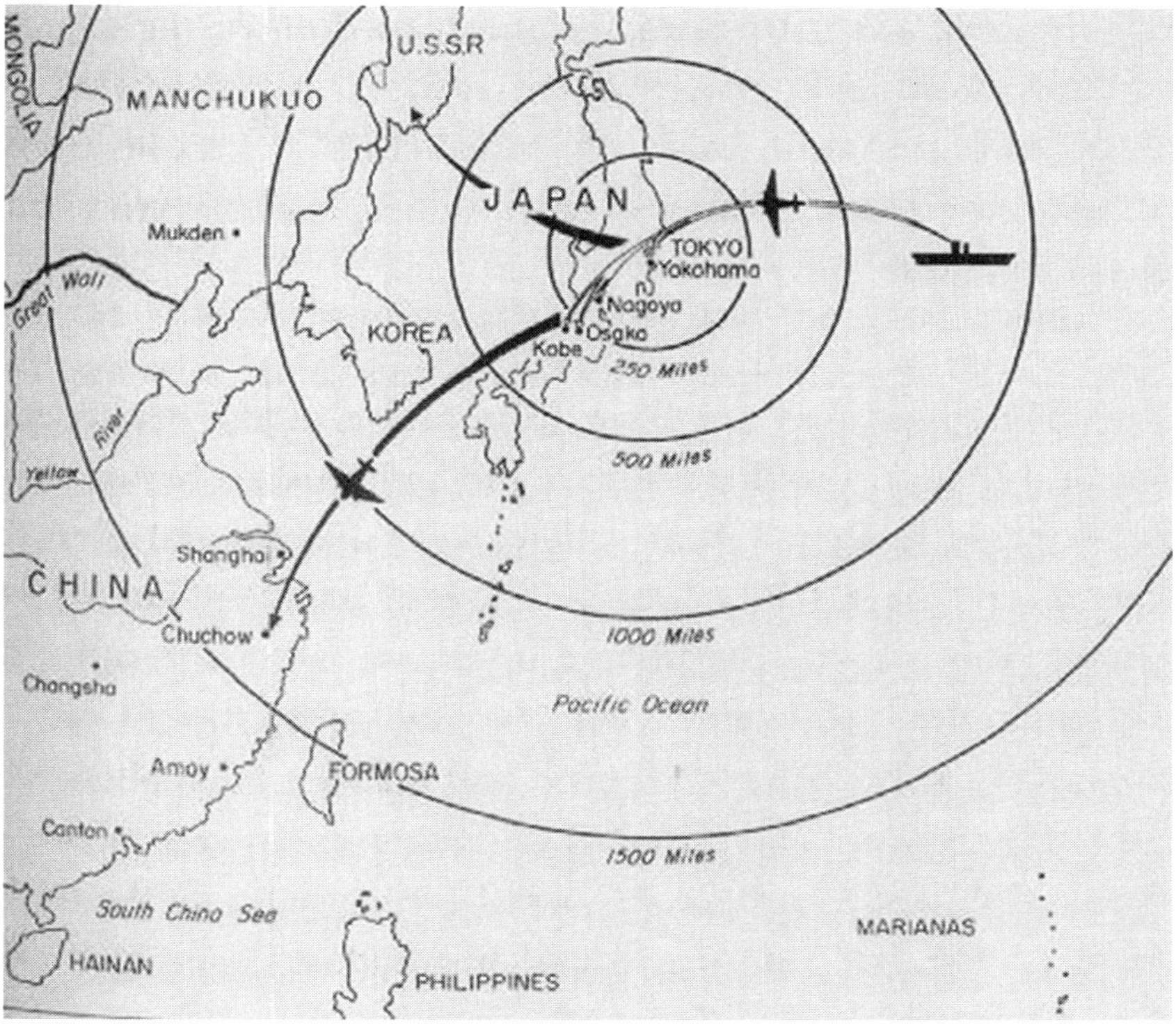

写真２：ドゥーリトル空襲：東京から左上に伸びる矢印はヴラーディヴォストークに不時着した１機を表しているが、東京に近いことがわかる。

った。

第一次世界大戦とロシアやオスマン帝国の内戦状態の後、航空機の最初の実戦投入は一九三一年満州事変での日本陸軍による錦州爆撃、その次が、翌年の第一次上海事変での日本海軍空母艦載機による上海爆撃で、いずれも意図の有無はともかく、結果としては市街地無差別爆撃となり、住民に恐怖と死傷者をもたらした。錦州爆撃で用いられたのはわずかな爆弾に過ぎなかったが、それが戦闘行為を拡大させ、外国人を含む民間人にも多数の死傷者を発生させたため、アメリカのスティムスン国務長官を激怒させ、また、後のリットン調査団にも悪印象を与えた。三番目が三五年第二次エチオピア戦争でのイタリア空軍によるハラール爆撃で、通常の爆弾以外に焼夷弾や毒ガス弾も用いた、住民殺傷と心理的屈服を主目的とする「空からの植民地統治」型の爆撃であった。四番目は三七年四月にドイツとイタリアが実行したゲルニカ爆撃で、投入された航空機の質・量、投下された爆弾・焼夷弾の量、死傷者数いずれの点でも、それ以前の空爆を上回る大規模爆撃となり、ヨーロッパが戦場であり、共和国側・義勇軍側から強く糾弾されたこともあって、有名となり、しばしば「史上初の戦略爆撃」とされるが、それは以下の点で戦略爆撃の前史にすぎなかった。第一に、錦州からゲルニカまでの事例はいずれも一日か短期間で終了し、第二に、発進基地から目標までの距離は数十キロ〜二〇〇キロにすぎず、第三に、最も重要なことだが、爆撃を受ける側は実質的な防空戦力を保持していなかったから、爆撃側は敵の対空砲火や迎撃戦闘機に煩わされることなく、好きな方向から、好きな高度で爆撃を実行できた。

これに対して、長期間継続し、長距離を飛行し、敵の防空戦力を冒して行われる本格的な戦略爆撃は、日本海軍が九六陸攻によって先鞭を付けた。ゲルニカの四カ月後、一九三七年八月の第二次上海事変の初期から日本海軍航空隊は、長崎県大村、台湾松山飛行場、韓国済州島から東シナ海上空を飛行して、上海、南京、南昌、揚州、杭州、広東などへのいわゆる「渡洋爆撃」を開始した。館山で九六陸攻の搭乗員を養成し、さらにここで、九六陸攻の実用性を初めて証明したのも戸塚であった(39)。この爆撃と、海軍陸戦隊・陸軍派遣軍、および艦隊（艦砲射撃）の共同作戦で、三八年までの間に徐々に大陸に基地を確保し、その後は日中戦争の拡大にともなって大陸の航空基地から、より奥地（まず武漢、最終的には四川省重慶）へ移転した中華民国政府と軍の拠点を継続的に攻撃するという、ミッチェル戦略の第四段階に相当する作戦が四三年八月まで行われた(40)。この全過程で、爆撃の主力を担ったのは九六陸攻であり、この飛行機は、本来期待されていた役割（洋上哨戒と敵艦隊攻撃）に投入されるマレー沖海戦以前に、四年以上にわたって戦略爆撃に充当されていたのである。

一九三七〜三八年の時点で、海上を長く飛び、ときには片道千キロを超える目標(41)を爆撃して、帰投できる飛行機は、世界では、九六陸攻のみが実用化され、かつ大量に実戦部隊に配備されていた。Ｂ－17やイリューシンＤＢ爆撃機の大量配備はこれ以降のことであって、渡洋爆撃・長距離戦略爆撃が可能なのは日本海軍の九六陸攻のみであった。

ただし、この戦略爆撃の経験は日本海軍航空隊に大きな試練をもたらした。洋上を含む長距離・長時間の飛行自体は、九六陸攻の配備とともに訓練で経験してきたことであったが、敵の防空戦力が存在する地域への爆撃は、非常に高い人的・物的損耗を航空隊に強いた。(42) 渡洋爆撃を指揮した戸塚道太郎は、海軍軍令部への中間報告で、「攻撃隊には戦闘機のエスコートがないため、敵戦闘機の攻撃に弱く、昨日は一機今日は二機と帰還しない日がつづく。それでも隊員はいささかも士気沮喪せず、勇躍爆撃行をつづけておりますが、指揮官としては断腸の思いに耐えない」と訴えた。(43) 敵の防空戦力によって攻撃側も損耗を

写真３：中国上空を編隊飛行する96陸攻21型。250キロ爆弾２発を胴体下部に搭載している。

強いられるこうした状況は重慶爆撃においても、長距離を護衛できる零戦の実戦投入までは、基本的に変わらなかった。これ以前の錦州からゲルニカにいたる爆撃では敵の防空戦力を考慮する必要がほとんどなかったのと比べるなら、これが最初の戦略爆撃を敢行した日本海軍航空隊にとっての第一の試練であった。第二に、敵の対空砲火や防空戦闘機の脅威を避けるために、戦略爆撃は必然的に高空飛行へと移行することになる。哨戒や対艦攻撃であれ、渡洋爆撃であれ、たかだか一〇〇〇〜三〇〇〇メートルの高度を巡航したのに対して、重慶爆撃ではしばしば六五〇〇〜八〇〇〇メートルという高空を飛行することを余儀なくされ、また太平洋戦争では九五〇〇メートルという九六陸攻にとっても限界に近い高高度飛行が必要となった。(44) これがそれまでの爆撃と決定的に異なるのは、生身の人間に耐えうる環境外で長時間飛行しなければならないという点である。高度零メートルの気温を摂氏一五度、気圧を一〇一三ヘクトパスカルとする標準大気表によるなら、高度二〇〇〇メートルの気温は二度、気圧は七九五ヘクトパスカル（約〇・八気圧）で、少々厚着をすれば、充分に耐えうる環境（日本でも春に二千メートルの山に登れば経験できる環境）であるが、高度六五〇〇メートルの気温は零下二七度、気圧は四四〇ヘクトパスカル、九五〇〇メートルになると零下四七度、二八六ヘクトパスカルに低下する。家庭用冷凍庫内は零下一八度であるが、こうした高高度飛行だと、機内の壁や銃把に素手で触ったなら直ちにそれら金属部分に掌の皮膚が凍り付いて離れなくなるから、毛皮製の手袋の装着が必須となるし、いかに厚着をしても凍えるので電熱服が必要となる。また、高高度では空気中の酸素分圧が下がり、人間の身体的・知的機能は低下し、最終的には意識を失ってしまうので、酸素マスクが必要となる。極地探検隊のようないでたちに電熱服と酸素マスクを着用し、無線電話と機内電話の電線まで接続したら、機内を移動するのもままならないという不便が戦略爆撃機の搭乗員に強いられた。これはのちにB-17でドイツ爆撃に従事したアメリカ陸軍航空隊の搭乗員もまったく同様で、真冬になると零下六〇度の風が機内を吹き荒れたという。

では、九六陸攻やB-17を設計し、その開発に軍で携わった者たちは当初、高空からの戦略爆撃を想定していなかったのかというと、それは疑わしい。少なくともアメリカ陸軍航空隊はミッチェルの戦略からしても、また一九三〇年代のさまざまな航空機開発関係の文書をみても、敵防空機能への対策を考慮していたから、高高度飛行には備えていた。実際にB‐17は最初からエンジンに高空飛行用の過給器を備えていたし、九六陸攻も初期の量産型（一一型、G3M1）から過給器を備えていた。用兵側は高高度飛行を当初から予定していたのである。

(4)　技術的背景

一九三〇年代中葉に日米両国で、自立した海軍航空を可能にし、また敵の対空能力を冒して遠距離からの戦略爆撃を実行しうる能力が獲得された技術的背景は、全金属製セミモノコック構造、大出力エンジンの実用化、引き込み脚の三つである(45)。

草創期の航空機の機体構造は、ライト兄弟だけでなく、モジャイスキー、リリエンタール、二宮忠八などが用いた基本的な構造は、木材（か竹）で骨格を形成して表面に布を張る木骨羽布張であった。飛行艇の艇体や水上機のフロートは羽布では着水時の水圧に耐えられないため、最初から木骨木板張であった（たとえば第8章のヴァイキング飛行艇）。こうした構造の機体は、伝統的な大工・建具師・指物師やボート職人などの木工職人によって、納屋のような場所で簡便な道具を用いて作ることができた。低速で翼面荷重も低い飛行機なら木材と布の構造は軽量で合理的であったし、翼間支柱と上下の翼全体の構造で強度を保つ複葉機にしたり、機体のあちこちに張線を張り巡らして機体全体の剛性を担保するなら、相当の大型機もこの材料で製造可能であった。一九一三年に初飛行したロシアのイリヤ・ムーロメツは翼幅が三四・五メートルもあったが木製羽布張であった。

しかし、高速化という発展方向を追求するなら、複葉ではなく単葉とし、支柱も張線も取り払った片持ち翼の機体構造が不可欠で、また、高い翼面荷重に耐え得ない羽布張は高速化には不利な構造となった。したがって、単葉片持ち翼とし、また機体表面の平滑性を高める技術的な方向性は、木製モノコック（翼桁などを除けば木製外板のみで強度を保つ構造、応力外皮構造、張殻構造）か、金属製セミモノコック構造（金属、おもにアルミ合金の細い骨格にアルミ合金の薄板を張って骨組みと外板の両方で強度を保つ構造）のいずれかであった。前者の最初の例は一九一二年のドペルデュサン（ＳＰＡＤ）のモノコック・レーサーで、[46] 後者の最初の例を厳密に確定するのは、「セミ（準）モノコック」という概念ゆえに困難だが、一五年のユンカースJ.1（ただし鋼製）から、一九年のユンカースＦ‐13、二四年のドルニエDo‐Jヴァール飛行艇、二六年のフォード・トライモーター輸送機、二九年のユンカースＧ‐38輸送機等々の金属製単葉片持ち翼・鋼管骨格・ジュラルミン波板外皮構造を前史とする（第3章参照）。金属製という点でドイツは先進的で、セミモノコック構造を基礎付けたのもロールバハ社技師のヴァーグナー（Herbert Alois Wagner, 1900–82）の張力場理論（二八～二九年）であった。[47] ジュラルミン製モノコック構造はその後、三〇年のボーイング二〇〇／二二一Ａ郵便機モノメイル、三一年のボーイングＢ‐9とマーチンＢ‐10、三二年のボーイング二四七旅客機、三三年のダグラスＤＣ‐1など三〇年代中葉には定着して、現在まで続く航空機の基本構造となった。しかも、金属製の厚い翼は巨大な燃料タンクとしても最適で、長距離化の発展方向もこれによって可能になった。

航空機用のガソリン・レシプロ機関は、点火の確実性を確保するために一気筒当たりの排気量は約三リットルが、また圧縮比も異常燃焼を回避するためには七が限界で、それゆえ気筒当たり出力は約一五〇馬力が上限となる。大出力を得るには気筒数を増せばいいのだが、今度は冷却・潤滑・クランク軸強度などの問題が発生する。それゆえ一九三〇年頃まではＶ型一二気筒や星型九気筒で五百馬力級が実用可能な上限だったのだが、上述の諸問題を試行錯誤的に解消しながら、三〇年代中葉には千馬力級が、四〇年頃には二千馬力級が、四五年頃には三千ないし四千馬力級が実用化され、それがレシプロ機関の限界となる。

これらの点で、英米が第一次世界大戦後の世界の技術水準を牽引したのだが、日本も一九三〇年代中葉になると、全金属製セミモノコック構造、千馬力級機関、引き込み脚[48]、さらに可変ピッチプロペラ、自動操縦装置をほぼ同時に、国内生産できるようになった。

いずれも東京帝国大学工学部航空学科（一九二〇年創設）を二〇年代後半に卒業した一群の若い技師たち[49]――本庄季郎（二六年卒、三菱、九六陸攻・一式陸攻の設計主務者）、堀越二郎（二七年卒、三菱、九六艦戦・零戦）、土井武夫（二七年卒、川崎、三式戦飛燕）、菊原静男（三〇年卒、川西（現新明和）、九七大艇・二式大艇）ら――が、完成品および製造ライセンスの輸入や欧米の航空工学誌（軍・国家機関の情報統制から現在よりもはるかに自由だった）に掲載された技術情報に基づき、また欧米への留学経験や外国人（殊に航空を制約されたドイツ人）技師の指導の下に、当時の最新技術を手中に収めたうえで、さらに世界最高水準の航空機の独自開発も可能になったのが三五年前後である。この頃に出現したのが九六陸攻や零戦であり、防弾鋼板や燃料タンクの防漏装置・消火装置（いずれもB－17は備えていた）を省略することで、出現当時の世界最高性能（殊に航続距離）を実現した。しかし、この水準を維持できたのは三五～四〇年の短期間で、その後、二千馬力級の機関や排気過給器の開発には難渋し、材料・冶金・潤滑・電気・電子など諸種の基礎技術の裾野の狭さと、人・物両面の逼迫に規定されて故障・不調が多く、その後の航空技術の発展を大きく制約した。

(5)　軍民転換と与圧胴体

一九三〇年代後半の自立した海軍航空がその後に及ぼした効果という点では、軍民転換と与圧胴体が重要である。九六陸攻もB－17も民間機型が開発され、前者は三菱式双発輸送機として大日本航空に採用されてタイ路線の開拓に用いられたほか、毎日新聞社に払い下げられて民間用に改造した九六陸攻はニッポン号と名付けられて三九年に世界一周飛行を達成した。後者はボーイング三〇七として三菱式双発輸送機と同じ年に初飛行しているが、胴体を完全に

写真４：ニューヨークに到着したルフトハンザのFW-200（1938年）

改設計して世界で最初の与圧式胴体を採用した。差圧は二・五psi（＝約一七五ヘクトパスカル、現在のジェット旅客機は九psiほど）なので、高度五二〇〇メートルで機内高度を三〇〇〇メートルに維持できる程度だが、旅客には快適だったし、高山や雲を回避せずに飛び越えることができるから飛行時間を短縮する効果もあった。

ボーイング社はこの民間機型で獲得した与圧胴体の経験を、次の爆撃機Ｂ-29に活かし、同機は、爆弾倉以外の前部胴体・後部胴体と両者の連結管部分を与圧して、搭乗員は分厚い防寒具も酸素マスクもなしに九千メートルの高空を飛行することができた。重慶爆撃においてすでに、爆撃機搭乗員は爆弾を投下された地上の阿鼻叫喚を目撃することも触知することもなく上空を飛び越えていたものの、極低温と酸素不足に悩まされなければならなかったが、Ｂ-29は戦略爆撃が抱え込んだこの試練からも搭乗員を解放して、「目撃の不在」と「感触の消滅」[50]という戦略爆撃の特質を完成させた。搭乗員は日常的な衣服と環境で出撃・帰投することができたから、彼らの加害者・当事者意識を巧妙に隠蔽しえたのである。

軍民転用には、軍用の民間転用と、民間用技術の軍事転用と両方向性があるが、ドイツでもルフトハンザの大西洋無着陸横断路線向けに開発されたＦＷ‐２００旅客機が、ドイツ空軍によって洋上哨戒・艦隊攻撃用に改造された。このＦＷ‐２００Ｃは北海でイギリス艦隊を攻撃したほか、大西洋に進出して商船隊の哨戒・攻撃にも用いられ、さらに船団発見後、潜水艦を誘導する役目も果たしたため「大西洋の空の先導者（Fliegerführer Atlantik）」と称され[51]、英米側からは「大西洋の疫病神（Scourge of the Atlantic）」として忌み嫌われた。

(6) 戦後の戦略爆撃・海軍航空と民間航空への道

九六陸攻とＢ‐17によって開拓された戦略爆撃の正統な嫡子であるＢ‐29は戦後の戦略爆撃機の標準となったが、朝鮮戦争ではソ連製ジェット戦闘機ＭｉＧ‐15に劣勢で、米空軍はＢ‐29と改良型Ｂ‐50、およびＤ計画を実現したＢ‐36の後継には、ジェット爆撃機のＢ‐47（一九四七年初飛行）を、ついでＢ‐52（五二年初飛行）を開発した。Ｂ‐52はヴェトナム戦争とその後さまざまな戦争に投入されて、いまも現役である。第二次大戦中に同盟国ソ連からＢ‐29の供与を求められたアメリカはそれを拒否したが、対日戦で沿海州に不時着した数機のＢ‐29をトゥーポレフ設計局がリバースエンジニアリングでTu‐4として四六年八月に実用化し、ソ連製エンジンに換装した同機は一一四〇〇メートルという上昇性能を示した。こうしてソ連にも長距離爆撃機と与圧胴体の技術が移転し、ソ連はこの延長上に、胴体直径はＢ‐29と同じだが大型化・高速化したTu‐95（五二年初飛行）および海軍型Tu‐142を開発した。これも現用中の長寿命の機種である。この高速・長距離機に、日本が第二次大戦末期に一式陸攻（九六陸攻の後継機種）に有人ミサイル「桜花」[52]を吊り下げて米艦隊攻撃に用いようとした発想を借用して、無人の巡航ミサイルに変え、洋上の米海軍空母に対抗する戦力に充当した。九六陸攻とＢ‐17に始まる戦略爆撃機は、Ｂ‐29を経て、ジェット機時代にはＢ‐52とTu‐95として長く両大国に残り、二〇世紀後半以降の世界の軍事のあちこちに顔を出している。

それだけではなく、長距離大型機の経験は、ダグラスDC－4（四二年初飛行）を経て、ロッキード・コンステレーション（四三年初飛行）、DC－6（四七年初飛行）、ボーイング三七七（四七年初飛行）には与圧胴体も与えられて、アメリカを中心とした大陸横断や大陸間の長距離民間航空の最初の担い手となった。ヨーロッパでは戦略爆撃の距離が短かったのと同様に、戦間期の民間航空（たとえばルフトハンザ、アエロフロート、欧亜航空公司の大陸内路線、第4章参照）も五百〜千キロおきに飛行場に着陸しては、客と貨物を積み卸しし、給油する属地的な運用が主体で、長距離空輸の先駆たりえなかった。英国海外航空（BOAC）の植民地路線は飛行艇で運用され、ルフトハンザの大西洋路線はドイツが敗戦後、一切の航空を禁止されたため、いずれも戦後の民間長距離輸送には継承されなかった。B－47とB－52で獲得したジェット機の技術は、ボーイング三六七－八〇（五四年初飛行）、その軍用型C－135（五六年初飛行）を経て、ボーイング七〇七（五七年初飛行）として民間機にも転用された。これは、ジェット旅客機として先行したイギリスのデハヴィランド・コメット（四九年初飛行、五二年就航、五四年事故後運航停止、五八年再就航）やソ連のTu－104（五六年初飛行・就航）に比して、客席数・航続距離ともにほぼ二倍で、民間航空のジェット機第一世代の標準となった。現在われわれが利用している旅客機は基本的にはこの技術の上にあり、自立した海軍航空から戦略爆撃への流れは、こうしたかたちでも現在に繋がっている。また、戦間期から戦時期にかけての航空機産業（ことにアメリカのそれ）は、こうした意味で現在の航空機産業に継承されており、それを象徴する位置にあるのが、九六陸攻とB－17をそれぞれ開発・生産した三菱重工業とボーイング社なのである。

5　むすびにかえて――「軍縮下の軍拡」の効果（魚雷と戦略爆撃）――

戦間期海軍軍縮の効果を長い目で見るなら、それは、潜水艦と駆逐艦という魚雷戦に特化した艦種を戦後の海軍主力として残すことになり、また、他方では、自立した海軍航空をもたらして、戦略爆撃に道を拓いた。ゲルニカまでを前史とするなら、日中間、欧州内および日米間の地政学的条件の中で戦略爆撃は確立し、発展した。ちょうど一九三〇年代半ばに、諸種の技術が出揃ったことが、海軍航空の海面・艦艇からの自立と戦略爆撃の成立の技術的条件となった。地政学的条件は第二次世界大戦の終結によって一変するが、技術的条件はその延長上に戦後の戦略爆撃と核戦略と民間航空を用意した。

筆者はかつて、米ソの核戦略が核兵器を生み出したのではなく、核兵器の生成が核戦略の基盤である（手段が戦略を決定する）と述べたことがあるが[53]、実は、核兵器という手段が実用化するためには、その巨大な破壊力ゆえに自分の近くで爆発させるわけにはいかないから、それを遠方へ運搬する手段が存在していなければならなかった。最初に核兵器の運搬手段となったのは周知の通りＢ－29である。Ｂ－29が存在していたからこそ、核兵器は実戦（広島と長崎）で用いえたのである。第二の運搬手段は弾道ミサイルだが、それを標的に命中するように制御する仕組（慣性航法装置と組み合わされた自律制御技術）の原点は、一九世紀後半にホワイトヘッドが開発した魚雷の深度調節器であった。魚雷は「一方では英雄的ナショナリズムに支えられた自爆テロ攻撃の、他方では精緻なロボット兵器」や弾道ミサイルのそれぞれ源流をなした[54]。魚雷は二度の世界大戦と戦間期の海軍軍縮のすべての機会に増殖を続け、海戦のあり方を根底的に変えただけでなく、その裏面では弾道ミサイルの制御技術を育てることで、戦略爆撃機とともに、戦後核戦略の最も根底的な手段を用意したのであった。

戦間期の海軍軍縮は、特定艦種の個艦規模と保有総量を――ワシントン軍縮では軍事的な意味をすでに喪失した主力艦について、ロンドン軍縮では海上・海中兵力の実質的な中核を担うようになっていた潜水艦・駆逐艦・巡洋艦について――制限するという意図を一定期間は実現した。条約に表現された意図の実現という限りでは軍縮は成功した。しかし、それは一方では魚雷とその運搬手段（潜水艦・駆逐艦）を増殖させ、他方では自立した海軍航空から戦略爆撃という新しい戦争への道を拓き、そうして現在まで続く核時代を可能にしたという点で、長期的には戦争遂行手段の質と量の制限には失敗して、戦争の脅威を実質的に維持ないし増幅し続ける効果を有した。本章で概観したように、戦略爆撃の発想自体は第一次世界大戦期ないしその直後にあるが、長距離を、対空兵力を冒して、繰り返し飛ぶ戦略爆撃は明らかに、ロンドン軍縮条約の副産物であった。今日まで続く戦争の一つのかたちは、九六陸攻・渡洋爆撃・重慶爆撃とともに始まったのである。

すべての戦争が「自衛」を目的としてなされてきたように、「防衛的な兵器」は必要であるという前提がある限り、軍縮条約は客観的には成功しえない可能性がここには表現されている。安全保障が兵器以外の手段で確保されうるという確信がない限り、何かを制限しても、別のどこかで軍備拡張が始まるもぐら叩きの様相を戦間期軍縮の経験は示している。

注

（1）小野塚［二〇一四］。

（2）山本五十六は航空主兵論・戦艦無用論が盛んになった一九三五年頃、横須賀航空隊の将校たちに、戦艦を金持ちの家の「床の間の置き物だと考え」るよう諭した。防衛庁防衛研修所戦史室［一九七六］四八頁。

（3）艦艇の建造量を示す数値としては、計画時点、契約時点、起工時点、進水時点、竣工時点それぞれでの排水量や隻数があるが、本章が就役時点に注目するのは、起工や進水はしたが軍縮条約によって未成となった艦を除外し、逆に戦利鹵獲《ろかく》艦や賠償艦のように戦中・戦後に敗戦国から戦勝国に移転した艦を算入することができるため、各国海軍の拡縮傾向を表示するのに適切だからである。従来の海軍軍縮研究は英米日仏伊五カ国の第一次世界大戦後の軍艦のみを観察して、その竣工量・廃棄量で配備状況を表してきたが、それでは、艦船の国籍移転が頻繁にあった日露戦争期から第一次大戦直後の状況と通時的に比較できないという弱点を免れていない。

（4）前ド級（pre-Dreadnought class）、ド級（Dreadnought class）、超ド級（super-Dreadnought class）とは装甲巨艦の時代

別の様式を示す語で、それぞれの特徴について詳細は小野塚［二〇〇三］三〇〜三五頁を参照されたい。

（5）オーストリア＝ハンガリー帝国は同国の艦艇と商船隊が連合国側に渡ることを避けるために、一九一八年一〇月末からすべての艦船を、新生のスロベニア人・クロアチア人・セルビア人国（Država Slovenaca, Hrvata i Srba.：一八年一二月に同王国に再編、二九年にユーゴスラヴィア王国に改称）に引き渡すこととしたが、おもにイタリア海軍の執拗な妨害によって多数が破壊ないし略奪された。殊に、オーストリア＝ハンガリー帝国海軍のド級戦艦ヴィリブス・ウーニティスが同国の軍港プーラでスロベニア人・クロアチア人・セルビア人国海軍に引き渡された直後（一八年一一月一日）に、イタリア海軍の小型潜航艇が吸着機雷によってこれを撃沈したため、スロベニア人・クロアチア人・セルビア人国は成立直後に大きな喪失を被った。こうした破壊・略奪がなければ、同国の第三期の就役指数は百を大きく超えていただろう。

（6）山田［二〇一五］六三頁。

（7）「超駆逐艦」の概念については、*Conway's All the Worlds Fighting Ships, 1922-1946*, p. 267 および「最新大型駆逐艦」『有終』第一九巻第九号、一九三二年九月、六二〜六四頁参照。

（8）Hodges［1981］pp. 123-124を参照。

（9）「哨戒線」とは、ある場所を防備するために、その線よりも内側に敵が侵入するのを絶対に察知しなければならない最小の円周ないし円弧を指し、敵がどの方角から攻めてくるかわからない場合の理想的な哨戒のあり方を示す概念である。潜水艦の「散開線」とはこの哨戒線の実施形態の一つである。これに対して、従来しばしば用いられてきた「索敵線」とは、基地もしくは母艦から偵察機・哨戒艦を哨戒線にむけて放射状に多数発進させる軌跡をさす。索敵線はおおむね中心角八〜三〇度程度の開きをもっており、最大進出距離で哨戒線に到達して、中心角に相当する円弧状を哨戒し終えれば、索敵線を逆向きに基地・母艦に帰投する。

（10）高木［一九七二］六八〜六九頁。また、一九三六年七月にも末次は三十五期甲種学生への講話の中で、「北するか、南するか、東西いずれに向かうかは、米艦隊はなんら拘束されていない。予期のような夜戦の効果を期待するのは困難である」と、太平洋上での対米防衛の困難を指摘していた（同書七六頁注二）。

（11）Douhet［1927］p. 5.

（12）航空機が登場した場合の海上防衛・攻撃について、本章と同様な考察は早くも一九二五〜二六年に松永寿雄が発表している。

松永寿雄「航空戦術の話――大正十四年十一月二十一日講演」第一三巻第三号、一九二六年三月、四～一六頁。

（13）空母は大型でも装甲がなく、しかも、艦内には航空燃料・爆弾・魚雷・機銃弾などの危険物を満載しているため、わずか一発の爆弾や魚雷でも大火災・大爆発を起こす危険性が高い。

（14）今川福雄「第一聯合航空隊の思い出」安藤［一九八〇］一九五頁。

（15）山田［二〇一五］八六～八七頁参照。

（16）Underwood［1991］p. 184.

（17）トレンチャードの航空戦力思想についてはBiddle［2002］chapter 1, 2を参照されたい。

（18）Mitchell［1925］pp. 101–102.

（19）Fouloisはフランス系のため名もフランス風であるが、これが当時、米国でどのように発音されていたのかを確かめる術がないため、Foulois Papersを所蔵するアメリカ合衆国議会図書館文書室員の助言にしたがって、ここでは「フーロイ」と記す。「フーロイス」ないし「フーロワ」などの表記の可能性を排除するものではない。

（20）米国逓信省の郵便航空事業への参入に特定の航空会社のみが優遇されたという訴えにより政治的問題となり、一九三四年二月にはロウズヴェルト大統領の決定で、郵便航空は陸軍航空隊が担うこととなったが、陸上を視認する有視界飛行に慣れた陸軍の飛行士たちは夜間飛行や悪天候時の計器飛行が稚拙で、寒波や降雪の影響もあって直ちに事故を続発して、陸軍航空隊の能力そのものへの疑義が発生した。Shiner［1993］chapter VおよびCorrell［2008］を参照。

（21）Underwood［1991］pp. 59–61.

（22）山田［二〇一五］九六～九七頁。

（23）"Description of Bombardment Airplane - Circular Proposal", 4 May 1934, Foulois Papers Box 15 Folder 11, Library of Congress.

（24）Fulton Lewis, "Army Gives Secret Bids for 2 Huge Bomb Planes", *Washington Herald*, 5 August 1934.

（25）B－17に与えられた「空飛ぶ要塞（Flying Fortress）」というニックネームも、開拓時代に原住民の襲撃から自衛する幌馬車隊のイメージに重ね合わせて、沿岸防衛のための可動式要塞という意味が込められていた。Underwood［1991］p. 66.

（26）Memorandum for the Chief of Staff, "Employment of Army Air Forces in Defense of our Seacoast Frontiers", 28 November 1932, Foulois Papers Box17 Folder 8.

（27） War Department, Office of the Chief of Coast Artillery, "Employment of Army Air Forces in Defense of our Seacoast Frontiers", 7 July 1932, Foulois Papers Box17 Folder 8.

（28） アメリカ陸軍航空隊はＢ－17の洋上哨戒・艦隊攻撃能力を誇示するために、一九三八年五月一二日、大西洋上一三〇〇キロ沖をニューヨーク目指して航行中のイタリア客船レックス（Rex）に向けて、Ｂ－17の三機編隊を発進させ、雨雲に遮られながらも約四時間後に、ニューヨークまで約一一五〇キロの洋上でレックスを発見し、船長に無線で通知し、デッキ上の船客に歓迎され、その際に僚機が撮影した写真は翌日の新聞各紙に掲載された。海軍がこれに抗議したため、陸軍参謀総長クレイグは航空隊が海岸から百海里（一八五キロ）より沖を飛行することを禁止し、Ｂ－17の追加発注も取り消して、海軍との分担関係を回復しようとした。

（29） 陸軍航空隊が一九四一年以降配備したＢ－24は大きな航続力と爆弾搭載量が重宝したため、Ｂ－17を超える機数が生産されたが、米海軍も同機をＰＢ４Ｙ－１として四二年に採用し、やはり大量に配備した。

（30） 大型爆撃機を多数配備すれば敵海軍・陸軍のいずれも殲滅可能、すなわち海軍航空の主力は空母ではなく陸上攻撃機にあるとの説はすでに一九三〇年に、空母赤城副長であった松永寿雄が唱えていた。松永寿雄「空中の大艦巨砲主義に注意せよ」『有終』第一七巻第一号、一九三〇年一月、一～六頁。

（31） 松永寿雄、前注論文五頁。ここで松永が念頭に置いているのは、ドルニエDo－XやカプローニCa90など一九二九年に初飛行した当時の超巨大機である。

（32） アメリカ陸軍航空隊がミッチェルの提案によって一九二一年に対艦爆撃実験を行った際に、旧ドイツ戦艦オストフリースラントは二〇〇〇ポンド（約九〇〇キロ）爆弾一発の命中で、また、一九二四年に日本海軍が旧ロシア帝国海軍戦艦オリョール（石見）に同様の実験を行った際は二四〇キロ爆弾三発の命中で、沈没している。

（33） 日本海軍の一九三三年演習（実弾での対空砲火なし）では水平爆撃の命中率は六〇％、実際のマレー沖海戦で美幌航空隊の二五機の九六陸攻が投下した合計三一発中二ないし三発が命中だから命中率は六・五ないし九・七％となる。なお、超低高度で真横一〇〇〇メートルほどの至近距離から魚雷を放つ雷撃の命中率は、実戦でも水平爆撃より高く、マレー沖海戦では、五〇発中一一発命中で、二二％となる。なお、英国海軍少佐Ｍ・Ｈ・Ｃ・ヤングは一九三六年に、水平爆撃の命中率を一％

以下と非常に低く見積っていた（「戦艦の強敵は空襲乎、将た砲火乎」『有終』第二三巻第一〇号、一九三六年一〇月）。英国が日米独とは異なり、自立した海軍航空用の飛行機を開発しなかった理由の一つはこの点に求められよう。

(34) 現在でも航空自衛隊を含む多く国の空軍が敵水上艦・潜水艦への攻撃の任に当たっている。

(35) Hugh Byas, "Most of All Japan Fears an Air Attack", *New York Times Magazine*, 4 August 1935, pp. 6-7.

(36) ブリューヘルは北伐期に蒋介石の国民党軍の軍事顧問を務め、その後、一九二九年からはソ連極東軍管区司令部のあるハバロフスクを拠点にして、日本の満洲侵略とモンゴルへの圧力形成に対して最前線で対処した軍人である。トゥハチェフスキー粛正（一九三七年）には連座しなかったが、翌年、張鼓峰事件のあと、日本のスパイの嫌疑で逮捕されて獄死した。

(37) 加藤陽子『戦争まで：歴史を決めた交渉と日本の失敗』朝日出版社、二〇一六年、四二七～四三〇頁。

(38) なお、ドイツの対米開戦後、アメリカ陸軍航空隊は多数のB-17をイングランド東部の基地へ送ってドイツ爆撃に充てた。距離は、ドイツ東部のドレスデンでも九〇〇キロほどだから、B-17で充分に戦略爆撃の手段たりえた。

(39) 防衛庁防衛研修所戦史室［一九七四］三三五～三五三頁。

(40) 殊に重慶爆撃は一九三八年二月から五年以上にわたって継続され、周辺地域も含めて、最少でも、死者一万九二〇八人と負傷者二万一八七六人の被害を生んだ。潘［二〇一四］。

(41) 大村・南京間の距離はしばしば九六〇キロと記載されているが、実際には最短でも一〇五〇キロある。また、北京から蘭州への爆撃は片道約一二〇〇キロ、三灶島《さんそうとう》から昆明も一一〇〇キロを超える距離であった。

(42) 一九三七年八月中旬の「渡洋爆撃」では最初の三日間で投入した三八機のうち二〇機が撃墜、不時着、着陸後の大破などで失われ、残った機体も多くは被弾し、応急修理が必要な状態であった。防衛庁防衛研修所戦史室［一九七四］三四七頁。

(43) 福留繁「戸塚先輩」戸塚［一九六七］一二一頁。

(44) 岩崎［二〇〇八］一八七頁。

(45) 技術的背景についてはとりあえず、拙稿「戦間期航空機産業の技術的背景と地政学的背景――海軍航空の自立化と戦略爆撃への道――」（社会経済史学会第84会全国大会パネル・ディスカッション「両大戦間期航空機産業の世界的転回――軍需・民需相互関連の視角から――」コメント、二〇一五年五月三〇日、早稲田大学）、http://www.onozukat.e.u-tokyo.ac.jp/Air-craftindustry_comment_20150530.pdf を参照されたい。

（46）木製モノコック構造は、ドイツのアルバトロス戦闘機（一九一六年）、ロッキード・ヴェガ（二七年）などを経て、ジュラルミン製セミモノコックが主流となった三〇年代中葉以降も、LaGG－1（三九年）からLa－5（「スターリングラードの木の英雄」）にいたるソ連戦闘機、イギリスのデハヴィランドDH98モスキート（四〇年、「木製の奇跡」）から、デハヴィランドDH100ヴァンパイア・ジェット戦闘機（四三年）にいたるまで、主として戦時のジュラルミンの量的制約への対応と、ステルス性から、開発・生産と運用は続いた。

（47）Wagner［1928］Wagner［1929］, Knothe［2004］S. 15.

（48）引き込み脚の技術は緩衝装置や引き込み機構などの点で自動車の車輪懸架機構と類似しており、自動車産業の発展したアメリカが実用化に先鞭を付けた。高速性を要求される郵便機（ボーイングモノメイル、一九三〇年）から始まり、三三年のボーイング247旅客機、三三年のダグラスDC－1旅客機、そして戦闘機ではソ連のポリカルポフI－16（三三年）で最初に実用化された。日本でも数年遅れて九六陸攻で最初に採用した。

（49）八試特偵・九六陸攻の設計主務者であった本庄季郎は、その開発過程を、「飛行機の試作実験というより『飛行機を作る人間の試作』だったのだ」と回想している。本庄季郎「八試特偵（八試中攻）の話」安藤［一九八〇］三七頁。

（50）前田［二〇〇六］上、二七頁。

（51）Nowarra［1988］S. 68. 大戦期までのヨーロッパではFW－200Cが唯一の長距離洋上哨戒機である。

（52）「桜花」はしばしば「人間爆弾」と称されるが、有翼で、ロケット推進器も備えていたので巡航ミサイルのはしりというべき新兵器であった。ただし、日本は誘導技術を欠いて、有人で運用する特攻兵器となった。

（53）小野塚［二〇一三］七一～七四頁、および小野塚［二〇一六］二一頁参照。

（54）小野塚［二〇一四］一八二～一八五頁。

文献リスト

安藤信雄編［一九八〇］『海軍中攻史話集』中攻会。

岩崎嘉秋［二〇〇八］『蘇った空――ある海軍パイロットの回想――』文春文庫。

小野塚知二［二〇〇三］「イギリス民間企業の艦艇輸出と日本――一八七〇～一九一〇年代――」奈倉文二・横井勝彦・小野塚

知二『日英兵器産業とジーメンス事件――武器移転の国際経済史――』日本経済評論社。

小野塚知二［二〇一三］「兵器はなぜ容易に広まったのか――武器移転規制の難しさ――」創価大学平和問題研究所『創大平和研究』第二七号。

小野塚知二［二〇一四］「戦間期海軍軍縮の戦術的前提――魚雷に注目して――」横井勝彦編著『軍縮と武器移転の世界史――「軍縮下の軍拡」はなぜ起きたのか――』日本経済評論社。

小野塚知二［二〇一六］「武器輸出とアベノミクスの破綻――課題先進国日本の誤った選択――」『世界』通巻八八三号、岩波書店。

高木惣吉［一九七一］『自伝的日本海軍始末記』光人社。

戸塚藤子編［一九六七］『戸塚道太郎追憶』私家版。

野沢正編［一九五八］『日本航空機総集』第一巻三菱篇、出版協同社。

潘洵［二〇一四］「重慶爆撃死傷者数の調査と統計」（柳英武訳）久保亨・波多野澄雄・西村成雄編『戦時期中国の経済発展と社会変容』（日中戦争の国際共同研究５）慶應義塾大学出版会。

防衛庁防衛研修所戦史室［一九七四］『中国方面海軍作戦〈１〉――昭和十三年三月まで――』（戦史叢書七二）朝雲新聞社。

防衛庁防衛研修所戦史室［一九七五］『中国方面海軍作戦〈２〉――昭和十三年四月以降――』（戦史叢書七九）朝雲新聞社。

防衛庁防衛研修所戦史室［一九七六］『海軍航空概史』（戦史叢書九五）朝雲新聞社。

前田哲男［二〇〇六］『戦略爆撃の思想――ゲルニカ、重慶、広島――［新訂版］』朝日新聞社、一九八八年、社会思想社、現代教養文庫（上）（下）一九九七年、凱風社。

森史郎［二〇〇五］『零戦の誕生』光人社、二〇〇二年、文春文庫。

山田朗［二〇一五］『近代日本軍事力の研究』校倉書房、二〇一五年。

由良富士雄［二〇一二］「太平洋戦争における航空運用の実相――運用理論と実際の運用との差異について――」防衛研究所『戦史研究年報』第14号。

Tami Davis Biddle［2002］*Rhetoric and Reality in Air Warfare: The Evolution of British and American Ideas about Strategic Bombing, 1914-1945*, Princeton University Press.

Martin Caidin［2001］*The B-17 The Flying Forts: The Authoritative Account of America's Greatest Heavy Bomber as seen through the Eyes ofthe Men who flew it!*, ibooks, first edition in 1968（南郷洋一郎訳［一九九七］『B－17空の要塞』フジ出版社）。

John L. Correll［2008］"The Air Mail Fiasco", *Air Force Magazine* Vol. 91, No. 3, pp. 60–65.

Roberto Corsini［2007］*L'evoluzione del potere aereo negli scenari del terzo millennio*, tese dottorato dell'Universita degli Studi di Trieste.

Giulio Douhet［1927］*Il dominio dell'aria*, Ministero della Guerra, Roma, primo edizione 1921, secondo e riveduta edizione da C. De Alberti（translated by Dino Ferrari, *The Command of the Air*, Coward-McCann, 1942）.

Rene J. Francillon［1967］*The Mitsubishi G3M "Nell"*, Profile Publications Ltd.

Roger A. Freeman［1977］*B-17 Fortress at War*, Allan（Ian）Ltd.（大出健訳［一九八四］『空の要塞B－17』講談社）。

Peter Hodges［1981］*The Big Gun: Battleship Main Armament 1860–1945*, Naval Institute Press, 1981.

Klaus Knothe［2004］*Daten zum Leben von Herbert Wagner 1900–1982* [N. P.].

William Lendrum Mitchell［1925］*Winged Defense: The Development and Possibilities of Modern Air Power – Economic and Military*, G. P. Putnam's Sons.

Heinz J. Nowarra［1988］*Focke-Wulf Fw 200„Condor": Die Geschichte des ersten modernen Langstreckeflugzeuges der Welt*, Bernard & Graefe Verlag.

John F. Shiner［1983］*Foulois and the Army Air Corps 1931–1935*, USAF Office of Air Force History.

Reinhold Thiel［2011］*Focke-Wulf Flugzeugbau*, Verlag H. M. Hauschild, 2011.

Jeffery S. Underwood［1991］*The Wings of Democracy: The Influence of Air Power on the Roosevelt Administration 1933–1941*, TAMU Press.

Herbert Alois Wagner［1928］" Über die Zugdiagonalenfelder in dünnen Blechen", *Zeitschrift für Angewandte Mathematik und Mechanik*, Nr. 8.

Herbert Alois Wagner［1929］" Ebene Blechwandträger mit sehr dünnem Stegblech", *Zeitschrift für Flugtechnik und Motorluftschiffahrt*, B. 20, Nr. 8–12.

第Ⅱ部　第二次大戦期および戦後冷戦期

第6章　ドイツ航空機産業におけるアメリカ資本の役割
――ユンカース爆撃機Ju88主要サプライヤーとしてのアダム・オペル社――

西牟田 祐二

1　はじめに――問題の設定――

第二次世界大戦期の軍事力の性格はどの国においても一般的に「軍事的モータリゼーション Military Motorization」として特徴付けられる。陸・海・空のすべての領域において内燃機関を動力とする軍事力が体系的に構築されることになったのである。そこでは当然のことながら各国における自動車諸企業の果たす役割は著しく大きかったと言えよう。すなわち平時において乗用車およびトラックを生産する諸企業が、戦時においては、一方では各種軍事車両（軍事用乗用車、装甲車、戦車、歩兵搭載用トラック、牽引車等）を生産するのみならず、他方ではとりわけ航空機エンジンを中心とした各種航空機部品の生産に転換し、航空機産業の主要サプライヤーになって行くのである。それらがいち早くきわめて意識的政策的に推し進められたのがナチ政権期ドイツであった。すなわちダイムラー＝ベンツ社、ＢＭＷ社などドイツの主要自動車企業は第二次世界大戦の勃発に先立つ一九三〇年代において、特に一九三六

表6-1　アダム・オペル社の軍需生産

		全ドイツ内シェア
ブランデンブルク工場	ドイツ国防軍向けトラック	約50%
リュッセルスハイム工場	ユンカース Ju-88用エンジン組立	50%
	ユンカース Ju-88用ランディング・ギア組立	50%
	ユンカース Ju-88用後部ランディング・ギア組立	50%
	ユンカース Ju-88用ランディング・ギア計器取付部分	100%
	ユンカース Ju-88用ランディング・ギア・フレーム メッサーシュミット Bf109用	100%
	ランディング・ギア接続支柱	60%
	アラード用後部ランディング・ギア組立 メッサーシュミット Me262ジェット機用	100%
	ランディング・ギア組立	80%
	メッサーシュミット Me262用ジェット・エンジン	10%
	ユンカース Ju-88用全胴体	不明
	ユンカース Ju-88用キャノピー天蓋	100%
	ユンカース Ju-88、JU-188用主翼延長部分	100%
	ユンカース Ju-88用主翼フラップ補強部分	80%
	ユンカース Ju-88用全ワイヤー・ハーネス	5%
	ユンカース・エンジン JUMO213用 オイル圧力ポンプ	30%
	メッサーシュミット Bf109用オイル容器	50%

出所：United States Strategic Bombing Survey, Munitions Division, Motor Vehicles and Tanks Plant Report No. 3, ADAM OPEL RUSSELSHEIM, Germany, Dates of Plant Survey 16 April -2 May 1945, Date of Publication 18 Aug. 1945.

年以降の「第二次四カ年計画」のもとでその生産設備を急速に転換して行った。しかしながら一九三〇年代の平時ドイツ民間自動車市場におけるトップメーカーは、実のところ、アメリカ自動車企業ジェネラル・モーターズ（GM）社の一〇〇%子会社であるアダム・オペル社 Adam Opel A. G. であったのである。それではアダム・オペル社はこうしたドイツにおける「軍事的モータリゼーション」の動向の中でどのような対応を行ったであろうか？ 結論を先取りすれば、アダム・オペル社もドイツにおける「軍事的モータリゼーション」に対して非常に積極的に対応した。すなわち同社は一九三五年にベルリン郊外のブランデンブルクにトラック工場を新設し、翌年大拡張することによって、ドイツ国防軍向けの歩兵搭載用トラック生産において急速にトップメーカーになっていったことはすでに十分明らかにされている。(1)

しかしながらアダム・オペル社のドイツにおける「軍事的モータリゼーション」への貢献はそれにとどまるものではなかった。表6-1は、第二次世界大戦中におけるアダム・オペル社の軍需生産を概観したものである。アダム・

オペル社リュッセルスハイム工場は、戦前期においては同社の乗用車工場であったが、第二次世界大戦期には、とりわけユンカース社 Junkers Flugzeug und -Motorenwerke A. G. 双発爆撃機 Ju88用の航空機エンジンをはじめとする各種航空機部品の主要サプライヤーとなって行ったのである。

それではアダム・オペル社のドイツにおける「軍事的モータリゼーション」へのさらなる展開すなわちドイツ航空機産業への参入はいかにして行われたであろうか？　本章の課題はこれである。

2　アダム・オペル社のドイツ航空省への接近

「今日のドイツでは、法的権利は大きな程度においてそれらの意味を失っている。われわれが活動する領域においてそれは特によく当てはまる。法律は、条文の具体的で明確な文言によるよりも、時代の精神と党（ナチ党のこと――引用者）の現在の感情に基づく判断によって解釈される。手もとに法を置いておくことは重要であり有用である。しかし、最大に有用なのは、われわれジェネラル・モーターズ社が法律の中に書かれているこれらの権利を実現するに当たって支持してくれるよう依拠できる影響力のある友人を持つことなのである。ナチ党がほとんど克服しがたい障害物である現状において、（ドイツ）陸軍は明らかにわれわれの最有力の対象である。さらに、法によれば、アダム・オペル社の取締役会長の指名を左右できる唯一の外部の団体は、トーマス将軍 General Thomas の率いる軍備調達グループなのである。陸軍ビジネスを獲得する際の役割においてわが社のベルリン販売会社社長であるエドヴァルト・ヴィンター Edward Winter は、フォン・シェル大佐 Colonel von Schell、トーマス将軍などとくに重要な陸軍人脈を開拓することに功績があり、またドイツ空軍人脈についてもそうである。わが社はドイツ軍の両部門と深く結びつき、その支えのもとで、軍事輸送における生産面及び技術面の諸問題、および航空機の諸問題に従事している」[2]。

アメリカ・ジェネラル・モーターズ社副社長で、ドイツ子会社アダム・オペル社の監査役会副会長を務めるグレアム・K・ハワード Graeme K. Howard は、一九三八年六月、上司であるGM社海外事業部長ジェイムズ・D・ムーニー James D. Mooney に対する長文の報告においてこのように言明している。当時ハワードは、アダム・オペル社が立地するヘッセン州の地域ナチ党組織の長（「ガウライター」Gauleiter）であるヤコブ・シュプレンガー Jacob Sprenger からアダム・オペル社の「経営指導者」[3] Betriebsfuerer をめぐる人事への介入に苦しめられていた。そこでハワードは、いわば「牽制力」を構築するために、ドイツ陸軍への歩兵搭載用トラックの納入実績による陸軍との関係を継承拡大するとともにドイツ空軍との関係構築に積極的に乗り出したのであった。

このためにハワードは、同じくアメリカ人経営者で新たにアダム・オペル社取締役会会長に選任されたサイラス・オズボーン Cyrus R. Osborn を伴って、一九三八年五月三〇日および六月一日に首都ベルリンに滞在した。

最初の訪問は陸軍であった。E・ヴィンターを通じてアポイントメントを取り、事前に周到にインタヴューが計画された。最初の訪問先であるトーマス将軍へは事前にドイツ語での文書依頼を行い、それに続いて詳細な意見交換を行った。その成果はトーマス将軍の側からのGM社とアダム・オペル社への最も助けになる協力的で理解ある友情の強化ができたことであった。それに続いてハワードとオズボーンは、ドイツ陸軍情報部長であるベッカー将軍 General Becker との会談を行った。ベッカー将軍は「フライシャー解任事件」[4]の解決のための協力を行ってくれた人であり、全経過についての相互理解を固めることができた。その次に一行はドイツ陸軍の車両調達の責任者であるフォン・シェル大佐との会合を行った。フォン・シェル大佐は、オズボーンの取締役会会長選任を祝したばかりでなく、フライシャーの解任を会社のために喜んだ。そして「ご祝儀として」オペル「ブリッツ」トラック二〇〇〇台の追加発注を行ってくれた。その夕べにオズボーンとヴィンターが夜会を用意したが、そこにはヴィンター、オズボーン、ハワードとともにミルヒ将軍 General Milch とウーデット将軍 General Udet が会した。両名ともドイツ空軍のトップである。

翌日一行は新しく建築されたドイツ航空省本部ビルにおいてミルヒ将軍とウーデット将軍から昼食会に招待された。ミルヒ将軍は、ドイツ空軍の司令長官で、ゲーリング元帥に直接報告する関係にある。ウーデット将軍は、ドイツ軍の最も有名な飛行士で、かつての「リヒトホーフェン飛行隊」のメンバーであり、アメリカ合衆国で言えばリンドバーグに当たる人であった。昼食会は大いに活況となり、「多数のビジネス・マターが話し合われた」。これについてハワードは本社のムーニーに「口頭で報告を行った(5)」。

ハワードは、二週間後の六月一七日、ロンドンからアメリカに帰国する際に、ドイツ軍備調達局長トーマス将軍とドイツ航空省次官ミルヒ将軍にお礼の手紙を出している。そこには、「ヨーロッパを発つに当たり、あなたがアダム・オペル社とそのオーナーであるＧＭ社に対して示してくれた親切で誠実な取り扱いの姿勢に感謝します。将来においてアダム・オペル社があなたのために、したがってまたドイツ政府のために、一層お役に立てられるであろうこと、同社およびわれわれのアメリカでの経験がドイツを再建するためにお役に立てられるであろうことをわたくしがこの関係の中に特に見ているということをあなたも確信されたことでしょう」（トーマス将軍へ）、「ドイツ航空省本部での素晴らしい昼食会は私の今回のドイツ滞在での頂点でした。わたくしたち二つの大国はいつでも友情を持ち続けなければなりません。それは両大国だけでなく全体としての世界の利益の核心をなすものです」（ミルヒ将軍へ）、とある。

3　ドイツ政府のＧＭ本社への接近

アダム・オペル社＝ＧＭ社グループのアメリカ人経営者Ｇ・Ｋ・ハワードのドイツ航空省への接近は、その後もなく二つの結果に繋がって行った。

そのひとつは、GM本社社長のウィリアム・S・ヌードセン William S. Knudsen が一九三八年九月にドイツを訪問した際、ナチ政権ナンバー2のゲーリング元帥 Field-Maushal Goering から招待を受け、元帥の狩猟用別荘「カリンホール森の家」"Waldhof Karinhall" で会談したことである(一九三八年九月一八日)。記録によれば、(6) 出席者は、ドイツ政府側では、ゲーリング元帥のほか、空軍のウーデット将軍、およびボーデンシャッツ将軍 General Bodenschatz であり、他方GM社側は、W・S・ヌードセンGM本社社長とアダム・オペル社ベルリン販売会社社長のE・ヴィンターであった。

経過は以下のとおりである。

九月一七日の午後、ウーデット将軍はゲーリング元帥の狩猟別荘においてドイツ空軍の業務について報告するため数時間を過ごした。ゲーリング元帥がウーデット将軍を夕食に誘ったところ、後者は、E・ヴィンターの家に招かれており、そこで前から知っているアメリカGM社の社長であるヌードセンと会うことになっていると断ろうとした。するとゲーリング元帥は、ウーデット将軍およびその他の様々な省庁の人々の報告からGM社がアダム・オペル社を通じてドイツ陸軍および空軍の要望に応えている際の高度に効率的な方法についてよく知っていたので、ウーデット将軍に、ヌードセン氏とヴィンター氏を翌九月一八日日曜日に「カリンホール」に立ち寄ってもらえるように招待してもらえないかと頼んだ。

ウーデット将軍がこの招待をヴィンター氏に伝えたところ、ヴィンター氏は、「この招待を一週間延ばしてもらえないか、というのはヌードセン氏はもう明日にはデンマーク・コペンハーゲンに行き、それからベルリンに戻ってくる予定で、そのときにはムーニー氏やハワード氏と一緒になるはずだから。そして後の両人の存在は非常に重要だと思われるから」と答えた。ウーデット将軍はしかしながら「わたしの任務は元帥のヌードセン氏とヴィンター氏にたいする翌朝の招待を伝えることで、さらには、元帥はこれからの数週間にわたる公的な仕事のプレッシャーゆえ、一週間後にはヌードセン氏を招くことはできなくなるだろうからこの招待を受けることを強く勧める」と答えた。結果、W・S・ヌードセンは招待を受けることになった。

当日朝、ヌードセン、ヴィンター両氏は、ウーデット将軍に伴われて、「カリンホール」に行き、そこでゲーリング元帥に歓待を受けた。ゲーリング元帥は、ヌードセン氏に、GM社がとくにアダム・オペル社においてなしている工業の再建や、オペル車の輸出を通じたドイツの外貨の獲得、さらにはとりわけドイツの新たな陸軍や空軍の装備改善などへの価値ある支援に対し感謝の意を表明した。ゲーリングは、アダム・オペル社の取締役会会長オズボーン氏やヴィンター氏がこれらの傑出した仕事を実行する際に際立った働きをしていると強調した。

元帥はまた、「わたしは工業製造におけるアメリカ的方法の高度な品質をよく知っており、あらゆる手段でこれらの方法のドイツへの導入を奨励している」と述べた。リュッセルスハイムのアダム・オペル工場にアメリカ人の専門家が多く雇われれば雇われるほど、それはわたしにとって望ましいことだ。ドイツは高度なスキルを持った労働の相当な不足をきたしているので、アメリカの持つ労働および物資の節約方法を導入することによってのみ、フューラー（アドルフ・ヒトラー）から彼に託された「四カ年計画」の実行は可能となるだろうし、また空軍の急速な武装化もまたそうであると思うと言った。そうなるように、ゲーリングはGM社に対し「喜んで同社の計画があらゆる仕方で実現することを支援するつもりだ」と言った。ゲーリングはまた、ドイツのライバル会社がアダム・オペル社の進歩を見ている際の敵対心をよく知っていると明かした。そんな場合一〇〇％元帥があなた方の側に立っていることを心配すべきでないとも言う。

ゲーリング元帥は続いて、「ヌードセン氏にこの機会をとらえて一つのリクエストを行いたい」と述べた。ドイツの大きな自動車製造業者であるダイムラー・ベンツ社、アウト・ウニオン社、バイエリッシェ・モトーレン・ヴェルケ（ＢＭＷ）社は、航空機エンジン生産のための追加的な工場を建設したが、アダム・オペル社も彼らの例に倣ってくれることがわたしにとって大変望ましく思える。またこの点において、アダム・オペル社は、ＧＭ社の協力を以ってすれば、その効率性の観点で、疑いもなく他のドイツ航空機エンジン生産者に対するモデルとなるような基準を打ち立てることができると考えている。望まれている工場は、ひとつのシフトで一八〇基の航空機エンジンを生産する生産能力を持つもので、かつ特に重要なのは、アメリカ製の工作機械を以って設備されるということなのだ。その理由は、第一には効率性の観点からであるが、さらには、ドイツ製の工作機械はこれからの数年間で完全に売り切れてしまうであろうからなのである、と述べた。

この申し出に対して回答するに当たり、ヌードセンは、「当然のことながら直ちに意見を表明することはできない」とまず述べた。「まず最初にウーデット将軍がわたしに望まれているエンジンの設計図を見せ、事柄の概括が得られるようにすることが先決だ。第二にもし本当にこのことが真剣に考慮されるべきとなった時にも彼の意見ではそれは細心の注意を持って進め決して急がないことが大切だ。なぜならそれがアメリカン・メソッドの成功の秘密だからだ。したがってまず工場の計画が注意深く書き上げられ、それから必要な機械がぴったり合うように選択されアレンジされるべきだ。それから必要とされる設備が事前に完全に設計され準備されるべきだ。これらすべての点での前提が完全に満たされた後ではじめて満足できる結果をもたらすに足る航空機エンジンの生産工場が運営できるようになるのだ」と補足した。こうして、ヌードセン氏はこの件についてなんらオブリゲーションは負わずに、たんに問題となる設計図をウーデット将軍から受け取った後でそれを注意深く検討することを約束するにとどまった。そして後のことはウーデット将軍とともに検討することになった。

その後は、一時間に渡り、ヌードセン、ヴィンター両氏との精力的な意見交換が行われ、その中でゲーリング元帥はアメリカの自動車および航空機生産に関するたくさんの質問を行った。

この会談の終わり近くに元帥はＧＭ社とアダム・オペル社がドイツ政府から正当な承認と支援を受けているかと質問した。

ヴィンター氏はこのよい機会を逃すことなく、ここ数カ月来未決となっているヘッセン州のガウライター・シュプレンガー氏との間の論争にはっきりした満足のいく結論に導くような努力をなすべきだと感じた。そこで彼は「あらゆるドイツ政府当局との協力関係はパーフェクトだ。陸軍司令部とだけでなく航空省や、ブリンクマン次官 Secretary of State Brinkmann によって代表されている経済省との関係も、アダム・オペル社の利益に沿うように保たれており、重要な輸出業務も含め、アダム・オペル社のオズボーン氏による経営全般は高く評価されている。だが、数カ月にわたり、オペル社の経営陣、とりわけオズボーン氏を悩ませている困難がある。それはヘッセン州のナチ党指導者（ガウライター）であるシュプレンガーのことだ」と言明した。

ヴィンター氏は問題となっている意見の相違の原因について説明した。するとゲーリング元帥は、ガウライターのシュプレンガーをこちらに呼び、自らこの件を彼との間で決着させるつもりだと答えた。元帥の意見はこうだった。「シュプレンガー氏は政治の領域において彼の政治的友人を作ろうとしているのだろうが、経済的な企業の中では専門家が排他的に雇われるべきだ。産業家たちが政治の領域に入ってくることを私は好まないのと全く同じく、産業の領域に政治家が介入することも私は好まない。アダム・オペル社が現に重要な位置を占めているような、好ましい成果を以って運営されている産業企業においてはどんな種類の外部からの介入も許さない」と彼は付け加えた。彼はまた、「必要性を以って運営されていない事業の場合にのみ満足な結果を確保するために私は介入する」という。

インタヴューの最後にゲーリング元帥は、ヌードセン、ヴィンター両氏に「カリンホール」の中を案内し、ＧＭ社とアダム・オペル社の協力に対し両氏に深い感謝の気持ちを表して送り出した。

4　アダム・オペル社のドイツ航空省からの最初の受注

G・K・ハワードとC・R・オズボーンのドイツ航空省ミルヒ将軍およびウーデット将軍との接触がもたらしたいまひとつの結果は、アダム・オペル社のドイツ航空省からの最初の具体的な受注であった。

その内容は、ドイツ航空省の依頼でアダム・オペル社内にダイムラー＝ベンツ社が開発した液冷メルセデス＝ベンツ航空機エンジンのプロペラ・スピードをコントロールする特別ギアを生産する新しい工場および実験設備を建設することであった。ミルヒとウーデットにとっては、そうした設備は、アダム・オペル社の技術者が経常的に派遣されているアメリカのGM社工場で開発されていた最新のギア技術へのアクセスの見通しをも含んでいたと言われている。(7)

一九三九年二月八日付けのGM社の財務委員会に提出された経費支出要求書 Appropriation Request においてこの件は次のように記されている。

「われわれのドイツにおける全投資を保護する利益のために、ドイツの高度かつ重要な政府部門との協力関係を維持することが必要である。さらにオペル社は、他のすべてのドイツ工業企業と共通に、ドイツ政府の全般的な目的に少なくともある程度において参加することが求められている。このプロジェクトはこうした特別のカテゴリーに属するものである」として総額四九一万ライヒスマルク＝一一六万九〇七一ドルの経費支出が要求され、G・K・ハワード（アダム・オペル社監査役会副会長、GM社副社長）、J・D・ムーニー（アダム・オペル社監査役、GM社副社長兼海外事業部長）およびW・S・ヌードセン（GM社社長）によって承認されている。(8)もちろんドイツ航空省はこのギア・プラントのためのオペル社の行うすべての生産設備等準備費用に関し全額の支払いを約束していた。しかし当面アダム・オペル社の正式の費用請求としてGM本社が承認を行ったものであった。(9)

表6－2　アダム・オペル社における監査役会 Aufsichsrat、取締役会 Vorstand の構成（1939年6月）

監査役会	取締役会
W. フォン・オペル Wilhelm von Opel（独、会長）	A. バンガート A. Bangert（独）
F. オペル Fritz Opel（独、副会長）	H. ハンセン H. Hansen（独）
G. K. ハワード G. K. Howard（米、副会長）	E. S. ホグルンド E. S. Hoglund（米）
F. ベーリッツ F. Belitz（独）	C. R. オズボーン C. R. Osborn（米）
C. リューア Carl Luer（独）	H. G. グレヴェーニッヒ H. G. Grewenig（独）
J. D. ムーニー J. D. Mooney（米）	G. S. フォン・ハイデカンプ G. S. von Heydekampf（独）
A. P. スローン、Jr. A. P. Sloan, Jr.（米）	O. C. ミュラー O. C. Mueller（米）
G. N. ヴァンジタート G. N. Vansitart（英）	K. シュティーフ K. Stief（独）
D. F. ラディン D. F. Ladin	H. ヴァーグナー H. Wagner（独）
A. A. メイナード A. A. Maynard（米）	
K. アウアバッハ K. A. Auerbach（独）	

出所：Adam Opel A. G., Geschaeftsberichte 1939より作成（　）内は国籍。ただし、D. F. ラディンについては手元に資料がない。

5　第二次世界大戦勃発とドイツ政府、アダム・オペル社間のユンカース爆撃機Ju88部品供給をめぐる交渉

一九三九年六月の時点では、アダム・オペル社は表6－2のような監査役会Aufsichtsrat、取締役会Vorstandの体制で経営が担われていた。経営監督を行う監査役会[10]にドイツ人監査役として旧オーナー家のヴィルヘルム・フォン・オペル（アダム・オペル社監査役会会長）、フリッツ・オペル、さらには銀行家フリッツ・ベーリッツ、カール・リューアが入るとともに、現一〇〇％株主のアメリカGM社から、グレアム・K・ハワード（GM社副社長、アダム・オペル社監査役会副会長）、ジェイムズ・D・ムーニー（GM社副社長兼海外事業部長）、さらにはアルフレッド・P・スローン、Jr.（GM社会長）などが入っていた。他方経営執行を行う取締役会には、ドイツ人取締役として、A・バンガード、H・ハンセン、H・G・グレヴェーニッヒ、G・S・フォン・ハイデカンプ、K・シュティーフ、H・ヴァーグナー、K・アウアバッハが入るとともに、アメリカGM社から、E・S・ホグルンド、C・R・オズボーン、O・C・ミュラー、A・A・メイナードが入っており、前述のようにアメリカ人C・R・オズボーンが取締役会会長として経営指揮を執る体制になっていた。

表6-3　第二次世界大戦勃発からアダム・オペル社組織再編までの経過

9月1日	ドイツ軍ポーランド侵略開始
9月3日	イギリス、フランス対独宣戦布告（第二次世界大戦勃発）
9月5日	ドイツ政府「戦時経済に関する布告」
同日	J. D. ムーニーとC. R. オズボーンがアダム・オペル社の対応原則を設定
9月12日	ドイツ航空省、オズボーンとH. ヴァーグナーに接触開始
9月13日	ドイツ政府と3つの会合　ムーニー、オズボーン、ヴァーグナーがオペル社案を提示。このうちドイツ経済省次官フォン・ハネケン将軍がオペル案に不満を表明
9月15日	ドイツ自動車総監フォン・シェル大佐がムーニーとオズボーンにメッセージ
9月16日	ブランデンブルク工場長フォン・ハイデカンプが取締役内で異論を展開。アダム・オペル社内で緊急会議
9月19日	陸軍・空軍・海軍将校視察団がリュッセルスハイム生産設備視察（アメリカ人経営者に知らせず）。ヴァーグナーが同日オズボーンに事後報告。オズボーンとムーニー、対応を変え、「分割リース案」を考案
9月21日	フォン・ハネケン、オペル社回答を要求。オペル社「分割リース案」提案。フォン・ハネケン逆提案
9月22日	ムーニー、オズボーン当初案維持を回答
9月27日	オペル社法律顧問H. リヒター『戦争中におけるアダム・オペル社の位置に関する意見書』提出
10月1日	オペル社「経営指導者」H. グレヴェーニッヒ、ガウライターから呼び出し
同日	ドイツ政府リュッセルスハイム工場生産設備在庫点検実施
10月6日	ムーニー、オズボーン、C. リューアと話し合い「ドイツの国民的利益とジェネラル・モーターズの利益の整理」をまとめる。全取締役と話し合い
10月16日	ムーニー、オズボーン、リューア、フォン・ハイデカンプがベルリン（ドイツ経済省）を訪問。経済省高官ルールベルク博士、ユンカース社「経営指導者」ティーデマン博士およびユンカース社社長コッペンベルク博士とオペル社との会談を仲介。オペル社「包括的リース案」をまとめ、ユンカース社側に提案
10月21日	ユンカース社社長コッペンベルク博士、基本合意を回答
10月26日	ユンカース社側の契約案提示される。オペル社検討の上、否定的に評価。オペル社内において「包括的リース案」、「分離新会社案」およびユンカース社側の姿勢に対し動揺広がる。オペル社内緊急会議
11月3日	オペル社、ユンカース社提案への不同意を表明
11月13日	ベルリンに到着したムーニー、オズボーンと詳細な議論。この中でH. リヒター意見書を再検討
11月15日	アダム・オペル社監査役会会議召集。アダム・オペル社組織再編（ヴァーグナー新取締役会会長選出）が決定

出所：C. R. Osborn to James Mooney re: operations of GM properties in Germany since August 1, 1939, #1451-1474, Box 2, GM Documents, Yale University より作成。

一九三九年九月一日のドイツ軍によるポーランド侵略の開始、およびこれに対するイギリス、フランスの対ドイツ宣戦布告（九月三日）によって第二次世界大戦が勃発すると、当然のことながらドイツ政府によるアダム・オペル社に対する接触が極めて活発化する。表6-3は、第二次世界大戦勃発以降のドイツ政府（主にドイツ航空省）とアダム・オペル社との交渉経過をまとめたものである。以下要点について触れて行きたい[11]。

まず、一九三九年九月五日にドイツ政府が「戦時経済に関する布告」[12]を出すと、そこには次のような規定があった。「ドイツの領域に存在するあらゆる会社、パートナーシップおよび同様の組織と居住者は、ドイツ政府の正当な当局によって求められる労務を行う義務を負う。すなわち何らかの財貨の供給、備蓄、製造を行うこと、会社が所有ないし保持する動産や権利に関する取引を行うこと、情報を提供すること、当局によるその工場の使用を許可すること等である」。

同日九月五日にＧＭ社海外事業部長かつアダム・オペル社監査役のＪ・Ｄ・ムーニーとアダム・オペル社取締役会会長のアメリカ人経営者Ｃ・Ｒ・オズボーンは直ちにアダム・オペル社の対応原則を設定する協議に入った。そこで同意された原則は次のとおりであった。

「オペル社におけるわれわれの生産設備は、可能な限り最大限、通常のビジネスの基礎をなしている製品の生産のために使い続けることにする。ＧＭ社の政策の枠内での統一性が維持されるようにすべきである。どんなプログラムが採用されるにしても、オペル社の組織と生産設備が守られ、戦争が終わって平和時のコンディションの下での通常の操業がなされる出口の際に可能な限り強力なポジションを保つことができるようにされるべきである。オペル社は、どんな場合でも、機関銃や手榴弾や銃弾等のような、その使用が戦争目的のみに特殊な製品の部品製造や組立を行うことを避けるべきである。もしそのような製品を生産されることが要求される場合には、機械設備と人員とをそのような生産に従事する他の工場に移転し、戦争が終わった後オペル社に戻すという契約を選好したほうが良い。そのような機械設備と人員の移動が、もしそれらの完全利用のために必要だとされる場合には、われわれの側からはそれになんら反対はしない」。

ここにはその後保持される方針の特徴がすでに現れている。

九月一二日、ドイツ航空省のウーデット将軍の技術顧問マーンケ氏 Mr. Mahnke がアダム・オペル社取締役会のＣ・Ｒ・オズボーンとＨ・ヴァーグナーに接触を開始した。マーンケ氏とアダム・オペル社は、先に述べたリュッセルスハイム工場において行われているダイムラー＝ベンツ社開発の液冷航空機エンジン用減速ギア・プラントを通じてコンタクトがあった。彼の言明は次のことから始まった。

「ドイツ航空省は、アダム・オペル社の生産設備を最大限利用することに関心を持っており、ドイツ政府の他の部門より優先権を獲得するべく交渉中である」。

そこでオペル社側の原則を提示したところ、マーンケ氏は、「私たちは、オペル社のオートマティクス部門で、標準的な諸部品を直ちに引き受けてもらいたい。貴社リュッセルスハイム工場には、ドイツ航空省全工廠が持っているのを全部合わせたよりも多くのスクリュー・マシンが存在することがわれわれには分かっている。われわれはこれらをすぐに使いたい。さらにオペル社の鍛造部門をフルに使い、またオペル社のプレス部門において多数の小プレス部品の生産を行って欲しい。なかでも最も緊急性を要するのは、自動スクリュー・マシンによる部品製造と鍛造部品である」と息せき切って要望した。

ドイツ航空省側のこの最初の要求提示にもその後の一貫した基本特徴が現れている。それはなによりもアダム・オペル社の際立った大量生産能力に他ならない。

アダム・オペル社側は、「これらの諸部品の設計には何ら難点はないので、わが社はその生産を引き受けることに合意する」と返答した。

翌九月一三日、ドイツ政府との三つの会合が連続して行われた。ムーニー、オズボーン、ヴァーグナーがアダム・オペル社側の原則を提示すると、三つのうちのひとつの会合で、ドイツ経済省次官のフォン・ハネケン将軍 General von Hanneken が、オペル社原則に不満を表明した。

フォン・ハネケン「そのようなプログラムは、わたしの意見では、リュッセルスハイムの生産能力をドイツの戦争上の要求の観点で必要とされる程度にまで十分利用するものではない。自分は、ドイツ自動車工業の全雇用者と機械設備とを、特にまもなく乗用車生産に制限が加えられることを通じて使えるようになったそれらを、全面的に活用するための最終的な意思決定を急ぐために、自分の権限の中であらゆる努力をするつもりだ。この点でオペル社は、戦時において、工場をフルかつ完全に利用する計画をいまだ立てていない」。

フォン・ハネケン将軍は強調した。「わたしは、もし戦争物資がリュッセルスハイム工場においてオペル社の名前で生産された場合、アメリカ人取締役が困った気持ちになるだろうことがよく想像出来る。他方、ドイツは戦争の期間において、これらの設備と組織をフルに使用してドイツ政府の需要が最大限満たされるようにすることを避けることができないのだ。それゆえ、如何にしたらこれらの需要を満たすことができるかを考慮して欲しい」。

彼はさらに言った。「もし政治的な領域におけるあり得る困難を克服するために必要であるならば、戦争の継続期間中、アダム・オペル社の経営を信託者として管理するドイツ国管財人 Reichskommisar を置くことも予期され得る」と。

同九月十三日ドイツ自動車総監のフォン・シェル大佐の主催でドイツ自動車工業経済グループの会議が開かれ、自動車諸企業に次の情報が伝えられた。

①ドイツ政府物資管理機構 the Government Control Board for Materials は、自動車諸企業が保持している在庫のすべてを接収する権限を持つ。

②すべての自動車工場が保持しているすべての鉄鋼を溶解して他の目的に使うために接収することが考慮されている。

③ドイツ自動車諸企業が他のドイツ政府諸機関によって提起されている諸問題はフォン・シェル大佐の下にも連絡

されねばならない。
④自動車諸企業の物資在庫リストを一〇月一日までにフォン・シェル大佐の下に届けねばならない。
⑤各企業は現在の在庫原材料の分析を行い、この原材料で生産され得る乗用車およびトラック台数の算定を行わねばならない。

九月一五日にフォン・シェル大佐は、フォン・ハネケン氏から「ムーニー氏とオズボーン氏がオペル社のリュッセルスハイム工場で戦争物資を生産することを拒否した」との話を伝え聞き、E・ヴィンターを通じてムーニーとオズボーンに、メッセージを送った。「両氏がいまのような立場に立つと自分は困惑する。なぜなら両氏はドイツが現在戦争状態にあることを理解しなければならないからだ。あるいは彼らが輸出事業に使わないあらゆる機械や設備を、例えば政府がオペル社に減価償却費やレンタル料を払う他の工場に移すようにすることに彼らが同意するというような方向でうまく妥協するようなアドバイスを自分がしたいと思っている」。それに対してオズボーンは、「その提案はまさしくフォン・ハネケンに対してわれわれが行ったものと同じだ」と返答した。

翌九月一六日アダム・オペル社内で一つの波乱が起こった。ブランデンブルク工場長のフォン・ハイデカンプが、ベルリンから「オペル社が戦争物資を作ることを拒否した」との情報を伝え受けた。そこで彼は九月一六日付けのオズボーン宛の手紙を書き、そのコピーをオペル社全取締役に送った。その中で彼は、政府からのどんな種類の物資生産の命令を受け入れることも、もしそれが武器弾薬や銃砲を含んでいたとしても、それはアダム・オペル社とその取締役の義務だと述べた。彼は他のどんなポリシーをとってもそれはわが組織を第二級の愛国者と等級付けられる結果につながるだろうと主張した。

オズボーンはここで直ちにフォン・ハイデカンプをリュッセルスハイムに呼び出した。ムーニーとオズボーンは、フォン・ハイデカンプとまず面談し、次に取締役会のすべてのメンバーと個別に面談した。そして、「アダム・オペル社は単にドイツ国内だけの活動に限定されている会社ではないこと、それは大きな世界的規模の組織の一部であって、その世界的規模の組織との関連を通じて、ドイツに最も重要で実質的な貢献をこれまでもして来たし、将来においても、われわれがいま直面しているこの戦争の時期を含めて、実質的な貢献をドイツ経済にしていくことができるのだ。そしてそれは輸出業務の最大限の維持を通じてである」と詳細にわたり説明した。またこの貢献は、もしアダム・オペル社が銃弾など純粋に戦争需要の性質のものの生産を引き受けることになると不可能になってしまうと述べた。すなわち、われわれはGM社の全組織を通じて存在している統合的なポリシーを持っており、それが保持されねばならず、しかもそれらはドイツの戦争目的と組織内のメンバーの愛国的な感情を何ら損なうことなく保持できるものなのだ、とムーニーおよびオズボーンは強調した。他方で、もしオペル社の工場が銃弾のような純粋の戦争物資の生産者に転換してしまうと、輸出ビジネスの展開の中で必要とされるわれわれの世界的規模の組織の維持とサポートにとって必要なわれわれの統合性の観点で疑いもなくドイツにとっての著しいロスとなる結果を生じるだろう。アダム・オペル社の輸出事業の規模は、戦時期においても、銃弾の生産と同等以上の規模をもっていると思われる。またベルリン政府はオペル社には輸出事業を妨害するどんなプログラムも与えない保障をすでに与えているのだ。さらにムーニーとオズボーンは、オペル社がオペル社の名前で純粋な戦争物資の生産に機械設備を使うことを欲しない場合、それらの機械設備はドイツ政府に提供されることになるので、オペル社の機械設備が使われないままにおかれることはないとドイツ人取締役たちに説明した。これらの会合の結果、取締役会のドイツ人メンバーは全体としてとられる位置づけに関し十分に満足する姿勢を表明した。

九月一九日、ドイツ陸軍、空軍、海軍将校の視察団によってアダム・オペル社の生産設備視察が行われた。しかしここで問題であったのは、この視察がアダム・オペル社のアメリカ人経営者に知らされることなく実施されたことであった。

ドイツ人取締役のH・ヴァーグナーが、この視察団のアダム・オペル社訪問に引き続いてベルリンにおいて行われた航空省との会議の結果、次の四つを含む航空機部品の生産を引き受ける準備に直ちに取りかかるよう命じられた。すなわち、①鍛造部品②水圧機構（hydraulic mechanismus）③ワイヤーハーネス等電装品④スクリュー・マシン加工部品である。これらについてH・ヴァーグナーは事後にオズボーンに次のように報告している。

「航空省との議論の中で、上述の部品生産のために工場スペースのある部分、すなわち一階の乗用車倉庫兼送り出しスペース、二階の完成ボディ置き場また従来乗用車「オリンピア」の最終組立ラインとして使われていたスペースが割り当てられた。また、約一三〇人のアダム・オペル社のフォアマン（職長）をこれらの部品生産の準備をするためにユンカース社の諸工場に派遣するようにとの指示が出された。これらの新しい部品生産のために建物にスペースを作る準備がなされる必要があるとともにこれを他の生産設備と区分けしなければならない。これに関する唯一の大きな問題は「オリンピア」の総組立ラインを取り除いて、「カデット」の総組立ラインで「オリンピア」も組み立てるようにするということだけだと分かった」。

ドイツ政府のこの対応を受けて、ムーニーとオズボーンはこれまでの対応を変えることになる。すなわち、アダム・オペル社工場のドイツ政府への「分割リース案」の提示である。

ムーニーとオズボーンは二つの選択可能なプランを考慮した。すなわち、「Aのプラン：乗用車とトラックという通常の生産品目以外の何らかの部品生産の動きに関して、もしアメリカ人取締役に十分な情報が伝えられないというような事態があるとすれば、アメリカ人取締役をそのままにして置いても利点がないのであるから、アダム・オペル社の取締役のうちアメリカ人経営者を取り除いて、それをドイツ人経営者に置き換えるということ」、「Bのプラン：

新しい品目の生産に必要なリュッセルスハイム工場内のスペースと機械設備とをそっくりそのまま、それ自身の経営陣と資金とを持つ一つの新しい企業にリースするということ」という二つである。

この二つのプランのうち、当面、第二のプランで進めることが意思決定された。その理由は次のとおりである。これによってそのスペースは、アダム・オペル社の通常の生産活動と容易に区分けできる。アダム・オペル社とGM社を含む全体的な統合性はこの戦争物資の生産に巻き込まれることはない。資金調達上の必要性はもう一つの企業によって提供される。アダム・オペル社の輸出業務の持続的な発展とコントロールに必要な生産コストと品質の管理に関する諸生産物の枠の範囲内でアダム・オペル社の経営人員と彼らの諸権利とを維持することができる、ということである。

ムーニーとオズボーンは、これを基礎に、ドイツ政府ないしはドイツ政府が指名する機関に対して、望まれるリュッセルスハイム工場の資産部分を、「リーゾナブルなレンタル・ベースおよびリーゾナブルな減価償却率で提供することにしよう」と合意した。

このことは、ドイツ政府に、アダム・オペル社リュッセルスハイム工場のどれだけの部分を新しい物質の生産のために利用したいかを言ってくれと要求することを意味し、彼らが使う機械・設備がリュッセルスハイム工場内にとどまるとしても、新たな経営陣を持った新たな企業が設立されるべきだということを意味するものであった。アダム・オペル社はその場合オペル社組織の何らかの経営者や人員がリュッセルスハイムにおいて必要とされるのであれば、オペル社はそれらをドイツ政府の便宜のために喜んで提供するという意思を示しておく、というものであった。

アダム・オペル社取締役会と監査役会のメンバーたちは、このプランについて説明を受け、それについて同意した。

九月二一日オズボーンにベルリンから電話があった。フォン・ハネケン将軍が、「アダム・オペル社の新たなプログラムに関する最終的な回答が本日中に欲しい。それが提出されなければ、フォン・ハネケン自身が行動をとるという意向である」と伝えてきた。オズボーンは、本日中にベルリンに着くにはあまりに遅い時間帯であり、またオペル社の全プログラムは、すでにベルリンに行っているフォン・ハイデカンプに詳細に至るまで話してあるので、フォン・ハイデカンプに直ちにフォン・ハネケン将軍にコンタクトを取るように依頼し、次の諸点につきベルリン事務所で電話を通じてフォン・ハイデカンプに書き取らせた。

①オペル社はプログラムを提出する期限を決められてはいなかったはずである。

②オペル社の将来プログラムは、フォン・シェル大佐のプログラムが九月一八日に決定される予定が二四日まで延期されたのでまだ提出できない。

③オペル社の統合的な位置づけに関しては、オペル社が戦争中もすべての中立国に対し国際関係上の偏見を持たれずに輸出業務を維持することが期待されるならば、アダム・オペル社の名前で戦争物資を生産することを控えることが許されるべきである。

④オペル社の経営陣は、アダム・オペル社の名前で戦争物資を生産することを避けることがドイツ経済の最善の利益にとって必要であると信じている。もしそうした物資をリュッセルスハイムのオペル設備で生産することが必要だとなった場合、そうした業務は、分離された経営陣を持ち分離された資金調達を行う一つの分離された会社によって引き受けられるべきだと考える。

⑤しかしながらそうした会社が設立される場合、ドイツ政府によって必要とされるあらゆる機械、建物および人員をリュッセルスハイムにおいて、あるいは政府が指定する場所において、すべてドイツ政府に用立てることをアダム・オペル社は提案する。その場合は、分離された新しい会社が設立され、その会社が使われる建物や機械をリーズナブルな減価償却率とリーズナブルなレンタル価格によってリースすることをアダム・オペル社は提案する。

これに対して、九月二一日即日フォン・ハネケン将軍は回答した。

①フォン・シェル大佐の（ドイツ自動車工業全体にかかわる）プログラムの意思決定が遅れていることははなはだ遺憾だ。ハネケンとしては、アダム・オペル社リュッセルスハイム工場の状況に多大の関心を寄せており、アダム・オペル社工場の利用に関する最終的な決定が行われ、ドイツの戦争プログラムへのアダム・オペル社の貢献のための決定的なプランができるまでの間、一時的な発注によって支援するつもりである。

②アダム・オペル社の先の提案の中で、ひとつの建物の屋根の下でふたつの会社が操業するということが実際に可能か、ハネケンとしては、どうも信じられない。ふたつの会社の、工場メインテナンスや購買部門など物理的には分離できない諸部門の中で山のような困難が予想される。フォン・ハネケンとしては、ひとつの工場はひとつのマネジメントだけが可能であるという意見であり、あらゆる部門においてオペル社の従来のマネジメントが新しい第二のマネジメントに対する深刻な妨害をもたらしてしまい、ひとつのマネジメントによって工場が操業される場合に比べて効率が非常に落ちる結果となるのではないかと危惧する。

③そこで、フォン・ハネケンとしては次のことを提案する。すなわち、戦争が継続する期間中、アダム・オペル社の現在の取締役会が、ひとりのドイツ人経営支配人（General Manager）を選抜し、彼にオズボーン氏の代わりに会社の指揮を執ってもらうということである。このプランは、GM社からの人々を不明確な立場から解放し、GM社の統合性を保障することになるだろう。新取締役はGM社の利益と感覚をもってアダム・オペル社のキャパシティを最大限に利用することができるだろう。そしてオペル社の輸出業務も維持される。

フォン・ハネケン将軍は、彼としてはこの件についてこれ以上の議論をしたくはない。彼の提案についてのアダム・オペル社経営陣からの回答文書がなるべく早く欲しいと言って議論を閉じた。

これを受け別件でスイス滞在中のムーニーとオズボーンは、フォン・ハネケンの提案を電話で詳細にわたり議論した。そして、当面の間は、オペル社はもとのオペル社プランを維持すると合意した。

九月二二日オズボーンはベルリンに行き、翌二三日フォン・ハネケン将軍への手紙を書き、その中でアダム・オペル社の不変の立場を確認した。

しかしながらここで九月二七日、アダム・オペル社の法律顧問であるハインリッヒ・リヒターが、『戦争中におけるアダム・オペル社の位置づけに関する意見書』と題する報告書をまとめ、オズボーンに提出した。その内容は次のとおりである。

「……もしアダム・オペル社諸工場が戦争物資を生産する場合、アメリカ人の取締役とその影響力を保持することが不可能になるように思われる。その状況は、ドイツで活動するオペル社取締役会のうちのアメリカ人メンバーにとって困惑するものであるばかりでなく、本国におけるGM社の経営者および会社そのものの立場を深刻に麻痺させることになろう。もしアダム・オペル社を継続企業 a going concern として無傷なまま保持するということが、よく理解されたGM社の利益であるとすれば、アダム・オペル社取締役会のアメリカ人メンバーの立場を変えるということ以外に選択可能性は残っていないように思われる。そしてその場合、わたくしは、フォン・ハネケン将軍の提案は却下されるべきではなく、むしろ慎重な考慮に値するように思われることを告白する。なぜなら、

①アダム・オペル社監査役会におけるGM社メンバーの在籍がカムフラージュとして機能するとはわたくしには思われない。GM社はアダム・オペル社に対して法的な権利を持っているのであり、その権利を保持することは何ら非難に値するものではない。

②遅かれ早かれ、ドイツに住んでいる監査役会のアメリカ人メンバーが、事態の展開の中で排除される、あるいはドイツを去ることを選択するということがあり得る。しかしながらその場合でもGM社は監査役会に在籍するドイツ市民によって代表されうるのである。

③オペル社の取締役会のメンバーはオペル社の監査役会によって指名されるのであるから、オペル社監査役会に、ＧＭ社の利益をドイツの利益を損なうことなく保持するという意志を持ち、その能力がある信頼できる人を確保するという観点から、オペル社監査役会を強化するということが最も重要であるとわたくしには思われるのである。

④監査役会内にひとつの委員会を作るという以前考えられた案が有効であると思われる。

⑤最も難しいのは、戦争中の期間における一時的な取締役会の長としての役割を果たせる能力を持つ人物の選択である。

⑥アメリカ合衆国が参戦するかどうか、するとすればそれはいつか、ということは、誰にも予測がつかない。しかしながらその可能性は存在する。そうなった場合、アダム・オペル社は、敵性外国人の所有するものと見なされる可能性がある。もしアダム・オペル社が、アメリカ合衆国が中立を保っている時期において、ドイツ人取締役の下で無傷に保たれ、経営され続けるならば、そしてもし取締役会の長が、自分の立場を信託者の立場と考えるような、忠実で信頼できる人ならば、そのときにはアダム・オペル社はそのまま（害なく）保持されると期待できるだろう。……」。

九月三〇日から一〇月三日までの間オズボーンはスイスのビールにおいて休暇をとっていた。その間にリュッセルスハイムにおいて思いがけない展開がある。

まず一〇月一日アダム・オペル社の「経営指導者」Betriebsfuehrer であるＨ・グレヴェーニッヒがフランクフルトのガウライター（地域ナチ党指導者）から呼び出しを受けた。

そして次のような指示を受けた。

①これからはリュッセルスハイムのオペル工場のすべての人員と機械設備は許可なく動かしてはならない。

②ガウライターは、グレヴェーニッヒを、リュッセルスハイム工場の組織全体を維持できるように監督する「経営指導者」として認める。

③グレヴェーニッヒは、「経営指導者」として、オペル社の経営陣の個々のメンバーがよきドイツ人としてその義務を果たすように求めねばならない。

これに従ってグレヴェーニッヒがオペル社の取締役会のドイツ人メンバーの会合を召集した。この前提の下で次の展開があった。

同日ドイツ政府による指示ということで、アダム・オペル社リュッセルスハイム工場生産設備の在庫点検が実施された。まずリュッセルスハイム工場の全プラントが一時的に完全に閉鎖された。その後二週間にわたり、リュッセルスハイム工場の在庫点検が実施された。約五千人の労働者が直ぐ近郊の工場へ配置換えされた。それに引き続き、ガウライターの指示で、アダム・オペル社監査役会のドイツ人メンバーでナチ党員のカール・リューアと「経営指導者」グレヴェーニッヒのふたりがベルリンに出向き、ドイツ政府労働管理局長 the Director of the Labor Office と面会し、オペル社工場からのさらなる人員の移転が起きないように長官の承認を得た。両名はドイツ航空省にも行き同様の同意を獲得した。グレヴェーニッヒはさらにドイツ経済省のフォン・ハネケン将軍をも訪問した。

一〇月三日にスイスから帰宅した夜、グレヴェーニッヒからこれらの報告を受けたオズボーンは、これを「ガウライターがアダム・オペル社を国民的必要性と調和させるような行動を取れと要求し動いたもの」と解釈した。

一〇月一〇日、ムーニーがイタリア経由でドイツに戻り、ヴィースバーデンで、オズボーン、ムーニー、カール・リューアの三人が全問題をもう一度再検討した。

オズボーンとムーニーは、リューアに対し、次のように説明した。

「アダム・オペル社のGM社との関係が重要なのは、たんにドイツにおけるアメリカ資本の最大の投資であるからというだけではなく、この関連を通じて、アダム・オペル社は、世界最大の自動車生産者で供給者であるGM社の技術的および商業的資源を利用できるからなのだ」ということを指摘した。「このコネクションが、アダム・オペル社がドイツの国民生活の中での二つの重要な要素に大きく貢献することを可能にしているのだ。すなわち、ドイツのモータリゼーションの促進がひとつ、また金額にして約一億五千万ライヒスマルクにものぼる輸出への貢献がいまひとつである。フューラー（アドルフ・ヒトラー）も含めたドイツ政府の最高官たちもこのつながりの価値を認識していると表明してきた。したがって現在の状況下でもドイツ政府はこのつながりを維持することが望ましいと考えていると想定する。アダム・オペル社の組織は、もちろん平和時の状況の中でその最大の貢献ができるようにデザインされている。しかしながらGM社は、アダム・オペル社のオーナーとして、現在直面している、そもそも意図された目的のためにアダム・オペル社の生産組織をフルに使うことを不可能にしている大きく変わった状況をも十分に理解している。GM社はしたがって現在の状況によって必要とされる目的のためにアダム・オペル社の生産能力を十分に利用したいというドイツ政府の望みをよく理解している」。

そこで彼らは、一方における「ドイツの国民的利益」と他方における「ジェネラル・モーターズの利益」という二つのグループ利益を整理して考えることの必要性を明確にした。その整理によれば、

A「ドイツの国民的利益」

①アダム・オペル社の生産能力は可能な限り早く戦争の条件に適合させられねばならない。

②アダム・オペル社によって現在生産されている生産物は、軍事的にも経済的にも、ドイツの国民生活の中で継続的に不可欠の位置を占めている。軍事的には、歩兵搭載用トラック、軍事特殊車両、軍事用乗用車等、経済的には、自動車交通・輸送一般である。

③スペア部品およびサービスは、メインテナンスのために戦時には平時にまして重要である。
④オペルの輸出の八三%はヨーロッパの中立国に向けられている。金額は最近七カ月でも二五〇〇万RMを超える。ドイツ政府当局は繰り返しその継続的必要性を強調している。
⑤アダム・オペル社が平時の通常生産を縮減した後に残る生産設備は、もちろん現在の緊急時の必要のためにドイツ国民に用立てられねばならない。
⑥残余能力の最善の利用方法は、実際的および技術的観点に立って決められるべきだ。すなわち、アダム・オペル社の生産組織は自動車の大量生産に高度に専門化された性質を持つものである。したがって機械設備の大部分は他の目的のためには適応できない。他の部分は専用工具の創出など実質的な変更を加えた後に初めて戦時使用目的のために使用しうる。したがってもし現在の通常の生産の二〇%だけが継続されるとしても、後の八〇%が直ちに戦争目的のために適合するわけではないのだ。新たな使用のための適合を行うためには、建物、機械、設備の各々の要素について注意深い分析をする必要がある。これは技術的な問題なので、当局は残余生産能力のどれぐらいが国民目的のために利用できるかを意思決定するために、当局の技術者たちが生産設備を十分分析する必要がある。

B「ジェネラル・モーターズ社の利益」
①GM社は、ドイツの技術者の高度の技術的能力とドイツの労働者の勤勉性をもってすれば、ドイツにおいて自動車を高い生産性（低いコスト）で生産でき、それを世界市場においてアピールできるという深い確信を持っているからこそドイツに大きな投資をしてきたのだ。
②ドイツの経済状況の不都合な転換によって、過去一〇年間の投資への利益のアメリカへの送金ができないにもか

かわらず、GM社はこの確信を失っておらず、アダム・オペル社の技術的および商業的発展のためにできることすべてを行って同社を世界の自動車産業における実質的なプレーヤーにするという目的を追求してきた。GM社とオペル社との協力が効果的であるという証拠は、アダム・オペル社が現在得ている位置、すなわちヨーロッパ最大の自動車工場であり、GM社の中で第三番目に大きな事業部であり、世界第三位の自動車輸出企業であるということにおいて与えられている。

③世界の産業の中でアダム・オペル社が現在得ている位置からすれば、GM社がアダム・オペル社の乗用車とトラックの生産者としての統合性を維持したいと考えることは明瞭である。

④したがってGM社は、どんな変更がなされるにしても、GM社とオペル社との関係を麻痺させてはならず、また乗用車とトラックの生産者としてのその主要な機能を持つ組織としてのアダム・オペル社のアイデンティティを継続しなければならないと感じている。

⑤GM社は、この乗用車とトラックとに関連する責任を積極的に果たすことを継続したいと望んでいる。そしてそうすることでドイツの現在と将来の利益に最もよく貢献できると思っている。他方、現在の状況から必要となるその他の生産物の生産にGM社の代表が直接あるいは間接的に巻き込まれるのは望ましくないというドイツ政府の観点に完全に同意するものであり、この問題の現局面の監督をドイツ政府当局の承認にかなう現地の経営者たち（local executives）にゆだねることにする。

⑥したがってGM社は、乗用車とそのスペア部品、トラックとそのスペア部品の生産によって使われない生産設備を別に区分けし、できる限り分離して、これらをドイツ政府機関にリースすることを提案する。さらにオペル社が、とりわけそれを行う新たな会社に操業上必要な経営者と人員を提供することを約束する。

これに対し、リューアも理解と同意を表明し、この件の全体に関し全取締役ともう一度会議を行って、GM社の提案がグレヴェーニッヒによって説明されたガウライターの考え方とぶつかり合うものではないと保証したほうが良いと提案した。そこでムーニー、オズボーン、それにいま一人のアメリカ人取締役のE・S・ホグルンドは、全取締役と会議を行い、GM社側によって展開されドイツ政府に提出される提案を話し合った。

一〇月一六日まとめられた案を持って、ムーニー、オズボーン、リューア、フォン・ハイデカンプの四人がベルリンのドイツ経済省を訪問し、経済省高官のルールベルク博士 Dr. Ruelberg およびフォン・ハネケン将軍の副官と会議を行った。

ルールベルク博士は、次のように言って会議を主宰した。

「ドイツ政府は、ドイツ経済省がアダム・オペル社経営陣からのすべての提案にあわせるよう努めるべきであると望んでいる。ドイツ政府はこれまでGM社がアダム・オペル社に、そしてドイツに行ってきた支援を極めて高く評価しており、これからも一方におけるアダム・オペル社およびドイツ政府、他方におけるGM社の間の可能な限り密接な関係をどんな場合でも少しでも損なうことを行うつもりは全くない」。

また彼は、「アダム・オペル社がその設備のある部分を外部の企業、おそらくはユンカース社にリースすることを目的としてひとつの独立した会社を設立すること、そしてリースを受けた会社が彼らによって求められているある種の部品の生産を引き受けるという方法を取りたいと希望しているということをよく理解している」と述べた。彼はまた言う。「そのプランは、操業上のあるいは組織上の観点から幾分かの困難があるかもしれないが、にもかかわらずそれは成功裡に操業可能であるし、経済省はそのようなユンカース社およびドイツ航空省とともに行うプランがうまく作れるよう支援するつもりである」。

そこで彼は、本日（一〇月一六日）夕方六時にユンカース社の「経営指導者」Betriebsfuehrer であるティーダマン博士 Dr. Thiedermann との会合、続いて明日（一〇月一七日）正午から、ユンカース社社長であり総支配人であるコッペンベルク博士 Dr. Koppenberg との会合をアレンジしたいと思うがいかがか？」と申し出た。アダム・オペル社側が同意すると、「それまでにオペル社がオペル社の設備をユンカース社にリースするための事前のプランを準備しておいてくれ」と言った。

そこで次にオズボーン、リューア、フォン・ハイデカンプの三名がユンカース社「経営指導者」のティーダマン博士と会い、アダム・オペル社の事前プランを提示した。

これに対しティーダマン博士は、「事前には、アダム・オペル社の生産設備をユンカース社が借り受けるという案を経済省から聞いていなかったので非常に驚いている。ユンカース社としては、アダム・オペル社をサプライヤーとして獲得し、オペル社から部品を購入するということが最善と考えている。しかし最終決定は、ユンカース社社長のコッペンベルク博士が行う」と回答した。また、「コッペンベルク博士とアダム・オペル社の会合は、明日ではあまりに期間が短すぎるので少し検討時間をくれ」と述べた。

この後アダム・オペル社内会合において次のような「包括的リース案」がまとまった。

「リュッセルスハイムの生産設備を二つに分ける案の問題点（複雑性）を解決するために次のどちらかを選ぶ。①オペル社がリュッセルスハイム全体をひとつに保ち、オペル社の名前でユンカース社向けの部品を生産・供給する。②リュッセルスハイム工場全体をユンカース社に貸し与える（そしてユンカース社がオペル社に輸出用乗用車およびその部品を供給する）。アダム・オペル社の案としては②を選ぶ」。

そしてこれをユンカース社に提示することになる。

一〇月一八日、オズボーンおよびホグルンドがドイツ経済省のルールベルク博士を再訪し、「包括的リース案」を提示した。ルールベルク博士は、これを、従来のフォン・ハネケン将軍と彼自身から出された主要な困難を解消したものとして承認し、受け取った。

一〇月二一日夜、ユンカース社社長コッペンベルク博士からアダム・オペル社経営陣のベルリン宿泊ホテルに電話が入った。ここでオズボーン、ホグルンドが外出中であったため、フォン・ハイデカンプが「包括的リース案」をコッペンベルク博士に説明した。コッペンベルク博士は、検討の後、フォン・ハイデカンプに対し、この案について、具体的なレンタル価格、減価償却率などの詳細の決定を除き基本的な同意を表明した。コッペンベルク博士は、「一〇月二四日に航空総監 Luftfahrtkontor のルドルフ博士と会合し、彼がこの件の最終意思決定をするので、一緒に来てくれないか」と要請した。また彼は、「ユンカース社は、H・ヴァーグナー氏とグレヴェーニッヒ氏の両人、可能ならばドイツ政府が指名した第三の人を経営陣とする新たな有限会社 GmbH を設立するつもりだ」と表明した。

一〇月二六日、ユンカース社の契約案がフォン・ハイデカンプに提示され、翌二七日リュッセルスハイムのアダム・オペル社に届けられた。

ところが、アダム・オペル社がこれを検討したところ、このユンカース社の契約提案は、「フェアな提案とはおよそ言い難いもので、ユンカース社や政府機関との話し合いの出発点にすらならないもの」と否定的に評価された(13)。

他方、一〇月二五日、ユンカース社ティーデマン博士と話し合いを行っていたアダム・オペル社のヤコブ博士が、リュッセルスハイム工場のユンカース社への「包括的リース案」についての情報および「分離新会社の設立」情報を得たところ、アダム・オペル社内で、ユンカース社側の姿勢に対して動揺が広がることになった。

そこでアダム・オペル社内で緊急会議が開かれ、一一月三日に、オズボーンが、ユンカース社提案に対する反論をまとめ、ドイツ航空総監のルドルフ博士に送り、同時にユンカース社社長コッペンベルク博士にもユンカース案不同意の手紙を出した。

一一月七日ユンカース社のコッペンベルク博士がアダム・オペル社リュッセルスハイムを訪問してオズボーンと議論を行った。

一一月一〇日はアダム・オペル社の取締役会会議の予定であった。しかしオズボーンは、ムーニーのベルリン到着後に開くことを提案した。

一一月一三日、ベルリンに到着したムーニーはオズボーンと詳細な議論を行った。この議論の中で、先の九月二七日付けのアダム・オペル社法律顧問のＨ・リヒターによる『戦争中におけるアダム・オペル社の位置に関する意見書』が再検討されることになった。

そしてこの議論の結論として、次の新しい方向が出てきた。

「アダム・オペル社はプランを変えた方が良い。リュッセルスハイムのわれわれの操業への外部からの過剰な介入を避けるべきである。アダム・オペル社の組織と生産設備は、そのまま保持されるべきである。オズボーンの意見としては、アメリカ人経営者が、望む限りの間、取締役会にそのまま残って、いわば秘密の航空機部品生産を行ってても何ら困難を感じない。しかしムーニーの意見としては、アメリカ人経営者はそのような生産に直接携わるべきではない。そこでわれわれは、ドイツ人経営者であるＨ・ヴァーグナーが取締役会会長に選任され、オズボーンとホグルンドが監査役会に移り、同時に監査役会内にドイツ人取締り役の行動への直接コントロール権を持つ執行委員会 Executive Committee を設立するという新しい案を作成した。ただしアダム・オペル社はどんな場合でも直接使用目的が戦争のみであるような物質の生産には携わらないという方針は維持する」。

6　アダム・オペル社におけるコーポレート・ガバナンスの再編

上述結論を基礎に、オズボーンとホグルンドは、一一月一五日にミュンヘンでアダム・オペル社監査役会会議を開催することを決定した。以下に、同会議の議事録を引用する。

アダム・オペル社監査役会会議（一九三九年一一月一五日開催）議事録

「出席者：ヴィルヘルム・フォン・オペル（会長）、ジェイムズ・D・ムーニー（GM副社長・海外事業部長）、フランツ・ベーリッツ、カール・リューア、C・R・オズボーン（アダム・オペル社取締役）、E・S・ホグルンド（アダム・オペル社取締役）、ハインリッヒ・リヒター（法務担当弁護士）

決定事項と議論経過：①取締役会のC・R・オズボーン、E・S・ホグルンド、メイヤード、ミュラー（いずれもアメリカ人でGM本社からの派遣）が辞任。その理由は、戦争継続中アダム・オペル社の生産設備が政府向けの新物資生産を担うに当たりその経営責任を担う取締役会がドイツ国籍者によって構成されることが望ましいと考えられるから。ドイツ人取締役H・ヴァグナーが取締役会長に選出。

②C・R・オズボーン、E・S・ホグルンドがアダム・オペル社監査役会会員として選出。両者のサービスとGM社との結合関係がアダム・オペル社の利益のために保持されることが望ましく、現在の戦争状態によって損なわれるべきではないと考えられるから。

③監査役会の中にオズボーン、ホグルンドとドイツ人監査役による執行委員会 Executive Committee を新設し、取締役会が重要事項について執行委員会と協議することを求める。

表6－4　アダム・オペル社における監査役会 Aufsichtsrat、取締役会 Vorstand の構成1939年11月

監査役会	取締役会
W. フォン・オペル（独、会長）	H. ヴァーグナー（独、会長）
C. R. オズボーン（米、副会長）	A. バンガート（独）
F. ベーリッツ（独、副会長）	H. グレヴェーニッヒ（独）
E. S. ホグルンド（米）	H. ハンセン（独）
G. K. ハワード（米）	G. S. フォン・ハイデカンプ（独）
D. F. ラディン	K. シュティーフ（独）
C. リューア（独）	O. ヤコブ（独）
A. D. マドセン（デ）	H. ノルトホーフ（独）
J. D. ムーニー（米）	
A. P. スローン、Jr（米）	

出所：Adam Opel A. G., Geschaeftsbericht 1940より作成（　）内は国籍、ただしD. F. ラディンについては手元に資料がない。

④政府向けの新物資生産プログラムの承認。これら乗用車、トラック、およびその関連部品以外の物資の生産のための工場再配置などの費用は、ユンカース社ないし政府機関から供給されることを確認。これに関する議論の中でW・フォン・オペル、リューアおよびベーリッツは、この措置がユンカース社ないし政府機関のオペル社の内部事項に関する圧倒的な影響力の増大につながる危険性を指摘した。ムーニーはこれについて同感を表明し、アダム・オペル社は過去において、またこれからも、ドイツに対して乗用車、トラックの生産とそれらの輸出によって多大の貢献をしてきたし、これからもするのであり、それらは現在の戦争状態のもとでも決定的な重要性をもっていることを指摘した。さらに彼は現在の新物資生産に関連するいかなる意思決定においてもわれわれは従来のオペル社生産物の効率的生産という一般的計画の重要性の視野を決して失ってはならないと主張した。ムーニーはさらにアダム・オペル社は戦時だけに限定される物資の生産に関する製造上および金融上のリスクについてあらかじめ十分考えておく必要があると指摘した。この点で新たに設立した監査役会内の執行委員会が乗用車、トラックおよびそれらの部品以外の物資の生産、金融、販売にかんする基本政策を策定する必要があると意思決定された。ムーニーはさらにアダム・オペル社はどんな場合でも戦争目的のみに特殊な物資の生産に携わることはしないし、その目的のために投資しないという堅固な方針をもっているということを再確認した。

⑤上述の監査役会・取締役会の改変は、現在の〈戦争という――引用

者）緊急事態にアダム・オペル社とそのビジネスを適応させる目的のために行われるものであり、戦争の終結後は監査役会も取締役会も平時における責任と人員配置に戻す方針であることが確認された」[14]。

表6－4は、この会議で再編成されたアダム・オペル社の新しい監査役会、取締役会の構成を示すものである。

7　おわりに

以上に検討したように、アメリカ・ジェネラル・モーターズ（GM）社の一〇〇％ドイツ子会社アダム・オペル社によるナチス・ドイツにおける「軍事的モータリゼーション」の二大領域への進出、歩兵搭載用トラックへの進出および航空機エンジンを中心とした航空機部品サプライヤーへの転換、のうちの後者は、一九三八年に準備が行われ始めるものの、本格的には一九三九年九月一日の第二次世界大戦の勃発以降ドイツ政府の強い要請を受けて行われたものであり、それを担う経営内体制として、アダム・オペル社のコーポレート・ガバナンス上の再編を伴うものであった。その経過は、かなり錯綜した過程を辿ったが、最終的には、ドイツの利益とアダム・オペル社の親会社であるアメリカ・ジェネラル・モーターズ（GM）社の利益をともに満たす多国籍企業としての組織的方法として、意識的に選び取られていったものであった。それは戦時期における多国籍企業の管理体制の一つの重要な代表例を提供するものと言ってよい。アダム・オペル社が、そのリュッセルスハイム工場について、ユンカース社へのリースや、あるいはユンカース社に実質的に吸収されるのではなく、自社を維持して、外注サプライヤーになったことが、生産性向上に大きく繋がり、ユンカース爆撃機Ju88の大量生産に結果したことは確実であろう。その場合、「純粋の戦争目的のみに特殊な物質の生産に携わらない」という方針が、むしろ逆に「軍民両用物質」たる「航空機エンジンを中心とした各種航空機部品」の無制限とも言える生産拡大に繋がっていったことは、重要な論点として指摘できる。また、GM社とアダム・オペル社のチームは、民需（平時）生産と軍需（戦時）生産の分離・区分け segregation や民軍転換・軍民転換 conversion & re-conversion の経験・手法に習熟していく。ジェイムズ・D・ムーニーがこの直後の一九四〇年六月からアメリカGM本社における民軍転換の責任者に指名されたのも思うに十分理由があるところである。後者の過程については別稿で論じたい。

注

（1）西牟田祐二著『ナチズムとドイツ自動車工業』（有斐閣、一九九九年）、横井勝彦・小野塚知二編著『軍拡と武器移転の世界史——兵器はなぜ容易に広まったのか——』（日本経済評論社、二〇一二年）第7章「第三帝国の軍事的モータリゼーションとアメリカ資本——語られざるジェネラル・モーターズを中心に——」（西牟田祐二）。

（2）Greame K. Howard's Report of June 12, 1938, #1719, Box 2, General Motors Documents relating to World War Two Corporate Activities in Europe, Group No. 1799, Manuscript and Archives Division, Sterling Memorial Library, Yale University, New Haven, CT, U. S.（以下 GM Documents, Yale University）.

（3）「経営指導者」Betriebsfuerer とは、一九三四年の国民経済秩序法によって規定されたナチズムの経営共同体思想にもとづく経営者・従業員を含む全構成員の長であって、ナチズムの「指導者原理」を民間会社内に導入するものであった。通常、ドイツの会社では、取締役会会長 Vorstandvorsitzender が「経営指導者」となるのが普通であったが、アメリカ企業ドイツ子会社であるアダム・オペル社では、取締役会内のドイツ人であるフライシャーが従来「経営指導者」に指名されていた。ナチ党地方組織長（ガウライター）のシュプレンガーは「経営指導者」フライシャーの主導権をアダム・オペル社全社に拡大することを策した。これへのアダム・オペル社からの反撃として、フライシャーが解任され、アメリカ人経営者オズボーンが取締役会会長に選任されて決着するという事件があった。

（4）前注参照。

（5）Greame K. Howard's Report of June 12, 1938, #1832-1834, GM Documents, Yale University.

（6） Memorandam concerning the visit of Mr. Knudsen to Field-Marshal Goering at the latter's hunting lodge "Waldhof Karinhall" on September 18, 1938., #1189–1192, Box 2, GM Documents, Yale University.

（7） Henry Ashby Turner, Jr., *General Motors and the Nazis–the Struggle for Control of Opel, Europe's Biggest Carmaker*, Yale University Press New Haven and London, 2005, p. 72 and p. 175 note 8. 後にアメリカ合衆国司法省反トラスト局はこのギア工場について調査を行っている。Report on the Opel Works of General Motors Corporation, by George P. Alt, Antitrust Division of the U. S. Justice Department, Oct. 24, 1942, based on interviews with former American executives at Opel, R. G. 169, Box 1652, #408950, National Archives and Record Administration, Washington D. C. および Comments of Former American Directors of the Opel Werke, Germany, 1942, ibid., #137252. アメリカＧＭ社は、この同じ時期に、同社アリソン事業部において、同種の液冷航空機エンジンＶ－一七一〇を開発していたことは注目に値する。Ａ・Ｐ・スローン・Jr.『ＧＭとともに』（邦訳、ダイヤモンド社、一九六七年）四七四～四七五頁。A. P. Sloan Jr., *My Years with General Motors*, 1963 N. Y., pp. 370–371.

（8） #1240–1241, Box 2, GM Documents, Yale Univesity.

（9） Osborn to Howard 9. 2. 1939 on the gear plant, #1240–1241, Box 2, GM Documents, Yale University

（10） ドイツ会社の監査役会 Aufsichtsrat はアメリカ会社の取締役会 Board of Directors に当たり、ドイツ会社の取締役会 Vorstand はアメリカ会社の経営執行役 Executive Officers に当たること、したがって邦訳語「取締役会」の意味がずれていることに注意が必要である。

（11） 以下の経過は、特別の断りのない限り、一九三九年一一月二二日付けのアダム・オペル社取締役会会長であったＣ・Ｒ・オズボーンからＧＭ社副社長兼海外事業部長で、アダム・オペル社監査役のＪ・Ｄ・ムーニーへの長文の報告 C. R. Osborn to James Mooney re: operations of GM properties in Germany since 8/1/39, #1451–1474, Box 2, GM Documents, Yale University に依拠している。

（12） A Decree covering the War Economy, Reichsleistungsgesetz of Sepember 1, 1939. 九月五日に布告されたが効力を九月一日に遡らせている。

（13） その理由は明示的ではないが、具体的なレンタル価格、減価償却率など、リース条件の点に関してであると思われる。

（14）GM Documents, Box 2, Yale University, Sterling Memorial Library.

第7章　ラテンアメリカの軍・民航空における米独の競合
――航空機産業、民間航空を中心に――

高田　馨里

1　本章の課題

本章は、戦間期におけるラテンアメリカ諸国の軍事・民間航空分野における米独の競合関係を分析することを目的としている。第二次世界大戦を通じて、アメリカ合衆国は軍事・民間航空分野で世界最強の国家となったが、戦間期において国際民間航空分野での躍進が目立ったのは、ドイツであった。本書第3章の永岑論文で議論されたように、第一次世界大戦後もドイツは「民間」航空機の開発・生産能力を維持し続けた。また第4章の田嶋論文で明らかにされているように、ドイツは、ヨーロッパと中国を結ぶルートの開拓を目指し、中国において活発な国際民間航空活動を展開していた。さらに、第5章の小野塚論文で言及されているように、航空機の軍民転換による航続距離の伸長は戦間期において顕著であり、ドイツによる大洋横断飛行の可能なフォッケウルフ200型コンドル陸上輸送機（以下、FW-200）の実用化とラテンアメリカへの投入は、米独の競合関係において注目に値する事案であった。本論では、戦間期の軍縮体制の下で、ドイツが速やかに再軍備を推進した背景を理解する一つの鍵として、ラテンアメリカの航空分野におけるドイツの進出を取り上げ、そこでの米独の競合関係を考察する。

同時代のアメリカ合衆国において、戦間期の国際民間航空分野が政治・外交上のみならず、軍事戦略的にもきわめて重要であるという視点を提示し、それは、第二次世界大戦後の国際関係論研究に引き継がれてきた(1)。他方、イギリスの経済史家アラン・P・ドブソンの論文が一九八五年に著されて以降、空輸の経済史研究が活発化した(2)。戦間期から第二次世界大戦期のラテンアメリカ諸国の航空問題については、ラテンアメリカ諸国における米独の競合関係を扱う研究や(3)、航空会社の社史で議論されることが多かったが(4)、先駆的な外交史研究としてフランク・マッキャンの論文「航空外交――アメリカ合衆国とブラジル」を挙げることができる(5)。以後、戦間期から第二次世界大戦期におけるラテンアメリカ諸国の国際民間航空は、航空に特化した研究のみならず、国際関係史や経済史の文脈から分析対象とされてきた(6)。本章では、これらの先行研究を踏まえつつ、航空技術の持つ軍民両用性（デュアル・ユース）に着目し、第一次世界大戦後の軍縮期におけるドイツの速やかな再軍備を可能にした国際民間航空の意義を考察する(7)。

本論は、二〇一三年から二〇一六年の間に、米政府公文書館で調査した米国務省資料と米陸軍省史料、マイアミ大学図書館所蔵のパン・アメリカン航空（以下、パンナムと略す）の企業文書を活用し、本書の目的である武器移転・技術移転の連鎖の構造を明らかにしたい。以下、本論の2では、ドイツ航空業界のラテンアメリカ進出の背景をトレースするため、第一次世界大戦後の国際民間航空の枠組みを明らかにする。次に、第一次世界大戦後の国際民間航空の展開ならびに、アメリカ合衆国の郵政公社を中心に行われた国内の航空網整備過程を議論する。3では、戦間期の軍・民航空分野におけるラテンアメリカ諸国の状況を概観し、ドイツがどのようにラテンアメリカ諸国の航空分野に進出したのか、またそれに対するアメリカ側の反応を、陸軍省に送られた駐在武官文書を用いて考察する。4では、アメリカ唯一の国際線航空会社パンナムと、ラテンアメリカに進出したドイツ・ルフトハンザとの競合関係を、おもに、パンナムの企業文書を用いて明らかにしたい。本論最後の部分では、第二次世界大戦勃発後に行われた、アメリカ政府による組織的な「脱ドイツ化」政策の開始プロセスを考察したい。これらの作業を通じて、戦間期におけるドイツの民間航空の発展とラテンアメリカ進出に対しアメリカ企業と政府がどのように対応していったのかを分析することによって航空技術の軍民両用性の問題を検証したい。

2　戦間期における民間航空事業の発展

戦間期から第二次世界大戦にかけての時期は、国際民間航空事業の基盤が作り出された時期だったといえる。ライト兄弟が初飛行に成功して以降、ヨーロッパでも航空機の開発が始まり、一九〇九年にフランス人飛行士が初めてドーバー海峡を越えてイギリスに到達した。その翌年、ヨーロッパ諸国はパリ国際航空会議を開催した。その際、二つの法概念が提起された。一方は、「海洋の自由」をモデルとする「空の自由」という概念であり、国際法の専門家を中心とするフランスとドイツの代表団が提起したものである。もう一方は、「領空主権」という概念であり、海軍軍人に率いられたイギリス代表団が、強く主張したものである。この会議において各国代表団は合意に達することはなく、この後、イギリス政府は、「イギリス航空法」によって外国の航空機の領空侵入を規制し、イギリス沿岸地帯のほとんどを侵入禁止地帯とした。第一次世界大戦で航空機の軍事的意義が広範に認められ、イギリスが提起した「領空主権」が、国際民間航空の基本原則となった(8)。

第一次世界大戦後の国際民間航空は、一九一九年にパリ講和会議と並行して行われていたパリ航空会議で締結された国際航空条約と国際空輸協定に基づき、ヨーロッパ列強を中心に展開されることになった。イギリスのインペリアル航空、エール・フランス、KLMオランダ航空、SABENAベルギー航空など、ヨーロッパ列強は国営航空会社を設立した。さらに、パリ国際航空条約で保障された、「排他的かつ完全な領空主権」をその植民地に適用し、本国から地中海、中東を経由してアフリカ、東南アジアの植民地を結ぶコミュニケーション手段として、植民地支配のシンボルとして、しばしば植民地の人々に航空戦力を誇示する目的で、帝国航空網を建設し、空軍を配備した(9)。

敗戦国ドイツは、ヴェルサイユ条約における航空規約第一九八条項によって、「いかなる空軍の保有」も禁止されることになったものの、民間航空に関しては、保有を許可されることになった。パリ講和会議に参加したアメリカ合衆国代表が、ドイツに対する極めて厳しい対処を要求する英仏に対し、民間航空に関しては、その国内における活動に限定して保有を許可すべきだと主張したからである(10)。またヴェルサイユ条約の航空運航規約第三一三条項は、連合国の航空機がドイツ領土・領海・領空に自由にアクセスできると規定している。これら一連の航空関連条項によって、ドイツは、連合国航空統制委員会の監視下で軍事航空戦力を保有しないよう監視されながらも、戦後の国際民間航空秩序に自ずと組み込まれたのである(11)。

一九二六年のドイツの国際連盟加盟は、同時に、ドイツの国際民間航空事業の発展を促すことになった。一九二二年に役割を終えた連合国航空統制委員会に代わって、ドイツの航空分野を監視していた航空保証委員会も、一九二六年八月の外交会議において解散が決定されることになった。この後、ドイツ政府は国際連盟に正式に加盟し、軍事・民間航空の区分について議論するジュネーヴ軍縮準備委員会に代表団を送った。さらにパリ国際航空条約を批准し、他国と二国間航空協定を締結し、国際民間航空ルートでの運航を開始した(12)。こうした一連の国際関係の進展とともに、すでに大型飛行船で名声を得ていたドイツは、民間航空においても飛躍した。一九二六年、ユンカースとドイツ・アエロ・ロイドが合併し、ドイツ・ルフトハンザを設立した。この再編に関わったクルト・ヴァイゲルトは、イギリスの国営インペリアル航空こそが、ドイツ・ルフトハンザが目指すモデルだったと述べている。こうして一九二六年に、ドイツ・ルフトハンザは、自国主要都市とロンドン、パリ、ブリュッセル、アムステルダム、ロッテルダム、プラハ、ブダペスト、ローマ、ブカレスト、ベオグラード、アテネなど主要都市を結ぶ民間航空ルートでの国際民間航空事業に本格的に着手した。ヨーロッパ列強の航空会社と異なり、植民地をもたないドイツは、効率性と高い収益性を目指し、競争力を獲得した。さらに一九三〇年から中国に進出し、そして後述するラテンアメリカ諸国と自国を結ぶルートの運航を目指した(13)。

このように、ヨーロッパ諸国が第一次世界大戦終結後に国際民間航空事業を開始した一方で、アメリカ政府は、ヴェルサイユ条約と同様に国際航空条約にも批准することはなかった。アメリカ合衆国における民間航空事業は、郵政公社を中心に広大な国内のルート整備に集中していた。一九一一年に開始され、徐々にその役割を認知されつつあった航空郵便事業であったが、当初は、民間の鉄道会社と競合するものとして、民間航空会社は連邦政府から正式な助成金を得ることはできなかった。一九一八年まで、アメリカ陸軍航空隊による郵便の空輸事業が行われ、航空郵便事業は信頼を得はじめたが、軍と郵便公社による航空システムの整備と航空便の提供は、費用が割高で非効率的だと批判する共和党議員も現れた。その結果、民間の競争による効率性の追究こそが、アメリカ航空政策の一つの軸に据えられ、第一次世界大戦後の共和党政権のもとで、一九二一年より民間事業としての郵便事業が開始され、航空会社の育成が図られることになった(14)。

アメリカ国内の民間航空会社の育成において、一九二一年から二八年まで共和党政権の商務長官を務め、二九年に大統領に就任したハーバート・フーヴァーと、郵便公社総裁ウォルター・F・ブラウンが果たした役割は大きかった。フーヴァー商務長官は、航空の商業的意義を広くアメリカ世論に認知させることに腐心した。一九二四年になると、アメリカ合衆国の東海岸と西海岸の間の郵便輸送は、鉄道では三日かかったが、航空郵便の場合、二四時間で届くようになり、アメリカの商業活動に貢献することが明らかになった。こうして、連邦議会は、一九二五年に航空郵便法を、翌年に航空商業法を可決した(15)。

一九二五年の航空郵便法は、航空郵便輸送サーヴィスに従事する航空会社と契約する権限を郵便公社総裁に委託するものであった。二年後には、航空郵便事業は民間の航空会社にゆだねられ、新たな航空郵便ルートは、契約した民間航空会社が敷設を申請した。郵便公社との契約によって得られた補助金によって民間航空会社の多くが旅客サーヴィスを開始することが可能になった。一九二六年の航空商業法は、商務長官と商務省が、民間航空業務を育成するために、安全基準の設置や施設整備の任を負った。フーヴァー商務長官は、企業と政府の協力体制を重視し、連邦政府による企業育成政策を遂行したのである(16)。

フーヴァーが大統領に就任してまもなく、郵便航空改正法が連邦議会を通過した。これは、ワトレス法として知られているもので、郵便公社と契約を結んだ航空会社に、一マイルの運航につき一・二五ドルが郵政公社から支払われることになり、航空会社とルートの選択において郵政公社総裁に独裁的ともいえる権限を与えるものだった。郵政公社総裁ブラウンは、アメリカ大陸ルートの敷設のために、低価格での入札が可能な大規模な航空会社との契約を優先した。ブラウンは、小規模事業者の参入を抑制しながら、ビッグ・フォーと呼ばれるようになった四大航空会社――アメリカン航空、ユナイテッド航空、トランスコンチネンタル・アンド・ウエスト航空（以下、トランスコンチネンタル航空と略す）、イースタン航空――の育成を図ったのであった(17)。

共和党政権下の民間航空育成政策は、アメリカ航空機産業の生産を刺激することになった。一九二六年から二九年の間に民間航空機の生産は、年産六五四機から五五一六機へと比較的に増大したが、しかし大恐慌の打撃と政権交代による連邦議会の調査によって航空機産業は生産規模を急激に縮小することを余儀なくされた。しかし、共和党政権時代の大企業優先の民間航空政策によって、潤沢な政府助成金を受けたビッグ・フォーは、長期的視点から長距離輸送機の開発を促していた。一九二九年以降、開発がすすめられたボーイング247型機は、一九三三年に七五機が生産され、ユナイテッド航空に七〇機が納入され、三機がドイツ・ルフトハンザに売却された。同機の購入を希望するも、契約の関係から叶わなかったトランスコンチネンタル航空は、ダグラス航空に接近し、DCシリーズの開発にかかわった。一九三四年に初飛行に成功したDC－2は、経済性に優れた全金属性の双発輸送機であり、トランスコンチネンタル航空とアメリカン航空が購入した。アメリカン航空はさらに、夜間飛行可能な性能の追加を求めDC－3の開発を支援する。同機は、一九三〇年代を代表する民間輸送機となった。(18)

国内の航空網整備が進むなか、国際線就航を目指していた航空会社三社が合併して、パンナムが組織され、フロリダ州キー・ウェスト＝ハバナを結ぶ路線を就航させた。パンナム社長ホアン・トリップは、ウォール街からの豊富な金融支援を受け、ライバル会社を吸収合併しながら、ラテンアメリカ諸国へ、太平洋・アジアへと急速に事業を拡大した。郵政公社と商務省はともに、ヨーロッパ諸国との競争に打ち勝つために、単一の強力な国際線運航会社の設立と育成が急務であると見なし、パンナムに独占的に国際線での運航許可と豊富な補助金を付与した。(19)パンナムは、大西洋無着陸横断飛行を成功させたチャールズ・リンドバーグを技術顧問に迎え、一九二八年、本格的にラテンアメリカ諸国における民間航空事業に参入し、すでに始まっていたラテンアメリカ市場を巡る競争に参入することになったのである。(20)

3　ラテンアメリカ諸国の軍・民航空分野へのドイツの浸透

戦間期、ラテンアメリカの軍事・民間航空分野は、欧米各国からの働きかけを受け、飛躍的に発展した。ラテンアメリカ諸国は、航空機市場として、また国際民間航空事業の投資先として注目された。航空機は、地理的環境から地上交通網の敷設が比較的困難なラテンアメリカ諸国にとって、新たなコミュニケーション手段になると期待された。さらに、ラテンアメリカ諸国の経済界や支配層にとっても、航空システムは、「近代化」への道筋を示すものだった。

欧米諸国の思惑と、ラテンアメリカ諸国の政財界エリートや軍人の関心が一致し、軍・民の航空分野は瞬く間にラテンアメリカ諸国に普及したのである。(21)

一九二〇年代を通じて、ラテンアメリカ諸国の航空機市場において支配的だったのは、フランスであった。第一次世界大戦の戦争景気によって経済的活況にあったアルゼンチンには、戦後、フランス、イタリア、イギリスのみならずドイツから航空使節団が訪問した。ラテンアメリカ諸国のなかでも最大の市場となったブラジルは、当初、フランスの使節団を受け入れると同時に、自国への着陸権を付与し、地上施設の設置を促していた。(22)仏領西アフリカのダカールからブラジル突端部ナタールまでを船舶で横断し、ナタールを拠点にブエノスアイレスに向かうルートを先駆的に計画したのもフランス企業であった。金融利害をもつフランス銀行家ブイユー＝ラフォンがアルゼンチンへのルート開拓に着手、一九二七年にフランスのジェネラル・アエロポスタル社を設立し、翌年、トゥールーズから西アフリカを経由して、ブエノスアイレスとヨーロッパを結ぶルートが敷設され、ヨーロッパとラテンアメリカ諸国が接続されることになった。(23)

ヨーロッパとラテンアメリカ諸国との接続とともに、ラテンアメリカにおける航空ルートの敷設も始まった。とくに注目すべきなのは、ドイツ系移民やドイツ資本の役割である。イギリスやフランスの支配的立場から比較的自由であり、またアメリカ合衆国の強圧的な外交政策に批判的なラテンアメリカ諸国への進出の後ろ盾となっていたのは、「ドイツの進出に同調的な雰囲気を示していた」当地におけるドイツ系移民の存在であった。(24)たとえば、一八七〇年代以降、増大したドイツ系移民がコミュニティを築いていたブラジルでは、第一次世界大戦期に敵国出自の移民として迫害を受けたものの、ドイツ系移民の経営する企業は、戦後、速やかに復興を遂げた。ポルトアレグレの人口の内、八人に一人がドイツ系だったが、当地の商業や産業の三割をドイツ系が占めていた。ブラジル国内において、道路などインフラ整備が最も進んでいたドイツ系コミュニティは、ラテンアメリカ諸国における民間航空事業導入の推進役

となっていったのである。(25)

ドイツ系資本を受け入れて設立された最初の民間航空会社は、コロンビア・ドイツ航空公社（the Sociedad Colombo-Almana de Transportes Aereos）であった。一九二〇年に、当地のドイツ系とオーストリア系移民によって設立された当社は、コロンビア国内の航空郵便事業を成功させ、コロンビア国内のみならず隣国ヴェネズエラやパナマ運河地帯、アメリカ南部、カリブ海を含む周辺諸国への事業拡大を計画していた。さらに同社は、一九二五年、アメリカ政府に国際郵便事業への参入許可を求めた。(26)こうした事態に直面し、陸軍省の諜報機関・G－2には、各国の米大使館付武官から情報がもたらされることになった。同年四月のヴェネズエラ駐在米大使館付武官から、コロンビア・ドイツ航空公社の従業員にドイツ人が含まれていること、ドイツのユンカース製の全金属性機体の航空機が採用されていること、さらに、中南米を経由してニューオーリンズに、さらにパナマ、メキシコ、ハバナを経由してフロリダ州のキー・ウェストを結ぶルートの運航を計画していることが報告された。米大使館付武官は、「カリブ海周辺地域におけるアメリカ合衆国の威信のため、またパナマ運河地帯の防衛のため、コロンビア・ドイツ航空公社をアメリカ資本によって支配することが好ましい」との勧告を行っている。一九二七年、コロンビア・ドイツ航空公社が、再度、アメリカ政府に国際航空郵便事業への参入を申請したため、アメリカ政府は、米国企業が参加する新たな国際航空会社の設立を熟慮した。パナマ運河地帯の保全を図るためにも、航空郵便事業は、アメリカ企業が行う必要があると考えられていたのである。(27)コロンビア・ドイツ航空公社の存在こそが、パンナム設立を促す一つの大きな外的要因であったといえる。

コロンビア・ドイツ航空公社は、ドイツのアエロ・ロイド社とともに、一九二四年五月、シンジケート・コンドルを組織した。この会社は、調査・試験飛行のための会社であり、ラテンアメリカ諸国の航空ルート敷設のための調査に従事することになった。以後、同社は、それまで船舶で行われていた西アフリカ＝ナタール間の南大西洋横断飛行ルートの開拓に努めた。このルート開拓努力により、一九二七年一月、ブラジル政府は、正式にシンジケート・コンドルに、リオデジャネイロからリオグランデを結ぶルートでの航空郵便・貨客旅客輸送の許可を与えたのである。同年一二月、ドイツ・ルフトハンザは、事実上、同社を子会社化することで着陸権を獲得し、ラテンアメリカ進出の足掛かりを獲得することになった[28]。この二社のほかに、ドイツ系住民もしくはドイツ資本によって設立された民間航空会社として、ブラジル南部を運航するヴァリグ[29]、ボリビアのロイド・アエレオ・ボリビアーノ、ペルー・ルフトハンザであった。パンナムが、国際線の運航を開始した一九二七年、ラテンアメリカ諸国の民間航空会社の多くがドイツ傘下に置かれていた[30]。

ラテンアメリカ諸国の軍・民航空分野の発展を促したもう一つの要因は、国内の政治不安や国境紛争の際に、空軍が重用されたことにある。一九二八年に勃発したボリビアとパラグアイの国境紛争――チャコ戦争――は、ラテンアメリカ諸国の航空機の輸入を増大させることになった。石油資源を巡って長期化したチャコ戦争において、ヨーロッパ諸国は軍事顧問団を送り、軍用機を輸出して双方を支援したため、本格的な航空戦争が行われることになった。アメリカ政府は、国際連盟とともに停戦への働き掛けを行ったものの成功せず、一九三二年に両国は全面戦争に突入した。ドイツの軍事顧問を受け入れドイツの航空機を導入していたボリビアと、フランスの支援を受けたパラグアイの間の戦闘が終結するのは、一九三五年であり、衝突の原因となったグランド・チャコ地方がパラグアイの帰属と認められたのは、一九三八年のことであった[31]。

ラテンアメリカ諸国は、空軍の創設と装備の強化を求め、欧米諸国から航空機を購入した。すでに言及したように、一九二〇年代のラテンアメリカ諸国の航空機市場の多くを占めていたのは、フランスであったが、一九三〇年代にはいると、フランスの影響力は徐々に低下するようになった。その理由の一つが、最新技術の提供を巡る問題である。フランスの凋落を最も顕著に示したのが、大恐慌で国内経済に大打撃を受け、一九三〇年の大統領選挙に対する不満から、革命が起こったブラジルであった。ブラジル革命の直前、ブラジル駐在米大使館付武官が報告しているように、かつてフランスは型落ちの余剰品販売においてもブラジルで影響力を持っていたが、しかし、ブラジル政府も技術的に優れた航空機を慎重に選択するようになった。革命によってヴァルガスが大統領に就任した後、ブラジル政府は、空軍力増強のため軍用機の購入を決定するが、その際、訓練機として最新型モス機を提供するイギリスのデハヴィランド航空機株式会社と購入契約を結んだのであった(32)。

一九三〇年代半ば以降、ブラジルへの軍用機輸出は、最新型航空機を輸出する米独の航空機産業による競争にしぼられることとなった。一九三五年にブラジル陸軍は、カーチス・ライト社から四五機の訓練機を購入していた。翌年、ブラジル軍からアメリカ合衆国の軍事訓練使節派遣の要請があり、当地に赴いた米軍使節は、ブラジルの空軍基地に、ドイツのフォッケウルフ58型最新型多目的機の組立工場が設置され、約百人の整備士らが、組み立て・整備にあたっていることを見出した。ブラジル軍将校は、これについて、「我々は、ドイツと契約し、さらに二〇機分の部品を輸入する。全ての部品はドイツから運ばれている」と述べたという(33)。この契約は、ブラジルが、すでに余剰品を受け入れてきた中古品市場ではなく、最新型航空機の「組み立て」の可能な市場となったことを示していたのである。

以上みてきたように、ラテンアメリカ諸国の軍・民航空は、第一次世界大戦直後より欧米諸国による余剰航空機売却や航空使節団の派遣により発展を開始した。民間航空に関しては、ドイツ系企業家やドイツ・ルフトハンザによる航空ルート敷設と空輸活動の展開が、ラテンアメリカ諸国を「航空に精通した（air-minded）」状態にしていた。一九三〇年代には、市場として成熟を見せ、最新型の航空機を提供する会社を選別するようになる。このように軍・民航空分野におけるラテンアメリカ諸国の市場としての成熟が、航空大国ドイツを生んだ一つの主要因といえるだろう。一九三一年に財政難からフランスのジェネラル・エアロポスタル社が南大西洋横断ルートから撤退した後、ドイツ・ルフトハンザは、西アフリカの英領ガンビア植民地バサーストの航空施設使用権を得て、一九三四年にドイツ＝ブエノスアイレス・ルートの週一往復の定期便を就航させた[34]。この後、ラテンアメリカ諸国は、すでにドイツの進出が本格化していた中国市場においてと同様、国際民間航空における米独競合の場となったのである。

4　ラテンアメリカにおける米独の競合

ラテンアメリカにおけるドイツ・ルフトハンザの攻勢に対して、パンナムは危機感を強めることになった。ヒトラー政権の成立以降、ドイツはラテンアメリカ諸国との政治的・経済的関係を強化するため、さまざまな政策を講じた。大恐慌で大打撃を受けたラテンアメリカ諸国も、ドイツとの一次産品・原料・資源の取引を重視し、ドイツが提案する商取引を受け入れざるを得なかった[35]。ドイツとラテンアメリカ諸国との接近は、国際民間航空ルート運航にも如実に示されていた。米陸軍省に届いたブラジル駐在大使館付武官からの報告によれば、ドイツは、南大西洋路線運航のために、洋上で給油・整備を行うカタパルト式射出機能を持った補給船「ウェストファーレン」を投入していた。これにより、ドイツ・ルフトハンザは、ナタール北部での定期運航を開始したシンジケート・コンドルと連結して南大西洋＝ラテンアメリカルートでの空輸活動を拡大し、パンナムに対抗しようとしていた[36]。

アメリカ合衆国では、共和党から民主党に政権が交代し、航空政策の見直しを開始したが、それによって民間航空輸送業務に混乱を引き起こしていた。民主党政権は、独占禁止法に抵触するものとして、ブラウン郵政公社総裁による大企業との優先的な契約と民間航空ルート割当を調査対象とし、郵政公社と民間航空会社の間で結ばれていた航空郵便契約を破棄し、陸軍航空隊による航空郵便活動を決定した。一九三四年には、新たな航空郵便法が成立し、持ち株会社の禁止、航空機産業と航空会社の分離による航空機市場の自由化、郵政公社による郵便契約の統轄、商務省による航路と安全基準設定、州際通商委員会による料金設定を規定した[37]。しかし、権限の分散を批判する共和党上院議員パット・マッカランを中心に新たな民間航空法案の策定が始まり、一九三八年の民間航空法の成立に至った。この法案によって、商務省内設置された独立の組織である民間航空当局が、民間航空業務のすべてを統括する権限を付与されることになる。(38)

こうした民主党政権による一連の政策転換に不信感を強めていたパンナム経営陣は、国際線の重要性を主張した。国際線事業は、ドイツ系航空会社のコロンビア・ドイツ航空公社に対抗する「国策遂行の手段（Chosen Instrument）」と位置付けられていたため、他の国内航空会社とは異なり、連邦補助金を継続的に得ることが可能だった。パンナムは、パナマ運河地帯からペルー、チリを結ぶラテンアメリカ西岸ルートを開設するため、ラテンアメリカ諸国と強力なつながりをもつ商社で、民間航空事業を開始しようとしていたW・R・グレース社と合弁にこぎつけ、一九二九年にパンナム・グレース社を設立していた。(39)

パンナムはさらに、ラテンアメリカ東岸ルート就航に乗り出すが、ライバル会社のニューヨーク＝リオ＝ブエノスアイレス航空（ＮＹＲＢＡ）がブラジル政府から同時に運航許可を得ていた。両社ともに郵政公社との契約のため国際航空郵便事業に入札していたが、郵政公社総裁ブラウンが選択したのは、パンナムだった。この後、パンナムは、ニューヨーク＝リオ＝ブエノスアイレス航空を買収合併し、パンエア・ド・ブラジルに社名を変更、一九三一年より運航を開始した。パンナムは、ラテンアメリカのみならず、太平洋路線を開拓し、ハワイを経由して中国に向かうルート運航も開始した。一九三五年以降、イギリスの国営会社インペリアル航空と協議を開始、高い収益が見込まれる北大西洋ルート開設を目指し、パンナムはアメリカ唯一の国際線運航航空会社として事業を拡大していった。(40)

その豊富な資金力をもって、パンナムは、競合する会社との交渉による合併戦略をとっていた。トリップが次に交渉相手に選んだのは、ドイツ系企業としてコロンビアから周辺諸国への航空郵便事業を展開していたコロンビア・ドイツ航空公社であった。世界大恐慌は同社にも打撃を与えたが、コロンビア政府、ドイツ政府ともに資金支援の準備はなかった。そのため、パンナムは、コロンビア・ドイツ航空公社の株式を購入し始め、一九三〇年から翌年にかけて同社株の八四%を占有するに至り、経営陣や職員構成など表向きは現状維持のまま、「秘密裏」に同社の所有者となっていたのである。(41)

一九三〇年代前半、パンナムとその子会社パンナム・グレース、もしくはパンエア・ド・ブラジルと、ドイツ・ルフトハンザならびにドイツ系の現地法人との間の競争は、パンナム・グループがラテンアメリカ諸国の首都間を結ぶ水上飛行艇による長距離空輸活動に集中し、一方のドイツ系現地法人が大都市と中小都市を結ぶコミューター的な空輸サーヴィスを提供していた関係で、それほど激しいものではなかった。パンナムは、汎米会議の際には各国の代表団の開催地へのフライトを担当し、革命やクーデタの最中にあってもフライト・スケジュールを厳守して信頼を獲得し、確固たる地歩を築いていた。(42)しかし、ヒトラー政権の成立後、ドイツ政財界は、国際航空輸送活動と同様に、ラテンアメリカ諸国との一層の経済関係強化を目指した。ブラジルは、ドイツの主要貿易相手国となっており、また独裁的な体制を強化したヴァルガス政権は、軍隊の近代化を図るため、ドイツの軍需産業クルップと兵器購入契約を結んだ。この武器取引は、ブラジルとドイツの間の商取引の増大を反映しており、アメリカ政府の懸念を引き起こした。(43)一九三〇年代後半、ブラジル政府は、米独を互いに反目させることによって、最大限の利益を得るという外交政策を遂行していたのである。(44)

ブラジルを拠点にしたドイツ・ルフトハンザのラテンアメリカ諸国における活動も、急速に拡大し始めた。同社は、資本の五〇パーセントをドイツ政府からの補助金で得ており、名実ともに、ドイツの「国策遂行の手段」となっていた。南大西洋横断ルートでの運航は週一往復の運航で始まったが、その後、洋上補給船をラテンアメリカ東岸ルートに投入し、競争力を強化した。ドイツ・ルフトハンザは、南大西洋上に、一九三二年に就航したウェストファーレンのほか、一九三四年に全長約一四三メートルのシュヴァーベンラント、一九三六年にオストマルクなどの洋上補給船を配備した。さらに、ドイツは、一九三八年にも新たなカタパルト搭載洋上補給船フリーゼンラントをブラジル東岸レシフェ沿岸に導入し、ハインケルHe70型機による運航を行った[45]。さらに、現地法人として、ペルー・ルフトハンザを設立し、ラテンアメリカ西岸ルートに進出した。ブラジル駐在米大使館付武官は、これら一連の動きを、パンナムのサーヴィスを浸食する試みであると陸軍省に報告している[46]。

このような駐在武官らの懸念は、もちろんパンナム航空の側でも十分に認識されていた。ドイツ・ルフトハンザの攻勢について、一九三八年初頭、パンナム副社長エヴァン・ヤングは、ペルー・ルフトハンザとロイド・アエレオ・ボリビアーノが、ブラジル政府に運航許可を申請したと、パン・エア・ド・ブラジルの顧問弁護士で後に社長に就任するコウビー・アラウージョに文書を送った。南大西洋ルートを横断してブラジルに到来したドイツ・ルフトハンザとペルー、ボリビアの子会社が接続することについて、アラウージョは、「ドイツの競争相手によるこれらの行為は、我々が一貫して守ろうとしてきた活動領域に、計画的に彼らが割り込もうと決意していることを示している」と強い語調で返答した[47]。パンナムのリマ駐在員は、ペルー政府がドイツ・ルフトハンザとロイド・アエレオ・ボリビアーノのリマ＝ラパス間の定期便就航を申請し、チリでも、「サンチャゴからアフリカまでの定期便が完全にドイツ人の搭乗員によって行われている」と報告、「これらのドイツの活動についてアメリカ政府高官の注意を喚起すべきではないか」と懸念を表明している[48]。一九三八年八月、ブラジル駐在米武官は、「コンドル航空は、高速ハインケル陸上輸送機による、リオ、サンパウロ、クリティヴァ、フロリアノポリス、ポルトアレグレ間の運航を準備しており、かなりの予算を投じて、新しい無線管制システムの整備」を進めていると報告し、注意を喚起した[49]。

一九三九年に入ると、ドイツ系航空会社とパンナム・グループは、ルート運航と航空機材投入を巡ってさらに競争を激化させた。ブラジルにおけるルート運航に関して、パンエア・ド・ブラジルは、一九三六年以降、二四〇一マイルの運航ルートを維持していた。他方、シンジケート・コンドルは、同年に、一八六五マイル、一九三七年と翌年に二三九五マイルを、一九三九年には、五〇八六マイルへと運航ルートを拡張し、ブラジル政府から得た補助金も、パンエアの二・三倍に達していた。これについて、アラウージョは、「パンエアはすでにブラジルにおいて二番手に甘んじている」状況であり、新たな機材の投入なく、シンジケート・コンドルに対抗することはできないと強調した(50)。また、一九三九年六月、アラウージョは、「ドイツ・ルフトハンザによる、パンナムとブラジル政府の契約更新に対する妨害行為が行われている」とパンナム本社に訴えたのであった(51)。

航空機材に関しては、ラテンアメリカ西岸ルートを運航するパンナム・グレース航空は、フォードモデルAT機シリーズで航空郵便事業を行っていた。東岸ルートを運航しているパンエア・ド・ブラジルは、大型水上飛行艇としてコンソリデイテッドのコモレイド、シコルスキー社のS－38、S－40を導入していた。飛行艇は、河川地域や洋上での着陸に優れていたが、しかし内陸へのアクセスは限定される。ダグラス航空機は、陸上輸送機DC－2、夜間飛行を可能にしたDC－3の生産を開始しており、パンナムも、一九三七年に両機を複数購入して北大西洋ルート就航に備えていた。パンナムは、さらなる新機材を求め、与圧可能な一九三五年開発の爆撃機B－17の民需転換バージョンであるボーイング307型機ストラトライナーの開発を促していた(52)。

アメリカ合衆国における、全金属性大型長距離輸送機DC－3の開発と生産拡大は、ドイツの大型長距離輸送機の開発を刺激していた。フォッケウルフのエンジニアであるクルト・タンクは、こうしたアメリカ航空機産業の展開を注視し、ルフト・ハンザに四発機長距離航空機の開発を持ちかけた。一九三七年に初飛行に成功するFW－200は、DCシリーズに対抗するために開発された(53)。ベルリン～ニューヨーク間を無着陸、二四時間で飛行することを可能にした、この新型機こそが、第二次世界大戦勃発以前の米独競争におけるドイツ・ルフトハンザの「勝利」であり、パンナムのみならずブラジルに駐在する米陸軍武官にも強い印象を与えた(54)。

パンナム・ブラジル支局長マックスウェル・ライスは、「ベルリンからわずか四〇時間四五分でリオデジャネイロ

写真1：奥がフォッケウルフ200型コンドル陸上輸送機

に到着した」、FW‐200の飛来を報告し、「パン・アメリカン航空ブラジル支局のビルの窓から」ブラジルに到着したばかりの同機を撮影した写真を添付した（写真1参照）。ラテンアメリカ諸国で最大かつ最新鋭長距離飛行が可能な二六人乗り輸送機は、ドイツでのパイロットの訓練を経て、今後も追加される予定であるとライスは述べた。同様に、アラウージョも、同機の到来を報告し、「機材の点では、コンドルは我々よりもはるかに優れている」と本社副社長ヤングに書き送った。これらの報告に対し、ヤングは、「この問題は、我々にとって極めて重要なので、トリップ社長に報告書を精読するよう求める」と返答した(55)。

FW‐200のリオデジャネイロ到着に関しては、ブラジル駐在米大使館付武官からも報告がなされていた。七月一日、ブラジル駐在米武官は、同機が、ドイツから経由地はセビリア、西アフリカのバサースト、ナタールのみで、所要時間四〇時間五〇分、飛行時間三四時間五五分の最速記録でリオデジャネイロに到着したと報告した。この航空機の到着の際には、「ブラジル高官の姿はなく、ドイツ大使館員や、その他何百人ものドイツ人が集まった」と、ブラジルにおけるドイツ人の存在を強調した。同様に、ブラジル大使館付参事官は、このドイツによる新たな試みは、アメリカ合衆国の民間航空サーヴィスの優勢に挑戦する行為であると国務省に書き送った(56)。このように、ドイツ・ルフトハンザの動向は、アメリカ側の注目を集めていた。

ラテンアメリカの国際民間航空における米独の競争は、国策としてラテンアメリカ諸国との関係強化を目指すドイツの攻勢を受けて、パンナム・グループが劣勢になりつつあったようにみえる。しかしながら、一九三九年九月一日のアラウージョの報告は情勢の変化を記すものだった。彼は、「数日前に、二〇人の管制官を含むコンドルの従業員一五〇人が解雇されたという情報がもたらされた。私が考えるに、ブラジル政府は、コンドルの政府統制を試みている。現在、パンエア・ド・ブラジルの機材不足ゆえに、こうした例外的な好機を活かせないことが悔やまれる」と報告した(57)。第二次世界大戦勃発は、ラテンアメリカ諸国の対ヨーロッパ政策に影響を与えつつあった。また、ドイツ・ルフトハンザの国際線運航は一旦停止されたのちに、ドイツ空軍の輸送部隊としてヨーロッパを中心に展開する(58)。一方、アメリカ政府は、ラテンアメリカ諸国の民間航空におけるドイツの影響力排除に着手するのである。

5　アメリカ政府による「脱ドイツ化」政策の開始

ラテンアメリカ諸国の民間航空事業におけるドイツの影響力は、アメリカ政府の「西半球防衛構想」にかなりの程度影響を与えていた。一九三八年五月から六月、米陸軍は、ラテンアメリカ諸国の民間航空における展開に対して、政府はより積極的な行動をとるべきだと勧告していた[59]。世界情勢が悪化の一途をたどっていた一九三九年四月、フランクリン・D・ローズヴェルトは、「ドイツ人は、直接三〇〇〇マイルの大洋を飛行するのではない。中央ヨーロッパからカボヴェルデ諸島、ブラジル、ユカタン、タンピコを経由してアメリカに飛来する。ユカタン半島を飛び立った最新型航空機は一時間五〇分でニューオーリンズに到着する」と演説した[60]。この指摘は、ドイツ・ルフトハンザのルートが、アメリカ本土攻撃に用いられる可能性を示唆するものだった[61]。

このようにアメリカ政府や軍部は、民間航空の軍事的意義を認識していたものの、積極的な措置を講じていたわけではなかった。ローズヴェルト政権とパンナムの関係は、一九三四年の航空法可決以降、悪化しており、一九三八年の民間航空法成立前から開始されていた北大西洋ルートを巡るイギリス政府とパンナムの協議を巡って紛糾していた。唯一の国際線航空会社であるパンナムは、最初はインペリアル航空と、次にイギリス民間航空省との協議を開始し、排他的な米英間航空ルートでの就航開始を目指していた。アメリカ政府としては、ルート割り当てについては、新たに設置された商務省民間航空当局が決定するべきであり、国内線と同様、国際線についても適度な競争が必要であるとの認識から、新たに国際線参入を目指していたアメリカン・エキスポート航空による入札を促した。こうした経緯から、ローズヴェルト政権とパンナムの関係は悪化していたのである[62]。

一九三九年にコロンビア駐在大使に着任したスプリール・ブレイデンは、コロンビア・ドイツ航空公社がパンナムの事実上の支配下にあることを見出し、ドイツ系職員の解雇を求めたが、パンナムは応じなかった。同年三月、パンナム社長トリップは国務省に召喚され、ドイツ系ならびにドイツ人職員の解雇を求められた。その際、トリップは、同社の創設者オットー・バウアーは反ナチ的人物であり、パンナムに協力してきたことを強調、また給与水準の高いアメリカ人職員雇用による損失を主張した。むしろ同社からドイツ系職員の排除に動いたのは、コロンビア政府だった。一九三八年に大統領に就任したエデュアルド・サントスは、善隣外交を展開するローズヴェルト政権との関係改善を図っていた。サントスは、コロンビア駐在大使に着任したブレイデンの働き掛けによってドイツ人ならびにドイツ系職員の排除に動き、コロンビア・ドイツ航空公社を「コロンビア化」すると発表した。コロンビア世論も、ドイツで迫害されたユダヤ系難民の到来により、ドイツ政府に対する批判を強めていた。この後、一九四〇年に、パンナムとコロンビア政府が共同で運営していたアヴィアンカ航空がコロンビア・ドイツ航空公社を吸収し、その際、ドイツ系職員のすべてが解雇されることになった(63)。

一九四〇年四月から五月にかけて、ドイツ軍の電撃戦による西ヨーロッパ諸国の降伏と占領は、アメリカ政府の新たな航空政策の開始を促した。同年五月、ローズヴェルト大統領は、連邦議会に対し、航空機の年産五万機を目指す特別国防予算の承認を要求し、再び、国際民間航空ルートが、軍事転用される可能性を主張した。ローズヴェルトは、ドイツ・ルフトハンザが運航している西アフリカからブラジルへ到達するルートを用いて、ドイツがアメリカを攻撃する可能性を示唆した。こうした警告は、一九四〇年においても孤立主義的な傾向を示す世論には容易に受け入れられたわけではなかったが、一方で、民間航空の軍事的意義に関して、政府各省庁や軍部で広く共有されつつあった(64)。

一九四〇年四月二六日、ブラジル駐在米領事から、ヨーロッパにおけるフランスの危機的状態とともに、ラテンアメリカにおけるフランス領土に、シンジケート・コンドルがルート拡張を計画しているという報告が国務省に届いた。その後、国務省は、ブラジル駐在大使館員に、ナタールを訪問し、現地の情報収集を行うよう指示を出した。ナタールに向かった大使館員は、エール・フランスの運航がすでに停止され、ドイツとイタリア国籍の航空機が運航を強化しているが、ブラジル政府内で対ドイツ政策に変化が生じていると報告した。ブラジル大統領ヴァルガスは、ドイツ寄りと見られていた民間航空局長を解任したのである。「(ブラジル) 民間航空局長リースは、明らかに親ドイツ的な政策を講じ、パンエア・ド・ブラジルへのルート割り当てを封じてきた。ブラジル政府が局長を解任した後、パンエアは、首都サンパウロから内陸ルートを敷設し、アマゾン河口への直接ルート敷設が可能になった」と報告している(65)。

一九四〇年九月までにイギリスが徹底抗戦を戦い抜き、ドイツの勝利が不確定な様相を呈したことが、ブラジル政府の選択の幅を狭めた。その結果、米独双方と交渉することによって、有利な立場を確保しようとしてきたブラジル外交は、親米的な傾向を強めることになったのである(66)。

一九四〇年半ば以降、アメリカ政府による国際民間航空分野への関与が一層強まることになった。米国務省とつながりの深い外交問題評議会の研究者は、一九四〇年一〇月発表の論考で「民間航空の発展は国家の軍事航空戦力と密接に関連しており、航空ルートの発展、飛行術、地上施設の組織化こそが軍事的優位を生み出す」と指摘して空輸の政治的、軍事的意義を強調した(67)。陸軍省では、パンナム・グループの航空システムの「経済的軍事的意義は、決して看過できない。南北アメリカ大陸の防空は、パンナム・グループの所有する既存の空港を活用すべきである」との認識が共有されていた。この後、陸軍省は、パンナムと「空港開発計画」について契約を交わし、各国との交渉によって空軍基地使用が許可されることを前提に、パンナムが、米軍の使用可能な航空施設を担うことになった。民間航空会社であるパンナムが、陸軍省との契約の下で空港建設を担った背景には、平時におけるラテンアメリカへの海外派兵問題が存在した。ブラジルにおける空港建設について、ブラジルの状況を熟知していたアラウージョは、パンナム本社に対し、ブラジル政府が米軍の派兵や直接介入を許可することはないと強調し、空港建設は、ブラジル企業として実績を積んできたパンエア・ド・ブラジルの名のもとで行うべきだと主張した。こうして、米陸軍省は、パンナムを動員し、民間航空システムの軍需転換を本格的に開始したのである(68)。

さらに、一九四一年、アフリカ・中東戦線に展開するイギリス軍の軍備増強のため、直接軍用機を飛行して届けるフェリー活動が開始されるが、これについてもパンナムが請け負った。参戦以前における米軍の海外派遣を回避するため、パンナムと米英政府が契約して、民間航空会社が南大西洋、アフリカを横断飛行して北アフリカ・中東のイギリス軍に軍用機を届けたのである(69)。

ラテンアメリカ諸国からのドイツの影響力の排除は、ヨーロッパにおける戦況、ラテンアメリカ諸国の外交姿勢の変容、そしてアメリカ政府・軍ならびにパンナムの協働によって遂行された。一九四一年以降、ラテンアメリカ諸国の民間航空会社からのドイツ系職員の解雇と航空機材の「アメリカ化」による「脱ドイツ化」政策は、強力に推し進められていくことになる。[70] ラテンアメリカにおけるドイツの存在によって、国際民間航空ルートの軍事的意義を認めたアメリカ政府と軍部は、戦時に国際民間航空をコントロールし、世界を網羅する航空システムを構築した。その後、世界規模の航空システムの維持と保全こそが、アメリカ合衆国の軍・民航空政策の中心となるのであった。[71]

6　むすびにかえて

本章では、第一次世界大戦後の国際民間航空秩序形成の中で、ドイツが民間航空分野で発展し、ラテンアメリカ諸国に浸透、アメリカ唯一の国際線運航企業パンナムと競争した過程を考察してきた。戦間期を通じて、ドイツは国際民間航空分野で飛躍し、ヒトラー政権が成立するまでには、ラテンアメリカ諸国における民間航空業務にドイツの影響が浸透していた。パンナム・グループと、ドイツ・ルフトハンザ・グループは、ルート開拓のみならず、最新鋭の機材の投入などを通じて激しく競争することになった。ラテンアメリカ諸国への進出とパンナムとの競争こそが、航空大国ドイツを生みだした一つの要因といえる。ドイツは、戦間期の軍縮体制の網の目をかいくぐり、搭乗員の養成や航空機開発など、ドイツ空軍力の強化を図る手段として国際民間航空分野を活用したのである。

ラテンアメリカ諸国は、ハインケルやフォッケウルフといったドイツ航空機産業にとっても重要な輸出先であった。また、アメリカ合衆国のボーイング社やダグラス社による全金属製大型長距離四発機の開発は、フォッケウルフ200型機の開発を促していた。長距離飛行記録を作った同機は、ダグラス航空機が開発したＤＣ－３に対抗すべく開発されたのである。これら大型長距離航空機は、パンナムが開発を促したボーイング307ストラトライナーが、B－17爆撃機の民需転用バージョンであったことからもわかるように、軍民転用が可能な技術の集大成であった。アメリカ航空機産業とドイツ航空機産業の開発競争もまた、ドイツの急速な再軍備を可能にしたといえよう。

国際民間航空分野におけるドイツとの競争は、一方で、航空超大国アメリカ合衆国を生みだす一つの重要な契機ともなった。ラテンアメリカにおける民間航空分野に関して、アメリカ政府は当初、すべてを民間企業パンナムに委ねていた。しかしながら、ヨーロッパ情勢の悪化とラテンアメリカにおけるドイツ系航空会社の存在により、アメリカ政府や軍は、海外の戦略拠点の民間利用が、場合によっては深刻な軍事的脅威になるという認識を強めることになった。航空技術の軍民両用性が再確認されたのである。一九四三年三月、米統合参謀本部は、戦間期に民間で開拓された国際航空ルートを前提とした、ブラジルのナタール、西アフリカならびに太平洋の島嶼を含む海外戦略拠点の確保を前提とした国防戦略の枠組みを考案するが、これは、真珠湾攻撃に先立って展開していたドイツ・ルフトハンザのラテンアメリカ進出があっての国防戦略にほかならなかった[72]。

第二次世界大戦以降、一貫して追求されてきたアメリカ合衆国のグローバルな基地網の確保政策は、戦間期に飛躍的に発展した航空技術の軍民両用性と、ラテンアメリカ諸国における深刻なドイツの脅威に対抗するという文脈から生みだされたといえるのである。第一次世界大戦後の、民間航空分野の許可によって、戦間期に航空大国ドイツを生みだしたという「過ち」を繰り返さないために、アメリカ政府は、第二次世界大戦後には、日独の民間航空機生産や民間航空会社の保有さえも禁止することを決定するのであった。

注

（1）Lissitzyn [1942]; Burden [1943] を参照。国際関係論における国際航空研究については、Thornton [1970]; Gidwitz [1980];

Jönsson［1987］; Sochor［1991］を参照。

（2） Dobson［1985］; Mackenzie［1989］; Dobson［1991］; Dobson［2011］を参照。航空文化については、Launius and Janet R. Daly Bednarek［2003］; Van Vleck［2013］を参照。

（3） Hilton［1981］; Friedman［2003］pp. 569-597.

（4） パン・アメリカン航空の社史については、Daley［1980］; Bender and Selig Altschul［1982］; Alef［2011］などを参照；ドイツ・ルフトハンザの南大西洋ルート運航に関しては、Graue and Duggan［2000］; Erfurth［2005］を参照。

（5） McCann［1968］pp. 35-50.

（6） Pinsdorf［1992］pp. 159-170; Benson［2000］pp. 61-73; Salvatore［2006］pp. 662-690を参照。

（7） 航空関連の研究史の整理については、高田［二〇一一］の序章を参照。

（8） Jönsson［1981］pp. 277-278.

（9） Gidwitz［1980］pp. 39-40; イギリスによる植民地航空政策についてはOmissi［1990］を参照。

（10） Sochor［1991］p. 2.

（11） *FRUS*［1947］pp. 351, 643.

（12） *FRUS*［1947］p. 646; 戦間期に開催された軍縮会議で、航空機の軍事利用の問題がしばしば取り上げられたが、しかし各国は、航空技術の民間利用の拡大によって航空機を兵器として規制することに関する合意に達することはなかった。この問題については、Zaidi［2011］pp. 150-178を参照。

（13） Lyth［2003］pp. 250-252.

（14） Van der Linden［2002］pp. 4-6.

（15） Launius and Bednarek, eds.［2003］pp. 19-22.

（16） Wensveen［2011］pp. 62-64; Launius and Bednarek, eds.［2003］91-92.

（17） Davis［1964］pp. 123-130.

（18） Rae［1968］pp. 49-50; Davis［1964］pp. 133-134.

（19） Davis［1964］pp. 141-142.

(20) Van Vleck [2013] pp. 67-71.
(21) Salvatore [2006] p. 679.
(22) Hagedorn [2008] pp. 134, 140.
(23) Davis [1964] pp. 218-219.
(24) Burden [1943] p. 11.
(25) Luebke [1987] p. 214.
(26) Burden [1943] pp. 11-12.
(27) Military Atаché, Venezuela, "History, development and organization of the Sociedad Colombo-Almana de Transportes Aereos (SCADTA)", April 25, 1925 (Record Group 165 Entry 77 Box 627 in National Archives and Records Administration, College Park, MD, 以下NARAと略す), pp. 1-4; Samuel H. Piles (Bogotá) to Secretary of State, August 31, 1927 (RG165 Entry 77 Box 627, NARA), pp. 1-3.
(28) Burden [1943] p. 12; Allaz [2005] p. 74.
(29) Pinsdorf [1992] p. 165.
(30) Burden [1943] pp. 12-13.
(31) チャコ戦争の経緯に関しては、Hagedorn amd Sapienza [1997] を参照。
(32) Military Attaché, Brazil, "Foreign Mission in Brazil", May 29, 1930 (RG 165 Entry 77 Box 274, NARA), pp. 1-5; G-2 Report, "British Aircraft for Brazil," March 23, 1932 (RG165 Entry 77 Box 293, NARA), p. 1.
(33) G-2 Report, "Brazil-Aviation Military", July 5, 1935, pp. 1-2; G 2 Report, "German Planes for Brazilian Air Service", November 18, 1936 (RG 165 Entry 77 Box 293, NARA), p. 1.
(34) Graue and Duggan [2000] p. 22. エール・フランスがこの運航を開始したのは、一九三六年であった。Davis [1964] pp. 221-222.
(35) Friedman [2003] p. 576.
(36) Military Attaché, Brazil, "The Westphalen Experiment", November 34, 1933 (RG 165 Entry 77 Box 286, NARA), p. 1; G-2

Report, "Trans-Atlantic Air Service," January 16, 1934, ibid., p. 1.

(37) 持ち株会社の禁止については、西川［二〇〇八］二七～三〇頁を参照。

(38) Dobson［2011］pp. 29–31; Davis［1964］pp. 136–137.

(39) Bluffield［2014］pp. 182–183.

(40) Davis［1964］pp. 142–143, 151–152; Gandt［2013］Chapter 12 and 13.

(41) Adam［2005］p. 982.

(42) Davis［1964］p. 151; Salvatore［2006］p. 679.

(43) Hilton［1981］p. 19; G–2 Report, "Purchase of Armament", April 5, 1938 (RG 165 Entry77 Box 274, NARA), p. 1.

(44) McCann［1979］p. 60; Moura［2013］pp. 67–68.

(45) Assistant Commercial Attaché, Brazil, "Rio- La Pas by Air", January 21, 1936; Military Attaché, Brazil, "The Ostmark, new German Catapult Ship", August 3, 1936, pp. 1–2; Graue & Duggan［2000］pp. 142–143; Erfurth［2005］pp. 70–77.

(46) Military Attaché, Brazil, "Syndicate Condor, Ltd"., December 23, 1938, p. 1 (RG 165 Entry 77 Box 286, NARA).

(47) Cauby C. Araujó to Evan E. Young, "Luft Hansa. Activities and Extentions", January 24, 1938 (Pan American World Airways, Inc. Records, 1902–2005, University of Miami, Special Collection, Box 524, Folder 26. 以下、PAA と略す)。

(48) "Memorandum to Directors", January 7, 1938 (PAA Box 524, Folder 26), p. 1.

(49) M. J. Rice to Evan E. Young, August 8, 1938 (PAA Box 524, Folder 2), pp. 1–14.

(50) Cauby Araujo to Evan E. Young, "Condor Expansion", February 9, 1939 (PAA Box 524, Folder 22), pp. 1–2.

(51) Cauby Araujo to Evan E. Young, "Lufthansa Application for Cabotage Right", June 1, 1939 (PAA Box 524, Folder 26), p. 1.

(52) Davis［1987］pp. 16–49; Burden［1943］p. 57; Dobson［2011］pp. 94–95. パン・アメリカン航空は、国家としてではなく、企業として国際空輸協定に調印しており、各国政府・各国国営航空会社との交渉を自ら行っていた。

(53) Hirschel, Prem, and Madelung［2004］p. 158.

(54) Lyth［2003］pp. 260–261.

(55) M. J. Rice to Evan E. Young, June 30, 1939, p. 1; M. J. Rice to Evan E. Young, July 18, 1939, p, 1; Cauby Araujo to Evan E.

Young, "German Planes, Pictures", July 20, 1939, p. 1; Evan E. Young to Cauby Araujo, "Condor", July 27, 1939, p. 1 (PAA Box 524, Folder 22).

(56) Military Attaché, Brazil, "Arrival of German Focke-Wulf Plane", July 1, 1939 (RG 165 Entry 77 Box 286, NARA), pp. 1-2; Burdett to Secretary of State, "Activities of German Syndicat [o] Condor Air Service in Brazil", July 7, 1939 (RG 165 Entry 77 Box 286, NARA), pp. 1-2.

(57) Cauby Araujo to Evan E. Young, September 11, 1939 (PAA Box 524 Folder 22), p. 1.

(58) McCann [1979] pp. 65-66; Lyth [2003] pp. 261-262.

(59) Conn and Fairchild [1960] pp. 238-239.

(60) Taliaferro, Ripsman, and Lobell, eds. [2013] p. 205.

(61) 一九三三年から一九四五年におけるローズヴェルト政権の外交政策については、Dallek [1995] を参照；アメリカ国内の孤立主義については、Cole [1983] を参照。

(62) Dobson [2011] pp. 124-129.

(63) Davis [1964] p. 161; Benson [2000] pp. 64-65.

(64) Rosenman [1941] pp. 199-200; Cole [1983] pp. 288-289.

(65) William C. Burdett to Secretary of State, "Extension of Syndicate Condor Airline to Border of French Guiana", April 26, 1940; Secretary of State to American Consul, May 21, 1940; Linthcum to Secretary of State, June 1, 1940; Military Attaché, Brazil, "Aviation Information Digest, Brazil", April 25, 1940 (RG59 Subject File, South American Aviation, Box 4533, NARA).

(66) McCann [1979] pp. 66-67.

(67) Lissitzyn [1940] pp. 169-170.

(68) McCann [1974] pp. 222-223.

(69) Ray [1975] pp. 340-358.

(70) "Telegram from Rio de Janeiro", February 10, 1942; Naval Attaché, Brazil, "Intelligence Report: List of Condor Employ-

ees", April, 25, 1945 (RG165 Entry 77 Box 286, NARA); Burden［1943］pp. 67-79.

(71) 戦時中の米軍・民航空政策の策定過程については、高田［二〇一一］第三章、第四章を参照。

(72) Stoler［1982］pp. 303-321.

【参考文献】

高田馨里［二〇一一］『オープンスカイ・ディプロマシー――アメリカ軍事民間航空外交１９３８－１９４６年』有志舎。

高田馨里［二〇一六］「軍事航空と民間航空――戦間期における軍縮破綻と航空問題」『国際武器移転史』第二号。

西川純子［二〇〇八］『アメリカ航空宇宙産業――歴史と現在』日本経済評論社。

Adam, Thomas, ed.［2005］*Germany and the Americas: Culture, Politics, and History*, vol. 1. ABC-CLIO.

Alef, Daniel［2011］*Juan Terry Trippe: Founder of Pan Am and Commercial Aviation*, Titans of Fortune Publishing.

Allaz, Camille［2005］*The History of Air Cargo and Airmail from the 18th Century*, Christopher Foyle Publishing.

Bender, Marylin and Selig Altschul［1982］*The Chosen Instrument: Pan Am, Juan Trippe, the Rise and Fall of an American Entrepreneur*, Simon & Schuster.

Benson, Erik［2000］"Flying Down to Rio: American Commercial Aviation, the Good Neighbor Policy, and World War Two, 1939-1945", *Essays in Economic and Business History*.

Bluffield, Robert［2014］*Over Empires and Oceans: Pioneers, Aviators and Adventurers–Forging the International Air Routes 1918-1939*, Tattered Flag.

Burden, William A. M.［1943］*The Struggle for Airways in Latin America*, Council on Foreign Relations; reprinted by Arno Press, New York, 1977.

Conn, Stetson and Byron Fairchild［1960］*United States Army in World War II: The Western Hemisphere: The Framework of Hemisphere Defense*, U. S., GPO.

Davis, R. E. G.［1964］*A History of the World's Airlines*, Oxford University Press.

Davis, R. E. G.［1987］*Pan Am: An Airline and Its Aircraft*, Hamlyn Publishing Group.

Daley, Robert [1980] *An American Saga: Juan Trippe and his Pan Am Empire*, Random House.
Dobson, Alan P. [1985] "The Other Air Battle: The American Pursuit of Post-War Civil Aviation Rights", *Historical Journal*.
Dobson, Alan P. [1991] *Peaceful Air Warfare: The United States, Britain, and the Politics of International Aviation*, Oxford University Press.
Dobson, Alan P. [2011] *FDR and Civil Aviation: Flying Strong, Flying Free*, Palgrave Macmillan.
Foreign Relations of the United States [FRUS] [1947] *The Paris Peace Conference 1919, vol. XIII*, Government Printing Office.
Friedman, Max Paul [2003] "There Goes the Neighborhood: Blacklisting Germans in Latin America and the Evanescence of the Good Neighbor Policy", *Diplomatic History*, 27-4.
Gandt, Robert [2013] *China Clipper: The Age of the Great Flying Boats*, Naval Institute Press.
Gidwitz, Betsy [1980] *The Politics of International Air Transport*, Lexington Books.
Graue, James W. and John Duggan [2000] *Deutsche Lufthansa: South Atlantic Airmail Service 1934-1938*, Zeppelin Study Group.
Hagedorn, Dan, amd Antonio L. Sapienza [1997] *Aircraft of the Chaco War 1928-1935*, Schiffer Military History Book.
Hagedorn, Dan [2008] *Conquistadors of the Sky: A History of Aviation in Latin America*, NASM.
Helmut Erfurth [2005] *Zivile Lufthafrt im Dritten Reich: GLanz und Elend des deutschen Luftverlehrs 1933-1945*, Gremond Verlag.
Hilton, Stanley E. [1981] *Hitler's Secret war in South America 1939-1945*, Louisiana State University Press.
Hirschel, Ernst Heinrich, Horst Prem, and Gero Madelung [2004] *Aeronautical Research in Germany: From Lilienthal until Today*, Springer.
Jönsson, Crister [1981] "Sphere of Flying: The Politics of International Aviation", *International Organization*.
Jönsson, Crister [1987] *International Aviation and the Politics of Regime Change*, Francis Pinter.
Launius, Roger D. and Janet R. Daly Bednarek, eds. [2003] *Reconsidering a Century of Flight*, The University of North Caroli-

na Press.

Lissitzyn, Oliver J. [1940] "The Diplomacy of Air Transport", *Foreign Affairs*, 19-1.

Lissitzyn, Oliver James [1942] *International Air Transport and National Policy*, Council on Foreign Relations; reprinted by Garland Publishing, 1983.

Luebke, Frederick C. [1987] *Germans in Brazil: A Comparative History of Cultural Conflict During World War I*, Louisiana State University Press.

Lyth, Peter [2003] "Deutsche Lufthansa and the German State, 1926-1941", in Terry Gourvish, ed., *Business and Politics in Europe, 1900-1970: Essays in Honour of Alice Teichaova*, Cambridge University Press.

Mackenzie, David [1989] *Canada and International Civil Aviation, 1932-1948*, the University of Toronto Press.

McCann, Frank D. [1974] *The Brazilian- American Alliance, 1937-1945*, Princeton University Press.

McCann, Frank D. [1979] "Brazil, the United States, and World War II", *Diplomatic History*, 3-1.

Moura, Gerson [2013] *Brazilian Foreign Relations 1939-1950: The Changing Nature of Brazil-United States Relations during and after the Second World War*, Ministério das Relações Exteriores.

Omissi, David E. [1990] *Air Power and Colonial Control: The Royal Air Force, 1919-1939*, Manchester University Press.

Pinsdorf, Marion K. [1992] "Varig Airlines of Brazil: An Enterprising German Investment", *Business and Economic History*, 21.

Rae, John B. [1968] *Climb to Greatness: The American Aircraft Industry, 1920-1960*, The MIT Press.

Ray, Deborah Wing [1975] "The Takoradi Route: Roosevelt's Prewar Venture beyond the Western Hemisphere", *The Journal of American History*, 62-2.

Rosenman, Samuel I. [1941] *The Public Papers and Addresses of Franklin D. Roosevelt, vol. 9: War and Aid to Democracies, 1940*, University of Michigan Library.

Salvatore, Ricardo D. [2006] "Imperial Mechanics: South America's Hemispheric Integration in the Machine Age", *American Quarterly*, 58-3.

Sochor, Eugene [1991] *The Politics of International Aviation*, Macmillan.

Stoler, Mark A. [1982] "From Continentalism to Globalism: General Stanley Embick, the Joint Strategic Survey Committee, and the Military View of American National Policy during the Second World War", *Diplomatic History*, 6-3.

Taliaferro, Jeffrey W., Norin M. Ripsman, and Steven E. Lobell, eds. [2013] *The Challenge of Grand Strategy: The Great Powers and the Broken Balance between the World Wars*, Cambridge University Press.

Thornton, Robert [1970] *International Airlines and Politics: A Study in Adaptation to Change*, the University of Michigan Press.

Van der Linden, Robert [2002] *Airlines and Air Mail: The Post Office and the Birth of the Commercial Aviation Industry*, University of Kentucky Press.

Van Vleck, Jenifer [2013] *Empire of the Air: Aviation and the American Ascendancy*, Harvard University Press.

Wensveen, John G. [2011] *Air Transportation: A Management Perspective*, Ashgate.

Zaidi, Waqar [2011] "Aviation Will Either Destroy or Save Our Civilization': Proposals for the International Control of Aviation, 1920–45", *Journal of Contemporary History*, 46.

第8章　戦前・戦後カナダ航空機産業の形成と発展

福士　純

1　はじめに——植民地カナダと武器移転——

ワシントン海軍軍縮条約以降、欧米諸国、そして日本の間で主力艦の削減がなされる一方、航空機の重要性は高まりを見せつつあった(1)。そのため、イギリスによる帝国防衛構想もまた必然的に航空機を組み込んだものとなっていった。同時に、戦間期に需要減に苦しむイギリスの軍需産業、中でも航空機産業は帝国内の植民地に販路を求めて輸出拡大や子会社の設立、製造ライセンスの供与を開始した。イギリス帝国内における航空機と、その生産技術の移転が本格的に開始されたのである。

この帝国内における航空機とその製造技術の移転について考える上で、最も注目すべき植民地はカナダである。カナダは、一九世紀後半以降着実な工業化を遂げ、戦間期にはイギリス本国や隣国のアメリカ合衆国の航空機製造企業の進出によって、航空機産業の萌芽が見られた。その発展は第二次大戦期にますます加速し、第二次大戦期の六年間

表8－1　カナディアン・ヴィッカーズ社、カナディアの航空機生産(1923-50年)

	航空記名	生産機数	生産時期	ライセンス供給企業(国)
1	ヴァイキング	8	1923	ヴィッカーズ(英)
2	ヴィデット	60	1924-30	
3	ヴァルーナ	8	1925-27	
4	504N	26	1925-28	アヴロ(英)
5	ヴァネッサ	1	1927	
6	ヴィスタ	1	1927	
7	ヴィジル	1	1928	
8	ヴェロス	1	1928	
9	FC-2	11	1928	フェアチャイルド(米)
10	HS-3L	3	1928-29	カーチス(米)
11	ヴァンクーヴァー	6	1929-30	
12	スーパーユニバーサル	15	1929-30	アトランティック(米)
13	CH-300ペースメーカー	6	1931	ベランカ(米)
14	デルタ	20	1936-40	ノースロップ(米)
15	ストランラー	40	1938-41	スーパーマリン(英)
16	PBY-5A(カンソーA)	312	1942-44	コンソリデイテッド(米)
17	OA-10A	57	1944-45	コンソリデイテッド(米)
18	DC-4M(ノース・スター)	71	1946-50	ダグラス(米)
合計		647		

出典：Molson, K. M. & H. A. Taylor［1982］*Canadian Aircraft since 1909,* London, pp. 458-464を元に作成。

にアメリカ、イギリス、ソヴィエト連邦に次ぐ一万六〇〇〇機の航空機とその関連部品を製造する航空機生産大国となっていた(2)。

しかし、第一次大戦後の軍縮期から第二次世界大戦に至るカナダ航空機産業の発展過程、そして帝国内におけるイギリス本国と植民地カナダ間の武器移転の様相について十分に明らかにされてきたとは言い難い(3)。他方、従来の武器移転史研究は、武器移転の送り手と受け手、具体的には兵器や技術を供与する側と受容する側の政府や軍、兵器産業がいかなる目的や意図を持って兵器や技術の移転を推し進めたかを構造的に把握しようと試みてきた。その際、受け手となる生産技術の面で後進的な国が共通して企図するのは、兵器の輸入や技術の受容を通じた「軍器独立」であった(4)。しかし、これはカナダには当てはまらない。カナダは一九三一年以降外交権を保証された後でも変わらずイギリスの植民地であり、航空機に関しても一九三七年の帝国会議にて自治領空軍が保有する航空機は本国空軍が保有する航空機と互換性を維持することが確認された(5)。それゆえカナダでは、独自規格の戦闘機開発がイギリス本国によって事実上大きく制限されており、その点において「軍器独立」は困難であったし、それを望むこともなかった。しかし、それにもましてカナダはアメリカと同様、東西を大西洋と太平洋に挟まれた「無償の安全保障」を享受しているがゆえに(6)、第二次世界大戦期まで航空防衛、そして戦闘機保有の必要性が極めて低かったのである。

このような従来の武器移転史研究が検討してきた事例とは全く異なる「受け手」であるカナダにおいて、航空機生産技術はどのように移転し、また航空機産業はどのように形成、発展したのか。本章では、一九一一年にイギリスの兵器会社ヴィッカーズ社の子会社としてモントリオールに設立されたカナディアン・ヴィッカーズ社（Canadian Vickers Ltd.）と、その後継企業であるカナディア（Canadair Ltd.）に注目したい(7)。カナディアン・ヴィッカーズ社は、設立以降造船を主業務としていたが、一九二三年に本格的に航空機の生産を開始し、一九二〇年代前半から第二次世界大戦期に至るまでカナダにて航空機生産を行った唯一の企業である（表8－1参照）。それゆえ、当該期のカナダ航空機産業の発展と武器移転について考える上での格好の事例と言えよう(8)。このカナディアン・ヴィッカーズ社とカナディアを事例に、上記の問題について解明することが本章の課題である。

2　一九二〇年代におけるカナディアン・ヴィッカーズ社の航空機事業

(1)　カナディアン・ヴィッカーズ社による航空機事業への進出

カナダにおける航空機産業の萌芽は、第一次大戦前にまで遡る。一九〇九年にマッカーディ（J. A. D. McCurdy）

とボールドウィン（F. W. Baldwin）がノヴァスコシア州にてイギリス帝国内最初の航空機飛行実験に成功した後、カナダではいくつかの航空機製造企業が設立された。しかし、そのどれもすぐに廃業してしまい、第一次大戦中にアメリカのカーチス航空機・発動機会社（Curtiss Aeroplane and Motors）のＪＮ－３やＪＮ－４カナック（Canuck）をイギリス本国に向けて輸出したカナダ航空機会社（Canadian Aeroplane Ltd.）を除いて、一九二〇年代前半に至るまで継続的な航空機生産を行う企業は存在しなかった。(9)

その一方で、カナダ政府は国内における航空問題に関心を寄せ始めていた。カナダでは、第一次大戦後に民間旅客輸送や航空郵便等、航空機の利用が増えることが予想されていた。しかし、パイロットの認可や航空規則の整備を含む国内の航空関連業務を管轄する機関が存在せず、この点を憂慮したカナダ海軍のウィルソン（J. A. Wilson）の進言によって、一九一九年六月にカナダ航空局（Air Board）が設立された。(10) 本来、カナダ航空局は国内の航空業務の取締りを主業務とすることが想定されていた。しかし、イギリス空軍（Royal Air Force））から供与された余剰航空機を元に、一九二〇年二月にカナダ空軍（Canadian Air Force）が設立されると、カナダ航空局は空軍も管轄下に置くことでカナダ国内の民間航空、軍用航空両方を管理する機関に拡大されたのである。(11) カナダにおける航空制度の整備、そして航空機を保有、運用する機関の設立は、カナダにおける巨大な航空機購買者の形成を意味すると同時に、今後のカナダにおける航空機需要の高まりを予想させたのである。

このような状況に注目したのが、イギリスのヴィッカーズ社であった。ヴィッカーズ社は、第一次大戦期に多くの航空機を生産していたが、一九一九年以降戦時の航空機製造契約のキャンセルが相次いだため、航空機の大量在庫を抱えていた。(12) それゆえ、同社は戦後における新たな販路開拓と拡大を目指していたのであり、その海外市場の一つとして注目したのがカナダであった。

ヴィッカーズ社にてカナダでの航空機生産について初めて討議を行ったのは、社内の航空委員会（Air Committee）

においてであった。航空委員会は、ヴィッカーズ社とカナディアン・ヴィッカーズ社の取締役を兼任し、航空機に関して高い関心を持つドーソン（A. T. Dawson）を中心に、社内にて航空機生産や販売について検討するために組織された委員会である。一九一八年五月二三日に開かれた航空委員会において、会議に参加していたカナディアン・ヴィッカーズ社社長のルイス（F. O. Lewis）が、カナダ政府によって新たな航空関連業務、つまり後のカナダ航空局の設立が検討されているとの情報を提起すると、航空委員会はこれを好機と捉えてカナダ市場進出に関する議論を開始した。翌一九年一月二日の委員会では、カナダでの航空機製造にまで議論が及んだものの、この時点でいまだカナダ政府から具体的な航空政策や航空関連業務に関する声明がなされることはなく、議論は一時棚上げとなった(13)。

しかし同年夏に、新たに設立されたカナダ航空局からヴィッカーズ社に対して、カナダ国内にて航空機修理施設を建設するよう正式に要請がなされた。これを受けて航空委員会は議論を再開し、一一月二七日の航空委員会にて、ヴィッカーズ社に替わってカナディアン・ヴィッカーズ社がカナダ国内に航空機修理工場を建設する決議が可決されたのである(14)。親会社であるヴィッカーズ社のこの決定に従い、カナディアン・ヴィッカーズ社は同社のモントリオール造船所隣に用地を確保し、航空機の組立施設の建設を進めた(15)。この施設にて、カナディアン・ヴィッカーズ社は一九二〇年八月にカナダ政府から依頼されたフェリックスストウＦ‐Ⅲ飛行艇とフェアリーＦ‐ⅢＣ水上機の二機の航空機の組み立てを行った。これが、カナディアン・ヴィッカーズ社による最初の航空機関連事業であり、同社は一九四〇年代前半までこの地を拠点に航空機の生産に携わっていくこととなるのである。

(2)　カナディアン・ヴィッカーズ社による航空機生産の開始

モントリオールにおける航空機組み立て施設建設は、ヴィッカーズ社、そしてカナディアン・ヴィッカーズ社によるカナダでの本格的な航空機生産への第一歩となるものであり、両社は同地での継続的な航空機の生産と販売を望んでいた。その際、最大の顧客となると想定されていたのがカナダ航空局である。一九二〇年一二月末に、カナディアン・ヴィッカーズ社の取締役ミラー（P. L. Miller）は、カナダ航空局の書記官に就任していたウィルソンに航空機の追加購入を要請した。カナダ政府は、カナディアン・ヴィッカーズ社から航空機を購入することによって、イギリスの最新鋭の航空技術を最小限のコストにて得ることができるとミラーは語ることで、ウィルソンに契約を促したのである。(16)

これに対して、購買者たるカナダ航空局はどのような航空機の購入を望んでいたのか。当該期において、カナダ航空局が購入を望んでいたのは、主に森林パトロールや火災の消火、カナダ北西部への探検や鉱山の調査、航空写真の撮影や地図の作成といった目的に使用可能な航空機であった。(17)さらに、航空局は、他国からの侵略の脅威が無いカナダにとって、戦闘機の購入や航空防衛は重要ではないと考えており、戦闘機の購入よりもむしろ北西部の森林、湖沼地帯を滑走路無しで飛行可能な飛行艇やフロート付きの水上機の購入を望んでいたのである。(18)

カナダ航空局のこのような要望に応えるべく、ヴィッカーズ社が提案した航空機がヴァイキング（Viking）であった。ヴァイキングは単発複葉の飛行艇であり、一九一八年から飛行艇、水上機の研究を開始していたヴィッカーズ社にとっての最新鋭の航空機の一つであった。(19)ドーソンとルイスは、カナダ国内におけるヴァイキングの製造開始が既に検討中であることを示唆した上で、カナダ航空局に同機の購入を促したのである。他方、カナダ航空局も、イギリス空軍から飛行記録の写しを取り寄せてヴァイキングについて検討し、ヴァイキングがカナダ航空局にとって最適の航空機であるとの回答をヴィッカーズ社に示したのである。(20)予算の都合上、カナダ航空局はその後二年間新規に航空機の入札を行うことが出来なかったが、一九二三年二月に行われた入札にてカナディアン・ヴィッカーズ社はヴァイキングⅣ型八機を受注した。ヴァイキングⅣ型は、ヴィッカーズ社でも試作機しか製造されていない新型の水陸両用機であり、これをカナダ国内で製造して納入することとなったのである。

ただ、いまだ航空機製造の経験に乏しいカナディアン・ヴィッカーズ社は、独力にてこの契約を履行することは出来ず、親会社であるヴィッカーズ社の支援を受けて生産を行うこととなった。具体的には、ヴァイキングⅣ型八機のうち、二機はすべての部品をヴィッカーズ社のウェイブリッジ工場で製造して、組み立てのみをカナディアン・ヴィッカーズ社で行い、残り六機も金属部品はすべてイギリスで生産の上、木製部品のみカナディアン・ヴィッカーズ社が製造して組み立てることとなった(21)。

カナディアン・ヴィッカーズ社による契約獲得の要因として、ヴァイキングⅣ型が入札に参加した他の企業の航空機より優れていたこと以外に、入札に参加した企業の中でカナディアン・ヴィッカーズ社が唯一カナダ国内に生産設備を持っていたことが挙げられる(22)。一九二二年秋の時点で、ヴィッカーズ社はカナダ航空局から航空機を購入する際にはカナダ製を第一候補とするという見解を伝えられており、この点がカナダ国内に航空機生産設備を持つカナディアン・ヴィッカーズ社が受注を獲得できた大きな要因と考えられるのである(23)。

(3) カナディアン・ヴィッカーズ社による航空機「国産化」の待望

ヴァイキングの受注を受けて、カナディアン・ヴィッカーズ社は航空機の生産体制の整備を図っていった。カナディアン・ヴィッカーズ社において、実質的な経営の最高責任者であった専務取締役のギラム（A. R. Gilham）は、一九二三年二月の取締役会にて第一次大戦後の造船不況による同社の造船部門の不振と、前節にて検討したヴァイキングⅣ型八機の受注について報告した上で、造船に替わる新たな産業として航空機生産体制の確立を図るべきと主張した(24)。その具体策としてまずギラムが行ったのが、航空機生産設備の拡大である。ヴァイキングの国内生産を進める上で、生産設備の拡大は不可欠であり、一九二三年度中に設備投資の費用として二万五〇〇〇ドルを支援するよう、ギラムはヴィッカーズ社に依頼した。さらに彼は、カナディアン・ヴィッカーズ社が本格的に航空機事業を行うために社内に航空機部を新設し、造船部部長であったジャーマン（H. H. German）に航空機部部長を兼任させたのである。[25]

新たに設立された航空機部において、ギラムやジャーマンは以下の二点の目標を掲げてカナディアン・ヴィッカーズ社の航空機生産体制の確立を目指した。その第一点目の目標は、航空機の「国産化」である。先に触れたように、カナディアン・ヴィッカーズ社はヴァイキングを生産する際、すべての金属部品生産をヴィッカーズ社に依存していた。この点について、ギラムは一九二三年七月二〇日に開催された株主総会にて、同社は今後の航空機受注の際にはヴィッカーズ社に頼らず、すべての部品の自社生産を目指すと説明した。このギラムの主張の背景にあるのは、ヴァイキング製造の際のヴィッカーズ社による金属部品製造の遅れと部品の送付漏れによる組み立て工程、そして納期の遅延であり、カナダ航空局はこの点について繰り返しカナディアン・ヴィッカーズ社に対して不満を寄せていた。[26]それゆえカナディアン・ヴィッカーズ社は、計画的な生産と納期の遵守を図るために自社内での部品製造を必要としたのである。この方針に基づいて、ジャーマンは有能な熟練工を造船部から航空機部に配置転換して、金属部品の国産化と親会社に依存しない生産体制確立を進めたのである。[27]

第二点目の目標は、カナディアン・ヴィッカーズ社独自の航空機開発である。先にも触れたように、カナディアン・ヴィッカーズ社が生産する航空機の最大の購買者は、カナダ航空局、そして一九二四年以降はカナダ国防省やカナダ空軍であった。そのため、カナディアン・ヴィッカーズ社としては、彼らに継続的に航空機を販売するためには彼らが望む機体、つまり森林保護や火災の消火、航空写真撮影等に適した機体を開発、生産することが必要であった。しかし、国内で優れた航空機の設計技師を得られなかったため、ギラムは一九二三年八月に設計技師の派遣をヴィッカーズ社に依頼した。この依頼を受けて、一九二四年六月にヴィッカーズ社は設計技師リード（R. T. Reid）をカナダへと派遣したのである。[28]

リードを新たに迎えたカナディアン・ヴィッカーズ社は、新型機の開発に着手した。リードが開発を目指したのは、カナダ国防省が希望するヴァイキングよりも小型で軽量な森林パトロール目的の航空機であった。そのため、彼は第一次大戦期にヴィッカーズ社にてヴィミー（Vimy）爆撃機を設計したピアソン（R. K. Pierson）が発案した機体デザインを元に、一九二四年一〇月に新型飛行艇ヴィデット（Vedette）を開発した。ヴィデットは、設計からエンジンを除くすべての部品の製造、組み立てまでカナディアン・ヴィッカーズ社にて行われた初の航空機であり、カナダ国内において戦間期に最も多く生産された航空機であった。(29)

この後もリードは、ヴァルーナ（Varuna）、ヴァネッサ（Vanessa）、ヴィスタ（Vista）、ヴィジル（Vigil）、ヴェロス（Velos）といった独自の機体を設計した。(30)これらはすべて、森林パトロールや航空写真撮影等に用いられる飛行艇かフロート付きの水上機であり、リードは顧客たる国防省や空軍が望む機体の設計に従事したのである。これらの機体は、経営不振に苦しむカナディアン・ヴィッカーズ社にとって、経営改善のための切り札となるとギラムは考えたのである。(31)

一九二〇年代前半のカナダにおける航空機製造技術の移転は、カナダへの市場拡大を望むヴィッカーズ社と、航空機の国産化を手段に経営の改善を図りたいカナディアン・ヴィッカーズ社の間にて展開された。その一方で、カナディアン・ヴィッカーズ社が進めた航空機生産とカナダ独自の機体開発は、戦闘機を必要とせず、森林保護や未開拓地の探索を主業務とするカナダ航空局や国防省、カナダ空軍の意向によって、飛行艇や水上機のみを開発し続けるという極めて特殊なかたちで展開したのである。

3　カナディアン・ヴィッカーズ社による航空機事業の停滞と「再軍備」

(1)　カナディアン・ヴィッカーズ社の売却と航空機部の縮小

ギラムやリードを中心に、カナディアン・ヴィッカーズ社は航空機部門に注力し、その生産増による業績回復を目指した。しかし、その目論見は大きく外れた。カナディアン・ヴィッカーズ社の財務状況は悪化の一途を辿っており、一九二四年には収益四〇万ドルに対して累積債務は一五〇万ドルに達した[32]。ギラムは、親会社であるヴィッカーズ社に度重なる債務保証を要請し、一九二四年秋には同社に対して総額五〇万ドルの追加融資を要請した[33]。

中でも、社内にて特に収益を圧迫したのが航空機部であった。航空機部は、多額の設備投資による生産体制の増強を図ったものの、その販路は事実上カナダ航空局とその後継である国防省、カナダ空軍しか存在せず、またそれらも予算の制約上航空機の購入は限定的であった。業績の悪化を懸念したヴィッカーズ社は、ギラムが願い出た追加融資と引き換えに、一九二四年一一月に新たにバー（George Barr）をカナディアン・ヴィッカーズ社の取締役として派遣して経営の再建にあたらせた。彼は、かつての造船部での勤務経験を生かして、造船、船舶の補修や点検を軸とした経営の再建を図る一方、航空機部の新規採用を凍結する方針を打ち出したのである[34]。

このような社内におけるバーの台頭にもかかわらず、ギラムは経営改善に向けてリードの設計する新型機に一縷の望みを託した。しかしリードは、ヴィデットの開発以降、十分な性能を発揮できる機体を生み出すことができず、航空機部は会社の利益に貢献することが出来なかった[35]。一九二五年になってもカナディアン・ヴィッカーズ社の業績は改善せず、むしろ債務は前年度よりも増加し、一六〇万ドルに達した。この責任を取って、一九二五年七月にギラムは専務取締役を辞職し、バーが後任として選出された(36)。カナディアン・ヴィッカーズ社における航空機事業の強化と航空機部の設立を主導したギラムの辞職、そして造船を重視するバーの専務取締役就任は、一九二〇年代後半以降の同社の航空機部停滞の第一歩となるものであった。

他方、カナディアン・ヴィッカーズ社の航空機事業の開始を支援し、多額の債務保証をし続けてきた親会社であるヴィッカーズ社も一九二五年以降苦しい状況に置かれていた。同社は、第一次大戦以後、従来の造船や鉄鋼の需要減に対応すべく、航空機や潜水艦といった新たな軍事部門の開拓、そして自動車、電機、鉄道といった民間需要部門への進出といった多角化戦略を採用していた。しかし、このような戦略は成果が上がらず、ヴィッカーズ社は深刻な経営危機に陥ったのである(37)。

この経営危機をヴィッカーズ社は、同様に経営に行き詰まっていたもう一つのイギリスを代表する兵器企業であるアームストロング社（Sir W. G. Armstrong Whitworth & Co. Ltd.）の吸収合併、そして不採算部門の整理によって克服した(38)。このとき、不採算部門として整理の対象となったうちの一つがカナディアン・ヴィッカーズ社であった。ヴィッカーズ社は、専務取締役のバーを介してカナダ国内にてカナディアン・ヴィッカーズ社の売却先を探し、一九二六年一一月三〇日にモントリオール乾ドック会社（Montreal Dry Dock Ltd.）社長のロス（F. M. Ross）を中心とするモントリオールの実業家グループへの売却が成立したのである(39)。

親会社による不採算部門整理の一環として売却されたカナディアン・ヴィッカーズ社であるが、売却後に問題となったのは、カナディアン・ヴィッカーズ社内における不採算部門の整理であった。その際、真っ先に整理の対象となったのが航空機部である。バーは、航空機部の縮小を断行し、居場所を失った主任設計技師のリードは、一九二八年二月に設計スタッフを引き連れて同社を退社した。これにより、カナディアン・ヴィッカーズ社が進めてきた航空機の「国産化」に向けての動きは大きく後退することとなったのである(40)。

この流れは、一九二九年に航空機部長のジャーマンが退社したことによって決定的となった。ヴィデットの発展型である大型飛行艇ヴァンクーヴァー（Vancouver）の開発を最後に、カナディアン・ヴィッカーズ社は新型機の設計を中止し、他社機のライセンス生産に従事するようになった。一九二九年から三一年にかけて、カナディアン・ヴィッカーズ社はアメリカのアトランティック航空機会社（Atlantic Aircraft Corporation）製のフォッカー・スーパーユニバーサル（Fokker Super Universal）や、ベランカ航空機会社（Bellanca Aircraft Company）のペースメーカー（CH-300 Pacemaker）の水上機改良型の生産に従事した(41)。しかし、これらの航空機の販売は総計二一機に留まり、収益の面で新たなスタートを切ったカナディアン・ヴィッカーズ社の期待に応えるものではなかった。

さらに追い打ちをかけるように、一九二九年に端を発する世界恐慌の影響によって、カナディアン・ヴィッカーズ社の主たる顧客であるカナダ空軍の予算削減がなされたこと、そして一九二〇年代末から英米航空機製造企業が相次いでカナダに進出したことによって、カナディアン・ヴィッカーズ社は一九三二年から三五年までの三年間新規契約を獲得することが出来ず、一機の航空機も生産、販売することが出来なかった(42)。この時期に、カナディアン・ヴィッカーズ社は企業全体としても大幅に収益を減少させており(43)、そのような中で新規販売が一機も無い航空機部は当然整理の対象となった。その結果、航空機部の人員は八人にまで削減されることになったのである(44)。

(2)「再軍備」とカナディアン・ヴィッカーズ社の航空機生産

一九三〇年代前半に不振だったカナディアン・ヴィッカーズ社の航空機生産は、一九三五年以降復調の兆しを見せ始めたものの、それは極めて限定的なものでしかなかった。同時期のイギリス本国に目を向けると、イギリス本国政府は、ナチス・ドイツの再軍備の動きに対応して、一九三五年三月に再軍備宣言を行い、兵器生産の拡大を開始した。中でも重視されたのが航空機の増産であり、これ以降イギリス空軍は旧式の戦闘機や爆撃機を次々と新型機へと改めていったのである。[45]これに対して、カナダでも同時期に航空機の増産が見られたが、国防省は航空機製造企業に対して戦闘機や爆撃機の発注を増やすことなく、一九三〇年代以前と同様に森林パトロールや航空写真撮影といった非軍事用途で用いられる飛行艇や水上機の発注を増加させたのである。

このようなカナダ国防省による航空機発注増によって、航空機部が休眠状態であったカナディアン・ヴィッカーズ社もカナダ空軍向けの航空機生産を再開した。前述のように、自社での航空機開発を中断していたカナディアン・ヴィッカーズ社は、空軍が希望する写真撮影専用機を製造するために、アメリカのノースロップ社（Northrop Corporation）からデルタ（Delta）の製造ライセンスを取得し、カメラとフロートの取り付けを行ったデルタを計二〇機をカナダ空軍へと納入したのである。[46]

他方で、カナディアン・ヴィッカーズ社は、カナダ空軍による「航空戦力の拡大」にも貢献した。一九三六年秋に、国防省は大西洋、太平洋沿岸のパトロールに適した哨戒機の導入を検討していた。この点について、国防省はイギリス本国の航空省（Air Ministry）に相談し、航空省からヴィッカーズ社傘下のスーパーマリン社（Supermarine Aviation Works（Vickers）Ltd.）の最新鋭の飛行艇であるストランラー（Stranraer）を推薦された。[47]カナダ空軍によるストランラーの導入に関して、当初はスーパーマリン社から購入の上、カナダに輸入することが検討された。しかし、国防省は七・七ミリ機銃を三門搭載し、爆装も可能であるストランラーはカナダで生産される最初の「戦闘機」であり、国防上の観点からカナダ国内で製造したいと主張した。[48]そのため、一九三一年にスーパーマリン社と代理店契約を締結していたカナディアン・ヴィッカーズ社が、スーパーマリン社から製造ライセンスを取得の上ストランラーの製造に着手することとなったのであり、一九三七年以降四〇機のストランラーを生産したのである。[49]

このカナディアン・ヴィッカーズ社による哨戒機ストランラー飛行艇の国内生産は、一九三五年以降のいわゆる「再軍備期」におけるカナダでの唯一の「航空戦力の増強」の事例であった。当該期において、カナディアン・ヴィッカーズ社をはじめとするカナダ国内の航空機製造企業は、イギリスの航空機製造企業とは対照的に生産、販売の増加を図ることが出来なかったのである。後にヴィッカーズ社の社史を執筆したスコット（J. D. Scott）の言葉を借りるならば、「カナダには『再軍備期』は存在しなかった」のである。(50)

(3) イギリス航空省調査団の訪加と「シャドウ・ファクトリー」の拡大

しかし、「無償の安全保障」を享受するがゆえに航空戦力増強を必要としなかったカナダへも、一九三〇年代後半には軍拡の波がイギリス本国から押し寄せることとなった。先述のように、一九三五年以降イギリスはドイツの脅威に対抗するために新型機の導入による航空戦力の近代化を図っていた。その際、イギリス航空省が推進したのが航空機生産と技術面で親和性が高い自動車産業を動員して航空機生産の増大を図る「シャドウ・ファクトリー」計画であった。(51)

しかし、シャドウ・ファクトリー計画をもってしてもさらなる増産が困難であることが明らかになると、イギリス空軍の航空戦力をカナダで調達することが航空省によって検討されるようになった。一九三八年六月二九日にイギリスのチェンバレン（A. N. Chamberlain）内閣は、航空相のウッド（Kingsley Wood）の提案に基づいてハンドリイ・ペイジ航空機会社（Handley Page Aircraft Company）の長距離大型爆撃機ハムデン（Hampden）のカナダにおける製造を検討するための視察団派遣を承認したのである。(52)

この視察団の派遣とカナダでのイギリス空軍向け航空機生産の意義として航空相ウッドが語るのは、ドイツの航空機の攻撃範囲外での航空機供給源を確保することであった。(53) 戦時には、大量の戦闘機、爆撃機が必要とされるだけでなく、ドイツの爆撃によってイギリスの航空機生産設備が被害を受ける可能性がある。その状況に備えるためには、カナダの航空機生産工場をイギリスの「シャドウ・ファクトリー」として確保する必要があったのである。そのため、

表8－2　イギリス航空省カナダ視察団が視察した航空機製造企業

	視察先の航空機製造企業	工場所在地（州）
1	ナショナル・スチール・カー社	マルトン（オンタリオ州）
2	フリート航空機会社	フォート・エリー（オンタリオ州）
3	オタワ自動車会社	オタワ（オンタリオ州）
4	デハビラント航空機会社	トロント（オンタリオ州）
5	カナディアン・ヴィッカーズ社	モントリオール（ケベック州）
6	カナダ自動車・鋳造会社*	モントリオール（ケベック州） フォート・ウィリアム（オンタリオ州）
7	フェアチャイルド航空機会社	ロンギール（ケベック州）
8	ノールダイン航空機会社	カルティエヴィル（ケベック州）
9	モントリオール航空機工業会社	カルティエヴィル（ケベック州）
10	カブ航空機会社	モントリオール（ケベック州）
11	マクドナルド・ブラザーズ社	ウィニペグ（マニトバ州）
12	ボーイング・カナダ社	ヴァンクーヴァー（ブリティッシュ・コロンビア州）

出所：TNA, TS28/426, Report on Production of Large Bomber Aircraft in a Long Range Plan, Appendix IV, pp. 1-4を元に作成。
＊：カナダ自動車・鋳造会社は、オンタリオ州とケベック州にそれぞれ航空機工場を保有しており、両方の工場が視察された。

カナダの航空機産業はいまだ十分には発展していないものの、長期的な観点から戦時における航空機生産体制の増強を図るべく、カナダ航空機産業を「教育」することが必要とウッドは考えたのである。(54)

このような意図をもって派遣が決定されたカナダ視察団は、一九三八年七月末から九月初頭までの約六週間、カナディアン・ヴィッカーズ社を含むカナダ国内の一二の航空機製造企業の調査を行った（表8－2参照）。カナディアン・ヴィッカーズ社に関しては、八月三日に調査団の一人であるハンドリイ・ペイジ（F. Handley Page）がカナディアン・ヴィッカーズ社のモントリオール工場を訪問し、視察を行った。その評価は、工場が狭く大型爆撃機を製造するスペースを確保するのが困難である、工場施設の老朽化が激しいという問題点はあるものの、生産力の面で他の視察先と比べて最も優れているというものであった。さらに視察したカナダ航空機製造企業の中で、ハムデン爆撃機の製造能力があるのはカナディアン・ヴィッカーズ社とトロントのナショナル・スチール・カー社（National Steel Car Corporation）のみであり、両社無しでは本計画は成立しないとペイジは考えたのである。(55)

ゆえにカナディアン・ヴィッカーズ社を本計画に参加させるべく、ペイジは一八三八年八月一二日、二六日の両日、ジャーマンの後継者としてカナディアン・ヴィッカーズ社航空機部部長を務めていたモファット（P. J. Moffat）とハムデン製造計画について会談した。ペイジの申し出に対して、モファットはその当時同社が従事していたストランラー飛行艇の製造計画の遅れを理由に、ハムデン製造計画への参加に難色を示した。しかし、先述のようにハムデン製造計画を実行するためにはカナディアン・ヴィッカーズ社の計画参加は不可欠であり、調査団による説得の結果、カナディアン・ヴィッカーズ社は計画参加を受諾したのである。[56]

調査団によるカナダ航空機製造企業一二社への調査と交渉を経て、カナディアン・ヴィッカーズ社を含む六社がハムデン製造計画に参加することとなった。[57] 一九三八年八月三〇日に視察団と参加六社の間で仮合意がなされ、六社が共同出資することによってイギリス空軍向けのハムデン爆撃機生産を目的とする合弁会社カナダ連合航空機会社（Canadian Associated Aircraft Ltd.）が設立された。さらにカナダ連合航空機会社は、部品輸送のコストを考慮して参加企業六社を州ごとに「オンタリオ・グループ」と「ケベック・グループ」の二つに分類し、それぞれに組み立て工場を建設した。オンタリオ・グループに関して、カナダ連合航空機会社はトロント郊外のマルトン（Malton）飛行場の隣に工場を建設し、ナショナル・スチール社、フリート社、オタワ自動車社（Ottawa Car Company）で製造された部品を同地に集積して組み立て作業を行った。同様に、ケベック・グループに関しては、モントリオール郊外のサン・チュベール（St. Hubert）飛行場の隣に工場が建設され、カナディアン・ヴィッカーズ社、カナダ自動車・鋳造社（Canadian Car and Foundry）、フェアチャイルド社が同地の工場にハムデン製造のための部品供給を行った。[58] 中でも、カナディアン・ヴィッカーズ社は、ケベック・グループの中心企業として主にハムデンの胴体部分の製造を担当したのである（図８－１参照）。

このような経緯を経て設立されたカナダ連合航空機会社は、追加契約も含めて一九四二年までに計一六〇機のハム

図8-1　カナダ連合航空機会社の組織

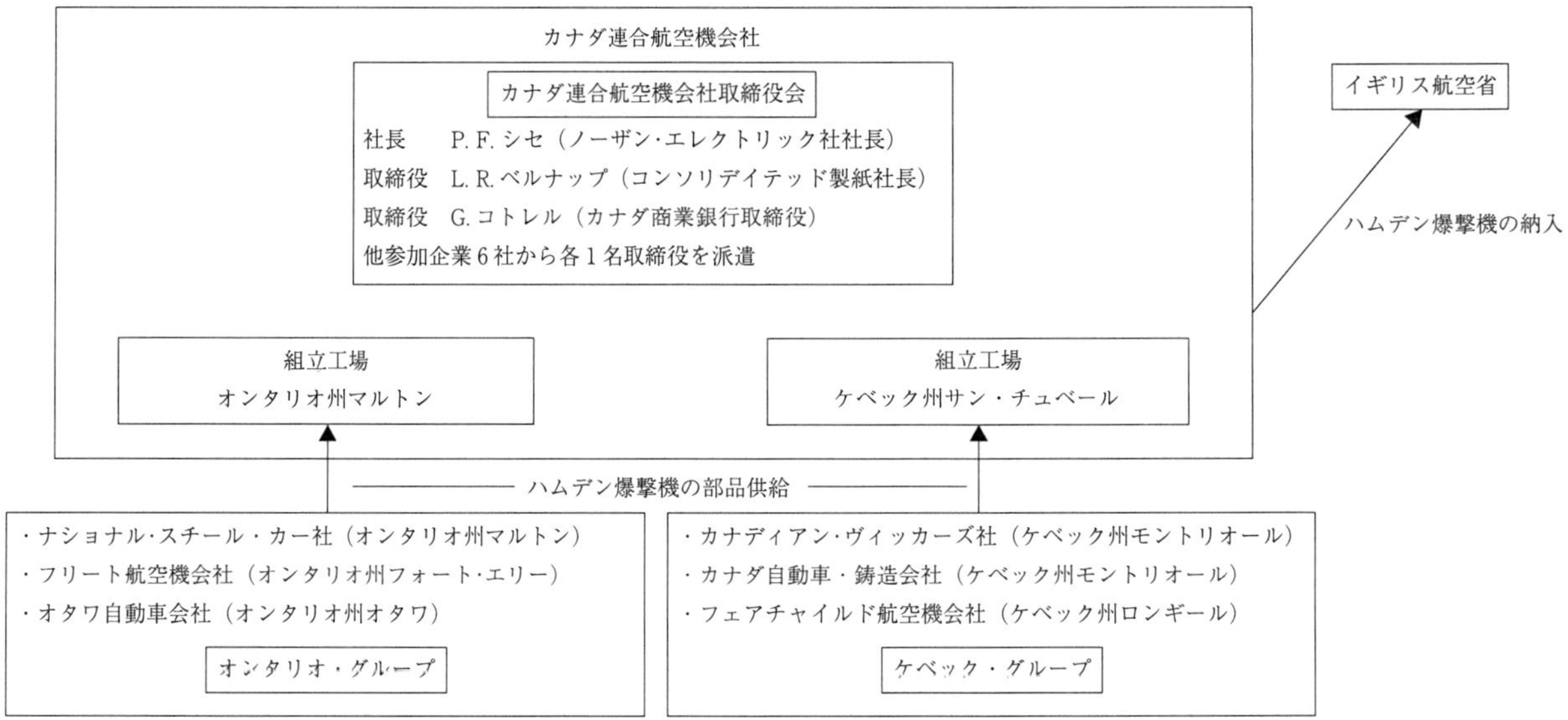

出所：TNA, TS28/426, Report on Production of Large Bomber Aircraft in a Long Range Plan, Report of British Air Mission to Canada, p. 16; AVIA10/121, Sir Wilfrid Freemans, Canadian Papers, 1938-39, Agreement between the Secretary of State for Air and Canadian Associated Aircraft, p. 1より作図。

デンをマルトン、サン・チュベール各工場にて八〇機ずつ製造した。[59] カナダ連合航空機会社が生産した一六〇機という生産機数は、第二次大戦期にカナダが生産した全航空機数一万六四一八機のわずか一%程度でしかない。しかし、このハムデン製造計画は、カナディアン・ヴィッカーズ社をはじめとするカナダ航空機製造企業にとって大きな収益をもたらしただけでなく、イギリスの新型機生産技術のカナダへの移転を促進した。これにより、カナダ航空機産業は、第二次大戦期に「シャドウ・ファクトリー」として八四八三機ものイギリス機をライセンス生産する基盤を形成したのであり、技術の「受け手」であるカナダから「送り手」であるイギリス本国への兵器の移転が展開されることとなったのである。[60] そして最も重要な意義として、次節にて検討するように、カナダ連合航空機会社によるオンタリオ・グループとケベック・グループの形成は、カナダ航空機産業の再編に大きな影響を与えることとなったのである。

4 カナディアの設立とカナダ航空機産業の再編

(1) カナディアの設立

イギリスの再軍備計画の下でカナダにおけるハムデン爆撃機の生産が進む中、一九三九年九月一日にドイツがポーランドへと侵攻し、第二次世界大戦の口火が切られた。これを受けてカナダ首相キング（W. L. M. King）は議会を招集し、審議の末にイギリス本国から一週間遅れの九月一〇日に国王ジョージ六世の裁可を得てドイツに宣戦布告したのである。

このカナダによる対独宣戦の二日後の九月一二日に、カナダ政府は戦争遂行のために国内にて軍需品の生産、調達を行う省庁として新たに軍需品補給省（Department of Munitions and Supply）を設立し、その初代大臣としてハウ

（C. D. Howe）を任命した。ハウは、マサチューセッツ工科大学にて工学の学位を取得した後、一九三五年以降はキング政権の運輸大臣としてトランス・カナダ航空（Trans-Canada Airlines：現エア・カナダ）設立を指揮するなど、航空旅客輸送や航空機産業に高い関心を示す人物であり、軍需品補給相に就任することで国内の航空機産業各社の増産体制確立を目指したのである(61)。

軍需品補給省の下、カナダ国内の航空機製造企業は、カナダ空軍、そして航空機不足に苦しむイギリス空軍向けのイギリス製航空機のライセンス生産を強化した。ハムデン計画に参加した企業に関して、オンタリオ・グループ内にて最大の生産規模を誇るナショナル・スチール社はウェストランド航空機会社（Westland Aircraft）製のライサンダー（Lysander）偵察機、アヴロ社（A. V. Roe and Company）製のアンソン（Anson）練習機、ランカスター（Lancaster）爆撃機のライセンス生産を行った(62)。その他の企業も、ケベック・グループのカナダ自動車社によるホウカー航空機会社（Hawker Aircraft Ltd.）のハリケーン（Hurricane）戦闘機、フェアチャイルド社によるブリストル航空機会社（Bristol Airplane Company）のボリングブローク（Bolingbroke）爆撃機等、イギリス製の戦闘機、爆撃機を生産してイギリスの戦争遂行を支援した(63)。

他方、軍需品補給省によってカナディアン・ヴィッカーズ社に与えられた役割は、ストランラー飛行艇の後継機となるアメリカ・コンソリデイテッド航空機会社（Consolidated Aircraft）のＰＢＹ哨戒機をカナダ空軍向けに生産することであった(64)。製造ライセンスを取得したカナディアン・ヴィッカーズ社は、ＰＢＹの改良型であるＰＢＹ－５Ａ型（通称カンソーＡ型）両用機を一九四四年一一月までに三一二機生産し、カナダ空軍に納入したのである(65)。

このように、カンソーの大型契約を獲得していたカナディアン・ヴィッカーズ社であったが、社内における航空機部の地位は一九三〇年代と変わらず低いままであった。航空機部長のモファットやフランクリン（B. W. Franklin）などは、カンソーの生産を通して航空機部の強化を主張したものの、専務取締役のマクレーガン（T. R. McLagan）

を中心とした取締役会は、英米加海軍からの輸送船の大量受注を背景に造船業強化の方針を打ち出した[66]。

このカナディアン・ヴィッカーズ社内における造船業の強化によって問題となったのは、航空機の製造、組み立て用地の確保である。カナディアン・ヴィッカーズ社における航空機生産は、セントローレンス河畔に位置する同社のモントリオール造船所の一角にて行われていた。しかし、輸送船の増産のために、工場内での造船用設備の拡大が必要となったため、航空機生産工場の一部が船舶部品製造に転用された。そのため、カンソーの生産に大幅な遅れが生じていたのである[67]。

この問題を危惧したのがハウ、そして軍需品補給省であった。ハウはカナディアン・ヴィッカーズ社を戦後航空機産業の中核を担う企業と考えており、同社の航空機生産能力の拡大を図るべく、様々な支援を行った。ハウは、一九四一年一二月に生産が完了に近づきつつあったサン・チュベールにあるカナダ連合航空機会社のハムデン組み立て工場を接収し、カナディアン・ヴィッカーズ社に供与した。これにより、同社は航空機生産工場をセントローレンス河畔の造船所からサン・チュベールに移転し、翌一九四二年夏にはサン・チュベールでのカンソー生産を開始した[68]。

さらにハウは、一九四〇年頃からモントリオール郊外のカルティエヴィル（Cartierville）飛行場に隣接する土地一五〇万平方フィートの買収を進め、その地に工場施設を建設した上で一九四二年五月にカナディアン・ヴィッカーズ社へと貸与することを決定した。これらのハウによる支援により、カナディアン・ヴィッカーズ社の航空機生産工場の面積は三倍へと拡張され、一九四三年九月には軍需品補給省が望んでいた月産三〇機というカンソーの生産目標を達成したのである[69]。

このようなハウによる支援にもかかわらず、カナディアン・ヴィッカーズ社の取締役会は造船業を重視し続けた。しかし、一九四四年に入り、イギリス海軍がカナディアン・ヴィッカーズ社に注文していた輸送船三〇隻の契約をキャンセルしたことによって、同社の経営は一転して苦境に陥った[70]。この状況に際して、同社の取締役会は造船と航空機事業の両立は不可能と判断し、一九四四年七月の取締役会にて航空機事業からの撤退を決定したのである。[71] このカナディアン・ヴィッカーズ社取締役会の決定に対して、同社の航空機事業の継続を望むハウは、即座にカナディアン・ヴィッカーズ社との間で協議に入り、航空機部の分社化と新会社の設立を提案した。その上で、カルティエヴィル工場と工場内の生産設備、資材等一式を一旦軍需品補給省が接収し、一九四四年一一月にカナディアン・ヴィッカーズ社航空機部を元に設立された新会社カナディアにそれらを貸与する契約が締結されたのである。[72]

(2)　ランカスター・DC－4論争

新たに誕生したカナディアが最初に携わることになったのは、戦後カナダの航空機産業を見据えた旅客機の生産であった。このカナディアによる旅客機製造の開始に至る議論は、カナディア設立の二年前の一九四二年にまで遡る。軍需品補給省は、一九四二年一二月から国内の航空機製造企業やカナダ空軍を交えて戦後の航空機産業のあり方について議論を行っていた。この議論において、多数を占めたのは軍用の輸送機、そして旅客機の開発を進めるべきという意見であった。それゆえ、一九四三年初頭にカナダ政府は旅客機としての使用を意図した長距離飛行可能な四発機の国内調達を決定したのである。[73]

その際問題となったのは、どの企業がどの航空機を製造するかということであった。ハウがその候補に挙げたのは、ヴィクトリー航空機会社（Victory Aircraft Ltd.）とカナディアン・ヴィッカーズ社の二社であった。ヴィクトリー社は、ナショナル・スチール社の航空機部を元にハウの支援を受けて一九四二年一一月に設立された国営企業である。ハウは、かつてのハムデン製造計画のオンタリオ、ケベック両グループの中心企業を戦後航空機生産の核と捉えていたのであり、この二社のどちらが四発型旅客機を製造するかが一九四三年以降の大きな課題となったのである。

この課題に関して、ハウや軍需品補給省が最初に検討したのはヴィクトリー社での四発型旅客機生産であった。ヴイクトリー社は、ナショナル・スチール社時代の一九四一年一二月にアヴロ社の四発型爆撃機ランカスターの製造契約をイギリス航空機生産省と結び、大戦中を通じて延べ四三〇機を製造していた。(74) ハウは、ヴィクトリー社によるこの四発機製造経験に基づいて、一九四三年九月に試作機が完成したランカスター爆撃機の旅客機改装型であるランカスターXPP旅客機を戦後カナダにおける旅客機製造の第一候補に据えたのである。(75)

しかし、ランカスターXPP旅客機の最大の顧客となるトランス・カナダ航空は、同機の運用に難色を示した。トランス・カナダ航空は、一九四三年九月以降ランカスターXPP旅客機の運用を開始したが、トランス・カナダ航空社長のシミントン（H. J. Symington）は乗客定員一〇名のランカスターが「戦後旅客輸送の水準を満たしていない」と批判する一方、自社が導入したいと考える旅客機を独自に調査していた。その候補の一つが、アメリカのダグラス航空機会社（Douglas Aircraft Company）製の四発型旅客機DC－4であった。DC－4は、最大定員三〇名以上とランカスターよりも大型かつ航続距離も長く、シミントンの要求を満たす機体であった。

シミントンと同様に、このDC－4に関心を寄せていたもう一人の人物がハウであった。ハウは、一九四三年一月の時点で戦後の大西洋横断旅客輸送に最適な航空機としてダグラス機を挙げており、ランカスターXPP旅客機製造計画を支援する一方、ダグラス社との製造ライセンス取得交渉を水面下で進めていた。(76) 長期に渡る交渉の末、翌一九四四年二月二九日にカナダ政府とダグラス社との間でDC－4の製造ライセンス契約が締結されると、ハウはライセンスをヴィクトリー社に供与し、ヴィクトリー社でのDC－4生産を発表した。(77)

しかし、この発表の直後にハウは突如としてヴィクトリー社へのライセンス供与を撤回し、カナディアン・ヴィッカーズ社へのライセンス供与とモントリオールでのDC－4の生産を改めて発表したのである。この変更の理由として、ハウはランカスター爆撃機の製造は、戦時のカナダの航空機生産の中でも最優先課題であるため、ランカスターを製造するヴィクトリー社の生産ラインを戦後に用いるDC－4に割くべきではない。それゆえ、DC－4はカナディアン・ヴィッカーズ社で生産すべきと説明したのである。[78]

ハウは議会にてこのように語ったが、実のところカナディアン・ヴィッカーズ社へのDC－4製造の変更には他にも理由があった。それは、カナディアン・ヴィッカーズ社によるカンソーA型両用機製造計画の縮小である。前節にて触れたように、戦時中にカナディアン・ヴィッカーズ社はカナダ空軍向けにカンソーA型両用機を生産し、その生産契約数は延べ五〇〇機近くになっていた。しかし、カナダ空軍は一九四三年九月二七日に一五二機、そして一九四四年一月には三七機のカンソーA型の生産契約破棄をカナディアン・ヴィッカーズ社に通告し、さらに五〇機の契約破棄を検討していた。[79]もし今後も契約の破棄が続き、カナディアン・ヴィッカーズ社の航空機事業が頓挫してしまえば、同社を戦後航空機産業の中核の一つとしてみなし、工場施設の提供などを通じて支援を図っていたハウの計画が根底から覆されてしまう。ゆえにハウは、一度発表した計画を撤回し、ヴィクトリー社でのランカスター生産能力の強化を唱える一方、カナディアン・ヴィッカーズ社にてDC－4を製造するよう計画を変更したのである。[80]

このヴィクトリー社からカナディアン・ヴィッカーズ社へのDC－4の製造計画変更に対して、ヴィクトリー社のマルトン工場における雇用維持を主張するオンタリオ州選出の議員からの反対と変更の撤回が主張された。[81]これに加えて、そもそもアメリカのダグラス社製のDC－4をカナダにおける旅客機生産の主軸に据えることに対して、イギリス本国のドミニオン相クランボーン卿（Lord Cranborne）や首相のチャーチル（Winston Churchill）からの批判もハウへと寄せられた。[82]それでもなお、ハウはカナディアン・ヴィッカーズ社にてDC－4をライセンス生産することが、戦後のトランス・カナダ航空をはじめとするカナダの旅客輸送や航空機製造企業にとっていかに有益かを主張し続け、カナディア設立後はカナディアでのDC－4製造を支援したのである。[83]

(3) ノース・スターの製造

ハウの要請を受けてDC－4の製造を引き受けたカナディアは、社長に就任したカナディアン・ヴィッカーズ社航空機部のフランクリンの下で、戦後に向けての旅客機生産に着手することになった。フランクリンは、社長就任前のカナディアン・ヴィッカーズ社時代からハウをはじめとする軍需品補給省の関係者やダグラス社との交渉に参加しており、社長就任に先駆けてDC－4製造の準備を進めていた。

フランクリンがまず行ったのは、技術者、労働者の訓練である。DC－4は、重量の面でカナディアン・ヴィッカーズ社時代に製造していたカンソーの二倍以上の大きさであるだけでなく、飛行艇、水上機のみを扱ってきた同社にとってハムデンの製造というわずかな経験を除くと初の陸上機の生産であった。そのため、フランクリンは一九四四年三月に軍需品補給省からDC－4製造のライセンスが供与されると、カルティエヴィル工場の工場長であるストップス（R. G. Stopps）他一八名を最長五年間、さらに機体組み立ての技能を習得すべく職工二〇名を最長二年間、カリフォルニア州サンタモニカのダグラス社の工場に派遣し、DC－4の製造に関する研究、訓練に当たらせた。(84)

これ以外にも、カナディアはDC－4製造のための準備を進めていた。ダグラス社は、アメリカ政府からもし戦争が終わった際には二四時間以内にDC－4とその先行機であるDC－3の軍用輸送機版であるC－54とC－47の製造契約を破棄すると通告を受けていた。そのため、ダグラス社は戦後それらの航空機の生産を停止し、新型旅客機DC－6の製造に専念するという方針を打ち出した。それゆえダグラス社は、DC－4／C－54、DC－3／C－47を生産していたダグラスのシカゴ工場とオクラホマ・シティ工場の閉鎖を決定したのである。(85) この情報を得たストップスの進言を受けて、フランクリンはダグラス社社長のドナルド・ダグラス（Donald Douglas）との交渉に臨み、六〇機分のDC－4の胴体部分を含むシカゴ工場、オクラホマ・シティ工場の在庫資材、生産設備を破格値で購入し、モントリオールへと輸送した。これらの生産設備と資材は、後のDC－4の製造や、アメリカ軍によって払い下げられたC－54をDC－4へと改装する際に用いられたのである。(86)

このような準備を踏まえて、カナディアはDC－4の製造に着手することになったが、新たな課題として浮上したのが、DC－4の最大の顧客であるトランス・カナダ航空からの仕様変更の要求であった。トランス・カナダ航空社長のシミントンは、大西洋を高高度にて飛行可能な機体を希望しており、この希望を満たすために必要とされた第一の改善点は、高出力のエンジンの搭載であった。DC－4は、本来の仕様では一四五〇馬力のプラット・アンド・ホイットニー社（Pratt & Whitney）製のR－２０００ツイン・ワスプ空冷エンジンを四基搭載していた。しかし、気圧の低い高高度でも十分な飛行能力を得るために、カナディアはダグラス社の指導によって、DC－4のエンジンを一七六〇馬力のロールス・ロイス社（Rolls-Royce Ltd.）製のマーリン六二〇エンジンへと変更した。(87)このマーリン・エンジン搭載のDC－4は、DC－4M－1と命名されたが、一九四六年七月二〇日に試験飛行が行われた際に、試験飛行を視察したハウの妻であるアリス・ハウ（Alice Howe）によって「ノース・スター（North Star）」という呼称が与えられることとなったのである。(88)

DC－4の第二の改善点は、与圧胴体の採用である。トランス・カナダ航空は、乗客を乗せた長時間の高高度飛行を行うためには与圧胴体の採用が不可欠と考えており、そのDC－4への導入をカナディアに訴えていた。(89)この要求に対処すべく、フランクリンはダグラス社と交渉し、従来の契約に追加して与圧胴体を採用しているDC－4の後継機であるDC－6の設計図をはじめとする技術供与に関する協定を締結した。(90)このDC－4とDC－6の融合型として製造された機体は、DC－4M－2ノース・スターと呼ばれ、一九四九年三月以降、トランス・カナダ航空の大西洋路線で使用されていたDC－4M－1と順次入れ替えられていったのである。一九五〇年までに、ノース・スターは合計七一機生産され、トランス・カナダ航空やその他のカナダ国内の航空会社、そしてイギリス本国のイギリス海外航空（British Overseas Airways Corporation）、さらにはカナダ空軍へも販売され、終戦直後のカナディアの主力商品として販売されたのである。[91]

5　おわりに―戦後のカナディアとカナダ航空機産業

第二次大戦後、多くのカナダ航空機製造企業は、英米加空軍による生産契約破棄のため生産の縮小や廃業に追い込まれた。そのような中、政府の支援を受けたカナディアは、戦後廃業したカルティエヴィル付近の航空機製造企業の工場施設を次々と買収して、ノース・スターの生産拡大を図っていった。[92] カナディアは旅客機製造の中核として、ジェット戦闘機生産の中核となったヴィクトリー社の後継企業であるアヴロ・カナダ社（A. V. Roe Canada）と並んで、戦後におけるカナダ航空機産業を支えたのであり、[93] 第二次大戦を経てカナダ航空機産業はかつてのハムデン製造計画の各グループの中心企業を軸に再編されていったのである。[94]

しかし、アヴロ・カナダ社が一九五〇年代にCF－100カナック（Canuck）やCF－105アロー（Arrow）といった英米機のライセンス生産から脱したカナダ独自の航空機開発に向かったのとは対照的に、戦後のカナディアはアメリカ企業との関係を深めていった。一九四六年四月にカナディアは、アメリカの潜水艦製造企業であるエレクトリック・ボート社（Electric Boat Company）に買収され、新社長としてボーイング社（Boeing Company）副社長のウェスト（Oliver West）を招聘するなど多くの取締役、技術者をボーイング、ダグラス、ロッキード（Lockheed Corporation）各社から迎え入れた。[95] この後もカナディアは、アメリカ企業が製造する機体、特に旅客機、軍用輸送機のライセンス生産を拡大していくこととなった。その点において、戦後のカナディアは後のボンバルディア社に至る旅客機製造の基盤を形成するも、他国企業の技術への依存はこの後も続くことになるのである。

戦間期から戦後において、カナディアン・ヴィッカーズ社やカナディアといったカナダ航空機産業の形成と発展、そして技術や兵器の移転は、「外敵の脅威がない」、「植民地」というカナダの置かれた状況に大きく規定されていた。一九二〇年代のカナダ航空機産業の形成期において、カナダで製造された航空機はもっぱら非軍事目的で使用される飛行艇や水上機であり、その製造技術がカナダへと移転される一方、大西洋と太平洋に守られたカナダにおいて独自の戦闘機、爆撃機開発を目指すインセンティヴは存在しなかった。

またカナダは、植民地であるがゆえに、その航空機生産もイギリス本国、そしてその航空防衛政策の影響を大きく受けたのであり、カナダ航空機製造企業はイギリス本国からの技術供与の下で生産された戦闘機や爆撃機をイギリスに向けて供給した。それゆえ、カナダ航空機製造企業はイギリスからの技術の「受け手」でありながら、イギリスへの兵器の「送り手」としての役割を担ったのである。加えて、第二次大戦後に再編されたカナダ航空機産業は、戦闘機の製造の一方、需要が見込まれる旅客機製造に着手すべくアメリカからの技術移転を進めていくこととなったのである。このようなカナダ航空機産業の形成と発展、そして技術や兵器の移転は、アメリカをも巻き込みながらイギリス本国と植民地カナダの間で双方向的に展開したのであり、従来の武器移転史研究が解明してきた事例とは異なる極めて特殊なものであったのである。

注

（1）横井［二〇一四］二七四頁。

（2）Auger［2006］pp. 2, 6.

（3）Milberry［1979］; Molson & Taylor［1982］; Fortier［1990］; Pigott［2002］。カナダ航空機産業の発展における生産技術の移転と英米への依存に注目する唯一の研究として、Auger［2006］。しかし、その研究関心は第二次大戦期に限定されており、第一次大戦後からの包括的な把握はなされていない。

（4）小野塚［二〇一二］二八、三一頁。

（5）House of Commons, UK, Parliamentary Papers, Cmd. 5482, *Imperial Conference 1937, Summary of Proceedings*, pp. 15–20.

（6）高田［二〇一一］三頁。

（7）カナディアン・ヴィッカーズ社に関する研究として、一九二六年のヴィッカーズ社によるカナディアン・ヴィッカーズ社売却までの過程と両社の関係を描いたTaylor［1989］がある。カナディアン・ヴィッカーズ社の航空機事業を引き継いだカナディアの社史としてPicker & Milberry［1995］。またCampbell［2006］は、一九八四年までのカナディアン・ヴィッカーズ社とカナディアの航空機生産について説明するが、航空機の写真中心の内容であり、叙述は概説の域を出ない。

（8）本章では、主にイギリス・ケンブリッジ大学所蔵のヴィッカーズ文書（Cambridge University, Vickers Archives）、イギリス国立文書館（The National Archives, Kew）所蔵のイギリス航空省（Air Ministry）、航空機生産省（Ministry of Aircraft Production）各文書、そしてカナダ国立文書館（Library and Archives Canada）所蔵のカナダ国防省（Department of National Defence）文書を史料として用いている。この中でも、ヴィッカーズ文書に含まれるカナディアン・ヴィッカーズ社の史料は、本研究を進める上での中心的な史料となっている。しかし、その史料はヴィッカーズ社がカナディアン・ヴィッカーズ社を売却する一九二七年までに限られている。それ以後の史料については、カナディアン・ヴィッカーズ社、カナディアの後継企業であるボンバルディア社（Bombardier Aerospace）が所蔵しているが原則非公開であり、本研究においても利用することができなかった。

（9）カナダ航空機会社を除いて、一九〇九年から一九年の間に設立された航空機製造企業は一九社であり、その生産機数は五九機に過ぎなかった。Zhegu［2013］p. 28. またカナダ航空機会社も、一九一九年一月に解散した。Molson & Taylor［1982］p. 23.

（10）Fortier［1990］p. 54.

（11）カナダ航空局は、一九二四年の国防省創設後に国防省内に編入された。また、カナダ航空局が管轄していたカナダ空軍は、同年に国防省直属の王立カナダ空軍（Royal Canadian Air Force）に再編され、民間航空関連業務は、一九四〇年に運輸省（Department of Transport）に移管された。Molson & Taylor［1982］pp. 10–11.

(12) Taylor [1989] p. 227.
(13) Cambridge University Vickers Archives, No. 1135, Vickers Ltd. Air Committee Minute Book, pp. 36, 104.
(14) VA, No. 1135, Vickers Ltd. Air Committee Minute Book, pp. 116, 136.
(15) Library and Archives Canada, RG24, Department of National Defence, E-1-a, Vol. 5074, 1021-2-7, Erection of Flying Boats by Canadian Vickers, 1920/8/10, Memorandum to Vice-chairman.
(16) LAC, RG24, DND, E-1-a, Vol. 5059, H. Q. 1021-1-5, Vickers Machines, General Correspondence, p. 19486, 1920/12/29, P. L. Miller to J. A. Wilson.
(17) Toronto, *Globe*, 1927/3/25, p. 12.
(18) LAC, RG24, DND, E-1-a, Vol. 5059, H. Q. 1021-1-5, Vickers Machines, General Correspondence, Canadian Air Force, 1921/2/7, Wilson to Miller.
(19) Scott [1962] p. 177.
(20) LAC, RG24, DND, E-1-a, Vol. 5059, H. Q. 1021-1-5, Vickers Machines, General Correspondence, Canadian Air Force, p. 23112, 1921/1/26, P. D. Acland to Wilson; p. 54653, 1921/9/6, J. S. Scott to W. H. Caddell.
(21) VA, No. R303, Canadian Vickers, Minutes of Board Meeting, 1921-26, p. 69.
(22) 入札に参加した他の企業は、イギリスのスーパーマリン社（Supermarine Aviation）、ファエリー社（Fairey Aviation）、そしてアメリカのグレン・マーティン社（Glenn Martin）であり、どの企業も契約獲得の際には自国で航空機生産の上、カナダへ輸出することを想定していた。Taylor [1989] p. 230.
(23) LAC, RG24, DND, E-1-a, Vol. 5059, H. Q. 1021-1-5, Vickers Machines, General Correspondence, Canadian Air Force, 1922/11/21, G. J. Desbarats to R. S. Griffith; Toronto, *Globe*, 1921/11/21, p. 8.
(24) VA, No. R303, CV, Minutes of Board Meeting, 1921-26, pp. 67, 69. カナディアン・ヴィッカーズ社の取締役は六名によって構成されるが、社長のドーソンと二名の取締役はヴィッカーズ社の取締役を兼任しており、常時カナダには滞在していなかった。そのため、カナダに居住する取締役三名のうち、専務取締役のギラムが同社の経営を担った。
(25) VA, No. R303, CV, Minutes of Board Meeting, 1921-26, p. 174.

(26) VA, No. R303, CV, Minutes of Board Mceting, 1921-26, p. 113.
(27) VA, No. R303, CV, Minutes of Board Meeting, 1921-26, p. 107.
(28) VA, No. R303, CV, Minutes of Board Meeting, 1921-26, pp. 118, 162.
(29) VA, No. R303, CV, Minutes of Board Meeting, 1921-26, p. 175; VA, No. 609, No. 136, History of Canadian Vickers, p. 12.
(30) Molson & Taylor [1982] pp. 183-192.
(31) VA, No. R303, CV, Minutes of Board Meeting, 1921-26, p. 173.
(32) Taylor [1989] p. 233.
(33) VA, No. R303, CV, Minutes of Board Meeting, 1921-26, p. 190.
(34) VA, No. R303, CV, Minutes of Board Meeting, 1921-26, p. 195; Taylor [1989] p. 233.
(35) VA, No. 609, No. C2, Notes Made by Mr. J. D. Scott on This Visit to Canadian Vickers in May 1960, p. 3.
(36) VA, No. R303, CV, Minutes of Meeting, 1921-26, pp. 222, 223.
(37) 安部［二〇〇五］三一九～三二七頁。
(38) Scott [1962] p. 167.
(39) カナディアン・ヴィッカーズ社の売却額は四五〇万ドルであったが、同社が保有するドック、工場施設、資材、在庫等を含めた資産価値は約八三〇万ドルと見積もられていた。VA, No. 608, No. 129, Canadian Vickers Ltd. Short History of Formation and Sale, p. 2.
(40) Taylor [1989] p. 236.
(41) Molson & Taylor [1982] p. 358.
(42) 一九二〇年代末から一九三〇年代初頭にカナダに進出した航空機製造企業は以下のとおり（括弧内は設立年と親会社の所在国）。デハビラント・カナダ航空機会社（De Havilland Aircraft of Canada Ltd.）（一九二八年（英））、ボーイング・カナダ航空機会社（Boeing Aircraft of Canada）（一九二九年（米））、フェアチャイルド航空機会社（Fairchild Aircraft Ltd.）（一九二九年（米））、フリート航空機会社（Fleet Aircraft of Canada）（一九三〇年（米））。Molson & Taylor [1982] pp. 18, 32, 35, 38.

(43) カナディアン・ヴィッカーズ社の収益は、一九三一年の六三万七〇〇〇ドルをピークに一九三四年には三万四九〇〇ドルにまで減少した。VA, No. 609, No. C2, Notes Made by Mr. J. D. Scott, pp. 5–6.

(44) Taylor［1989］pp. 236, 240.

(45) 横井［二〇〇五］四八～四九頁。

(46) Milberry［1979］p. 110.

(47) LAC, RG24, DND, E-1-a, Vol. 5117, H. Q. 1021-56, Vickers Stranraer Aircraft, file1, 1936/11/3, Minute of a Meeting of the Committee of the Privy Council, p. 1.

(48) LAC, RG24, DND, E-1-a, Vol. 5117, H. Q. 1021-56, Vickers Stranraer Aircraft, file1, 1936/11/24, Memorandum.

(49) またこの時期は、イギリス本国での再軍備による航空機増産のため、カナダ向けのストランラーを生産する余裕がスーパーマリン社に無かったこともカナディアン・ヴィッカーズ社がストランラーのライセンス生産を開始した理由の一つであった。LAC, RG24, DND, E-1-a, Vol. 5117, H. Q. 1021-56, Vickers Stranraer Aircraft, file1, 1936/11/3, Minute of the Privy Council, p. 1.

(50) VA, No. 609, No. C2, Notes Made by Mr. J. D. Scott, p. 1.

(51) シャドウ・ファクトリー計画に関して、横井［二〇〇五］第四章参照。

(52) The National Archives, Kew, AIR19/40, Creation of War Potential in Canada, 1938–39, Memorandum by the Secretary of State for Air, p. 1.

(53) TNA, AIR19/40, Creation of War Potential, Memorandum, p. 1.

(54) TNA, AIR19/40, Creation of War Potential, Memorandum, p. 2; TNA, TS28/426, Report on Production of Large Bomber Aircraft in a Long Range Plan, pp. 3, 7, 11.

(55) TNA, TS28/426, Report on Production, pp. 1, 7; Appendix IV, pp. 1, 4; Appendix V, pp. 4, 6.

(56) TNA, TS28/426, Report on Production, pp. 31, 37.

(57) 計画から外れた六社に関して、ボーイング・カナダ社とマクドナルド社は大西洋岸から離れているため、モントリオール航空機工業とカブ航空機会社は工場規模が小さすぎるため、計画から除外された。またノールダイン社とデハビランド社は、自社機の製造に専念するため参加を辞退した。TNA, TS28/426, Report on Production, Appendix V, pp. 5-6.

(58) AIR19/40, Creation of War Potential in Canada, 1938-39, p. 2; 1938/8/19, Francis Floud to Kingsley Wood; 1938/8/30, Floud to Wood.

(59) Milberry [1979] p. 119. カナダ連合航空機会社は、一九四二年にハムデンの製造を終えると休眠状態となった。Molson & Taylor [1982] p. 375.

(60) Auger [2006] p. 19.

(61) Statistics Canada [1986] pp. 21-23.

(62) Molson & Taylor [1982] pp. 42-43.

(63) Auger [2006] pp. 103, 117.

(64) Campbell [2006] p. 28.

(65) VA, No. 609, No. 130, History of Canadian Vickers Ltd., p. 9.

(66) Marine Museum of the Great Lakes, Versatile Vickers Collection, VM300. C38 K46 Canadian Vickers Shipyards Hull List, pp. 3-4; Pickler & Milberry [1995] p. 34.

(67) Pickler & Milberry [1995] p. 15.

(68) VA, No. 609, No. 130, History of Canadian Vickers Ltd., p. 10; VA, No. 609, No. 136, History of Canadian Vickers, p. 21.

(69) Campbell [2006] p. 28.

(70) MMGL, Versatile Vickers Collection, VM300, C38 K46, Hull List, pp. 4-5.

(71) Fortier [2006] p. 33.

(72) LAC, RG28, DMS, Vol. 585, File 229-2C11-2, Formal Contract Canadian Vickers, p. 1; Vol. 498, File 51-C-87, Formal Agreement, Canadair, Montreal, p. 1.

(73) Auger [2006] pp. 192, 193, 195.

(74) Milberry [1979] p. 116.

(75) Molson & Taylor [1982] pp. 74, 75.

(76) LAC, MG27-IIIB20, C. D. Howe Papers, Vol. 89, Aircraft, 1941-1949, 1943/1/8, J. B. Carswell to Howe; 1943/1/14, Howe to Carswell.

(77) House of Commons, Canada, *Debates*, 1944, Vol. II, pp. 2046-2047.

(78) House of Commons, Canada, *Debates*, 1944, Vol. II, p. 2048.

(79) LAC, MG27-IIIB20, Howe Papers, Vol. 40, S. 9-17, Aircraft Production, 1943/10/6, R. P. Bell to Howe; 1944/1/20, Bell to Howe.

(80) LAC, MG26-J1, William Lyon Mackenzie King, Primary Series, Correspondences, C7055, Vol. 369, p. 320550, 1944/3/25, Howe to N. A. Robertson.

(81) House of Commons, Canada, *Debates*, 1944, Vol. II, p. 2049.

(82) LAC, MG26-J1, W. L. M. King, Primary Series, Correspondences, C7055, Vol. 369, p. 322059, 1944/3/23, Lord Cranborne to King.

(83) LAC, MG26-J1, W. L. M. King, Primary Series, Correspondences, C7055, Vol. 369, p. 320551, 1944/3/25, Howe to Robertson.

(84) LAC, RG28, DMS, Vol. 354, File 4-2-DB-4, Formal Contract, Canadair and Douglas Aircraft Co., Licence Agreement, p. 7.

(85) Pickler & Milberry [1995] p. 36.

(86) カナディアがダグラス社から購入した資材と生産設備の価格は、それぞれ一トンあたり四〇ドル、二〇ドルであり、カナディアはシカゴ工場だけで一六九万六四七六ドル分の資材や設備を購入した。LAC, RG28, DMS, Vol. 354, File 4-2-DB-4, Formal Contract, Canadair and Douglas Aircraft Co., Licence Agreement, pp. 3, 7; Vol. 385, File 14-C-274-1, Formal Contract, Electric Boat Company, Canadair Limited, 1947/3/31, V. W. Scully to B. J. Franklin.

(87) LAC, RG28, DMS, Vol. 354, File 4-2-DB-4, Formal Contract, Canadair and Douglas Aircraft Co., Licence Agreement, p. 1; Pickler & Milberry [1995] pp. 127, 262.

(88) Pigott [2002] p. 116.

(89) Molson & Taylor [1982] p. 298.

(90) LAC, RG28, DMS, Vol. 354, File 4-2-DB-4, Formal Contract, Canadair and Douglas Aircraft Co., Licence Agreement, pp. 4, 6.

(91) カナディアは、この他にもアメリカ軍から払い下げられた輸送機C－47をDC－3旅客機に改装して販売していた。Warren［1959］p. 16.

(92) LAC, RG28, DMS, Vol. 385, File 14-C-274-1, Formal Contract, Electric Boat Company, Canadair Limited, 1947/1/20, Howe to J. J. Hopkins.

(93) ヴィクトリー社は、一九四五年夏にランカスターの生産を終了した後に廃業した。しかし、アヴロ機の生産設備を備えるマルトン工場にイギリス・アヴロ社が関心を示し、同年一二月にアヴロ・カナダ社が設立された。Warren［1959］p. 13.

(94) ハウは、戦後すぐにカナダ航空機産業各社に今後はカナディアとアヴロ・カナダ社のみに支援を行うと通達している。Molson & Taylor［1982］p. 36.

(95) Pickler［1995］pp. 57–59.

参考文献

安部悦生［二〇〇五］「戦間期イギリス兵器企業の戦略・組織・ファイナンス――ヴィッカーズとアームストロング」、奈倉文二・横井勝彦編著『日英兵器産業史――武器移転の経済史的研究――』日本経済評論社。

小野塚知二［二〇一二］「武器移転はいかにして正当化されたか――実態と規範――」、横井勝彦・小野塚知二編著『軍拡と武器移転の世界史――兵器はなぜ容易に広まったのか』日本経済評論社。

高田馨里［二〇一一］『オープンスカイ・ディプロマシー――アメリカ軍事民間航空外交一九三八～一九四六年』有志舎。

横井勝彦［二〇〇五］「再軍備期イギリスの産業政策――航空機産業を中心として――」、『明治大学社会科学研究所紀要』第四四巻第一号。

横井勝彦［二〇一四］「軍縮期における欧米航空機産業と武器移転」、横井勝彦編著『軍縮と武器移転の世界史――「軍縮下の軍拡」はなぜ起きたのか――』日本経済評論社。

Auger, M. F. [2006] "The Air Arsenal of the British Commonwealth: Aircraft Design and Development in Canada during the

Second World War, 1939-45", Unpublished Ph. D. Thesis, University of Ottawa.

Campbell, P. J. [2006] *At the End of the Final Line: History of Aircraft Manufacturing at Canadian Vickers and Canadair from 1923 to 1984*, Toronto.

Fortier, R. [1990] "Intervention Gouvernementale et Industrie Aeronautique l'Example canadien, 1920-1965", Unpublished Ph. D. Thesis, Laval University.

Fortier, R. [2006] "Les grands de l'aéronautique: Canadian Vickers, Canadair, Bombardier", *Cap-aux-Diamantes: la revue d'histoire du Quebéc*, No. 87, 2006.

Milberry, L. [1979] *Aviation in Canada*, Toronto.

Molson, K. M., H. A. Taylor [1982] *Canadian Aircraft since 1909*, London.

Pickler R., L. Milberry [1995] *Canadair: The First 50 Years*, Toronto.

Pigott, P. [2002] *Wings across Canada: An Illustrated History of Canadian Aviation*, Toronto.

Scott, J. D. [1962] *Vickers: A History*, London.

Statistics Canada [1986] *Aviation in Canada: Historical and Statistical Perspectives on Civil Aviation*, Ottawa.

Taylor, G. D. [1989] "A Merchant of Death in the Peaceable Kingdom: Canadian Vickers, 1911-27", in P. Baskerville (ed.), *Canadian Papers in Business History*, Vol. 1, Victoria.

Warren, A. [1959] "Aircraft Manufacturing in Canada-Today and Yesterday: Its History is Both a Heritage and a Lesson", *Canadian Aircraft Industries*.

Zhegu, M. [2013] "Technology Policy Learning and Innovation Systems Life Cycle: the Canadian Aircraft Industry", *Technology and Globalisation*, Vol. 7, Nos. 1, 2.

第9章　戦後冷戦下のインドにおける航空機産業の自立化

横井勝彦

1　はじめに

本章の課題は、両大戦間の軍縮期に端を発する欧米からの武器移転（arms transfer）が戦後冷戦下のインドにおける航空機産業の形成・発展にどのように関係したかを解明することにある。[1] インド航空機産業の発展は、独立の条件として兵器の国産化（indigenisation）と国防の自立化（self-reliance in defence）を追求する首相ネルー（Jawaharlal Nehru）の政策によって先導されたものであったが、[2] はたしてインド航空機産業はいつ、どのような形で上記の国産化と自立化を達成したのであろうか。兵器の国産化や軍事的な自立化については、発展途上諸国を対象とした現代史の研究においても度々論及されるが、[3] はたしてそれは何を基準とした議論なのであろうか。

本章では、以上のような問題関心に即して、インド航空機産業の形成・発展の過程を考察する。その際、特に注目したのは戦後冷戦下で展開された多角的な武器移転の実態とそれによって形成されたインドにおける軍産学連携（Military-

Industrial-Research Complexes）の構造である。いささか結論を先取りして言えば、インド航空機産業の発展は、武器移転と軍産学連携を決定的な前提条件としていた。本論に先立って、この点についてもう少し説明しておこう。

第二次大戦後の冷戦下で、米ソ両国は第三世界に対して大規模な武器輸出を展開したが、それはたんなる武器の取引にとどまるものではなく、多くの場合、システムとしての武力ないしは軍備の移転、すなわち武器の運用・修理能力の形成や製造ライセンスの供与、さらには技術移転までの多様な内容を含んでいた。これが本章で言うところの武器移転である。武器移転は第一次大戦以前から英独仏等の主要な兵器生産国を中心に始まっていたが、両大戦間にはそれが多角化・多層化しながら拡大し、戦後冷戦期には米ソによる国際援助や軍事援助の展開によって不透明性と複雑さを一段と増しながらさらに拡大を遂げてきた。(4) そしてインドは冷戦下における武器移転の世界有数の「受け手」となったのである。

冷戦下のインドは工業的・軍事的自立化のために、武器移転のみならず国際援助をも巧みに利用した。(5) 本章で注目した軍産学連携の形成もその成果である。一九七〇年代後半以降、インドは兵器の国産化率を高めてきたが、それは第三世界最大規模を誇る軍産学連携の存在を背景として達成されたと言われている。ちなみに、そこには軍需工場三三、公営企業九社、主要研究開発機関三四が組織されていたとされているが、(6) 本章ではその全容を紹介することは控え、インド航空機産業の発展に直接関連する限られた視点から軍産学連携の構造を分析する。具体的には①インド空軍(7)（Indian Air Force：以下ＩＡＦと略記）、②ヒンダスタン航空機会社(8)（Hindustan Aircraft Limited：以下ＨＡＬと略記）、そして③インド科学大学院大学（Indian Institute of Science：以下ＩＩＳｃと略記）とインド工科大学（Indian Institutes of Technology：以下ＩＩＴと略記）の航空工学科（Department of Aeronautical Engineering）、以上の三者の関係である。本章ではこの連携構造に注目して、インド航空機産業の自立化の達成度に検討を加えていく。

2　独立以前における軍産学連携の形成

(1)　インド空軍の創設

ワシントン海軍軍縮以降、欧米各国や日本では航空戦力の強化（「軍縮下の軍拡」）が急速に進展していた。イギリス空軍は、その戦力の大部分を海外植民地に駐屯する航空部隊の強化に割いてきており、シンガポール、香港、インド、オーストラリア、さらにはニュージーランド、カナダ、南アフリカなどの自治領航空防衛軍を重要な構成部分としていた(9)。周知の通り、帝国統治システムとしてイギリスが植民地インドに配備した陸海軍の歴史は東インド会社の時代にさかのぼるが、ＩＡＦがイギリス空軍の補完戦力として創設されたのは一九三三年のことであった。当時、すでに欧米の航空機産業は海外への航空機輸出を開始していた。イギリス帝国防衛における植民地インドの重要性は、各国航空戦力の増大とともにますます高まり、それだけにイギリス航空省がインド防衛を担当するイギリス空軍の増強を一貫して主張したのも当然のことではあった(10)。したがって、ＩＡＦへの期待もきわめて大きい。

ＩＡＦの通常任務は、陸軍との共同作戦から接近支援、偵察、戦闘機爆撃、写真偵察など当初より多岐にわたっており、その規模はとりわけ日本軍の東南アジア侵攻を背景として第二次大戦下で大きく拡大している。一九三三年に一個中隊が創設されたのに続いて大戦下の一九四一年には二個中隊が加わり、その後一九四五年一二月までの五年間には一〇個中隊にまで編成が拡大している(11)。ＩＡＦの軍事展開は、一九三七年のインド北西部国境地帯に始まって、第二次大戦下でのビルマ・キャンペーン（一九四一～四二年）とビルマにおける日本軍撃破（一九四四～四五年）でクライマックスを迎えているが、インド北西部国境地帯では、すでに一九四二年までにＩＡＦがイギリス空軍の戦力を完全に代置していたと言われている[12]。

もちろんＩＡＦに配備された航空機はイギリス機が圧倒的割合を占めていた。そこでまず、本章の主要な論点に関わる次の二点を指摘しておきたい。一点目は、ＩＡＦの主力機の編成がレシプロ機の中でも急速に変化していったという点である。一九二〇年代に開発された初期の多用途複葉軍用機ウエストランド・ワピティ（英：480HP）が複葉軽爆撃機ホーカー・ハート（英：510HP）や単葉陸軍機ウエストランド・ライサンダー（英：870HP）に順次置き換えられていき、第二次大戦末期には最新の戦闘機スピットファイア（英：1480HP）、ハリケーン（英：1280HP）、さらにはバルティ（米：1200HP）までもが配備されている。二点目はＩＡＦが軍用機を調達する方法には①海外からの直接輸入、②インド国内でのライセンス生産、③設計・開発も含めた国産化の三方法があったという点である。この点は独立後も変わらない。次節で詳述するように国産化はもとよりライセンス生産にしても、インド国内における航空機生産基盤の存在が大前提であり、この航空機調達方法と国内生産基盤との関係が独立後のインドでは大きな意味をもつこととなる。

(2) 航空機生産拠点の形成

インドにおける航空機産業の発展は軍需、すなわちＩＡＦによって主導された。インドでは産業全般の発展が大きく遅れ、航空機産業の発展もほとんどバンガロールのＨＡＬ一社によって担われていたのである。インド航空機産業への武器移転には、イギリスやアメリカがインドに建設した諸施設の継承やライセンス生産、さらにはドイツやソ連からの技術者の招聘など多様な内容が含まれたのであるが、その成果はＨＡＬ一社の発展に集約されたと言っても過言ではない。

イギリス航空省は、第二次大戦中の一九四二年にインドでの航空機製造を一切中止して、既存の関連施設を航空機の点検・整備に特化していく方針を決定している。だが、その後終戦とともに事態は大きく変化していく。一九四六年、インド政庁は戦時中に設立された航空機整備用の三施設（バンガロールのＨＡＬおよびプーナとバラックプールの政府施設）ならびにそこでの熟練労働者の今後の雇用先を検討した結果、航空機の点検整備のみならず航空機の国内製造も行う方針を明確にした。[13] 首相ネルーの言うように兵器の国産化が軍事的・政治的自立化の前提条件であるとするならば、これはたんなる雇用対策にとどまらず、多分に戦略的な政策転換でもあった。ちなみにＨＡＬの労働者はピーク時の一万三〇〇〇人が一九四六年六月には四〇〇〇人以下にまで大きく減少していた。[14]

以上の決定をふまえて、インド政庁はイギリスにインド国内における航空機国産化の可能性に関して意見を求めている。これを受けてイギリス側では、航空機生産省とイギリス航空機製造協会からそれぞれ二名の委員を選出して、一九四六年三月に官民合同の航空調査団をインドに派遣し、ほぼ一カ月にわたって航空機産業形成の可能性が調査された。四月末に提出された調査団の報告書がインドで航空機生産が可能な拠点として指摘したのは、唯一バンガロールのＨＡＬだけであった。しかし、ＨＡＬでもこれまで本格的な航空機製造は行われておらず、抜本的な組織改編が必要であったが、ともあれ、政府の財政的支援が約束されれば、ＨＡＬを中心としたインド航空機産業は、今後二〇年以内に海外依存から脱却しうるという見通しが示されたのである。[15] 実際にＨＡＬがＩＡＦの要請を受けてイギリス・ホーカー社製の戦闘爆撃機テンペストの補修・組立作業を開始したのは、翌四七年のことであった。

ところで、ＨＡＬの歴史的起点はイギリスではなく、アメリカの航空機企業インターナショナル・コーポレーション社（International Corporation：創業者はＷ・Ｄ・ポウレイとＬ・Ｃ・マカーシー）にあった。そこでまず、その点に関して簡単に紹介しておこう。同社は、アメリカ有数の航空機企業カーチス・ライト社の子会社に属し、一九三四年から中国において国民党向けに航空機を製作していた。日中間の戦争激化を背景として一九三〇年代の極東では軍用機の需要が急速に拡大しつつあったが、ヨーロッパ諸国は自国の再軍備に追われて、中国市場をアメリカ航空機産業に明け渡してしまっていた。だが、インターナショナル・コーポレーション自身も戦争の激化とともに中国からの撤退を余儀なくされ、一九三九年、アメリカでボンベイの企業家ワルチャンド・ヒラチャンド（Walchand Hirachand）に自社の構想を紹介していたポウレイは、ついにインド南部バンガロールへの転出を決意する。[16]

インド政庁とマイソール州政府の援助の下、すでに自動車工場を立ち上げていたヒラチャンドと航空機企業インターナショナル・コーポレーションとの技術提携によって、有限会社ＨＡＬが設立されたのは戦時下の一九四〇年一二月であった。ただちにアメリカから必要な機械類が運び込まれ、技術者も一〇人以上がアメリカからバンガロールに到着している。ハーロウ練習機、カーチス・ホーク戦闘機、バルティ軽爆撃機など、ＨＡＬ設立当初の製造機種がいずれもアメリカ企業のものであったのも不思議ではない。その後もアメリカとの繋がりを堅持しつつ、[17]一九四二年にインド政庁が株式の三分の二を買い上げた時点でＨＡＬは国有企業に転じ、前述の通り、この時点で航空機製造を一切中止して、翌四三年からはアメリカ軍の管轄下でインド駐留アメリカ軍機の修理が続けられた。第二次大戦の戦域が東南アジアへと広がるにつれて、アメリカ陸軍航空隊は現地での膨大な数の航空機の修理・点検の必要に迫られ、戦時中におけるＨＡＬの経営をインド政府から全面的に引き継いで、すべての航空機製造計画をひとまず中止としたのである。ＨＡＬの工場労働者は昼夜兼行の三交代制で組織され、前述の通り、ピーク時の労働者数は一万三〇〇〇人にも達していた。新設のエンジン整備部門では月に最大三〇〇台の点検が行われていた。終戦までの三年間にＨＡＬが整備した航空機エンジンは約三三〇〇台、航空機は一〇〇〇機に及んだ。[18]この間に、アメリカからインドへの技術移転も確実に進展した。

もともとインド・バンガロールにおけるＨＡＬの誕生は、一九三九年の日本軍による中国侵攻（現ミャンマー領ロイウィン工場の閉鎖）を遠因としていたが、その五年後にアメリカ陸軍航空隊が連合国軍とともに東南アジア方面で日本軍と対戦する局面では、ＨＡＬがきわめて重要な役割を果たしていたのである。[19]

ＨＡＬの管轄がインド政庁（産業補給省）に戻ったのは終戦直後のことで、一九五一年にはインド防衛省の管轄に移されている[20]。前述の通り、ＨＡＬは独立前夜の一九四七年にイギリス航空調査団によってインドにおける航空機製造拠点として唯一今後の可能性を認められた存在であったが、それは以上のように第二次大戦下において、アメリカからの武器移転に基づいて誕生したのであった。ＨＡＬはこの段階ですでにアジア最大の航空機整備基地に成長していた[21]。独立後のＨＡＬの経営は、節を改めて検討していく。

(3)　航空工学科の設立

一九一一年にタタ財閥の総帥ジャムシェドジー・Ｎ・タタ（Jamsetji N. Tata）によってバンガロールに創設されたＩＩＳｃは、世界初の大学院大学であったアメリカのジョン・ホプキンス大学をモデルとしており、科学技術の先端的な研究教育機関として、インドの工業化と産学連携を牽引していく使命を担っていた。開設時点では一般化学、有機化学、応用化学、電気工学の四学科であったが、その後、一九二一年には生物化学科、一九三三年には物理学科、そして一九四二年には航空工学科が増設された[22]。

独立以前の一九四二年に、つまりＨＡＬがインド政府によって完全に接収された年に、ＩＩＳｃにインド初の航空工学科が開設されたのである。インド政府も同学科の設立に際しては経常的な補助金とともに一〇万ルピーもの財政支援を行っている。ＩＩＳｃ航空工学科の初代学科長に就いたガトゲ（Dr. V. M. Ghatge）は、大学院生用の教育プログラムを確立し、インド最大の規模を誇る風洞の建設も手がけた。彼はＩＩＳｃ航空工学科の初代学科長という経歴に加えて、ボンベイ大学での研究歴ならびにドイツ・ゲッティンゲン大学での学位取得を踏まえ、その後一九四五年にはインド初の航空機設計技師としてＨＡＬに移籍して設計開発部門を開設している[23]。ガトゲの後任ダワン（Satish Dhawan）は航空工学科の上級技師として同校に着任して、航空力学の諸分野（境界層理論、翼胴空気力学、工業用空気力学、コヒーレント構造、乱流制御）で大きな成果を上げ、のちにＩＩＳｃの学長に就任している。[24] このような事実から判断して、ＩＩＳｃにおける航空工学科の地位はかなり高いものであったと推測されるのであるが、実際にはそうでもなかったようである。

イギリスの航空調査団がバンガロールを訪れた一九四五年時点でのＩＩＳｃ航空工学科は、学生数も少なく（一九四三〜四五年で二〇人）、実験設備もきわめて貧弱で、大学院であるにもかかわらずシラバスはロンドンのインペリアル・カレッジ（Imperial College of Science and Technology）と同様のコースを持つカリフォルニア工科大学航空工学科の学士課程のものであったとされている。[25] とは言え、その後、とりわけ低速航空力学と航空機構造学などの大学院教育で国際的にも高い評価を得ているが、それには立地的な要因も大きく影響していたように思われる。ＩＩＳｃの拠点バンガロールは、ＨＡＬの本拠地であったばかりでなく、インドにおける航空工学の研究拠点でもあり、のちには国立航空研究所（一九五六年設立）、航空開発機関（一九五九年設立）、ガスタービン研究機関（一九五九年設立）なども相次いでバンガロールに集結したのであった。このような関係のなかで、ＩＩＳｃの航空工学科がＨＡＬを中心としたインド航空機産業の発展に大きく貢献していったことは間違いない。のちに見るように一九六〇年代のインド政府による航空工学科創設の運動においてもＩＩＳｃは中心的な役割を担っていた。

以上の通り、独立以前のインドではすでにＩＡＦとＨＡＬとＩＩＳｃの間に軍産学連携が形成されていた。しかし、その事実をもって、独立後にはインド航空機産業の国産化、インド空軍の自立化が容易に進んだと考えることはできない。たしかに第二次大戦直後のインドでも、世界の航空業界のレシプロ機からジェット機への移行や機体の金属化に対応して、航空機の設計・開発部門で独自の取り組みが見られたのは事実である。だが、次節で見るように、インドの危機的な財政事情や緊迫した国際情勢は、航空機の国産化と空軍の自立化をきわめて困難なものにしていた。独立後のインド空軍はきわめて短期間の間に戦力の大幅な増強を迫られ、その結果、設計開発部門の拡充による航空機産業の国産化路線を放棄せざるを得なかった。[26]

3　独立後インド空軍拡大の軌跡

(1)　国際情勢の緊迫と戦闘機の近代化

独立とともにＩＡＦは植民地時代の戦力のほぼ三分の二（戦闘機六個中隊、輸送機二分の一中隊）を旧宗主国イギリスから継承した（他の三分の一はパキスタン空軍が継承）。その任務は、いまや帝国防衛という枠組みから脱して、独立インドの航空防衛、国境地帯でのインド軍の上空支援、内乱時の民間勢力への上空支援、辺境地帯遠征での上空支援など多岐にわたった。そのためにＩＡＦの戦力にはイギリス空軍撤退前夜の一〇個中隊から二〇個中隊への倍増が必要とされていた。[27]しかも、時代はレシプロ機からジェット機への転換期にあり、ＩＡＦにとってもいまや戦力の量的拡充だけではなく、その質的な刷新もが求められていた。終戦直後のＩＡＦには、戦時中の戦闘機ハリケーン、スピットファイア、テンペストなどが引き続き配備されていたが、一九五〇年代には厳しい財政事情にもかかわらず、デ・ハビランド社（英）のジェット戦闘機バンパイアやダッソー社（仏）の戦闘爆撃機ウーラガンなどが配備されている（後掲の図９－１参照）。

①第一次印パ戦争と米パ相互防衛援助協定

一九四七年八月の印パ分離独立に先立って、ネルーは非同盟政策を宣言したが、その後のネルー政権の軍事政策は、第一次印パ戦争（一九四七～一九四九年）や米パ間の相互防衛援助協定（一九五四年）によって大きな影響をうけることになった[28]。

独立後のインド新政府の最優先課題は全国規模での産業育成であり、軍事的自立化を保証する兵器産業の確立はその範囲内のものであるべきであった。だが、パキスタンとのカシミール領有をめぐる紛争で、政府関係者は兵器外国依存の危険性を痛感するに至った。直ちにネルーは、その後二〇年以上にわたって軍民両面の改革に関わることとなる著名なイギリス人科学者ブラケット（Dr. P. M. S. Blackett：のちの英国王立協会会長）を招聘して、兵器国産化計画の策定に着手している[29]。

もちろん、独立直後のインドにとって兵器国産化は容易なことではない。パキスタンとの緊張関係の下で、ＩＡＦによる戦闘機の増強は海外からの直接購入か国内でのライセンス生産によるしかなかった。一九五三年にＩＡＦの戦力拡大が承認されると、パキスタンも翌五四年に東南アジア条約機構（ＳＥＡＴＯ）、五五年には中央条約機構（ＣＥＮＴＯ）に加盟して、中ソ共産陣営に対する対立姿勢を鮮明にした。さらに五四年にはアメリカとの間で相互防衛援助協定を締結して、米大統領アイゼンハワーによってパキスタンへの最新兵器の供与が約束されるに至ったのである。かくしてＩＡＦには、アメリカの軍事支援を受けたパキスタン空軍に対抗しなければならないという新たな課題が加わったのである[30]。

もっとも、印パ間の緊張は欧米の航空機産業にとってはマーケットの拡大を意味していた。例えば、ＩＡＦがフランスのダッソー社からウーラガンを購入したのに対抗して、パキスタン空軍もただちにイギリスのヴィッカーズ、イングリッシュ・エレクトリック、ブリストルの三社と戦闘機の購入交渉にはいった[31]。イギリス企業のパキスタンへの戦闘機売り込みは印パの分離独立時点より行われていたが[32]、それが一九五四年以降ますますエスカレートしていく。

インド政府は、一九五〇年にジェット戦闘機バンパイア、五六年にフォラント社（英）の軽量戦闘機ナットならびにブリストル社（英）のオフューズ・エンジンなどでライセンス生産の契約を結んでいた。さらに五七年にはホーカー社（英）に戦闘機ハンターが発注されており、六〇年代までに同機だけでも合計二〇〇機以上が購入されていた。[33]じつは五七年にホーカー社はイギリス空軍向けに製造したハンター四八機を急きょＩＡＦに振り向けているが、そこにはアメリカの軍事支援によってパキスタン空軍が急速に増強されている中でのイギリスなりの軍事的かつ商業的な戦略があったのである。[34]しかも、その一方でイギリスはパキスタン空軍にもジェット戦闘機スウィフトやジェット爆撃機キャンベラを輸出していた。

②中印国境紛争とソ連の軍事援助

中印国境紛争での敗北（一九六二年一一月）を機に、インドの工業化は軍事偏重型の重工業化へとシフトした。一九六〇年時点では、インドはまだ旧宗主国イギリスの軍事装備品に大きく依存していたものの、その後は空軍を中心にソ連への依存度を強めつつ、兵器国産化を追求していった。[35]以下では、その経緯を簡単に紹介しておこう。

一九六二年、首相ネルーは中国との紛争の統轄機関として国防会議を創設するとともに、国防生産局を設置して、防衛関連の国営企業をすべてその管轄下に置いた。以上を踏まえて、一九六四年に策定された第一次防衛五カ年計画のなかでは国内兵器生産基盤の強化が最重要課題として位置づけられるに至っている。[36]もっとも、この場合の国産化とは具体的には各種のライセンス契約を介してのものであった。[37]インド独自の設計開発を前提としたものではない。中印国境紛争での敗北は、インドにそのような時間を要する抜本的な選択を許さなかった。ライセンス契約による国産化の動きは、かなり以前から始まっていたが、こうして一九六〇年代にはいるとソ連とのライセンス契約に基づいて大きな進展が見られた。メノン国防相は一九六二年五月にはＭＩＧ‐21の購入を検討しており、しかもソ連との契約に際しては直接購入のみならずインド国内で同機を生産する工場建設への支援も含め、ライセンス生産が約束されていた。[38]中印の国境対立がついに本格的な武力衝突を引き起こしたのは、インドがＭＩＧ‐21（一二機）の購入を決

表９－１　ソ連の途上国への軍事援助（1955-67年）

（単位：100万ドル）

対象国	金　額
アフガニスタン	250
アルジェリア	250
キプロス	30
カンボジア	10
ガーナ	10
ギアナ	10
インド	610
インドネシア	1,310
イラン	110
イラク	650
マリ	40
モロッコ	30
パキスタン	40
シリア	460
エジプト	1,550
イエメン	100
総　計	5,460

出典：Sebastian［1975］p. 148.

定した直後のことであった。翌年一月にはチャバン国防相も、ＭＩＧ－21のインド国内での製造が今後二・三年の内には実現するであろうと公言しており、同年三月にはソ連の技術使節団が製造工場の建設準備のためインドを訪れている。さらに六三年にはソ連がインドに対して一億三〇〇〇万ドル相当の軍事援助を提供し、同年秋には空対空ミサイル施設と訓練学校に関する総工費四二〇〇万ドルに及ぶ建設契約も調印された。(39) じつは、ＩＡＦは計画中の戦闘爆撃機の作戦条件に適った戦闘機としてフランスのミラージュⅢに固執していたが、フランスはインド国内でのミラージュⅢのライセンス生産を許可しなかった。また、イギリスもジェット戦闘機ライトニングのインドでのライセンス生産を了解しなかった。そして、アメリカも当初は戦闘機Ｆ－５Ａのインドへの提供を約束していたにもかかわらず、一九六五年に第二次印パ戦争が勃発すると直ちにそれを取り下げている。(40)

ここに至ってインドのソ連への傾斜にはいよいよ拍車がかかる。一九六三～六四年には印ソ間で兵器の購入交渉が大規模に進められ、六五～六七年には九〇機のＭＩＧ－21がインドに届けられているが、この場合、「一〇年間年利二％ルピー建での返済」という好条件がソ連によって示された。(41) 中印国境紛争での敗北によって、インドの指導者達は国内兵器生産体制の見直しにかかると同時に、諸外国に対してはそのための軍事援助を求めたのであるが、ソ連の援助提案は当時深刻な国際収支危機に陥っていたインドにとってきわめて魅力的な条件であった。

もっとも、表９－１から明らかなように、当時のソ連によるインドへの軍事援助額は決して突出したものではなかった。額から見ればエジプト、インドネシア、イラクに次いで四番目であった。それはソ連の途上国への軍事援助総額の一一％、ソ連のインドへの経済援助額の四四％にとどまっていた。しかし、このソ連のインドへの軍事援助は特別の意味を持っていた。つまりそこには従来のＩＡＦの戦闘機調達に関する英米独占体制を打破しようという政治的な思惑があったのである。(42)

(2)　空軍戦力の拡大戦略

首相ネルーによって独立直後に打ち出された軍事的自立化路線は、中印国境紛争での敗北を契機として、大きく修正を加えられていく。兵器国産化路線から国防自立化路線への後退である。ＩＡＦの航空戦力拡大のための選択肢は、①簡単な練習機から始まってやがては多目的軍用機にまで至るインド国内での独自設計・開発、②大規模かつ緊急の軍事的要請に応え、しかも航空機生産に関わる最新の専門知識や技術の獲得を目的としたライセンス生産、③以上の二方法では対応不能な場合の海外からの直接購入、以上の三つであったが、一九六二年以降は①の独自設計・開発は制限され、もっぱら②のライセンス生産が追求されていく(43)(図９－１参照)。そこで以下では、①と②に関して具体的な経緯を紹介しておこう。

①独自設計・開発

ＨＡＬでの設計・開発は一応一九四八年に始まっている。(44) 独立後のインドで航空機設計技師ガトゲの指導の下、ＨＡＬが最初に製作した国産機は初級練習機ＨＴ－２（Hindustan Trainer No. 2：単発、単葉機）であった（図９－１参照：同機のバンガロール工場での一般公開は一九五一年）。その後、インド政府はＨＡＬに三タイプの航空機（ＨＴ－２初級練習機、ＨＴ－10上級練習機、ＨＴ－11中級練習機）の開発を要請してきたが、工場設備が限られている

図9－1　インド空軍機調達方法の推移

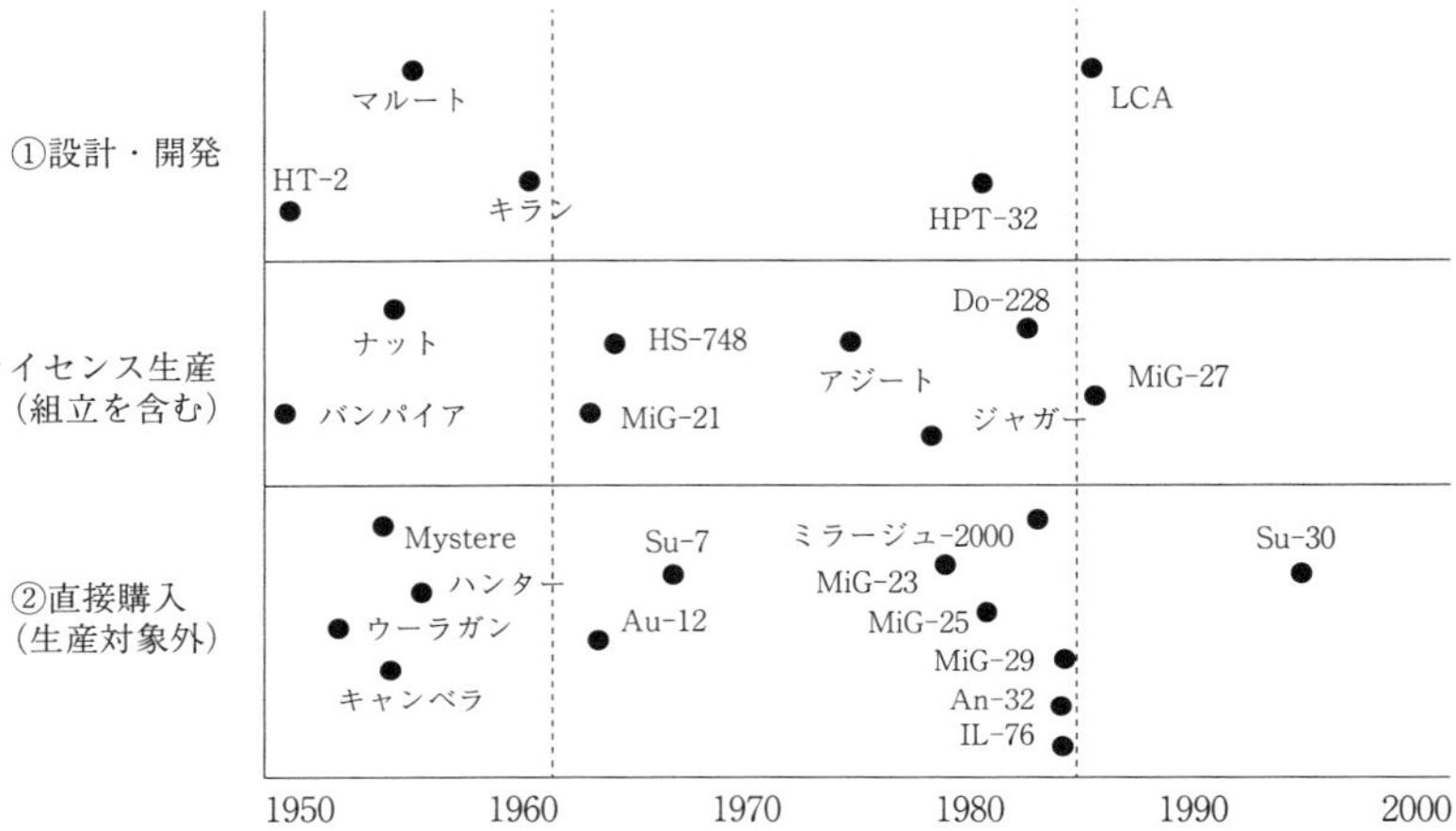

出所：Singh［2000a］p. 134.

上に、ジェット戦闘機バンパイア等のライセンス生産も要請されて、結局、国産練習機ＨＴ－10とＨＴ－11については実物大模型以上の開発は見送られてしまう(45)。

しかし、その一方でインド政府は国産化も追求している。一九五六年にＨＡＬでの超音速戦闘機製造への技術支援を求めて、ドイツ人設計技師クルト・タンク（Dr. Kurk W. Tank）を招聘している。第二次大戦中、ドイツ空軍の戦闘機（ＦＷ190やＴａ152）を大量に生産してきたフォッケ・ウルフ社（Focke-Wulf）は、戦後、航空機の製造を禁止された。そのため同社の主任設計技師であったタンクを含む技術者たちはアルゼンチンに渡り、政府の航空技術研究所で航空機の設計を続けていた(46)。その彼らがアルゼンチンを離れ、インド政府によって招聘されたのである。設計技師タンクの率いる総勢一八名のドイツ人技師団は、その後五年の歳月を費やして一九六一年にインド初の機体独自設計による超音速ジェット戦闘機マルート（HF-24 Marut、エンジンはブリストル社（英）製オフューズ七〇〇エンジン二基搭載）を完成させている(47)。しかし、その後の展開は不調であった。

一九五七年には、タンクを迎えてＨＡＬに設計部門が正式に開設されているが、当時、設計部門のスタッフは五四名で、そのうちインド人の上級設計技師はわずかに三名だけであった。その後、一九六二年には中印紛争を契機としてＩＡＦは膨張を遂げるが、その時点でもＨＡＬの最大の収益部門は依然としてＩＡＦの航空機とエンジンの修理・点検・整備であった。たしかに、ＨＡＬはその後も独自設計の航空機とエンジンの国産化を追求しており、一九六四年には初の国産エンジンＨＪＥ－２５００を使用した国産ジェット練習機キラン（HJT-16 Kiran）の試験飛行にも成功をおさめていた。[48]だが、戦闘機に関しては、一九五〇年代のマルートから一九八〇年代に開発のはじまったインド国産の軽戦闘機（Light Combat Aircraft：ＬＣＡ）に至るまで三〇年間にわたって、独自の設計・開発はほとんど中断したままであった[49]（図９－１参照）。インドはソ連からのライセンス生産に大きく依存して、インド航空機産業の設計・開発分野では進展はなかった（図９－２参照）。

ただし、航空機部品の輸入代替化の試みがまったくなかったというわけではない。たしかに一九七〇年代中葉においても、適切な材料の不足やほとんどの航空機部品で求められる厳しい製造仕様など輸入代替に際しては難問山積であった。加えて、注文数が限られているために、多くの航空機部品がインド国内では生産コストが割高とならざるを得なかった。だが、タイヤ、油圧シール、電気部品、電気ケーブル、バッテリー等のような比較的単純な技術で対応可能な製品については、インド航空機産業向けに国産化も可能であった。アルミ合板の国内生産も実現した。一九七〇年代前半にはルクナウに航空機産業の付属品を製造する専用工場も建造中であった。その完成によって外国依存からの大幅な脱却が期待されていたのである。ルクナウ工場での製造予定品目は、車輪、ブレーキ装置、着陸装置、飛行制御装置、燃料・油圧計器システム、さらには航空機の射出座席などで、それらはなおもイギリス企業かソ連からのライセンス生産によるものであった。つまり純粋な国産化ではない。当初、それらの部品は輸入に全面依存していたが、インドの工場はひとまずそれをライセンス契約によって現地製造部品に置き換えたのである。[50]

図９－２　インドにおける航空機国産化への諸段階

⑦兵器完成品の設計開発と生産
↗
⑥構成部品の設計開発
↗
⑤ライセンス生産
↗
④半完成品の生産
↗
③部品製作から完成品組立へ
↗
②部品の製作
↗
①修理とオーバーホール

出典：Singh［2000a］p. 128; Singh［2011］p. 98.

②ライセンス生産

インドは拡大するＩＡＦの要請と航空工学の急速な発達に対応して、一九五〇年代初めより欧米の最新鋭機の獲得に乗り出している。ＨＡＬはインドの技術者、設計技師、その他の専門家をイギリスの主要航空機企業に派遣して最新技術の研修をさせていたが、その一方ではインド国内でのライセンス生産を拡大していった。一九五〇年三月にはデ・ハビランド社（英）とのライセンス契約に基づいて、最初のジェット戦闘機バンパイアの生産が始まった。つづいて一九五六年九月には、フォラント社（英）の軽量戦闘機ナットならびにブリストル社（英）のオフューズ・エンジンなどで相次いでライセンス生産の契約を締結している。以上のように、独立後もイギリスからの武器移転に大きく依存していたのであるが、一九六〇年代にはソ連の思惑どおり、イギリス依存体制からの脱却が一気に進んだ。第二次印パ戦争（一九六五年）に際して、米英両国が武器禁輸措置を実施すると、パキスタンが武器の輸入先を中国に求めたのに対して、インドでは国内兵器生産基盤の強化が図られたが、この取り組みは中印国境紛争での敗北を契機として、すでに始まっていた[51]。ソ連製超音速ジェット戦闘機ＭＩＧ－21の購入とインドでのライセンス生産の契約がそれであった[52]。

ライセンス生産は、国内生産能力の形成と国防の自立化を進める上での重要な戦略ではあるが、高いレベルの自立化を達成する上で必要なのは、やはり兵器システムの設計・開発能力である（図９－２参照）。一九六三年にはソ連の技術援助のもとでＭＩＧ－21のライセンス製造がはじまったが、それを担当したＨＡＬの設計・開発能力にはその後二〇年以上にわたって大きな進歩は見られなかった。

一九六三年八月、ナシク（機体製造）、コラプート（エンジン製造）、ハイデラバード（航空電子機器製造）に三工場（MiG-21 Complex）を持つ公企業アエロノーティックス・インディア社（Aeronautics India Ltd.：本社ニューデリー）が設立された。これはソ連の技術援助のもとでＭｉＧ－21をライセンス生産するための工場であった。しかし、この三工場にはライセンス生産であったために設計・開発部門が設置されていない。つづいて翌六四年一〇月には従来のバンガロールを拠点としたＨＡＬが発展的に解体され、ナシク、コラプート、ハイデラバード、バンガロール、カンプールの五工場の全事業を統合して、新会社ヒンダスタン・アエロノーティックス社（Hindustan Aeronautics Ltd.：ＨＡＬと略記）が誕生している。ただし、設計・開発部門が設置されたのはバンガロール工場（航空機・エンジン製造）においてだけであった。ＨＡＬはソ連とのライセンス契約に基づいて、その後二〇年間にＭｉＧ－21を七〇〇機以上製造してきているが、ＨＡＬの設計・開発部門は萎縮したままであった。当時のインドにとっては、ＩＡＦで求められる大規模な軍需に迅速に対応して、防衛体制を強化することが最優先課題であって、独自の設計・開発による兵器国産化の取り組みは、二義的な課題でしかなかったのである。(53)

しかし、一九七〇年代には部品製造において国産化の進展がみられたように、その頃には唯一設計・開発部門を有したＨＡＬのバンガロール工場でも生産量はかなりの数に達しつつあった。たとえば、ナシク工場での一九七四年の製造受注数がＭｉＧ－21の後継機ＭｉＧ－21Ｍで一五〇機、ＭｉＧ－21ＦＬで一九六機だったのに対して、バンガロール工場での受注数は超音速ジェット戦闘機マルートＨＦ－24が一二九機、亜音速の軽戦闘機ナットが二三五機、ジェット練習機キランＨＪＴ－16が一一五機であった。(54)

さて、インド航空機産業の自立化とはソ連との契約に基づくライセンス生産に偏重したものであったが、それでは二義的課題とされた航空機産業の国産化（機体・エンジン・部品の国産化）に対して、インド政府は何も手を打たなかったのであろうか。以下では、政府が主導した航空工学科増設の動きに目を移して、軍産学連携の視点からインド航空機産業自立化の問題にさらに検討を加えていきたい。

4　軍産学連携の到達点

(1)　欧米の思惑とインドの挑戦

欧米の航空機産業は、早くも一九二〇年代には海外への航空使節団の派遣や現地におけるパイロット養成機関、すなわち航空学校の設立に積極的に乗り出していた。たとえば、イギリスでは一九二一年に日本へセンピル航空使節団二〇名を派遣するとともに、(55)ギリシャにおいても航空学校の設立を計画していた。(56)一九二三年にはアメリカでもブラジルに航空使節団二五名を派遣する一方で、中国、アルゼンチン、チリなどで航空学校設立の取り組みを始めていたが、(57)それらはいずれも自国の航空機産業に海外市場を開拓することを目的としたものであった。またそれとは別に、イギリスでは一九三〇年より本国でのインド人パイロットの養成も始まっていたが、それは一九三三年にイギリス空軍の補完戦力としてIAFが創設されることを見越した政策であった。(58)いずれにせよ、以上のようなパイロットの養成はすべて欧米の武器輸出国、植民地宗主国の思惑に即したものであり、武器輸入国・植民地における軍事的自立化や航空システムの自立化を促すものではなかった。

ただし、インドに関して言えば、独立以前の一九四二年にIIScにインド初の航空工学科が開設されて、航空機産業の発展に大きく貢献している。さらに、イギリスやソ連とのライセンス契約が始まる一九五〇～六〇年代には、欧米各国の国際支援の下で高度技術教育機関IITがインド各地に設立されて、IITにおける航空工学科の拡充を目指した軍産学連携の新たな動きもみられた。以下では、この点に注目したい。すでに紹介した通り、IISc航空工学科の初代学科長に就いたガトゲは、その後一九四五年にＨＡＬに移籍して航空設計技師チームを育成し、ジェット練習機や戦闘機などの設計・開発を指導していたが[59]、そのような取り組みは、その後、軍産学連携のレベルでどのように展開したのか。以下では、この点を明らかにしていく。

(2) 航空工学科拡充の取組み

ＩＩＳｃの航空工学科がインド航空機産業の国産化、さらにはインド空軍の自立化にとって不可欠な高度技術者養成の重要拠点となったことは間違いない。しかも、その取り組み自体、決して後発的なものではなかった。イギリスを代表する航空工学の専門教育機関クランフィールド航空大学（Cranfield College of Aeronautics：現在のクランフィールド大学院大学）の設立が一九四六年であったのであるから、ＩＩＳｃ航空工学科の設立自体はむしろ先進的なものと言うことができよう。問題はそのレベルと社会的な広がりである。

大学院レベルに特化した高度科学技術教育機関として誕生したクランフィールド航空大学は、一九四六〜一九六八年までの二二年間に一三五七名の卒業生（うち女子三名）を輩出しており、その多くが国内外の産業や軍隊・研究機関で主導的ポストに就いている。同大学の教科コースの運営は、航空機産業界ならびにイギリス、コモンウェルス、その他諸外国の軍隊等によって維持されていた。ちなみに、一九六三〜六四年の正規課程（一・二年コース合計二二〇名）の内訳は、表９－２の通りである。

表９－２の合計二二〇名の入学前の経歴は、航空機産業八四名、その他産業四四名、政府役人一六名、軍人四一名、教員七名、大学生二八名であった。これは同大学が大学院レベルに特化した高度で専門的な科学技術の教育機関であることを反映したものであり、むしろ当然の分布と言える。なお、二二〇名の国籍は、ＵＫ一七五名、インド一七名、カナダ七名、ギリシャ六名、パキスタン三名、ＵＳＡ三名、イラン二名、その他は、オーストラリア、ガーナ、ニュー

ジーランド、エジプト、イスラエル、オランダ、ポーランドがすべて一名となっており、外国人学生としてはインド国籍が一七名と一番多い(60)。

コロンボ・プランの下でイギリスは一九五八年にデリー工科大学（Delhi Engineering College）の設立を支援し、その五年後には同大学が「国家戦略上の重点大学」の一つとしてIITデリー校に格上げとなっており、ロンドンのインペリアル・カレッジと大学間協定も締結している。この大学設立・拡充への支援はコロンボ・プランの下での技術援助の一環として行われたものであり、インドからの研修生の受け入れとイギリスからの専門家の派遣が多分野にわたって行われた(61)。しかし、そこでは航空工学分野における技術援助は行われていなかった。それでも上記のクランフィールド航空大学にインド人学生が一七名確認できるのは、インドにおける理工系大学での科学技術教育の充実をそれなりに反映したものと考えることもできよう。ちなみに、インドの大学生数は一九四七年の二二万八八八一名が一九六七年には一三六万八八〇三名へと六倍に拡大し、理工系に関しては一九四七年の四万五六四三名が一九六七年には四三万二六八六名へとほぼ一〇倍に急増していた(62)。実際に、第三次五カ年計画（一九六一〜六六年）では、インドの経済発展に必要な技術者の養成を目的として、工科大学二三校とポリテクニーク九一校の新設が計画されていた(63)。そして、ここで注目すべき点は、当時のインドでは軍事偏重型重工業化の下で航空技術者（特に表9-2の航空機設計専攻）の養成が焦眉の課題となっていた事実である(64)。この課題への対応は諸外国を巻き込んで大規模に進められた。

航空工学教育における最大の使命は、自国の航空機産業による航空機独自設計（indigenous design activities）を実現し、航空機産業の自立化を達成することにある。そして、イギリスの支援のもとで設立されたIITデリー校（六

表9-2　クランフィールド航空大学の専攻別学生数

	航空工学科	先端機械工学科
航空力学	24人	3人
航空機設計	36	2
航空機推進	34	3
電気制御工学	16	12
材質工学	0	18
生産管理	7	65
	117人	103人

出典：TNA UGC 7/300：Development of Cranfield College of Aeronautics 1952-1968.

五万ポンドの追加援助によってデリー工科大学を一九六三年に拡大改組）には、その実現可能性が十分にあった。同校ではいまだ航空工学科の専門科目は整っていなかったものの、空力弾性、航空機計装、航空機制御、航空機推進、航空機設計の諸分野において専攻開設の可能性が見込めた。とりわけ航空機設計はインドにとって最も必要とされている専攻分野であったが、同時に最も開設が難しい分野でもあった(65)。

一九六四年、インド教育省は自国の航空技術者養成の実態について調査を実施して、航空機および航空機エンジンの設計技師（今後五年間で八五〇人）の養成を国家的緊急課題として掲げるとともに、インド各地のＩＩＴ五校において航空工学科を新設あるいは拡充する方針を打ち出している(66)。インド政府は独立後一九六〇年代までのわずか一五年の間に、国際援助を巧みに誘導することによって、インドの主要都市に国際水準の五つの高度技術教育機関ＩＩＴを次々に設立していった(67)。その一方で政府はＨＡＬのバンガロール工場に対して設計・開発部門の拡充を求め、海外留学組を含めた高度な技術者の補強を奨励していたが(68)、イギリスのクランフィールド航空大学への留学だけではとうてい覚束ない。

以上の要請に応えて、アメリカの支援で一九六〇年に開設されたＩＩＴカンプール校の航空工学科では、一九六五年にマサチューセッツ工科大学教授ホルト・アシュレーとプリンストン大学教授Ｄ・Ｃ・ハーゼンを客員教授として招聘して航空工学の特別講義を開講すると同時に、アメリカ国内でもインド人学生に対して航空工学に関する専門教育が実施されている。英米独ソの四カ国合同援助で一九五一年に設立されたＩＩＴカラグプール校では、すでに航空工学の課程は十分に発達しており、航空機構造と低速航空力学にかなり特化して成果を上げてきていた。ソ連の援助で一九五八年に設立されたＩＩＴボンベイ校では、航空機推進が専攻領域として計画途中であったものの、すでに航空工学科設立に関してソ連との間で協定調印を済ませており、学科開設も間もなくであった。西ドイツの援助によって一九五九年に設立されたＩＩＴマドラス校でも、いまだ航空工学科の設置計画はなかったものの、航空機推進ではドイツ人教授の協力を得て諸施設も準備されてきており、航空機構造の分野でも今後の発展が大いに期待できた。既述の通り、一九七〇年代には航空機部品の輸入代替の取り組みも進みつつあったが、それもIITにおける航空工学科の拡充と密接に関連していたと見て間違いなかろう。

しかし、以上IIT四校のいずれにおいても航空機設計工学の分野では積極的な対応は見られなかった。インド航空機産業の自立化・国産化を達成してライセンス契約によるソ連従属体制を脱するためには、航空機設計分野を充実させることが是非とも必要であって、それを担いうる可能性を持っていたのは唯一IITデリー校だけであった。にもかかわらず、同校の設立を支援してきたイギリス政府の対応はきわめて消極的であった[69]。

表9－3　英米独ソ4カ国のIITへの援助額（1970年まで）

援助国	IIT	設立年	援助総額（$）
ソ　連	ボンベイ校	1958年	7,200,000
西ドイツ	マドラス校	1959年	7,500,000
アメリカ	カンプール校	1960年	14,500,000
イギリス	デリー校	1963年	4,800,000

出典：横井［二〇一四b］一〇二頁より作成。

IITデリー校へのイギリスの援助額は、厳しい財政事情を反映して、他の米独ソ三カ国のIITに対する援助額に比べて著しく低調であった（表9－3参照）。しかし、それでも一九六三年にデリー工科大学がインド工科大学デリー校に拡大改組される際には、産業界からの突き上げもあって、イギリス政府は多額の追加援助要請に応えているが、さらにそれに追い打ちをかけるように翌六四年にインド側から航空工学科新設の要請がなされた。しかし、さすがにこれには航空機産業を除いて、イギリス政財界は一様に慎重にならざるを得なかったのである。

5　おわりに

本章では、軍産学連携の存在をインド航空機産業自立化の前提条件として捉え、IAFとHALとIIScならびにＩＩＴのそれぞれの役割について検討を加えてきた。結果的に、二〇世紀の最後の三〇年間、インドの兵器のほぼ七五％はソ連から安価に、しかもルピー建ての長期信用で調達されたものであった。この兵器調達には、ＭｉＧ－21のライセンス生産も含まれている。この三〇年に限らず独立直後より、ＨＡＬはライセンス生産に依拠してＩＡＦの拡大する軍需に対応してきたが、その代償として設計・開発部門は低迷し、インド航空機産業の自立化、つまり国産機の製造は先送りにされてきた。

本章では、以上の点を強調してきたが、それでは、この間の武器移転はいったいどのような意味を持っていたのであろうか。ＨＡＬは一九五六年の契約に基づきフォラント社（英）の軽爆撃機ナット（後の国産戦闘機アジートはナットの改良型）をライセンス生産していたが、一九六三にフォラント社が閉鎖すると製造技術のほとんどを同社から買い取り、機体の八五％とエンジンの六〇％以上を国産化し、一九六九年にはナットの改良型（ナットⅡアジート）の研究を開始している。[70] また、一九七二年時点でＭｉＧ－21のインドでの国内生産率は六〇％に達していたと言われているが、[71] これらの事実はインド航空機産業の自立化を意味しないまでも、この間の武器移転の成果の蓄積を反映しているのではなかろうか。

ＩＡＦは自軍の戦闘機が西側諸国とソ連の多様なタイプの最新鋭機より編成されている事実を自負しており、[72] またインド議会も、英米独ソの国際支援によってインド各地に設立されたＩＩＴ五校を、先進国から先端的な研究教育方法を導入し、各国の異なった慣習や科学技術に同時に接する機会を提供するものとして高く評価している。[73] つまり、ＩＡＦもＩＩＴも（ＩＩＳｃも含め）後発国インドが意識的に追求した多角的な武器移転と技術移転のモザイク状の成果なのである。ＨＡＬに関しても、設計・開発分野での技術移転は期待できなかったものの、ライセンス生産を通じて得られた航空機の製造・修理に関する技術の蓄積は決して少なくなかった。インド航空機産業の技術基盤と軍産学連携の整備を反映して、既述の通り一九七〇年代には国産化が可能な航空機部品の範囲も広がりつつあった。

ソ連崩壊後の一九九四年に合弁企業として誕生したインド・ロシア航空会社（Indo-Russian Aviation Limited）は、以上の事実を裏付けるものと言えよう。同社は東南アジアにＭｉＧ－29のような最新鋭戦闘機の輸出市場を開拓するなかで、ＭｉＧ－29の外国人パイロットをインドで訓練すると同時に、一九六〇年代の戦闘機マルート以来の独自設計によるインドの国産戦闘機ＬＣＡ（図９－１参照）の輸出も大規模に展開している(74)。すなわち、インドは、一方で引き続きライセンス生産と武器輸入を継続するとともに、他方では独自設計による国産機の開発を踏まえて、武器輸出国に転化しつつあった。「武器移転の連鎖」はインドを拠点としてさらなる展開を見せているのである。

注

（1）一九二〇年代海軍軍縮期のイギリス航空使節団による日本への武器移転から本章で扱う冷戦下のインド・バンガロールでの航空機製造拠点（現ヒンダスタン航空機会社）の形成までの歴史に関しては、横井［二〇〇五］：横井［二〇一〇］を参照。

（2）首相ネルーは、独立当時、軍事的独立は兵器の国産化を絶対条件と考えていたが、やがてそれは国防の自立化に変質していった。その場合の自立化とは、技術やシステムの外国依存、あるいは兵器生産の諸段階での外国からの援助やライセンス生産を排除するものではなかった（Singh［2000a］pp. 127-128）。

（3）佐藤［一九九四］：西原・堀本［二〇一〇］; Hoyt［2007］; Tan［2014］; Eadie and Rees［2016］を参照。

（4）Krause［1992］pp. 63, 76, 186の各表を参照。

（5）渡辺［二〇一五］：横井［二〇一五］：横井［二〇一四ｂ］を参照。

（6）Graham［1984］pp. 157-165.

（7）インド空軍の正式名称は、一九三三年に創設された時点から一九四七年のインド独立までの間はRoyal Indian Air Forceであり、独立後にIndian Air Forceとなったわけであるが、本章では一貫してＩＡＦという略称を用いている。

（8）ヒンダスタン航空機会社は、一九六四年に新設会社ヒンダスタン・アエロノーティックス社（Hindustan Aeronautics Ltd.）の下に改組再編されているが、本章では両者ともにＨＡＬと略記している。ただし、一九六四年以降の前者はバンガロール工場と記している。

（9） 横井［二〇一四］二八六〜三〇四頁参照。

（10） Omissi［1990］p. 47.

（11） Singh［2013］pp. 26–29.

（12） Gupta［1961］pp. xx, 11; Singh［2013］pp. 33–42.

（13） The National Archives（以下 TNA と略記）AIR 55/2 Planning and Development Dept. New Delhi, 6 Feb. 1946.

（14） Singh［2011］p. 99.

（15） TNA AIR 55/2 Report of the United Kingdom Aircraft Mission, 24. Apr. 1946; Kavic［1967］p. 131; Singh［2011］pp. 52–53.

（16） Pattillo［1998］p. 81; Sinha［2008］p. 109.

（17） TNA AIR 2/8056 AIR headquarters, India, liaison letter, March 1941.

（18） Singh［2011］pp. 48–49.

（19） US National Archives SD 891. 3333/8–1354, 1–2. 'Hindustan Aircraft Ltd., Bangalore: Year to Year Diary, 1940–1954', Memorandum by the United States Embassy, New Delhi.

（20） Dhawan［1967］pp. 149–150.

（21） Committee on public undertaking（1967–68）, eight report：Hindustan Aeronautic Ltd., Ministry of Defence, New Delhi, p. 21.

（22） Subbarayappa［1992］pp. 80, 228–229.

（23） Nair［2003］p. 45.

（24） Subbarayappa［1992］pp. 271–272; Singh［2011］p. 111.

（25） TNA AIR 55/2 Report of the United Kingdom Aircraft Mission, 24 Apr. 1946, pp. 19–20.

（26） TNA OD 13/50 Proposal to establish a department of aeronautical engineering 1964–1966: Note on Aeronautical Engineering Education in India: A Note on Aeronautical Engineering in India.

（27） TNA AIR 8/1198 Royal Indian Air Force：proposed nationalization 1946 Aug. -1947. May, pp. 1–4,

(28) Venkataramani and Arya [1996] pp. 87-91.
(29) Singh [2013] pp. 66-69.
(30) Budhraj [1975] p. 12; Chari [1979] p. 230; Singh [2013] p. 71.
(31) TNA T 225/357 Supply of aircraft to India; New Aircraft for the RPAF.
(32) Vickers Archives (Cambridge University Library) 407: Attacker aircraft for Pakistan, 1952.
(33) Tanham and Agmon [1995] pp. 21-22.
(34) TNA AIR 20/10321 Sale of Hunter aircraft to India, 1957.
(35) Kumar [2008] p. 6.
(36) *India a reference annual 1965*, research and reference division, ministry of information and broadcasting, Government of India, p. 61.
(37) Thomas [1989] pp. 190-193; Singh [2011] pp. 97-99.
(38) TNA CAB 21/5685 Supply of Military Aircraft to India: MIG's Licence 1962-1963; *Times of India*, 6 May 1962; 14 June 1962.
(39) Sebastian [1975] pp. 147-148.
(40) Tanham and Agmon [1995] p. 24; Chari [1979] pp. 232-234.
(41) Achuthan [1988] pp. 40-42; *Times of India*, 23 Jan. 1963.
(42) Sebastian [1975] pp. 148-149.
(43) Singh [2011] pp. 108-109; Singh [2013] pp. 224-225.
(44) Nair [2003] p. 161.
(45) Singh [2011] pp. 110-112; Nair [2003] p. 46.
(46) Singh [2011] pp. 128-129; SIPR, *Arms Trade with the Third World*, 1971, pp. 694-695.
(47) Committee on public undertaking (1967-68), eight report : Hindustan Aeronautic Ltd., ministry of defence, New Delhi, p. 63.

(48) TNA DO 164/34 Manufacture of Indian designed aircraft in India 1962-63.
(49) Singh [2011] p. 167; Singh [2013] p. 236.
(50) US National Archives: The Central Intelligence Agency (CIA). South Asian Military Handbook, August 1974, pp. IV-3～IV-4.
(51) SIPRI, *Arms Trade with the Third World* , pp. 482-485.
(52) Graham [1964] pp. 823-825.
(53) Singh [2000a] pp. 133, 145; Singh [2011] pp. 167, 256-257; Singh [2013] p. 236.
(54) US National Archives: The Central Intelligence Agency (CIA), South Asian Military Handbook, August 1974, p. IV-9.
(55) 横井［二〇〇五］第8章参照。
(56) TNA FO 286/951 British Naval Mission to Greece and proposed Greek Aviation School, 1926.
(57) TNA AVIA 2/1866 COLONIAL AND FOREIGN: Aviation in China: proposals for promoting the interests of the British Aircraft Industry, 1929-1931; TNA AIR 10/1325 Air Intelligence Report No. 11, Notes on Aviation in U. S. A., 1925, Table F1; 横井［二〇一四］二八五～二九二頁。
(58) *The Air League Book*, London, 1949, p. 32; 横井［二〇〇六］八一～八三頁。
(59) Nair [2003] p. 45.
(60) TNA UGC 7/300: Development of Cranfield College of Aeronautics 1952-1968.
(61) 横井［二〇一四］九三～九五頁、一〇三～一〇八頁。
(62) Chaturvcdi [2003] p. 212.
(63) *India a reference annual 1965*, research and reference division, ministry of information and broadcasting, Government of India, p. 73.
(64) TNA OD 13/50 Proposal to establish a department of aeronautical engineering 1964-1966: report of the committee on aeronautical engineering education, 1964.
(65) TNA OD 13/50 Proposal to establish a department of aeronautical engineering 1964-1966: Note on Aeronautical Engi-

neering Education in India.

(66) TNA OD 13/50 Proposal to establish a department of aeronautical engineering 1964-1966: report of the committee on aeronautical engineering education, 1964.

(67) Yokoi [2014]；横井［二〇一四ｂ］を参照。

(68) Committee on public undertaking (1967-68), eight report: Hindustan Aeronautic Ltd., ministry of defence, New Delhi, p. 65.

(69) TNA OD 13/50 Proposal to establish a department of aeronautical engineering 1964-1966: brief for British high commissioner on Indian Institute of Technology, Delhi; 横井［二〇一五］五七～五九頁。

(70) Smith [1994] p. 160; Hoyt [2007] p. 31; Seth [2000] p. 53.

(71) *Times*, 5 Oct. 1979.

(72) *The Indian Air Force and its aircraft: I. A. F. Golden Jubilee 1932-82*, London, 1982, p. 3.

(73) Lok Sabha Debates, Third Series, Vol. XIX, No. 1, 1963, col. 222.

(74) Bristow [1995] pp. 67-68.

文献リスト

佐藤元彦［一九九四］「アジアＮＩＥｓにおける自立的兵器生産の展開と軍事主導産業高度化の胎動」（平川均・朴一編『アジアNIEs――転換期の韓国・台湾・香港・シンガポール』世界思想社）。

スティーブン・コーエン、スニル・ダスグプタ著、斎藤剛訳［二〇一五］『インドの軍事力近代化――その歴史と展望――』原書房。

西川純子［二〇〇八］『アメリカ航空宇宙産業――歴史と現在――』日本経済評論社。

西原正・堀本武功編［二〇一〇］『軍事大国化するインド』亜紀書房。

横井勝彦［二〇一五］「一九六〇年代インドにおける産官学連携の構造――冷戦下の国際援助競争――」『社会経済史学』第81巻第3号。

横井勝彦［二〇一四ａ］「軍縮期における欧米航空機産業と武器移転」（横井勝彦編『軍縮と武器移転の世界史――「軍縮下の軍拡」はなぜ起きたのか――』日本経済評論社）。

横井勝彦［二〇一四ｂ］「インド工科大学の創設と国際援助」（渡辺昭一編『コロンボ・プラン――戦後アジア国際秩序の形成――』法政大学出版局）。

横井勝彦［二〇一〇］「アジア航空機産業における国際技術移転史の研究」『明治大学社会科学研究所紀要』第49号第1号。

横井勝彦［二〇〇六］「南アジアにおける武器移転の構造」（渡辺昭一編『帝国の終焉とアメリカ――アジア国際秩序の再編――』山川出版社）。

横井勝彦［二〇〇五］「戦間期イギリス航空機産業と武器移転――センピル航空使節団の日本招聘を中心に――」（奈倉・横井編著『日英兵器産業史――武器移転の経済史的研究――』日本経済評論社）。

渡辺昭一［二〇一五］「一九六〇年代イギリスの対インド援助政策の展開――インド援助コンソーシアムとの関連で――」『社会経済史学』第81巻第3号。

Achuthan, N. S. [1988] *Soviet arms transfer policy in South Asia 1955-1981*, New Delhi.

Bristow, D. [1995] *India's New Armament Strategy: A Return to Self-Sufficiency?*, RUSI Whitehall Paper Series 1995, Dorset.

Budhraj, V. S. [1975] 'Major Dimensions of Indo-Soviet Relations', *India Quarterly*, Vol. XXXI, No. 1.

Chari, P. R. [1979] 'Indo-Soviet Military Cooperation: A Review', *Asian Survey*, Vol. XIX, No. 3.

Chaturvedi, P. [2003] *Engineering and Technical Education in India*, New Delhi.

Cohen, S. P. and S. Dasgupta [2010] *Arming without Aiming: India's Military Modernization*, Washington.

Dhawan, S. [1967] 'Aeronautical research in India', *Journal of the royal aeronautical society*, Vo. 71, No. 675.

Eadie, P. and W. Rees (eds.) [2016] *The Evolution of Military Power in the West and Asia: Security policy in the post-Cold War era*, New York.

Graham, I. C. C. [1964] 'The Indo-Soviet MIG-Deal and Its International Repercussions', *Asian Survey*, Vol. IV, No. 5.

Graham, T. W. [1984] 'India', in J. E. Katz (ed.), *Arms Production in Developing Countries: An Analysis of Decision Making*, Toronto.

Gupta, S. C. [1961] *History of the Indian Air Force, 1933–45*, Dclhi.

Hoyt, Timothy. D. [2007] *Military Industry and Regional Defence Plocy: India, Iraq and Israel*, New York.

Kavic, L. J. [1967] *India's Quest for Security: Defence Policies, 1947–1965*, London.

Krause, Keith [1992] *Arms and the State: Pattern of Military Production and Trade*, Cambridge.

Kumar, A. [2008] *Interface between civil industry and defence production industry*, New Delhi.

Mahnken, Thomas, J. Maiolo and D. Stevenson [2016] *Arms Races in International Politics: From the Nineteenth to the Twenty-First Century*, Oxford.

Matthews, Ron [1989] *Defence Production in India*, New Delhi.

Nair, C. G. Krishnadas [2003], *A Tribute to Indian Aeronautics (A Selection of Memorial and other Invited Lectures in Aeronautics)*, New Delhi.

Omissi, D. E. [1990] *Air Power and Colonial Control: the Royal Air Force, 1919–1939*, Manchester.

Pattillo, D. M. [1998] *Pushing the envelope: the american aircraft industry*, Michigan.

Sebastian, M. [1975] *Soviet Economic Aid to Indoa*, New Delhi.

Seth, V. [2000] The Flying Machines: Indian Air Force 1933 to 1999, New Delhi.

Sinha, J. N. [2008] *Science, War and Imperialism: India in the Second World War*, Boston.

Singh, A. [2000a] 'Quest for Self-Reliance', in Singh, J. [2000b] *India's Defence Spending: Asseing Future Needs*, New Delhi.

Singh, J. [2000b] *India's Defence Spending: Asseing Future Needs*, New Delhi.

Singh, J. [2013] *Defence from the Skies: Indian Air Force through 80 years*, New Delhi.

Singh, J. [2011] *Indian Aircraft Industry*, New Delhi.

Smith, C. [1994] *India's Ad Hoc Arsenal: Direction or Drift in Defence Policy*, Oxford.

Subbarayappa, B. V. [1992] *In Pursuit of Excellence: A History of The Indian Institute of Science*, New Delhi.

Tan, Andrew, T. H. [2014] *The Arms Race in Asia: Trend, causes and implications*, London.

Tanham, G. K. and M. Agmon [1995] *Indian Air Force: Trend and Prospects*, Santa Monica.

Thomas, R. G. C. [1989] 'Strategies of recipient autonomy: the case of India', in Kwang-il Baek, R. D. Mclaurin and Chung-in Moon (eds.), *The dilemma of third world defense industries: supplier control or recipient autonomy*, Inchon.

Venkateswaran, A. L. [1967] *Defence Organisation in India*, New Delhi.

Venkataramani, M. S. and H. C. Arya [1966] 'American's Military Alliance with Pakistan: The Evolution and Course of an Uneasy Partnership', *International Studies*, Vol. 8, Nos. 1-2.

Wilcox, W. A. [1974] 'The Indian Defence Industry: Technology and Resources', in F. B. Horton, A. C. Rogerson and E. L. Warner (eds.), *Comparative Defence Policy*, Baltimore.

Yokoi, K. [2014] 'The Colombo Plan and industrialization in India: technical cooperation for the Indian Institutes of Technology', in G. Krozewski, S. Akita and S. Watanabe (eds.), *The Transformation of the International Order of Asia: Decolonization, the Cold War, and the Colombo Plan*, London.

あとがき

本書は、ＪＳＰＳ科研費（課題番号20242014）ならびに文部科学省私立大学戦略的研究基盤形成支援事業（二〇一五～二〇一九年）（研究代表者はいずれも横井）による共同研究の成果の一部（明治大学国際武器移転史研究所研究叢書1）である。もっとも兵器産業・武器移転史に関するわれわれの共同研究は、科研費に依拠してすでに一〇年以上に及んでおり、多くの共同研究者の協力を得て、これまでに共著だけでも次のような成果を刊行してきた。奈倉文二・横井・小野塚知二『日英兵器産業とジーメンス事件——武器移転の国際経済史——』（日本経済評論社、二〇〇三年）、奈倉・横井編著『日英兵器産業史——武器移転の経済史的研究——』（日本経済評論社、二〇〇五年）、横井・小野塚編著『軍拡と武器移転の世界史——兵器はなぜ容易に広まったのか——』（日本経済評論社、二〇一二年）、横井編著『軍縮と武器移転の世界史——「軍縮下の軍拡」はなぜ起きたのか——』（日本経済評論社、二〇一四年）。

われわれの共同研究の目的は、経済史・国際関係史・帝国史・軍事史などの多角的な視点より、兵器産業・武器移転史に関する共同研究を通して、軍縮と軍備管理の困難な実態や軍縮破綻の要因を世界史的全体構造のなかで明らかにすることにある。共同研究のメンバーは、対象とする時代も国・地域も分析視角も、さらには所属も年齢も多様であるが、以上のような研究課題を明確に共有することによって、息の長い共同研究を続けてくることができた。もちろん、それは研究代表者の指導力の乏しさを補って余ある強力な共同研究者諸氏の支援の賜物でもあるが。

さてここで、本書が刊行されるまでの経緯について簡単に紹介させていただきたい。この出版企画の起点は二〇一四年一二月の沖縄での研究合宿にあった。そこでの議論を踏まえて社会経済史学会第八四回全国大会（二〇一五年五月：早稲田大学）でのパネル・ディスカッションに「両大戦間期航空機産業の世界的転回——軍需・民需相互関連の視角から――」という論題で参加して、多くの方々から貴重なご意見を頂戴し、ここで共著出版の方向を確定した。さらにその後、二〇一六年一月には明治大学国際武器移転史研究所主催の公開シンポジウムを「航空機の軍民転換と国際移転」というテーマで開催して、現代的課題との接点をさぐった。その内容は同研究所編集の『国際武器移転史』第二号（二〇一六年七月）に収録されている。

こうしたかたちで、われわれは共同研究の成果を出来るだけ一般に広く公開し、またそこで得られた指摘や批判を今後の研究に積極的に活かしていくことを目指してきた。われわれは、武器拡散という冷戦後の世界が直面した地球規模の問題を歴史研究の課題として広く共有することの重要性を強く意識して、二〇一五年六月に前記の国際武器移転史研究所を立ち上げた。また、それに先立ってすでに二〇〇五年から政治経済学・経済史学会の下に「兵器産業・武器移転史フォーラム」を組織し、多くの若手研究者に研究発表の機会を提供してきた。冒頭に記したように本書は共同研究の成果であるが、より正確に言えば、本書の刊行はこうした研究所やフォーラムの活動の一環であり、その成果でもある。本書の刊行も以上の多面的な活動の一層の充実に貢献できればと願う次第である。読者諸賢には忌憚のないご意見・ご批判を是非ともお願いしたい。

本書の刊行に際しては、日本経済評論社社長柿﨑均氏に格別のご理解を賜った。執筆者一同を代表して深謝申し上げる。また、今回も谷口京廷氏をはじめとする同社編集部の方々には大変お世話をおかけした。執筆陣の要望や入稿の遅れにも寛大に対処していただき、心よりお礼申し上げる。

二〇一六年九月

横井勝彦

【ラ行】

【ワ行】

【マ行】

【ヤ行】

【ナ行】

【ハ行】

【タ行】

【サ行】

【カ行】

索　　引

【ア行】

西牟田祐二（にしむた・ゆうじ）

1956年生まれ

京都大学大学院経済学研究科博士課程学修退学、京都大学博士（経済学）

現在、京都大学大学院経済学研究科教授

主な業績：『ナチズムとドイツ自動車工業』（有斐閣、1999年）、「第三帝国の軍事的モータリゼーションとアメリカ資本――語られざるジェネラル・モーターズを中心に――」（横井勝彦・小野塚知二編著『軍拡と武器移転の世界史――兵器はなぜ容易に広まったのか――』日本経済評論社、2012年、第7章）、General Motors Corporation as an Armaments Producer（『立命館経済学』第61巻第5号、2013年1月）

高田馨里（たかだ・かおり）

明治大学大学院文学研究科　博士（史学）

現在、大妻女子大学比較文化学部准教授

主な業績：『オープンスカイ・ディプロマシー』（有志舎、2011年）、「第二次大戦直後のアメリカ武器移転政策の形成」（横井勝彦・小野塚知二編著『軍拡と武器移転の世界史』日本経済評論社、2012年）

福士　純（ふくし・じゅん）

1976年生まれ

明治大学大学院文学研究科博士後期課程修了　博士（史学）

現在、岡山大学大学院社会文化科学研究科准教授

主な業績：『カナダの商工業者とイギリス帝国経済：1846～1906』（刀水書房、2014年）、「1886年『植民地・インド博覧会』とカナダ」（『社会経済史学』第72巻第5号、2007年）、「イギリス関税改革運動とカナダ製造業利害――1905年カナダ製造業者協会視察旅行を中心に」（『歴史学研究』第866号、2010年）

【執筆者紹介】（執筆順）

鈴木　淳（すずき・じゅん）

1962年生まれ
東京大学大学院人文科学研究科国史学専攻博士課程修了、博士（文学）
現在、東京大学大学院人文社会系研究科・文学部教授
主な業績：『明治の機械工業』（ミネルヴァ書房、1996年）、『新技術の社会誌』（中央公論新社、2013年）、『ある技術家の回想』（編、日本経済評論社、2005年）

千田武志（ちだ・たけし）

1946年生まれ
1971年広島大学大学院経済学研究科修了（修士課程）
現在、広島国際大学客員教授、呉市参与（呉市史編纂担当）
主な業績：『英連邦軍の日本進駐と展開』（御茶の水書房、1997年）、「ワシントン軍縮が日本海軍の兵器生産におよぼした影響――呉海軍工廠を中心として――」（横井勝彦編著『軍縮と武器移転の世界史――「軍縮下の軍拡」はなぜ起きたのか――』日本経済評論社、2014年）、「第一次大戦後の兵器産業における労働の変様――呉海軍工廠を中心として――』（軍事史学会編『第一次世界大戦とその影響』（錦正社、2015年）

永岑三千輝（ながみね・みちてる）

1946年生まれ
東京大学大学院経済学研究科博士課程修了、博士（経済学）
現在、横浜市立大学名誉教授
主な業績：『ドイツ第三帝国のソ連占領政策と民衆――1941-1942』（同文舘、1994年）、『独ソ戦とホロコースト』（日本経済評論社、2001年）、『ホロコーストの力学――独ソ戦・世界大戦・総力戦の弁証法――』（青木書店、2003年）

田嶋信雄（たじま・のぶお）

1953年生まれ
北海道大学大学院法学研究科博士後期課程中退、博士（法学）
現在、成城大学法学部教授
主な業績：『ナチズム外交と「満洲国」』（千倉書房、1992年）、『ナチズム極東戦略』（講談社、1997年）、『ナチス・ドイツと中国国民政府――一九三三－一九三七』（東京大学出版会、2013年）

小野塚知二（おのづか・ともじ）

1957年生まれ
東京大学大学院経済学研究科第二種博士課程単位取得退学、博士（経済学）
現在、東京大学大学院経済学研究科教授
主な業績：『第一次世界大戦開戦原因の再討論――国際分業と民衆心理――』（編著、岩波書店、2014年）、『労務管理の生成と終焉』（榎一江と共編著、法政大学大原社会問題研究所叢書、日本経済評論社、2014年）、『クラフト的規制の起源――19世紀イギリス機械産業――』（有斐閣、2001年）

【編著者紹介】

横井勝彦（よこい・かつひこ）

1954年生まれ

1982年明治大学大学院商学研究科博士課程単位取得

現在、明治大学商学部教授

主な業績：『大英帝国の〈死の商人〉』（講談社、1997年）、『アジアの海の大英帝国』（講談社、2004年）、『日英兵器産業とジーメンス事件——武器移転の国際経済史——』（小野塚知二・奈倉文二との共著、日本経済評論社、2003年）、『日英兵器産業史——武器移転の経済史的研究——』）（奈倉との共編著、日本経済評論社、2005年）、『日英経済史』（編著、日本経済評論社、2006年）、『軍拡と武器移転の世界史——兵器はなぜ容易に広まったのか——』（小野塚知二との共編著、日本経済評論社、2012年）、D. R. ヘッドリク著『インヴィジブル・ウェポン——電信と情報の世界史1851-1945——』（共監訳、日本経済評論社、2013年）、『軍縮と武器移転の世界史——「軍縮下の軍拡」はなぜ起きたのか——』（編著、日本経済評論社、2014年）

航空機産業と航空戦力の世界的転回

（明治大学国際武器移転史研究所研究叢書 1）

2016年12月12日　第 1 刷発行　　定価（本体4500円＋税）

編著者　横　井　勝　彦

発行者　柿　﨑　均

発行所　株式会社　日本経済評論社

〒101-0051　東京都千代田区神田神保町3-2

電話　03-3230-1661　FAX　03-3265-2993

info8188@nikkeihyo.co.jp

URL：http://www.nikkeihyo.co.jp

装幀＊渡辺美知子　　印刷＊文昇堂・製本＊誠製本

乱丁・落丁本はお取替えいたします。　Printed in Japan

ISBN978-4-8188-2428-7